U0177380

HTML5基础知识、核心技术与前沿案例

刘欢　编著

人民邮电出版社

北　京

图书在版编目（CIP）数据

HTML5基础知识、核心技术与前沿案例 / 刘欢编著
. -- 北京：人民邮电出版社，2016.10
ISBN 978-7-115-42743-4

Ⅰ．①H… Ⅱ．①刘… Ⅲ．①超文本标记语言—程序
设计 Ⅳ．①TP312

中国版本图书馆CIP数据核字(2016)第132390号

内 容 提 要

本书是一本引导初、中级学习者深入了解并有效掌握 HTML5 核心技巧的技术实战图书，全书采用"基础知识+案例驱动"的双轨模式，精心安排了大量经典的 HTML5 设计实战案例，包括页面元素与布局，动画与动效，图形与图像，交互操作，页面组件，音频与视频，以及响应式设计等，并精选了微信小游戏、创意网站等综合性的前沿交互应用。实例基本涵盖了初、中级学习者在实战中几乎可能遇到的所有问题，展示了各种流行的互动设计理念，让读者能够轻松地学习基础知识，有效掌握各种核心技巧，快速上手前沿应用开发，并通过 HTML5 发现交互设计的乐趣。

随书附赠 700 多分钟的书中重要知识点和案例的操作讲解视频，以及所有案例的素材和源文件，帮助读者更好地学习和掌握相关操作技巧。

本书既适用于初次接触 HTML5 的新手，又适用于各种 HTML5 的中级学习者。

◆ 编　著　刘　欢
　　责任编辑　杨　璐
　　责任印制　陈　犇

◆ 人民邮电出版社出版发行　　北京市丰台区成寿寺路 11 号
　　邮编　100164　　电子邮件　315@ptpress.com.cn
　　网址　http://www.ptpress.com.cn
　　北京天宇星印刷厂印刷

◆ 开本：787×1092　1/16
　　印张：25.25　　　　　　　2016 年 10 月第 1 版
　　字数：689 千字　　　　　　2025 年 1 月北京第 18 次印刷

定价：89.80 元

读者服务热线：(010)81055410　印装质量热线：(010)81055316
反盗版热线：(010)81055315

本书有一个已经"out了"的书名。

HTML5已经红火了好几年。虽然外界对它推崇备至并寄予厚望，但许多人的理解，还往往是"HTML"加一个版本号"5"的组合，说到底，不管怎样它还是一种HTML语言，这似乎并不算是很"牛"、很"强"的技术。但是，在业界和技术圈里，傲娇的从业者们早就不再以"HTML5"称之，而是改用了更加高大上的"H5"。要是在某个技术者的交流讨论会上，你还是一口一个"HTML5"，那么很可能大家都会认为你已经"out了"。

从HTML5到H5，格调嗖嗖拔升的过程也映射出一事实，那就是前端行业领域的专业性正在不断增强，门槛在不断抬高。现在，已经不是当年人人都能用Frontpage或三剑客鼓捣网页设计的年代，要想进入这一领域，首先，我们必须要有充足的基础知识储备，这其中就包括了HTML5、CSS3和JavaScript三大部分；其次，掌握了基础知识还不够，我们还需要知道如何在实践中去运用它们，更简单地来说，是如何在特定的问题下找到有效的答案，这就需要我们总结出HTML5中最为核心的知识和技巧，将其作为开发过程中的破冰利器；再者，H5业界风云变幻，推陈出新的速度非常快，比如前两年的焦点在于创意性网站的开发，今年的焦点是微信小游戏制作，因此，对最前沿的案例和技法加以了解和把握，也是学习中非常必要的一个部分。

基于以上各方面因素的考虑，本书在体例上作出了大胆尝试，抛弃了传统的按部就班逐个介绍对象、属性、方法的"教科书"式体例，转而采用了"基础知识+案例驱动"的双轨模式。全书共分为HTML5基础、HTML5前沿经典应用和HTML5综合案例三大部分，高度浓缩了基础知识部分，精心安排了大量前沿和综合类实例，希望"以基础知识铺路，以前沿案例驱动，以综合案例提升"，借此引领读者们迈入HTML5交互设计的大门。书中精选的实例由浅入深，涵盖了初级和中级HTML5开发者几乎可能遇到的所有实战问题，同时也通过实例渗透了各种互动设计理念。我们希望读者能够通过本书，在实践中学习锻炼，快速成长，早日成为HTML5交互设计领域的熟手和专家。

本书内容与特点

（1）本书采用"基础知识+案例驱动"的双轨模式进行编写，全书以基础知识的铺垫为辅，以实战案例的介绍为主。每个例子都结合了作者长期的HTML5开发经验，具有较强的实用价值。读者能够在学习完案例之后直接将其投入实际使用。

（2）本书提炼了各个案例所对应的学习内容，以"经验"的形式标注在各个章节中，以便于读者更快地掌握核心知识点。此外，在"经验"中也囊括了一些HTML5外延知识，用于扩展读者的学习视野。

（3）针对读者在实际操作中可能遇到的各种问题，本书总结了相应的注意事项和应对策略，并在各个章节中进行了详细标注（如标注为"注意"的内容部分），以使得读者能够在学习中尽量少走弯路、避免不必要的错误。

（4）本书中的所有基础知识和具体案例都按由易到难、由浅入深、由零到整的规则进行排布，即使是没有HTML5开发经验的读者也能够轻松地、循序渐进地展开学习。

（5）本书也可被视为一本工具书。互动设计从业者在实际工作中面对具体的开发任务时，可以尝试从本书的案例中直接找到解决问题的方法。

本书分三部分，共16章。为了使读者在正式开始学习之前，对全书的内容有一个总体的把握，这里我们分别将每章学习的内容作一一介绍。

第12章 HTML5页面组件

本章整理并介绍了悬浮图层、弹出图层、Tab切换、折叠区域、下拉菜单、顶部固定菜单、滑动导航、时间轴、图像轮播及日历等常见的页面组件，对其实现原理进行了详细分析。

第13章 HTML5音频与视频

本章介绍了HTML5中音频与视频的播放、控制方法，以及麦克风、摄像头等相关硬件设备的操作技巧。

第14章 HTML5响应式设计

本章介绍了响应式设计的实现方法和核心技巧，并介绍了响应式列表、响应式内容图片、响应式背景、响应式图像轮播及响应式菜单等实战案例的实现方式。

第三部分 HTML5综合案例

第15章 HTML5微信游戏

本章从前期的策划、设计，到后期的开发、上线，逐步地介绍一款微信小游戏的诞生过程，希望通过本章的学习，读者也可以制作出一款富有创意、夺人眼球的微信游戏。

第16章 HTML5创意网站

本章综合运用HTML、CSS3和JavaScript，制作一个带有多个栏目的创意网站。在制作过程中将本书之前章节的一些知识点串接起来，并为读者开启通往更高阶HTML5交互设计殿堂的大门。

资源下载及其使用说明

本书正文中所需要的资源文件已作为学习资料提供下载，扫描右侧二维码即可获得文件下载方式。资源文件内容包括700多分钟的书中重要知识点和案例的操作讲解视频，以及所有案例的素材和源文件，帮助读者更好地学习和掌握HTML5软件的开发技巧，直接实现书中案例，快速上手前沿应用开发。本书的更多信息，包括本书的勘误和更新内容，也可以在下载资源中找到。

如果大家在阅读或使用过程中遇到任何与本书相关的技术问题或者需要什么帮助，请发邮件至szys@ptpress.com.cn，我们会尽力为大家解答。

本书适合于哪些类型的读者？

本书既适用于初次接触HTML5的新手，又适用于各种HTML5的中级学习者。

对于HTML5新手而言，要在短时间之内熟练掌握HTML、CSS3和JavaScript并非易事。为了使这部分读者学习起来更加轻松，我们精心编排了书中的基础知识和具体案例，使其由浅入深，逐步展开。读者可以先阅读基础知识部分，再按顺序阅读书中的案例，边学边做，在实践中更好地领会和熟悉各种HTML5开发技巧。

对于HTML5中级学习者而言，本书更是一本有用的工具书。这部分读者不必按顺序阅读案例，而是可以根据自己所关注的内容选择性阅读对应案例。同时，读者也可以通过阅读书中的高阶案例展开更加深入的学习。

本书没有讲述的内容

鉴于本书主要针对HTML5的初级和中级学习者，因此一些中大型项目开发中涉及的HTML5知识（特别是JavaScript方面）并未包含在内，如Web Workers、服务器发送事件、JavaScript设计模式和高阶运用等，读者可以查阅其他的JavaScript类专业图书进行更深入的了解。

关于图书其他问题，读者请发送电子邮件至yanglu@ptpress.com.cn，我们会及时回复。

目录 Chapter

第一部分　HTML5基础

第三部分　　HTML5综合案例

HTML5基础

第1章 初探HTML5: 制作一份邀请函

欢迎您从本章开始踏上HTML5的学习之旅!

对于许多初学者来说,HTML5就像是耸立在远处的一座小山,看上去朦朦胧胧,不甚清晰。要详细地了解它,则需要慢慢地走近这座小山,使得山上的树木、溪流、小路、砂石等各种细节能被逐渐看清。本章是写给HTML5初学者的入门章节,也是读者们走近这座小山的一个起点。

站在起点上,也许读者们还不必急于向前迈开大步,一下子扎到标签、属性、参数等细节里面去。因为往往视角突然拉得太近,则只能看到太细致的一角,反而失去了趣味。既然HTML5还在彼端,不如首先远远地欣赏一下它的全貌,看看这幅风景是否令人心旷神怡? 在此,本章为读者们设计了一份HTML5的学习邀请函,这是一个比Hello World之类的应用更为复杂而又有趣的入门作业。希望读者们在阅读本章的过程中,能够粗略地纵览HTML5的全貌,了解到开发HTML5的一些背景知识,并直观地体验一个简单HTML5页面的诞生过程。

接下来,就让我们一起开始HTML5的学习吧!

1.1 开发前的准备工作

在我们动手开发HTML5之前,要先做一些准备工作,其中包括制定开发目标和准备开发环境等。作为本书开篇的第一个HTML5案例,它的开发目标也自然成为了我们的首个学习目标。

1.1.1 制定首个学习目标

首先看看这封致读者的学习邀请函。它是一个经精心设计的HTML5页面,在浏览器中将其打开后,可以发现页面中一共包含了四项元素,分别是大写的英文标题"Let's Learn HTML5",标题和按钮之间的详细说明文字, "邀您参加"的圆角按钮,以及整个页面的背景图像,如图1.1所示。

邀请函页面有一项小小的交互功能。当浏览者单击"邀您参加"按钮后,按钮将变为绿色背景,显示的文字也将变为"报名成功",如图1.2所示。

图1.1 邀请函的实现效果

图1.2 单击按钮后的邀请函效果

这一页面看上去虽然简单,但对于初学者而言,则需要考虑一些最基本的问题,包括: 页面是用什么工具做的? 需要了解并使用到哪些HTML5代码? 如何测试页面效果? 等等。当然,除去这几点外,对于初学者最根本的一个问题则是: 一个HTML5页面的完整实现步骤是怎样的?

获得以上问题的答案就是本书给读者设置的首个学习目标。在随后的章节中,我们将对这些问题逐一进行解答。

1.1.2 准备开发环境

俗话道，"欲善其事，先利其器"，在编写HTML5代码之前，我们需要准备好趁手的开发工具，以及相应的Web测试工具。也只有在适宜的工作环境下，HTML5开发才能够做到事半功倍。

虽然被许多高级的前端开发人员所不齿，但对于初学者而言，最佳的HTML5开发工具仍然莫过于Adobe公司的Dreamweaver软件，如图1.3所示。Dreamweaver的优点在于简便、直观、功能丰富，能够有效降低学习负荷，为不熟悉HTML代码的初学者提供良好的开发支持。但同样是由于Dreamweaver太"傻瓜化"了，它提供的"所见即所得"的编辑功能，很容易使少数初学者养成不良的开发习惯，即安于通过可视化拖拉元素的方式来制作页面，陷入"重样式轻结构"的窘境，这是初学者在使用这个软件的过程中所需要注意避免的地方。

Dreamweaver的详细操作方法并非本书的讲解范畴，实质上它的菜单操作是一目了然的，初学者只需稍稍摸索一下便能够上手使用。以CS6版本为例，选择菜单"文件（File）——新建（New）"，在弹出的对话框的右下角选择文档类型（DoeType）为"HTML 5"，再单击"创建（Create）"按钮，就可以创建出一个新的HTML5文件，如图1.4所示。

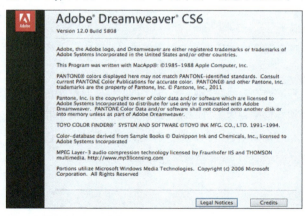

图1.3 Adobe公司的Dreamweaver软件

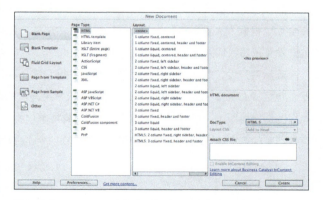

图1.4 在Dreamweaver中新建一个HTML5页面

Dreamweaver为新建的HTML5页面预先设置好了基本的代码结构，如图1.5所示。如果在前一个对话框界面中选择了特定的布局模式，如"流式三列布局"等，则Dreamweaver还将自动生成包括CSS在内的更多相关代码。用户也可以在代码和设计模式间切换，享受所见即所得的开发便利。

当初学者经过一段时间的开发，对CSS、HTML标签

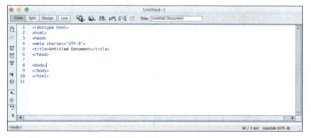

图1.5 Dreamweaver的代码编辑界面

等较为熟悉之后，则可能会更偏向于选择手写代码，Dreamweaver此时显得不那么酷，而且还有些臃肿。在这一阶段，大家可以选择使用像Notepad++这样的纯代码开发工具。Notepad++最大的优点就在于它是完全免费的，并且软

件体积小、响应速度快，其官网下载地址为https://notepad-plus-plus.org，如图1.6所示。

除Notepad++外，Sublime Text也是广受好评的一款纯代码编辑器。在Sublime Text中有一些强大、实用的插件，如Emmet、JsFormat、CSScomb等，功能非常丰富，有助于提高开发效率。此外该编辑器的界面也非常简洁，开发者可以选择自己偏好的代码配色方案，如图1.7所示。

图1.6 Notepad++官网

图1.7 Sublime Text的软件界面

• 注意 •

虽然这种开发方式不那么酷，然而本节仍然强烈推荐初学者使用Dreamweaver软件来开发HTML5，前提是尽可能地在软件的代码编辑（Code）模式而非设计（Design）模式下进行开发，且尽可能不要使用Dreamweaver的自带布局，而是由自己亲手编写这些结构及样式代码。Dreamweaver有着许多历史版本，在代码编辑模式下这些版本的区别都不大，安装任何一种版本均可。

除以上介绍的三种开发工具外，HTML5的开发工具还有很多很多，如EditPlus、Brackets、WebStorm等，开发者完全可以根据个人喜好和所处的开发阶段来自由选择。更有甚者还可以使用电脑中最简单的"记事本"进行HTML5的开发（虽然我们并不推荐这样做）。

既然有开发，那么就相应地需要工具来进行测试，看看开发的效果到底如何。HTML5的测试工具就是各类浏览器，包括Chrome、Firefox、IE、Safari等。如果希望开发的页面能够兼容大部分的浏览器，就需要在电脑中准备尽可能多的浏览器版本，或是安装类似IE Tester这样能够模拟IE6、IE7等历史遗留浏览器的调试工具。但除非制作的页面有着严苛的兼容性要求，一般只需要确保页面在Chrome或Firefox这样的标准浏览器下能够正常显示即可。

• 经验 •

根据百度流量研究院（http://tongji.baidu.com）提供的数据，2015年上半年的浏览器市场份额中，Chrome占比33.39%，排名第1。排名第2至第4的分布是IE 8（24.85%）、 IE 9（6.97%）和IE 6（4.94%），可见旧版本IE的影响力仍然很强。在开发一些重要的、涉及面广的宣传、服务类站点时，开发者仍需要考虑旧版本IE的显示效果。

1.2 制作HTML页面

1.2.1 创建首个 HTML5 页面

在上一节的学习中，相信读者们都已经挑选并准备好了属于自己的开发工具。接下来，我们将着手创建一个HTML5页面。在准备好的开发工具中，首先输入第一行HTML代码，如下：

```
<!doctype html>
```

要知道，每种浏览器内部都有着许多的渲染模式，比如HTML、XHTML等等，我们制作的网页首先需要告诉浏览器如何用正确的方式去渲染它。以上输入的这行代码就定义了一个<!DOCTYPE>标签，它形同一个声明，告诉浏览器要使用标准、兼容的模式来解析渲染这个HTML页面。严格地说这并不是一句HTML5代码，它不像其他HTML标签那样有对应的开头和结尾。读者如果仍然对它感到困惑也不要紧，只需要记住，在制作所有HTML5页面时把它放到第一行即可。

接下来，我们需要为这个HTML5页面构建最基本的结构框架。首先，我们要建立最外侧的"围墙"，用它来囊括整个页面，这需要使用到<html>标签，后续所有的页面内容都将写在这对标签之内。然后，在围墙之内又有两大块面，一部分是页面的"头"，一部分是页面的"身体"，分别用<head>和<body>标签来指定。创建代码如下：

```
<html>
    <head>
    </head>
    <body>
    </body>
</html>
```

> **· 经验 ·**
>
> HTML5对标签大小写并不敏感，如<!doctype…>完全可以写为<!DOCTYPE…>，但为了养成良好的代码书写习惯，建议尽量使用小写字母。此外，书写代码时也最好按照代码的层级结构进行缩进（缩进时建议以2个或4个空格作为缩进值，避免使用Tab缩进），以保持代码结构的清晰。

<head>标签中包含了对HTML5页面各种属性、配置信息的描述，这些代码基本都不会作为页面内容呈现给浏览者，因此某种程度上可以将<head>视作一张"身份证"。这张身份证需要有两项基本的信息，一项是"名字"，另一项是"语言"。

正如每个人都需要有一个名字一样，一张页面也一定需要有一个标题。<head>中唯一必需的元素就是<title>，即页面的标题，在此我们将标题设置为"HTML5学习邀请函"。此外，标注"语言"也是一件重要的事情，这样能便于浏览器正确地解读我们的页面而不会出现乱码。在此我们使用<meta>标签的charset来加以设置，将页面的字符编码指定为"UTF-8"。"UTF-8"是一种通用的编码形式，又被称为"万国码"，这样我们就可以在网页上显示任何语言了。修改<head>部分的代码，如下：

```
<head>
    <meta charset="UTF-8">
    <title>HTML5学习邀请函</title>
</head>
```

> **· 经验 ·**
>
> 除"UTF-8"外，还有许多不同的、范围较窄的编码形式，如简体中文的"GB2312"，简繁体中文的"GB18030"等。但问题在于，当编码设置为"GB2312"后，一旦页面中含有日文或韩文，则这部分字符将显示为乱码。为了避免此类问题，我们强烈建议所有的页面都选择为"UTF-8"的编码形式。

<body>标签中则包含了所有要呈现给浏览者的内容信息。我们先将邀请函的标题放到<body>中，修改<body>部分的代码，如下：

```
<body>
    Let's Learn HTML5
</body>
```

接下来，在代码编辑器中保存这个文件，将其命名为index.html，我们的首个HTML页面便创建好了。使用浏览器打开这个页面，显示效果如图1.8所示。

图1.8 页面测试效果

1.2.2 增加必要的页面元素

目前得到的页面效果还是非常简单的，仅仅有一条英文标题。接下来，我们将在页面中增加说明文字和邀请按钮等页面元素加以充实。

不过，在添加其他元素之前，我们可以让英文标题显示得更美观一些。在上一小节中，这一句英文被直接放入了\<body\>标签里面，从代码里面我们根本看不出这是一条重要的标题。要解决这一问题，只需要将英文放到表示标题的标签之中即可。在HTML的各种标签中，标题标签一共有6个，按层次结构分别为\<h1\>到\<h6\>。既然在这封邀请函中没有其他级别的标题，那么就让我们冠之以\<h1\>这个最大的标题。修改\<body\>代码，如下：

```
<body>
    <h1>Let's Learn HTML5</h1>
</body>
```

接着添加说明文字。在放入文字之前，我们要有一个结构化的想法，而不是像上一节那样直接把内容扔到代码里面去。因为这条说明文字本身是一个文本段落，因此最好的方式是将它放到段落，即\<p\>标签里面。修改\<body\>代码，如下：

```
<body>
    <h1>Let's Learn HTML5</h1>
    <p>发挥您的美感与想象力，探索Web开发的无限可能性，现诚邀您一同踏上HTML5的学习之路。</p>
</body>
```

最后，还需要将邀请参加的按钮加入到页面中。这个按钮实质上就是一个文本链接，单击后将跳转到某个URL。链接的标签为\<a\>，跳转的URL可以用该标签的href属性来指定。在此我们假定单击"邀您参加"字样后，页面将跳转到一个名为invite.php的其他页面。修改\<body\>代码，如下：

```
<body>
    <h1>Let's Learn HTML5</h1>
    <p>发挥您的美感与想象力，探索Web开发的无限可能性，现诚邀您一同踏上HTML5的学习之路。</p>
    <a href="invite.php">邀您参加</a>
</body>
```

保存index.html，在浏览器中打开这个页面，显示效果如图1.9所示。由于设置了标题标签，英文标题的字体变得更粗，字号更大了。在标题的下方是一段说明文字。在该段落下方，"邀您参加"显示为一个带有下划线的蓝色链接。

图1.9 页面测试效果

1.2.3 页面中那些看不见的代码

回看一下当前的页面代码，在\<body\>中，我们加入了一项标题元素，一项段落元素，以及一项链接元素。这些元素都直接位于\<body\>的下级。这就好像在一个空旷的房间里放进去了几件衣服，让人觉得有几分怪异。衣服本来应该是整齐地放在房间的衣柜里的，而现在在我们的代码里，"衣柜"不见了。

要解决这一问题，就需要在页面中加入一些"容器"，或是"区块"。通过将更细小的事物归类放入不同的功能或内容区域中，能够使得页面结构变得井井有条，并且有助于后续的页面美化。HTML5中这样的"区块"有许多，有一些是新增的标签，如\<header\>、\<section\>、\<aside\>、\<footer\>等（我们将在后续章节中详细学习），还有则是\<div\>这样通用的区块。

在这个例子中，由于页面只有几项简单的内容元素，没有涉及在一个页面中存在多个版块的情形，因此并不适用于\<section\>这样的标签。在此，我们只需要使用一个\<div\>将所有内容包含进去即可。修改\<body\>代码，如下：

```
<body>
    <div>
        <h1>Let's Learn HTML5</h1>
        <p>发挥您的美感与想象力，探索Web开发的无限可能性，现诚邀您一同踏上HTML5的学习之路。</p>
        <a href="invite.php">邀您参加</a>
    </div>
</body>
```

\<div\>标签的加入，将所有的内容元素归并到了一个区块中，使页面代码的结构性更强了。为了便于后续进一步控制这个区块的显示，可以赋予这个div以一个"名字"，以直接对应到这个区块。我们的做法是给它添加一个id属性，命名为container。修改\<div\>这一行代码，如下：

```
<div id="container">
```

> **·注意·**
>
> 当页面结构较为复杂，区块较多时，常常会出现\<div\>、\<div\>、\<div\>…扎堆的情况，给代码的阅读增加了很大困难。因此，给div赋予命名，能够在某种程度上增强代码的可阅读性。本例中命名div的id属性为container，读者也可以自由选取其他的命名，但命名需要有涵义，以便于理解div对应的功能或内容。最好不要使用像"a1""a2""a3"这样无意义的命名。

1.3 页面的美化

接下来的几个小节将是制作的重点，即邀请函页面的美化。我们将使用HTML5的核心——CSS来完成这一任务。

1.3.1 制作邀请函的页面背景

首先是页面背景的制作。我们准备了一张名为amazing-sky.jpg的图片来作为邀请函背景，如图1.10所示。由于图片最终需要填满整个浏览器，因此其精度、尺寸都不能太小，否则会显得模糊。图片以1600×1200以上的像素大小为佳。

接下来，将amazing-sky.jpg这一图片文件放置在与index.htm相同的路径下，以便于在网页中引用这张图片，如图1.11所示。

图1.10 amazing-sky.jpg图片

图1.11 将图片放置在与页面相同的路径下

接下来需要创建CSS样式代码，以指定各种页面元素的呈现形式，包括将图片显示为页面背景。不过，在定义CSS样式之前，还要先创建相应的容器来容纳这些样式。我们可以在页面头部创建一个style元素来作为样式的容器。在<head>标签中，增加<style>标签，将type属性设置为"text/css"。代码如下：

```
<head>
    <meta charset="GB2312">
    <title>HTML5学习邀请函</title>
    <style type="text/css">
    </style>
</head>
```

创建好style元素后，就可以在其中添加CSS样式了。首先，我们要将amazing-sky.jpg这张图片设置为页面的背景。在前面的小节学习中，我们已经知道<body>标签包含了所有呈现给浏览者的内容信息，因此只需要给body创建background样式，就能够使图像显示为整个页面的背景。在style中添加代码，如下：

```
<style type="text/css">
    body {
        background:url(amazing-sky.jpg);
    }
</style>
```

以上是我们定义的第一条CSS样式。其中，大括号前的"body"表示样式应用的对象是<body>标签。括号之内为样式的详细内容，在此指定了body的背景属性为图片显示，图片的路径为amazing-sky.jpg，这一路径被包含在url关键字后面的一对括号中。保存index.html。在浏览器中访问该页面，显示效果如图1.12所示。

测试的效果并不尽如人意。由于amazing-sky.jpg的图片尺寸较大（本例中图片达到了3200×2000），远远超

图1.12 背景的初步显示效果

过了当前浏览器的显示分辨率（本例中浏览器大小为1280×800），因此在浏览器中只显示了图片左上角的一块内容。要解决这一问题，需要让背景图片根据浏览器大小进行相应缩放，以确保图片的主体填满浏览器整个区域。此外，为了使背景图片能够居中而非以左上角为原点显示，还需要设置body的background属性在横向和纵向两个方向上居中。最后，浏览器默认是没有给予body高度属性的，要确保图片自适应整屏显示，需要给body以及body的父级（即html）设置height属性，使两者在高度上充满全屏。修改样式代码，如下：

```
html, body{
    height:100%;
}
body {
    background:url(amazing-sky.jpg) center center;
    background-size:cover;
}
```

在以上代码中，我们首先为html和body定义样式，设置两者的height属性为100%；然后为background属性添加两个为"center"的值，前一个代表背景在水平方向上居中，后一个代表背景在垂直方向上居中；最后在body原有样式中添加background-size属性，设置为"cover"。保存并浏览该页面，现在就能看到背景图片填满整个浏览器区域了，如图1.13所示。

图1.13 修改背景样式后的显示效果

由于页面背景为深色，页面文字也是黑色，导致了文字看不清楚。因此我们决定将英文标题和说明文字改为白色。按照一般的做法，需要创建两条样式，分别给h1和p设置字体颜色，而更为简洁的途径是，仅仅设置html的样式，将文字颜色设为白色即可，其内部的子元素将继承这一颜色属性。修改样式代码，添加color属性，如下：

```
html, body{
    height:100%;
    color:#ffffff;
}
```

保存并浏览页面，英文标题和说明文字将显示为白色，显示效果如图1.14所示。"邀您参加"的链接颜色则没有变化，我们将在后续步骤中再对其进行修改。

图1.14 修改文字颜色后的显示效果

1.3.2 调整邀请函的内容区域位置

这封邀请函的文字内容很少，为了能够尽可能衬托文字的重要性，我们希望将文字放在整个页面的正中，这意味着内容区域（即id为container的div）在水平和垂直方向上都需要居中。尽管这一需求很简单，但真正做起来并不是那么简单。

首先来实现水平方向上的居中。我们的思路是，通过设置container这个容器的宽度为100%，即横向撑满整个屏幕，然后再设置其内部的文字居中。为container添加样式代码，如下：

```
#container {
    width:100%;
    text-align:center;
}
```

• **经验** •

在创建CSS样式时，id类型的选择器需要用前缀的"#"来定义。本例中div的id属性为"container"，因此需要使用"#container"这样的指定。

保存并测试页面，文字呈现为居中显示，如图1.15所示。

然后开始制作垂直居中的效果。我们的思路是通过改变container的top属性来改变其垂直方向的位置，最终形成垂直居中。要实现这一效果，首先需要对container的父级，即页面的body作一些必要的属性定义。修改body的样式代码，如下：

图1.15文字居中的显示效果

```
body {
    background:url(amazing-sky.jpg) center
center;
    background-size:cover;
    margin:0;
    padding:0;
    position:relative;
}
```

在以上代码中，我们将body的margin和padding均重置为0，这是一个很常见的做法，能够清除浏览器对页面元素预设的一些默认边距值，使得CSS的自主控制更加精确。此外，我们的目标是要控制container的top属性，而这建立在container的定位方式是"绝对定位"的前提之下。要使得container绝对定位，则必须确保container的父级，即body为"相对定位"方式。在以上代码中，body的position属性被设置为relative，即相对定位。

然后，修改container的样式代码，如下：

```
#container {
    width:100%;
    text-align:center;
    position:absolute;
    top:50%;
}
```

在以上代码中，我们一方面设置container样式的position属性为absolute，即绝对定位，同时又设置container的top属性，使得其顶部位于整个页面50%的位置，即垂直方向的中点。保存并测试页面，可以看到内容区域已经向下移动了，但是并没有垂直居中，如图1.16所示。

图1.16 设置top属性后的内容显示效果

要使得内容区块整体垂直居中，我们还需要做一点补充工作。调整的方案是使container向上方移动，当移动的距离为container内容高度的一半时，就能实现整个区块的垂直居中。比如container整体高度为100像素，则只需向上移动50像素即可。但目前的问题在于，我们并不了解container的高度到底是多少，也许我们可以在页面中测量它的高度并在CSS中写死，但是后续的字体、按钮样式都还未确定，container的整体高度将是一个不断动态变化的值。幸好HTML5为我们提供了解决方案，只需设置transform属性，设置其translateY的数值，使container在Y轴方向上移动-50%，即向上移动其高度的一半即可，而无需声明container具体有多高。修改样式代码，如下：

```
#container {
    width:100%;
    text-align:center;
    position:absolute;
    top:50%;
    transform:translateY(-50%);
    -ms-transform:translateY(-50%); /* IE 9 */
    -moz-transform:translateY(-50%); /* Firefox */
    -webkit-transform:translateY(-50%); /* Safari 和 Chrome */
    -o-transform:translateY(-50%); /* Opera */
}
```

我们来看看上述代码，仅仅是设置一个transform属性，却没料到代码一下子增加了5行。除了第一行的transform属性外，其他几行都是在第一行的基础上增加了一些前缀，如-ms-、-moz-等，给人的第一感觉是比较重复、累赘。然而，这样的定义又是非常必要的。因为各种浏览器对transform属性的支持并不相同，如Safari就并不支持transform，而是支持替代的-webkit-transform属性。为了使得页面在各种浏览器下都能正常显示，我们不得不繁复地多次分别定义。在上述代码中我们用注释的形式标明了每一种定义所针对的具体浏览器。保存并测试页面，现在就可以看到内容区域的垂直居中效果了，如图1.17所示。

图1.17 内容区域的垂直居中效果

1.3.3 调整邀请函的文字字体与字号

在上一小节中，我们对HTML5中的定位、布局、浏览器兼容性等都有了初步的认识。现在，邀请函的背景已经做好了，内容区域的显示位置也已经调整完毕。但是文字还没有呈现我们想要的效果。我们希望文字能变得更大，字体更美观一些。

首先是字体的调整。现在的页面字体显示为了浏览器的默认字体，即宋体（这一默认字体也根据每个人电脑的浏览器设置差异所不同），显得不是太美观。而要选择一种美观的字体取而代之，则必须考虑两个问题，一是这是否是一个类似宋体、黑体的每台电脑上都已经安装好的通用字体？如果使用了一个生僻的字体而用户的电脑并没有安装该字体，则浏览时看到的仍然是默认的宋体字体的页面。即使字体能够以文件方式动态引用，但以中文字体动辄数十兆的大小而言，这并非一种好的解决方案。另一个问题是，在不同的系统中有着不同的默认最佳显示字体，比如在Mac中是系统自带的黑体，而在Windows中则是微软雅黑，那么字体的优先级又该怎么排序呢？

事实上，要解决这些难题，一种简便的方法就是设置font-family属性为sans-serif，即系统默认的无衬线字体。这样的话，同一个页面，在Mac中将显示为优美的黑体，在Windows中则将显示为微软雅黑。修改全局的样式代码，如下：

```
html, body{
    height:100%;
    color:#ffffff;
    font-family: sans-serif;
}
```

• **经验** •
sans-serif无衬线字体是一种优美的、圆润的、适合于屏幕阅读的字体。谷歌在最近的Logo更换中，就舍弃了沿用16年的Serif字体，转而采用了较活泼的sans-serif字体。

在以上代码中，我们将页面的字体属性都设置为了sans-serif。保存index.html，并在Mac的Safari浏览器中测试页面，可以看到字体已经发生了改变，新的系统黑体比起之前的宋体更加适合阅读了，如图1.18所示。

• **注意** •
以上的字体声明仅仅只针对Mac和Windows 8有效。在一些之前的Windows版本中，可能仍然会显示为宋体。

图1.18 设置字体后的显示效果

接下来我们来调整文字的大小。将英文标题的字号放大，并且将英文变为大写，以凸显标题的重要性。创建新的样式代码，如下：

```
h1 {
    font-size:54px;
    text-transform:uppercase;
    margin-bottom:20px;
}
```

在以上代码中，我们将h1标题的字号设置为了更大的54像素。此外，要将英文变为大写，我们根本不需要改动页面中的英文原文，只需要设置text-transform属性为uppercase，就能够使得英文转换为大写，这一做法也从某种程度上显示了CSS的强大。最后，我们还设置了标题的margin-bottom属性，这个属性能够控制h1与下方元素的外部边距，在此我们将其设置为20像素，以使得标题和下方的文字间距保持在一个合理的数值范围内。保存并测试页面，现在就可以看到更为突出的新标题了，如图1.19所示。

图1.19 设置标题样式后的显示效果

下一步我们将设置说明文字的样式，修改的目标是使得段落文字字号更大，且与下方的"邀您参加"拉开更大的距离。创建样式代码，如下：

```css
p {
    font-size:21px;
    margin-bottom:40px;
}
```

以上代码将段落的字号设置为了21像素，比原来的默认字号更大。同时，还设置了段落的margin-bottom属性为40像素，加大了段落与下方链接的距离。保存并测试页面，页面效果如图1.20所示。

图1.20 设置段落样式后的显示效果

1.3.4 制作邀请函的按钮

现在，漂亮的邀请函已初见雏形了，让我们继续加油吧。在上一节中，我们了解了HTML5中字体方面的样式运用，而在本节中，我们将通过制作"邀您参加"按钮，来认识一下HTML5中另一个非常重要的样式运用——边框。

近年来圆角细线按钮颇为流行，在此我们也希望能制作一个这样的按钮样式。圆角细线按钮的精髓在于给按钮周围加上宽度为1个像素的细细的白色边框，并且给边框设置一个非常小的圆角数值（通常为2~4像素），以产生精细的效果。接下来，创建样式代码，如下：

```css
a {
    font-size:18px;
    color:#fff;
    border:1px solid #fff;
    border-radius:3px;
}
```

• **经验** •

#fff是对#ffffff的简写。在CSS中，我们可以将#rrggbb格式的颜色值用#rgb格式来表示。例如#000000可以简写为#000，#112233可以简写为#123。

以上代码定义了页面中<a>链接的样式，将段落的字号设置为了18像素，同时设置字体的颜色为白色。样式还设置了border属性来显示外边框，该属性的三个参数分别代表了边框为1像素宽、实线、白色。此外，样式还设置了边框的border-radius属性，使其带有3个像素的圆角。保存并测试页面，页面效果如图1.21所示。

在以上页面中，按钮的显示并不美观，主要原因是边框线紧紧地贴在文字的四周，给人形成无法呼吸的感觉。此外，页面中的链接默认带有一条下划线，这使得"邀您参加"看上去更像是个超链接，而不是一个按钮。我们需要再作一些改进。修改样式代码，如下：

图1.21 设置链接边框样式的显示效果

```
a {
    font-size:18px;
    color:#fff;
    border:1px solid #fff;
    border-radius:3px;
    padding:10px 100px;
    text-decoration:none;
}
```

以上代码增加了两项属性定义，一是设置了padding属性，给按钮增加了垂直和水平方向的内边距，分别是上下两侧各留10像素内边距，左右两侧各留100像素内边距，二是通过设置text-decoration属性为none来去掉链接的下划线。保存并测试页面，我们就得到了很棒的圆角按钮效果，如图1.22所示。

图1.22 圆角按钮的显示效果

1.3.5 创建一个外部 CSS 文件

不知不觉间，我们已经创建了许多CSS样式。现在，这些样式都被放在<head>的style元素中。如果样式数量继续增加，势必会使得HTML页面的代码显得复杂和冗长。为了使CSS样式得到更好的整理，一种良好的习惯是将样式和HTML代码区分开来，把所有样式代码放在外部的CSS文件中，然后在HTML文件中引入样式文件。

在代码编辑器中新建一个文件，将其保存并命名为css.css，放置在与index.html同一路径下。接下来，将index.html中的样式全部拷贝到新的文件中，代码如下：

```
@charset "UTF-8";
html, body{
    height:100%;
    color:#ffffff;
    font-family: sans-serif;
}
body {
    background:url(amazing-sky.jpg) center center;
```

```
        background-size:cover;
        margin:0;
        padding:0;
        position:relative;
}
#container {
        width:100%;
        text-align:center;
        position:absolute;
        top:50%;
        transform:translateY(-50%);
        -ms-transform:translateY(-50%); /* IE 9 */
        -moz-transform:translateY(-50%); /* Firefox */
        -webkit-transform:translateY(-50%); /* Safari ºÍ Chrome */
        -o-transform:translateY(-50%); /* Opera */
}
h1 {
        font-size:54px;
        text-transform:uppercase;
        margin-bottom:20px;
}
p {
        font-size:21px;
        margin-bottom:40px;
}
a {
        font-size:18px;
        color:#fff;
        border:1px solid #fff;
        border-radius:3px;
        padding:10px 100px;
        text-decoration:none;
}
```

在css.css中，只有第一行是新添加的代码，它用于指定样式文件的字符编码，在此设置为UTF-8编码。接下来，修改index.html，去掉<style>标签，取而代之使用<link>标签来引入CSS样式文件，代码如下：

```
<link href="css.css" rel="stylesheet">
```

现在，CSS文件和HTML文件就被完全区分开来了，文档的结构、分工更加清晰。并且，我们在HTML文件中引入了CSS文件，使得页面的显示效果与之前完全相同。修改后的index.html全部代码如下：

```
<!doctype html>
<html>
<head>
    <meta charset="UTF-8">
    <title>HTML5学习邀请函</title>
    <link href="css.css" rel="stylesheet">
</head>
<body>
    <div id="container">
        <h1>Let's Learn HTML5</h1>
        <p>发挥您的美感与想象力，探索Web开发的无限可能性，现诚邀您一同踏上HTML5的学习之路。</p>
```

```
        <a href="invite.php">邀您参加</a>
    </div>
</body>
</html>
```

· 注意 ·

本例中CSS文件和图片文件都被放置在与index.html相同的路径下。实际上，在制作较为复杂的站点页面时，更好的做法是对站点文件夹加以规划，例如将所有CSS文件放在名为"css"的文件夹下，将所有图片文件放在名为"images"文件夹下，等等，这样整个站点的文件结构会更为清晰。对于较大的项目而言，还需要将CSS文件进一步进行分类。

1.4 为页面创建交互

1.4.1 创建按钮的 JavaScript 交互

HTML5并不仅仅只是我们看到的各种HTML标签，它实际上包含了三类东西，一是HTML，二是CSS（或CSS3），三是JavaScript（简称JS）。在此前的小节中，我们对HTML和CSS都有了初步的了解，却一直尚未提及JavaScript。在本小节中，我们将通过为按钮创建交互功能来揭开JavaScript的面纱。

在此前制作的页面中，单击"邀您参加"按钮，将会使页面跳转到一个并不存在的invite.php页面。接下来的开发计划是，当浏览者单击按钮时，阻止页面发生上述的URL跳转，并将按钮的文字变成"报名成功"，按钮背景色变为绿色，以表示状态的变化。

以上的交互功能都将通过JavaScript来实现，其基本思路是修改按钮这个<a>链接的单击事件，在里面加入一些功能代码。而在此之前，我们需要给按钮赋予一个"名字"或"标记"，使得JavaScript能够找到这个按钮并且控制它的单击。修改index.html中的超链接标签，为其添加名为"enroll"的id属性，代码如下：

```
<a href="invite.php" id="enroll">邀您参加</a>
```

接下来需要创建一个<script>标签，后续的JavaScript代码将写在这个标签里。在此需要考虑的一个问题是，script应放在页面的什么位置呢？答案是既可以放置在head中，也可以放置在body中，但最好的做法是将其置于body底部，以尽可能提高加载速度，并且避免JavaScript代码的提前解析执行。在body中添加代码，如下：

```
<body>
    <div id="container">
        <h1>Let's Learn HTML5</h1>
        <p>发挥您的美感与想象力，探索Web开发的无限可能性，现诚邀您一同踏上HTML5的学习之路。</p>
        <a href="invite.php" id="enroll">邀您参加</a>
    </div>
    <script type="text/javascript">
    </script>
</body>
```

我们的首条JavaScript代码，是定义一个变量来对应"邀您参加"按钮，以便于后续对按钮加以操作。要在JavaScript中定义变量，需要使用var关键字，而要对应到按钮元素，则可以使用document对象的getElementById方法来获取id为"enroll"所对应的元素。在script中添加代码，如下：

```
<script type="text/javascript">
    var enroll = document.getElementById("enroll");
</script>
```

以上代码定义了一个名为enroll的变量，它对应的是页面文档中id为enroll的元素，也就是我们所制作的按钮。如果不是很确定这个变量是否对应成功的话，可以在接下来输入一行alert代码来做个测试，代码如下：

```
alert(enroll);
```

保存并测试页面，如果定义的变量成功对应到按钮的话，浏览器将弹出一个包含了链接地址的提醒框，如图1.23所示。这就意味着JavaScript中的enroll这个变量已经成功地与按钮元素对应了，我们可以将alert这行测试代码删除。

接下来修改enroll的onclick事件（单击事件）对应的函数。在该函数中需要做三件事，一是阻止单击链接后浏览器

图1.23 alert语句的测试效果

默认的URL跳转，这可以通过调用事件的preventDefault方法来实现；二是将enroll的文字从"邀您参加"修改为"报名成功"，这可以通过修改enroll元素的innerHTML属性来实现；最后是将enroll从白色边框透明底色修改为绿色背景，我们可以一方面调用底色的样式设置，设置底色为绿色，另一方面将边框颜色也修改为绿色，从而实现这一效果。在script中添加代码，如下：

```
enroll.onclick = function(e){
    e.preventDefault();
    enroll.innerHTML = "报名成功";
    enroll.style.background = "#27cb8b";
    enroll.style.borderColor = "#27cb8b";
}
```

在以上代码中，e代表调用函数的onclick事件参数，#27cb8b这一RGB颜色值代表鲜绿色，background和borderColor都是JavaScript中style对象的属性，分别代表背景和边框色。保存并测试页面，当单击"邀您参加"按钮后，页面将不再发生跳转，而是会改变按钮的显示外观，如图1.24所示。

我们也可以像创建CSS文件那样，将JavaScript单独存为一份外部文件。首先，在代码编辑器中新建一个文件，保存在与index.html相同的路径下，并命名为enroll.js。接下

图1.24 单击按钮后的显示效果

来，将index.html中的所有script代码移动到enroll.js。enroll.js文件的代码如下：

```
var enroll = document.getElementById("enroll");
enroll.onclick = function(e){
    e.preventDefault();
    enroll.innerHTML = "报名成功";
    enroll.style.background = "#27cb8b";
    enroll.style.borderColor = "#27cb8b";
}
```

然后，将index.html中的script标签修改为外部链接即可。修改后的index.html代码如下：

```html
<!doctype html>
<html>
<head>
    <meta charset="UTF-8">
    <title>HTML5学习邀请函</title>
    <link href="css.css" rel="stylesheet">
</head>
<body>
    <div id="container">
      <h1>Let's Learn HTML5</h1>
      <p>发挥您的美感与想象力，探索Web开发的无限可能性，现诚邀您一同踏上HTML5的学习之路。</p>
      <a href="invite.php" id="enroll">邀您参加</a>
    </div>
    <script src="enroll.js"></script>
</body>
</html>
```

现在，邀请函就初步做好了，这件小作品的完工真是一件令人激动人心的事情吧。此外，我们也生成了三个文件，分别是index.html、css.css，以及enroll.js。这三个文件对应了HTML5的三大要素：HTML、CSS和JavaScript。它们各自发挥不同的功能，HTML可谓是内部的骨骼，CSS是外在的皮肤，而JavaScript则是使一切活动、交互起来的血脉和肌肉。我们与JavaScript的第一次接触就到此为止了，我们还将在后续的章节中继续深入学习和掌握JavaScript。

1.4.2 制作还未结束：页面的移动化

到现在为止，需要实现的效果、功能均已到位，我们的邀请函就似乎已经完全做好了。在过去传统的桌面为王的时代确实是这样的，然而如今已经是移动化的新时代，如果一个页面不去考虑移动端的展示效果，那么它很可能就会成为一件失败的作品。

让我们看看当前制作的页面在移动端究竟是什么样的效果？您可以把已经做好的文件上传到服务器，然后从手机的浏览器中打开页面地址。更简便的方式是直接在电脑中打开Chrome或者Firefox浏览器，选择其中的开发者模式进行测试。

在此，以Firefox浏览器为例，选择菜单项"工具"——"Web开发者"——"响应式设计视图"，就进入了移动端测试模式，如图1.25所示。Firefox为我们提供了多种分辨率供选择，包括320×480、360×640、768×1024等。用户也可以自己输入特定的分辨率进行测试。在此，我们选择320×480这个最基本的分辨率来测试刚制作好的页面。

接下来，在Firefox中打开我们制作的HTML5页面，就可以看到页面在手机端的模拟效果了，如图1.26所示。

图1.25 Firefox的响应式设计视图

图1.26 页面的移动端模拟效果

看到手机端的页面模拟效果，我们的第一感觉是大部分元素的效果都不错，背景，标题、按钮都处在适当的位置，大小也非常契合。但是仍然有一点瑕疵，那就是说明文字在这样小的屏幕分辨率中被挤成了一团，文字紧紧地与屏幕边缘贴在了一起。要解决这一问题也非常容易，只需要给段落样式增加一些左右边距即可。让我们回到css.css，修改段落样式，如下：

```css
p {
    font-size:21px;
    margin-bottom:40px;
    margin-left:25px;
    margin-right:25px;
}
```

在以上代码中我们给段落分别增加了25像素的左右外边距，使其与屏幕能够保持一定的距离。保存CSS文件，在Firefox浏览器中刷新页面，现在说明文字就不再紧贴屏幕边缘了，如图1.27所示。

上述代码的修改并不会对桌面端的页面效果造成影响，并且使得页面同时针对桌面端和移动端都能产生最佳的浏览效果，其重要性可见一斑。因此，对于我们制作的任何页面而言，除非确定用户不会通过移动端来访问该页面，否则页面开发过程中的移动端测试、调优永远是非常重要的一环。

> • 经验 •
>
> 要确保移动端优化质量，不仅需要在最小分辨率下加以测试，在其他分辨率下也应各自加以测试。本例仅在320×480下作了测试。读者可以自己亲手试一试，看看页面在其他分辨率下是否还存在问题，如有的话，如何去加以改进？

图1.27 段落样式调整后的效果

现在，我们的邀请函已经完美收工了。在不知不觉中，我们已经解答了本章初始小节所提出的那些问题。回顾本章的学习历程，我们掌握了HTML5页面的完整实现步骤，认识了页面的制作和测试工具，了解了一些基本的HTML标签结构、CSS样式属性和JavaScript代码，学习了全屏背景、垂直居中、圆角按钮等在内的流行效果和特殊技巧，并且还完成了移动端的优化，这些使得我们向前迈出了HTML5学习中坚实的第一步。在接下来的三个章节中，我们将分别进一步详细地学习HTML、CSS和JavaScript三者的基础知识。

第 2 章 HTML5新手详解

在开始本章的学习之前，有一点必须明确，即我们常提到的HTML5有广义和狭义之分。广义的HTML5是HTML5、CSS3和JavaScript三者的有机结合，而狭义的HTML5则仅仅只包含广义HTML5的第一项内容。本书的第2章至第4章将从新手学习的角度对HTML5、CSS3和JavaScript三者一一展开讲解。其中，本章的标题虽是"HTML5新手详解"，但此处的HTML5表示的是"狭义"的HTML5，即HTML5的标签和属性等。

本章的目的不是罗列一条条标签、一项项属性，也无意做成一部大而全的语言参考手册，而希望能从前端开发的实际需求出发，直接切入工作流程中所必需的HTML5知识。读者可以在W3C的网页中找到关于HTML5所有元素和属性的详尽说明（http://www.w3.org/TR/html5/）。有趣的是，虽然迄今为止HTML5已经流行了数年，各种浏览器也早早就开始了对HTML5的支持，但直到2014年年底，W3C(万维网联盟)才宣布经过接近8年的艰苦努力，HTML5标准规范终于制定完成。也就是说，在此之前我们看到的都是HTML5的"草案"，而并非"正式版"。也正因如此，某些看似熟悉并运用了较长时间的HTML5属性，有可能在最终版本中有着不同的解释。

本章仅仅介绍了HTML5中的部分基础知识，像canvas、localStorage等需要结合JavaScript的内容将放在后续的案例章节中进行讲解。

2.1 HTML代码基础

2.1.1 HTML 基础语法

HTML5的基础就是各种各样的标签。这些标签都有一个共同的特征，即都是由两对尖括号包含起来，在后一对括号中还要加个"/"以表示结尾。例如，当我们要描述一个文本段落时，可以写如下代码：

```
<p></p>
```

在上面这行简短的代码中，p是标签名，它代表了标签的种类为"段落"。前一对尖括号代表标签的开始（起始标签），后一对带斜杠的尖括号则表示标签的闭合（结束标签）。段落的文字内容则可以写在开始和闭合的标签之间，例如：

```
<p>这是一段文字。</p>
```

为了区别不同的标签，或者使标签具有某些功能，我们可以给标签添加属性。属性需要添加在开始标签中，用空格与标签名间隔开来。属性包括属性名和属性值两部分，两者用等号相连。HTML5的语法要求非常宽松，属性值可以用单引号、双引号包含起来，甚至也可以不加引号。例如，给以上段落增加一个id属性，以下代码具有相同的效果：

```
<p id="description">这是一段文字。</p>
<p id='description'>这是一段文字。</p>
<p id=description>这是一段文字。</p>
```

标签可能不止具有一个属性。当有多个属性时，可以用空格将其间隔开来。例如，给段落再增加一个class属性，代码如下：

```
<p id="description" class="red">这是一段文字。</p>
```

标签与标签之间可以嵌套，如在以上段落代码中再嵌入strong标签，以使得字体加粗，代码如下：

```
<p id="description" class="red"><strong>这是一段文字。</strong></p>
```

像p、strong这样的元素又被称为"内容标签"，因为在这些标签中能够包含一段内容。而有的标签却是不包含内容的，比如换行，这样的标签我们称之为"非内容标签"，或是"空元素"。对于"非内容标签"而言，它只有起始标签，而没有结束标签。因此以下代码是错误的：

```
<br></br>
```

正确的换行标签代码如下：

```
<br>
```

在过去的XHTML时代强调把结束标签放在开始标签中，所有代码都需要被正确地关闭，因此换行往往被写为
的形式。而在HTML5中，空元素并不需要关闭，因此即使
在使用上并没有任何问题，我们仍然不倡议使用这样的写法。同理，代表图像的img元素也是一种非内容标签，在过去我们往往写成：

```
<img src="images/bullet.png" />
```

而在HTML5中，建议的写法如下：

```
<img src="images/bullet.png">
```

最后，我们往往需要在页面中加一些注释，被注释的字符将不被显示在页面中。注释的规则是不论单行还是多行，只需要在开始处加以"<!—"，在结束处加以"-->"即可，代码如下：

```
<!--这是一段注释-->
```

2.1.2 页面根元素

在学习了基础语法知识后，我们继续学习整个网页的根元素：html。在html元素中，我们常常需要添加的是lang和manifest属性。

lang属性代表了网页的语言声明，它的设置能够使得页面对于搜索引擎和浏览器更加友好。例如，以下代码分别声明了页面语言为英文、法文和简体中文：

```html
<html lang="en">
<html lang="fr">
<html lang="zh-CN">
```

• 经验 •

上述en、fr等均为语言代码。目前，lang属性语言代码的国际标准是IETF的BCP 47（参见http://tools.ietf.org/html/bcp47）。在该标准中，简体中文更标准的写法应为zh-cmn-Hans。

在html元素中常常设置的另一个属性是manifest，也就是离线页面缓存。Manifest的特点是一旦设置后，浏览器便会将需要缓存的文件保存在本地，这样当用户在下一次访问时，即使是在没有网络连接的情况下也能够正常显示页面内容。

我们用一个简单的例子来加以说明。首先创建一个HTML页面，给html元素设置一个manifest属性，属性的值为"cache.manifest"，这个值对应了将要创建的manifest文件的名称。代码如下：

```html
<!doctype html>
<html manifest="cache.manifest">
<head>
    <title>测试manifest缓存</title>
    <link href="css.css" rel="stylesheet">
</head>
<body>
</body>
</html>
```

在HTML文件中我们也引入了一个名为css.css的样式文件，该文件定义了页面的背景颜色为橙色，文件代码如下：

```css
body{
    background:#E67E22;
}
```

接下来，我们希望通过创建html属性中指定的cache.manifest文件，来使得浏览器能够缓存css.css。打开代码编辑器，新建文件并输入如下代码：

```
CACHE MANIFEST
#修改时间：2015-7-30 5:05
CACHE:
css.css
```

在以上代码中，第一行是manifest文件的声明；第二行是一段注释，以#开头，在注释中可以标明这个manifest文件的版本或是修改时间；第三行"CACHE"是对需要缓存的文件的声明，其后为缓存的文件列表，在此声明了css.css文件作为缓存的对象，如果有多个需要缓存的文件，则每一个文件路径都需要各占一行。将该文件保存并命名为cache.manifest，放置在与HTML页面相同的路径下。

接下来，将HTML、CSS以及manifest文件上传到服务器，然后在浏览器中打开页面，现在可以看到整个页面显示为橙色背景。我们可以查看浏览器是否已经缓存了css.css。以Chrome为例，选择菜单项"视图"——"开发者"——"开发者工具"，进入开发者视图，然后选择"Resources（资源）"——"Application Cache（应用缓存）"，在该界面中，可以看到浏览器已经将css.css进行了缓存。除css.css外，HTML和manifest这两个文件也被放入了缓存，如图2.1所示。

图2.1 manifest缓存文件

> **· 经验 ·**
> 在manifest文件中，除CACHE声明哪些文件被缓存外，还有NETWORK和FALLBACK这两种关键字，分别用于声明哪些文件永远不被缓存，以及在无法建立连接的情况下显示的回退页面。此外，CACHE声明也可以被省略。

在浏览器缓存了css.css的情况下，不管怎么修改样式表，页面的显示样式都不会发生改变。例如将body样式的背景色改为绿色（#27AE60），上传并刷新页面，页面背景仍将显示为最初的橙色。而要使得浏览器重新缓存文件，只能通过修改manifest文件来实现。好在我们在manifest文件中的第二行放置了一行注释，我们只需要修改注释中的时间或者文件版本，使文件内容发生变化即可。代码如下：

```
CACHE MANIFEST
#修改时间：2015-7-30 7:49
CACHE:
css.css
```

再次刷新页面，浏览器将重新缓存页面，页面的背景颜色也得以更新，如图2.2所示。

> **· 经验 ·**
> Manifest主要适用于不依赖网络，且下载后不需要再次更新的HTML5游戏、应用或页面，在需要频繁或偶尔更新内容的页面中应慎用manifest。总体来说，其应用面目前还较窄。

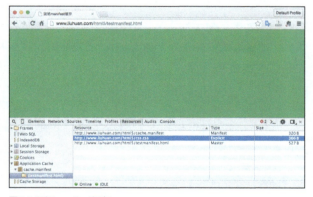

图2.2 更新manifest缓存

2.1.3 文档元数据

在html根元素之下依次包含了head和body元素。其中，本书第一章已对head元素有所介绍，我们当时称head是一张"身份证"。而更精确地说，head元素应是HTML文档中所有元数据（Metadata）的集合之处。Head元素包含了五个主要部分，分别是title、link、style、 base和meta元素。

title元素即网页的标题，我们已经在第一章中接触过。作为一张页面的"名字"，title将被显示在浏览器的标题栏，或是用户收藏夹、历史浏览记录等醒目位置，因此如何为页面取一个好的标题显得非常重要。总体来说，title元素需要尽可能方便用户直观地了解整个页面的内容。

link元素定义了文档与外部资源的关系。在第一章中，我们使用了这一元素来引入CSS文件。除CSS外，还有许多其他外部资源也通过这一元素引入页面。如以下代码定义了页面在各种浏览器中显示的favicon图标，图标的文件路径是favicon.ico：

```html
<link rel="shortcut icon" type="image/ico" href="favicon.ico">
```

link元素也用于指定一些特殊设备的私有资源。如以下代码定义了将页面添加到iOS设备主屏时显示的图标为apple-touch-icon.png这一位图文件：

```html
<link rel="apple-touch-icon" href="apple-touch-icon.png">
```

如果不希望iOS系统对图标添加默认的圆角和高亮效果，则可以用apple-touch-icon-precomposed代替apple-touch-icon。如以下代码定义了iOS设备中默认的57×57及更大的72×72主屏图标：

```html
<link rel="apple-touch-icon-precomposed" href="icon-57.png">
<link rel="apple-touch-icon-precomposed" sizes="72x72" href="icon-72.png">
```

在博客类网页中，我们也可以通过设置类型为rss+xml的link元素，来便于用户在浏览器中添加RSS订阅，代码如下：

```html
<link rel="alternate" type="application/rss+xml" title="My Blog" href="rss.xml">
```

style元素用于在页面中定义样式，我们已经在第一章运用过这一元素，在此不展开介绍。

base元素被用于标记文档的基础URL地址。例如，将"http://www.liuhuan.com/html5/"设为页面的基准URL，则当页面中存在某个值为a.htm的链接时，该链接对应的地址实际上是http://www.liuhuan.com/html5/a.htm，代码如下：

```html
<base href="http://www.liuhuan.com/html5/">
```

此外，base元素还可被用于设置全局的浏览器打开方式。例如，设置页面中所有的链接均在新窗口中打开，代码如下：

```html
<base target="_blank">
```

meta元素是head中种类最为丰富的一类元素，它指定了除以上几类元素之外的所有其他的文档元数据。最常见的meta元素即第一章中曾经介绍过的charset字符编码，这也往往是我们放在页面最前端的代码（放在title元素之前最佳），这有助于浏览器在第一时间选择合适的编码。

由于360等双核浏览器在国内用户中的盛行，在charset之后，我们往往紧跟着添加renderer这一meta元素来指定浏览器的渲染内核，以便页面在桌面端以最佳的方式呈现。这一元素又被称为内核控制标签，其content属性的取值为webkit，ie-comp，ie-stand之一（区分大小写），分别代表使用webkit内核，IE兼容内核，IE标准内核。其中最常用的是webkit内核，又被称为"极速核"，代码如下：

```
<meta name="renderer" content="webkit">
```

除内核控制标签外，我们还常常通过以下代码来使得IE内核浏览器优先使用最新版本引擎渲染页面，并且在安装了Google Chrome Frame扩展插件的浏览器中激活Chrome Frame作为渲染引擎，其目的同样是避免浏览器使用兼容模式，使得页面尽可能以最佳方式呈现：

```
<meta http-equiv="X-UA-Compatible" content="IE=edge,chrome=1">
```

除控制渲染的meta标记之外，与搜索引擎优化（Search Engine Optimization，SEO）相关的meta元素几乎是每张页面中都必不可少的，即使现在这些标记对于SEO的作用已越来越不那么重要了。如以下meta代码定义了页面的关键词（keywords）和描述内容（description），其中keywords标记的关键词内容需要以逗号进行分隔：

```
<meta name="keywords" content="HTML5，前端，代码，样式">
<meta name="description" content="这是一张HTML5前端开发的教程页面">
```

有时候我们需要控制搜索引擎的抓取行为。当不希望页面被抓取并公开时，我们可以在页面中添加名为robots的meta标记，代码如下：

```
<meta name="robots" content="none">
```

在以上代码中，content的值为none，代表页面文件将不被检索，且页面上的链接不可以被查询。而如果希望文件和链接都能够被检索和查询，则可以将参数值修改为all，代码如下：

```
<meta name="robots" content="all">
```

出于移动端浏览的特殊性，一些专门的meta元素标记应需而生。例如，在手机中浏览网页时，页面中的数字往往被自动识别为电话号码，从而显示为拨号的超链接。这一问题可以通过设置format-detection标记来加以解决，代码如下：

```
<meta name="format-detection" content="telephone=no">
```

同理，我们也可以避免手机浏览器对页面中邮箱地址的自动识别，代码如下：

```
<meta name="format-detection" content="email=no">
```

通过设置HandheldFriendly的meta标记为true，还可以使页面针对老式的手持设备优化，代码如下：

```
<meta name="HandheldFriendly" content="true">
```

• 经验 •
我们将在后续的移动及响应式设计章节详细讲解meta标记针对移动端优化的内容，包括viewport的设置等。

meta元素还能完成诸如刷新、重定向、缓存时间等功能。如以下代码指定页面每过300秒，也就是每5分钟刷新一次页面：

```
<meta http-equiv="refresh" content="300">
```

以下代码设置页面在0秒以后，也就是在页面加载的同时立刻跳转到搜狐主页，代码如下：

```
<meta http-equiv="refresh" content="0;URL=http://www.sohu.com">
```

以下代码设置了页面在缓存中的过期时间为2015年8月12日13点43分22秒，超过该GMT时间，则当用户访问页面时将再次向服务器发送更新请求：

```
<meta http-equiv="expires" content="Wed, 12 Aug 2015 13:43:22 GMT">
```

此外，在meta元素中还有许多非常个性化的标记。例如，在手机浏览器中使用百度搜索并访问某个网站时，百度会自动将该站点进行转码，而非显示原网站。如果您的站点本身就是针对移动端优化的，那么并不需要这样的转码"优化"，则可以通过以下的代码强制百度跳转进入原网页：

```
<meta http-equiv="Cache-Control" content="no-siteapp">
```

除以上介绍的标记外，还有很多其他的meta元素，而随着硬件设备、浏览器技术的不断发展，这样的新元素将层出不穷。只要大家在开发的过程中多学习、多积累，要掌握和理解这些元素的使用方法并非是一件困难的事情。

2.1.4 区块元素

在学习了html和head元素后，紧接着要学习的就是HTML5的主体，即body元素。

就像人的身体分成多个部分一样，body元素由不同的"区块"所构成（Sections），这些区块组合起来，就构成了我们所能看到的页面。与之前的HTML版本所不同的是，HTML5的区块是一种语义化的区块。也就是说，通过阅读代码，我们也能够很容易地辨别每个区块的功能和用途。

在开始这些区块元素的学习之前，不妨让我们先看看一张典型的Web页面有哪些主要的组成部分，如图2.3所示。

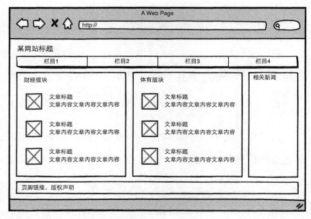

图2.3 一张典型的Web页面

我们可以把以上页面大致分为四大部分，分别是头部区域、内容区域、侧边栏区域和页脚区域。其中，头部区域包括了页面的标题、LOGO以及主菜单；内容区域往往是页面中面积最大的一块区域，同时也是页面的主要内容显示区域，在这一区域中又包含了不同的版块，如财经版块、体育版块等，在每一个版块中又包含了若干篇文章；在页面一侧是侧边栏区域，在这一区域中往往包含了一些与页面相关的内容，如相关的文章、广告、引用、链接等；在页面的底部是页脚区域，往往包含了一些页脚链接、友情链接和版权声明信息。

在HTML5之前，我们在处理上述的页面时，往往是用多个div嵌套的方式，代码如下：

```
<body>
    <div>
        <h1>页面标题</h1>
        <div>主菜单</div>
```

```
        </div>
        <div>
            <h2>体育版块</h2>
            <div>文章1</div>
            <div>文章2</div>
            <div>文章3</div>
        </div>
        <div>
            <h2>财经版块</h2>
            <div>文章1</div>
            <div>文章2</div>
            <div>文章3</div>
        </div>
        <div>
            <h2>相关新闻</h2>
            <div>相关内容</div>
        </div>
        <div>页脚信息</div>
    </body>
```

从以上长篇累牍的div代码嵌套中,我们很难清晰地看出整个页面的结构,更不用说浏览器自动辨识了。接下来,我们将使用HTML5的语义化标签,来使得上述代码看上去更加友好。

首先我们来处理页面的头部区域,该区域的大致位置如图2.4所示。

可以说,几乎任何页面都有这样的一个"页头"。HTML5中新增了header元素,专门用来表述这样的头部区域,创建代码如下:

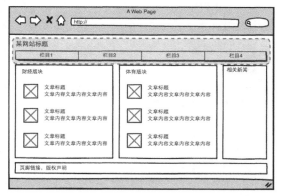

图2.4 页面的头部区域

```
<body>
    <header>
        <h1>这是整个页面的标题</h1>
    </header>
</body>
```

在以上代码中,我们创建了一个header元素来对应头部区域。在header中还以h1的形式放置了整个页面的标题。一般来说,header元素应该包含页面的描述和导航信息。在此,我们可以用nav元素来对应导航信息,即页面的主菜单,并在nav中使用列表元素来显示菜单项。代码如下:

```
<body>
    <header>
        <h1>页面标题</h1>
        <nav>
            <ul>
                <li>栏目1</li>
                <li>栏目2</li>
                <li>栏目3</li>
            </ul>
        </nav>
    </header>
</body>
```

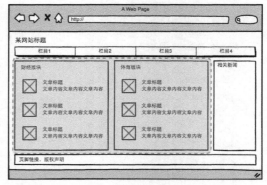

图2.5 页面的内容区域

至此，我们已经完美地完成了头部的语义化代码。接下来将处理页面的内容区域，该区域的大致位置如图2.5所示。

在HTML5中，我们可以用新的section元素对应不同的内容版块。section还可以用于定义文档中的某一章节或某一部分。在此我们需要创建两个section来分别容纳不同的版块内容。代码如下：

```html
<section>
        <h2>财经版块</h2>
</section>
<section>
        <h2>体育版块</h2>
</section>
```

由于整个页面的标题已使用了h1标签，为了进一步凸显标题的"梯度"，在以上代码中将section中的版块标题设置为了h2，以使得版块标题在层级上次于页面总标题。接下来，我们需要在各个版块中添加文章。每一篇文章可以用一个article元素来表示，代码如下：

```html
<section>
        <h2>财经版块</h2>
        <article>
                <h3>第一篇财经文章标题</h3>
                <p>第一篇财经文章内容</p>
        </article>
        <article>
                <h3>第二篇财经文章标题</h3>
                <p>第二篇财经文章内容</p>
        </article>
</section>
<section>
        <h2>体育版块</h2>
        <article>
                <h3>第一篇体育文章标题</h3>
                <p>第一篇体育文章内容</p>
        </article>
        <article>
                <h3>第二篇体育文章标题</h3>
                <p>第二篇体育文章内容</p>
        </article>
</section>
```

以上代码分别在两个不同的section中创建了两个article元素，代表两篇不同的文章。article元素中的标题元素非常重要，考虑到标题的层级性，我们使用了h3作为标题元素，以使其次于section的h2。每一篇文章的内容可以被视为是一个文字段落，在此使用了p元素来加以容纳。

article作为页面中某一个独立的成分和部位，它还能够含有自己的header、footer或是section。以一篇完整的文章为例，我们可以将标题放在header中，并将文章发表日期等信息放在底部的footer，这样一篇文章将显得既五脏俱全，又结构清晰。代码如下：

```
<article>
    <header>
        <h3>冲浪双人组高难度托举令人叫绝</h3>
    </header>
    <p>海上冲浪本就是一件非常需要技巧的事情，然而近日在美国夏威夷岛威基基海滩参加双人冲浪比赛的二人组却将体操和冲浪结合在一起，用各种超乎想象的板上高难度托举动作赢得满堂喝彩。</p>
    <footer>
        <p>文章发表日期：<time datetime="2015-08-01 13:00">2015年8月1日 13:00</time></p>
    </footer>
</article>
```

除主要的内容区域外，我们往往将一些其他的内容放在侧面次要的位置，如相关新闻链接、专栏作者介绍、广告等，该区域的大致位置如图2.6所示。

页面的侧边栏区域可以用aside元素来表示，代码如下：

```
<aside>
    <h2>相关新闻</h2>
    <p>这里是一些相关的新闻内容</p>
</aside>
```

图2.6 页面的侧边栏区域

aside元素不仅可以放在整个页面中代表侧边栏区域，它还能被放入section或article中，来容纳一些与版块和文章相关的内容。比如在之前的冲浪文章中，我们可以加入一些相关文章推荐，这些推荐和文章内容是彼此分开的，因此我们可以考虑将其放在aside元素中，代码如下：

```
<article>
    <header>
        <h3>冲浪双人组高难度托举令人叫绝</h3>
    </header>
    <p>海上冲浪本就是一件非常需要技巧的事情，然而近日在美国夏威夷岛威基基海滩参加双人冲浪比赛的二人组却将体操和冲浪结合在一起，用各种超乎想象的板上高难度托举动作赢得满堂喝彩。</p>
    <aside>
        <p>冲浪运动的相关文章推荐</p>
    </aside>
    <footer>
        <p>文章发表日期：<time datetime="2015-08-01 13:00">2015年8月1日 13:00</time></p>
    </footer>
</article>
```

最后，我们需要制作页面的页脚，该区域的大致位置如图2.7所示。

页脚区域往往被用来放置版权声明、页脚链接等。我们可以用footer元素来容纳这些内容，代码如下：

```
<footer>
    <p>版权所有 2015</p>
</footer>
```

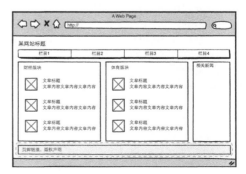

图2.7 页面的页脚区域

现在，我们就得到了一个HTML5的body元素结构，又可以称为DOM结构（文档对象模型，Document Object Model）。这一结构中包括了header（头部）、section（版块）、aside（侧边栏）和footer（页脚）四大部分，有的部分还包括了更加次级的语义元素，如article等。现在，光是通过阅读代码，就能够对页面结构产生非常清晰的认识了。代码如下：

```
<body>
  <header>
    <h1>页面标题</h1>
    <nav>
      <ul>
        <li>栏目1</li>
        <li>栏目2</li>
        <li>栏目3</li>
      </ul>
    </nav>
  </header>
  <section>
    <h2>财经版块</h2>
    <article>
      <h3>第一篇财经文章标题</h3>
      <p>第一篇财经文章内容</p>
    </article>
    <article>
      <h3>第二篇财经文章标题</h3>
      <p>第二篇财经文章内容</p>
    </article>
  </section>
  <section>
    <h2>体育版块</h2>
    <article>
      <h3>第一篇体育文章标题</h3>
      <p>第一篇体育文章内容</p>
    </article>
    <article>
      <h3>第二篇体育文章标题</h3>
      <p>第二篇体育文章内容</p>
    </article>
  </section>
  <aside>
    <h2>相关新闻</h2>
    <p>这里是一些相关的新闻内容</p>
  </aside>
  <footer>
    <p>版权所有 2015</p>
  </footer>
</body>
```

由于对各区块的标题、内容进行了分级，当保存并测试以上页面时，我们也能够在浏览器中得到较为清晰的页面外观结构，如图2.8所示。

通过本小节的学习，我们了解了header、section、article、aside、footer等语义化区块元素的使用方法，也掌握了h1、h2、h3这样的标题元素的层级递进用法。在接下来的小节中将进一步介绍HTML5中关于分组内容方面的元素知识。

图2.8 页面的测试效果

2.1.5 分组内容元素

除前一节的各类区块元素外，在实际使用中，我们还需要将页面内容以各种形式进行"分组"（Grouping content）。最简单的分组莫过于分段了，我们将长篇的文字分成数个段落，也就是数个<p>，使得文字更容易被阅读。此外，我们常常将菜单项中的各个链接做成<ul>列表，以便于将其分隔管理，因此列表也是某种形式上的内容分组。而用途最为广泛的分组则莫过于<div>了，在不考虑语义要求的前提下，几乎所有的分组都能由这一个元素来完成。在本节中，我们将对这些分组内容的相关元素展开学习。

首先，让我们看看最常见的p元素，它代表了一个文字段落，其用法也非常简单，代码如下：

```
<p>这是第一段文字。</p>
<p>这是第二段文字。</p>
```

> **· 注意 ·**
> 不是所有文字段落都适用p元素。如当某段文字为联系信息时，则应使用address元素而非p元素。

div元素是使用频率非常高的元素，我们也可以将其视为一种分组内容元素。由于div自身不带有任何意义，在HTML5强烈要求代码语义化的大背景下，div被视作一种"最后的解决方案"，也就是优先使用header、section、article、aside、footer等语义化区块元素，在这些元素都不适用的情形下再使用div。以下代码示例中包含了四段文字，前两段为简体中文，后两段为英文，为了区分不同的语言，我们使用了div元素，代码如下：

```
<div lang="zh-CN">
  <p>这是第一段文字。</p>
  <p>这是第二段文字。</p>
</div>
<div lang="en">
  <p>This is the first paragraph.</p>
  <p>This is the second paragraph.</p>
</div>
```

> **· 经验 ·**
> 当前，业界在弃用div，尽量采用语义化标签方面依然存在一些分歧。因为不是每一个页面都像上一小节所绘制的页面那样理想化，在实际开发中需要协调种种问题，包括内容、布局、外观、开发进度等等，要完全采用语义化标签是非常困难的。以流行的BootStrap框架为例，在该框架中就依然大量运用了div元素。对于初学者而言，用好div也是一个不错的开端，而不必在所有页面中都硬套语义化标签。

列表是另一种常用的分组内容元素。一个简单的列表代码如下：

```
<ul>
   <li>I Walk the line</li>
   <li>Out among the stars</li>
   <li>Rock and roll shoes</li>
</ul>
```

以上代码中，ul元素表示一系列列表项的集合，li元素是ul的子元素，表示单个的列表项。当没有自定义样式时，浏览器会给予列表项默认的样式显示，如图2.9所示。

在ul元素中，列表项的顺序被认为并不重要，即使切换了列表项的前后顺序，整个列表的含义也不会受影响。而对于有先后顺序，或是改变排序将影响意义表达的列表项，则不应使用ul元素，而应使用ol元素，代码如下：

- I Walk the line
- Out among the stars
- Rock and roll shoes

图2.9 ul列表默认样式

```
<ol>
   <li>I Walk the line</li>
   <li>Out among the stars</li>
   <li>Rock and roll shoes</li>
</ol>
```

以上代码在浏览器中测试时，ol元素的li列表项将显示为数字顺序，如图2.10所示。

ol元素除默认的数字顺序外，还有大小写字母和罗马数字等顺序格式，如将ol元素的type属性指定为a，使其顺序格式设置为小写字母，代码如下：

1. I Walk the line
2. Out among the stars
3. Rock and roll shoes

图2.10 ol列表默认样式

```
<ol type="a">
   <li>I Walk the line</li>
   <li>Out among the stars</li>
   <li>Rock and roll shoes</li>
</ol>
```

以上代码在浏览器中测试时，列表项将显示为"a，b，c"这样的小写字母顺序，如图2.11所示。

除ul和ol外，还有一种更加自定义的列表形式，它是三种元素的组合：dl、dt和dd。其中，dl是最外围的元素，它代表了一项内容的集合。在内容集合中存在多种类型的内容，每一类内容的标题都由dt来加以指定，具体的内容项则以dd指定。例如，我们要描述一系列的车站信息，其中，每一个车站可以用一个dl来表示，车站的每一类信息的标题用dt表示，信息内容用dd表示，代码如下：

a. I Walk the line
b. Out among the stars
c. Rock and roll shoes

图2.11 ol列表小写字母顺序样式

```
<dl>
   <dt>名称</dt>
      <dd>蒲坝站</dd>
   <dt>级别</dt>
      <dd>四等车站</dd>
   <dt>业务</dt>
      <dd>办理旅客乘降</dd>
      <dd>办理行李、包裹托运</dd>
      <dd>办理整车货物发到</dd>
</dl>
```

即使没有定义任何CSS样式，以上代码在浏览器中测试时仍然显示出了很强的可读性，其显示效果如图2.12所示。

另一种较常使用的内容分组元素为figure元素，它主要被用于展示插图、图表、照片、代码列表等。例如，我们要显示一副埃菲尔铁塔的插图，则代码如下：

图2.12 自定义列表测试效果

```
<figure>
<img src="tower.png" alt="埃菲尔铁塔">
<figcaption>巴黎最高的建筑物：埃菲尔铁塔</figcaption>
</figure>
```

从以上代码可见，figure元素中的标题将不再使用h1、h2这样的元素，而是使用专有的figcaption元素。借助这一例子，我们也间接学习了img元素的使用方法，其中src属性用于设置图片的路径，alt属性用于设置图片的说明文字。figure元素的显示效果如图2.13所示。

图2.13 figure元素测试效果

· 经验 ·

由于HTML5对于代码语义的强调，因此img元素中的alt属性的重要性较高。alt属性指定了替代文本，当图像无法显示或者用户禁用图像显示时，能够代替图像在浏览器中的显示，因此它也是提升页面可访问性的重要因素。初学者在页面中插入图片时，需要牢记在alt属性中添加适合于图片的文字描述。

在HTML5中加入了一种新的内容分组元素，用来指定页面中的主要内容，即main元素。每一张页面最多只能有一个main元素。比如在某一主题为"自行车越野"的页面中有数篇关于体育的文章，但只有其中一篇文章是本页面的主题，则这篇文章可以用main加以指定，代码如下：

```
<main>
  <article>
    <h1>自行车越野</h1>
    <p>自行车越野简称BMX...</p>
  </article>
</main>
<article>
  <h1>竞技攀登比赛</h1>
  <p>在野外攀爬天然生成的岩壁...</p>
</article>
```

在本节中，我们认识了一些主要的内容分组元素，包括p、div、ul、ol、li、dl、dt、dd、figure、main等。除这些元素外，像表示水平分隔线的hr，表示源代码的pre，代表引用的blockquote等都同样属于内容分组元素的范畴，读者如果希望深入了解这些元素，可以访问在线的W3School站点来查看相应的参考手册（网址：http://www.w3school.com.cn）。

2.2 HTML常用元素

前几个小节主要介绍了HTML5中大块面的元素，接下来的章节将更聚焦于HTML5的细节，对HTML中的常用元素一一展开介绍。

2.2.1 文本

在本节中，我们将一起来了解页面文本方面的HTML知识。

提到文本，最常用的一种文本元素莫过于链接了。以下是一句简单的链接代码，设置文字"My Home"的链接为home.html：

```
<a href="home.html">My Home</a>
```

如果希望在新窗口中打开以上链接，则可以加上target属性，代码如下：

```
<a href="home.html" target="_blank">My Home</a>
```

a元素有趣的地方在于它实际上是一种类似包裹的东西，不仅能包裹文字，还能包裹图片、段落、列表、表格等，甚至包裹整个section（但不能围绕交互式内容，如按钮或其他链接），如以下代码：

```
<a href="html5.html" target="_blank">
  <section>
    <h1>HTML5的革新</h1>
    <p>了解超链接中的诸多新特性</p>
  </section>
</a>
```

以上代码给整个section添加了超链接，其浏览器测试效果如图2.14所示。

图2.14 section的超链接效果

> **• 经验 •**
> 在过去的HTML版本中，a还可以被当做锚点，如<a name="ar1"></a>。然而在HTML5中已经去掉了a元素的这一特性，当href属性缺失时，它被视作一个占位符，而不会显示为一个超链接。

span元素是另一种常见的文本元素，它常常被用来组合文本，以便于有针对性地设置相应的样式。在span的运用中往往结合了class或者id属性。例如，当我们希望对一段话中的个别文字专门设置某种颜色时，就需要将文字用span加以标记，并标注对应了某种颜色的CSS样式。示例代码如下：

```
<p>这段文字有<span class="red">红</span><span class="green">绿</span><span class="blue">蓝</span>三种颜色。</p>
```

> **• 经验 •**
> 如果不对span设置样式，则span中的文本和其他的文本看上去不会有任何差异。

在HTML5中有两种表示强调的文本元素，分别为em和strong。其中，em元素更多代表语义、语气的加强，而strong则更加强调页面文本重要性、紧急程度等，示例代码如下：

```
<p><em>北京</em>获得2022年冬奥会主办权</p>
<p><strong>北京</strong>获得2022年冬奥会主办权</p>
```

以上代码的测试效果如图2.15所示。浏览器中em默认显示为斜体，而strong则显示为粗体。

当我们希望将某些文本放大显示（如促销信息），某些文本缩小显示时（如版权信息），可以分别使用big和small元素，示例代码如下：

图2.15 em和strong测试效果

```
<p>当前热门促销活动：</p>
<p><big>特价！啤酒节满199-100元</big></p>
<p><small>任何媒体、网站或个人未经协议授权不得转载本页面信息</small></p>
```

在以上代码中，big标记的文本显示将大于普通的段落文本，而small标记的文本则小于普通的段落文本。代码测试效果如图2.16所示。

当文本中需要插入引用时，有q和cite两类元素可供使用。当需要插入某句被引用的话，或者某段文字摘录时，可以使用q元素，而当需要插入文献的标题、作者、链接时，可以使用cite元素。示例代码如下：

图2.16 big和small测试效果

```
<p>《图书馆的故事》作者<cite>勒纳</cite>写道：<q>公元前48年，恺撒发动亚历山大战争时，意外的火灾摧毁了图书馆……烧毁四十万卷图书。</q></p>
```

q元素将默认在头和尾分别加上双引号，而cite元素则默认显示为斜体，代码测试效果如图2.17所示。

> **· 经验 ·**
> 请注意p元素与q元素的书写区别，两者往往容易混淆。

图2.17 q和cite元素测试效果

在过去是常见的用于文本换行的元素，而在HTML5中，它的用途被大大限制。由于段落和段落之间本身会存在换行，且一些非语义化的换行效果也可以由CSS样式来完成，因此
只能用于一些非内容性的换行，比如诗句或是地址中的换行。示例代码如下：

```
<p>我要冲出去到了蒙古飞砂的平原<br>
你要我留住时间<br>
我说连空间都是残忍的</p>
```

除以上元素外，HTML5中还有着大量令人眼花缭乱的其他文本元素，如abbr、time、code、sub、sup等，而对于初学者来说，首先掌握最常见的文本元素就已经足够了，当实战中需要使用到特殊的文本元素时，可以再查阅相关的语言手册。

2.2.2 表单

在HTML5中表单类元素有着非常大的改变，它们给人的第一感觉是，各种表单元素越来越人性化，功能越来越丰富了。本节将通过制作一个仪器预约表单来介绍这些最新的表单元素特性。

在制作表单之前，最好先在纸上绘制一份草图，以便对表单有清晰的规划。本例中要制作的表单项包括了预约人的姓名、性别、电话、邮箱、预约时间、预约仪器等，如图2.18所示。

接下来开始表单的制作。首先，使用form元素来创建一个表单，代码如下：

```html
<form>
</form>
```

图2.18 表单规划草图

表单的作用是将数据提交到某个应用页面，以便对表单数据加以进一步处理。在制作时需要给表单设置method和action属性，分别用来指定表单提交数据的方式和目的页面。在此设置使用post方式提交数据，并将数据提交到server.php这个页面，代码如下：

```html
<form method="post" action="server.php">
</form>
```

• 经验 •

数据提交方式主要有两类，分别为post和get。两者之间的差异简单来说，get是把数据放在URL中，以明文的方式发送给后台（类似浏览器地址栏中带参数的URL），它不能传输过大的数据，也不能传输文件类数据，而post是把数据放在数据体内再发给后台，数据不能直接被看到，可传输的数据量较大。我们在制作表单时一般都选择使用post方式。

接下来创建姓名输入框。代码如下：

```html
<form method="post" action="server.php">
  <p>姓名：<input name="username" type="text"></p>
</form>
```

在上述代码中，使用了type属性为text的input元素作为文本输入框，这也是最常见的一种输入框。输入框还被添加了name属性，这样后台的php程序就能够使用类似$post_data['username']这样的代码来获取表单中的数据。

上述代码也有进一步优化的空间。当前，"姓名"文字和输入框之间并没有任何关联，而常见的做法是使用label标签对两者加以捆绑，这样可以使得文字对输入框起到说明的效果，同时扩大表单的选取范围，代码如下：

```html
<form method="post" action="server.php">
  <p><label>姓名：<input name="username" type="text"></label></p>
</form>
```

我们还可以进一步为输入框加上placeholder（占位符）属性，以便显示更为详细的表单填写说明文字，代码如下：

```html
<form method="post" action="server.php">
  <p><label>姓名：<input name="username" type="text" placeholder="请输入您的姓名"></label></p>
</form>
```

输入框占位符的显示效果如图2.19所示。

• 经验 •

我们还可以为input元素添加required属性，使得该表单项必填，也可以添加autofocus属性使其自动获得焦点（最好为表单的第一个字段而非其后的字段设置焦点）。

图2.19 输入框占位符的显示效果

接下来，在表单中添加电话、邮箱和预约时间三项输入框，代码如下：

```html
<form method="post" action="server.php">
  <p><label>姓名: <input name="username" type="text" placeholder="请输入您的姓名"></label></p>
  <p><label>电话: <input name="tel" type="text"></label></p>
  <p><label>邮箱: <input name="email" type="text"></label></p>
  <p><label>时间: <input name="date" type="text"></label></p>
</form>
```

在以上代码中，每一个输入框设置的type属性均为text。需要注意的是，HTML5为input元素增加了很多新的类型，这使得我们能够对表单的用户体验作进一步的优化，特别是在移动端，这样的优化效果更加显著。例如，可以将电话号码输入框修改为tel类型，代码如下：

```html
<p><label>电话: <input name="tel" type="tel"></label></p>
```

修改后，在移动端填写"电话"表单项时，输入法就变成了纯数字，这样就能够大大节省用户切换输入法的时间，如图2.20所示。

类似地，我们也可以为电子邮箱设置email的输入类型，代码如下：

```html
<p><label>邮箱: <input name="email" type="email"></label></p>
```

修改后，用户在移动端填写电子邮箱时，输入法将只显示与邮箱地址相关的英文字母和字符，如图2.21所示。

填写时间的输入框也可以如法炮制，将其type属性修改为date，代码如下：

```html
<p><label>时间: <input name="date" type="date"></label></p>
```

修改后，在移动端中填写该表单项时，将能够非常方便地选择时间，如图2.22所示。除移动端外，目前在Chrome等桌面浏览器中，在页面中设置input元素的date类型也能够直接显示为时间选择界面。

图2.20 tel类型输入框显示效果

图2.21 e-mail类型输入框显示效果

图2.22 date类型输入框显示效果

> **· 经验 ·**
> 当需要指定一些特殊的日期格式时，可以使用input的pattern属性，用正则表达式来指定输入规范，如<input type="text" pattern="\d{1,2}/\d{1,2}/\d{4}">代表需输入dd/mm/yyyy或是mm/dd/yyyy格式的日期值。

接下来制作"性别"单选项，代码如下：

```
<p>
  <label for="sex">性别: </label>
  <input type="radio" name="sex" value="male" checked>男
  <input type="radio" name="sex" value="female">女
</p>
```

图2.23 单选按钮显示效果

在以上代码中，radio表示单选按钮，同一组单选按钮具有相同的name属性，它的取值由value属性来决定。由于input元素带有"男、女"这样的说明文字，因此label标签独立于input元素之外，为了说明两者的关联，在此使用了label的for属性来对其加以捆绑。此外，第一个单选按钮被添加了checked属性，这样该按钮能够默认被选中，其显示效果如图2.23所示。

像单选按钮这样的表单元素还可以使用区分度更高的fieldset元素来加以容纳。fieldset被用来对表单内容的一部分进行打包,生成一组相关表单的字段。每一个fieldset都有一个标题，可以用legend元素来加以指定。因此，上述男女单选按钮可以用以下代码替代:

```
<fieldset>
  <legend>性别:</legend>
  <p><label><input type="radio" name="sex" value="male" checked>男</label></p>
  <p><label><input type="radio" name="sex" value="female">女</label></p>
</fieldset>
```

fieldset将使得表单内部不同功能区域的字段分组更为清晰，但同时它的默认显示又将占用更大的页面空间，其显示效果如图2.24所示。对于radio单选项的两种实现方式，读者可以自行权衡选用。

表单中还有一个选项，使浏览者打勾选择是否遵守使用规范。在此需要使用复选框来实现这一效果，代码如下:

图2.24 fieldset显示效果

```
<p>
  <label><input type="checkbox" name="rule">遵守实验仪器使用规范</label>
</p>
```

在以上代码中定义了一个类型为checkbox的input元素，即复选框。如果为复选框加上checked属性，则默认将显示为选中状态，如图2.25所示。

图2.25 checkbox显示效果

为表单添加最后一个表单项，即仪器的下拉菜单。代码如下:

```
<p>
  <label for="equipment">请选择预约的仪器: </label>
  <select name="equipment">
    <option value="1">分光光度计</option>
    <option value="2">气相色谱仪</option>
    <option value="3">低速离心机</option>
    <option value="4">电子天平</option>
  </select>
</p>
```

在以上代码中创建了一个select元素以生成下拉菜单，在该元素中有4个option，分别对应4个不同的下拉选项。每个选项都赋予了value属性，当该选项被选中时，该属性值将被赋予整个下拉菜单。下拉菜单效果如图2.26所示。

请选择预约的仪器： 分光光度计 ⬍

图2.26 select显示效果

现在所有表单输入项都完成了，最后只需要一个提交按钮，代码如下：

```html
<p><button>提交表单</button></p>
```

将所有表单代码加以整理，如下：

```html
<form method="post" action="server.php">
  <p><label>姓名：<input name="username" type="text" placeholder="请输入您的姓名"></label></p>
  <p>
    <label for="sex">性别：</label>
    <input type="radio" name="sex" value="male" checked>男
    <input type="radio" name="sex" value="female">女
  </p>
  <p><label>电话：<input name="tel" type="tel"></label></p>
  <p><label>邮箱：<input name="email" type="email"></label></p>
  <p><label>时间：<input name="date" type="date"></label></p>
  <p>
    <label for="equipment">请选择预约的仪器：</label>
    <select name="equipment">
      <option value="1">分光光度计</option>
      <option value="2">气相色谱仪</option>
      <option value="3">低速离心机</option>
      <option value="4">电子天平</option>
    </select>
  </p>
  <p>
    <label><input type="checkbox" name="rule">遵守实验仪器使用规范</label>
  </p>
  <p><button>提交表单</button></p>
</form>
```

整个表单的显示效果如图2.27所示。

通过本节的学习，我们掌握了HTML5中主要表单元素的使用方法。需要初学者特别注意的是，不同浏览器对表单元素的支持各不相同，在实际开发过程中不能太依赖于新的表单特性，需要做好新功能并不被浏览器支持的两手准备。

图2.27 表单显示效果

2.2.3 表格

互联网随时在发生变化。在许多年前，网页曾经是<table>表格布局的天下，直到后来DIV+CSS的布局方式逐渐取代了表格，到HTML5时代，连DIV+CSS都显得过时了。然而，表格的衰落并不代表我们就不再使用它了，在一些复杂的数据显示方面，表格仍然拥有得天独厚的优势。

例如，用<table>来制作一份学生个人信息表格，代码如下：

```
<table>
  <tr>
    <td>张丽</td>
    <td>23</td>
  </tr>
  <tr>
    <td>王莉</td>
    <td>19</td>
  </tr>
</table>
```

以上代码定义了一个两行两列的表格，左列为学生姓名，右列为学生的年龄，表格中一共包含了两名学生的信息。其中，tr代表了一行表格，而td代表单独的单元格。表格效果如图2.28所示。

张丽	23
王莉	19

图2.28 表格显示效果

在这个表格的基础上，如果要增加横跨整行的合并单元格，可以为td设置colspan属性，确定合并的单元格数量，代码如下：

```
<table>
  <tr>
    <td colspan="2">学生信息表</td>
  </tr>
  <tr>
    <td>张丽</td>
    <td>23</td>
  </tr>
  <tr>
    <td>王莉</td>
    <td>19</td>
  </tr>
</table>
```

以上代码将表格一行的左右两个单元格合并起来，相当于为表格增加了一个头部标题。表格效果如图2.29所示。

学生信息表	
张丽	23
王莉	19

图2.29 合并单元格显示效果

另一种更佳的增加标题方式是使用caption元素，代码如下：

```
<table>
  <caption>学生信息表</caption>
  <tr>
    <td>张丽</td>
    <td>23</td>
  </tr>
  <tr>
    <td>王莉</td>
    <td>19</td>
  </tr>
</table>
```

caption元素可被视为表格语义上的标题，其效果如图2.30所示。

学生信息表

张丽	23
王莉	19

图2.30 caption元素显示效果

如果要为表格增加表头，则可以添加th元素作为表头单元格，代码如下：

```
<table>
  <tr>
    <th>姓名</th>
    <th>年龄</th>
  </tr>
  <tr>
    <td>张丽</td>
    <td>23</td>
  </tr>
  <tr>
    <td>王莉</td>
    <td>19</td>
  </tr>
</table>
```

以上代码中创建了两个单元格：姓名和年龄，并用th来指定这些单元格为表头单元格。默认情况下浏览器中th中的文字会加粗显示，以凸显表头的重要性。效果如图2.31所示。

为了使表头和表格主体有更清晰的区分，往往进一步在表格中加入thead、tbody元素，代码如下：

姓名	年龄
张丽	23
王莉	19

图2.31 表头显示效果

```
<table>
  <thead>
    <tr>
      <th>姓名</th>
      <th>年龄</th>
    </tr>
  </thead>
  <tbody>
    <tr>
      <td>张丽</td>
      <td>23</td>
    </tr>
    <tr>
      <td>王莉</td>
      <td>19</td>
    </tr>
  </tbody>
</table>
```

thead和tbody只是一种语义化指定，它们的有无在页面外观显示上并不会有差异。如果表格有类似"总计"之类的底部，还可以用tfoot来加以指定。

此外，我们往往需要调整表格的对齐方式、背景颜色、宽度等样式。在HTML5中有一种名为colgroup的空元素，它并不被显示出来。在colgroup中包含了对应每一列的col元素，可以通过对col元素指定样式来实现对整列表格的样式指定，代码如下：

```
<table>
  <colgroup>
    <col class="deep-green">
    <col class="light-green">
  </colgroup>
```

```
    <tr>
      <th>姓名</th>
      <th>年龄</th>
    </tr>
    <tr>
      <td>张丽</td>
      <td>23</td>
    </tr>
    <tr>
      <td>王莉</td>
      <td>19</td>
    </tr>
</table>
```

在以上代码中指定了左列表格的样式名为"deep-green"（设置表格背景颜色为深绿色），右列表格为"light-green"（设置表格背景颜色为浅绿色）。CSS样式在此省略，显示效果如图2.32所示。

图2.32 colgroup显示效果

在col元素中还可以通过设置span属性来指定其横跨的列数，类似于td的colspan属性。比如可以将两列单元格都设置为"deep-green"样式，代码如下：

```
<colgroup>
  <col class=" deep-green" span="2">
</colgroup>
```

2.2.4 WAI-ARIA

WAI-ARIA（Web Accessibility Initiative - Accessible Rich Internet Applications）指无障碍网页应用技术，又称可访问性，它的主要目的是让各种不同能力水平、具有各种缺陷的用户都能够无障碍地访问网页上的动态内容，相同地获取网站信息，并使用网站中的各种功能。网站的可访问性一直以来受到了社会的极大关注。2006年，联合国颁布了《联合国伤残人士权利公约》，鼓励包括互联网信息提供商在内的大众媒体向残疾人提供无障碍服务。作为网站设计人员，要为这部分特殊用户提供各种信息资讯和业务服务，就必须注重页面的可访问性。在此，本书将对HTML5中的 WAI-ARIA特性做简要的介绍。

首先要申明的一点是,aria并非是一种元素，而是HTML中的一系列属性，它的作用是对页面标签内容及其行为的解释。以我们在本章第4小节制作的站点主菜单为例，虽然通过代码我们能够知道ul和li是一个页面的菜单及菜单项，同时能够通过设置样式来使得它看上去像一个菜单，但是特殊人群可能并不能做到这一点，代码如下：

```
<ul>
  <li>栏目1</li>
  <li>栏目2</li>
  <li>栏目3</li>
</ul>
```

要确保页面的可访问性，我们可以给每一个节点加上相应的role属性，其中，menubar表示菜单栏,menuitem表示菜单项。这样，特殊人群在使用辅助设备时（如屏幕阅读器），就能够辨别出这些节点对应的功能，代码如下：

```
<ul role="menubar">
  <li role="menuitem">栏目1</li>
  <li role="menuitem">栏目2</li>
  <li role="menuitem">栏目3</li>
</ul>
```

不同的菜单有着不同的处理方法，有的菜单在单击或者鼠标滑过时可能出现浮动元素，这样的情况我们也需要在页面中用aria-haspopup属性加以注明，当没有浮动元素时为false，反之为true，代码如下：

```
<ul role="menubar">
  <li role="menuitem" aria-haspopup="false">栏目1</li>
  <li role="menuitem" aria-haspopup="false">栏目2</li>
  <li role="menuitem" aria-haspopup="false">栏目3</li>
</ul>
```

此外，之前的表单也可以通过添加aria属性来增强可访问性。例如，给姓名输入框添加aria-label属性，使得残障用户tab切换到这一输入框时，读屏软件能读出相应的文本，代码如下：

```
<input name="username" type="text" aria-label="您的姓名">
```

当说明文本已经在其他元素中存在时，可以通过设置aria-labelledby属性为该元素的id值，使得焦点跳转到该区域时也能读出相应的内容，代码如下：

```
<p aria-labelledby="submit">
  <button id="submit">提交表单</button>
</p>
```

• 经验 •

除以上一些常见属性外，还有为数众多的其他aria属性，可以参考：http://www.w3.org/TR/html5/dom.html#allowed-aria-roles,-states-and-properties。

是否充分考虑了可访问性，是评判一个Web页面深层次质量的重要标准。当前国内互联网站点的可访问性普遍不理想，尤其是大量公共服务类站点在确保用户的人性化使用方面重视程度不高。要逐步改变国内网站的可访问性现状，还需要广大前端设计师的共同努力。

第 3 章 CSS3新手详解

一个前端设计师可以不甚了解JavaScript，也可以不甚了解HTML5的各种新标签，但绝不能不了解CSS。在HTML5中，CSS可谓是最重要的一环，也是设计师需要着重学习的知识点。许多非常重要的显示、交互效果都是通过CSS来完成的。CSS的最新版本是CSS3，在这一新标准中提供了大量令人惊叹的特性，能够使我们更加便捷、高效地制作出大方美观的前端页面。本章将从设计新手的角度出发，对CSS3的基础知识——展开介绍。

比起上一章而言，本章将有更多可视化的呈现，建议您在阅读的同时打开电脑，书写并测试代码，相信这样能够使您更快、更深刻地掌握书中的知识。

3.1 CSS代码基础

虽然我们对CSS已经并不陌生，但在开始正式学习CSS之前，还是有必要再回到起点，对CSS的代码基础加以了解。

3.1.1 CSS 基础语法

首先来看一段最常见的CSS代码，如下：

```css
body{
    background:#E67E22;
}
```

以上代码又可以被称为一段规则（rule），或称一条样式。一个CSS文件就是由大量这样的代码片断，也就是大量的"规则"所组成的。在规则中，起始的"body"又被称为选择器（Selector），它代表了规则的应用对象，也就是在整个页面结构（DOM结构）中，选择哪些元素来制定该规则。在花括号中的部分则被称为声明（Declaration）。通常一段CSS规则中有着许多条声明（在以上代码中则仅有一条），声明与声明之间需要用英文的分号分隔开来。为了清晰起见，本书中每一条声明都换行显示，在实际开发中也可以不用换行。如以下两段规则具有相同的效果，代码如下：

```css
body{
    background:#fafafa;
    color:#555;
}
body{
    background:#fafafa; color:#555;
}
```

> • 经验 •
>
> 英文分号在声明中起分隔作用。当样式中存在两条声明时，后一条声明可以不用加英文分号。但为了代码书写规范起见，建议在所有声明之后都加分号。此外，有许多"诡异"的CSS问题都是由于设计者粗心地使用了中文的分号引起的，我们在编写CSS样式时应该着重注意分号的正确书写。

在CSS中，每一条声明都由属性和属性的值两部分组成。比如在以上代码中，background代表背景属性，#fafafa则代表该属性的值。当属性的值为多项时，可以用空格来分隔各项参数。如为article元素定义宽度为1像素、样式为实心、颜色为黑色的边框时，需要为border属性设置三个参数，代码如下：

```
article {
    border:1px solid #000;
}
```

当样式中存在计量单位时，数值后面一定要加上单位符号。如定义某个矩形区域的边框粗细为5像素，代码如下：

```
.block {
    border-width: 5px;
}
```

但如果数值为0时，则可以省略单位符号。如定义上下边框粗细为0像素，左右为10像素，代码如下：

```
.block {
    border-width: 0 10px;
}
```

此外，前两段代码还分别代表了CSS中有趣的方向顺序。由于矩形区域有上下左右四条边，在设置属性时，要牢记以顺时针的方向来设置参数，即"上、右、下、左"。如果矩形四边的值都相同，参数中可以只写这个相同的数值，即前一段代码的写法（border-width: 5px，设置所有边框粗细为5像素）。边框效果如图3.1所示。

而如果上下、左右边的数值不同时，则可以采用后一段代码的写法（border-width: 0 10px），将两个值用空格间隔，空格之前为上下边的属性数值，空格之后为左右边的属性数值。后一段代码的边框效果如图3.2所示。

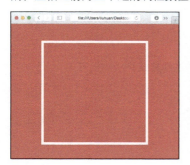

图3.1 边框效果1

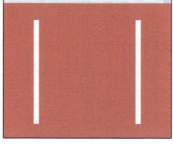

图3.2边框效果2

• 经验 •
百分比是一个例外，当数值为百分之零时，在CSS中一定要写成0％而非0。

当上下边的数值彼此也不相同时，则将下边的数值放到第三个参数。如将矩形的上下左右边框粗细分别设为5像素、0像素、40像素和0像素，代码如下：

```
.block {
    border-width: 5px 0 40px;
}
```

在以上代码中，5px、0、40px分别代表了上、右、下边框的数值，而左侧的数值缺失，则默认左侧数值与右侧相同。边框效果如图3.3所示。

当四条边的属性值都不同时，则完全按照"上右下左"的顺时针方向加以设置，如设置上下左右的边框粗细分别为5像素、1像素、20像素和50像素，代码如下：

```
.block {
    border-width: 5px 50px 1px 20px;
}
```

边框效果如图3.4所示。

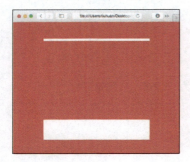
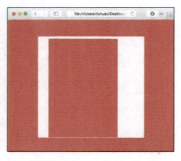

图3.3边框效果3   图3.4边框效果4

当然，以上代码只是在属性数值相同的情况下的一种缩写规范，以便于最大程度精简代码（类似于颜色值的缩写，如#555555缩写成#555）。该规范并不具有强制性。例如，当四条边的边框粗细都为5像素时，虽然并不推荐该方式，但仍然可以使用如下代码：

```
.block {
    border-width: 5px 5px 5px 5px;
}
```

最后，如果要在CSS中添加注释，或是将一段声明暂时隐去，可以采用/*…*/的注释格式，代码如下：

```
p{
    background:#2ECC71;  /* 为段落设置绿色背景 */
}
```

3.1.2 继承

继承是CSS中一种重要的基本特性。要了解继承，首先就需要了解HTML的DOM结构。让我们先看一段HTML代码：

```
<body>
  <div id="first">
    <p>Nothing seek, nothing find.</p>
    <div id="second">
      <p>Cease to struggle and you cease to live.</p>
      <div id="third">
        <p>Man errs as long as he strives.</p>
        <div id="fourth">
          <p>Energy and persistence conquer all things.</p>
```

```
            </div>
        </div>
      </div>
    </div>
  </body>
```

以上代码是一个页面的body，在其中有4个逐层嵌套的div元素，每个div中都有一个文字段落。这样的结构就像一棵树，body就是树的"根"，其下长出了first这个div枝干，first又长出second枝干，以此类推，如图3.5所示。在这样的结构中，我们可以称body是first的父节点（或父元素），first是body的子节点（或子元素）。同理，first是second的父节点，second是first的子节点，等等。我们所指的继承，就发生在这样的父与子关系中。

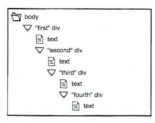

图3.5 树状DOM效果

现在为页面添加一条CSS样式，代码如下：

```css
body{
    color:#808080; /* 灰色 */
}
```

以上代码设置了body的文字颜色为灰色。测试页面，虽然我们并没有设置first、second等其他几个div的样式，但是可以看到所有div中段落文字的颜色都变为了灰色（浏览器默认文字颜色应为黑色），如图3.6所示。这就是一种典型的继承，即所有的div都继承了它们的父节点body的样式，使得它们中的段落文字颜色得到了沿袭。

图3.6 文字效果1

接下来，用id为first的div元素创建样式，设置文字颜色为青绿色，代码如下：

```css
#first{
    color:#1ABC9C; /* 青绿色 */
}
```

测试页面，可以看到所有的文字都变成了青绿色，如图3.7所示。这说明当first存在文字颜色规则时，它就不再遵循父元素body的相关规则了。而first的子元素们也变为继承离它们更近的父元素的样式，因此全部文本都披上了青绿色。

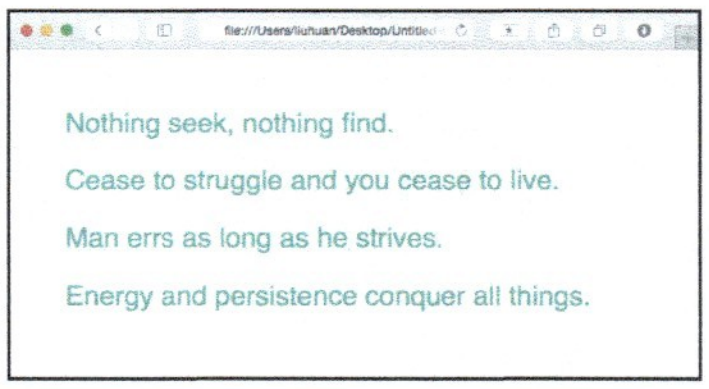

接下来，再给second赋予嫩绿色，代码如下：

图3.7 文字效果2

```css
#second{
    color:#2ECC71; /* 嫩绿色 */
}
```

测试页面，first的颜色依旧，而second以下的div全部变成了嫩绿色，如图3.8所示。现在，second脱离了对first的样式继承，转而应用了自有的样式。而层级关系上离它更近的两个子元素——third和fourth也转而继承了second的文字颜色样式。

最后，分别给third和fourth添加样式，设置文字颜色为明黄色和亮橙色，代码如下：

图3.8 文字效果3

```css
#third{
        color:#F1C40F; /* 明黄色 */
}
#fourth{
        color:#E67E22; /* 亮橙色 */
}
```

　　测试页面，现在每个元素都有了自己的样式定义，因此每段文字都显示为了各自不同的颜色，如图3.9所示。

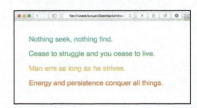

　　以上例子为我们展示了继承的涵义。值得注意的是，继承是无处不在的，虽然各个div看上去没有了字体颜色的继承，但是在文字大小、间距、字体等方面面都仍然存在着继承。继承的一个非常有用的方面是可以极大程度地精简代码，提高工作效率。例如浏览器对于标题元素有着默认的边距设置，而以肯定的是80%以上的网页都会自己重写这一边距。如果没有"继承"这一特性，各个标题元素的边距只能分别定义，其结果是代码将变得非常冗长。代码如下：

图3.9 文字效果4

```css
h1{
        padding:0;
        margin:0;
}
h2{
        padding:0;
        margin:0;
}
h3{
        ......
}
```

　　而继承则可以大大简化这些代码。使用一个星号来选择所有的样式元素，并统一设置内外边距为0，这样页面中所有元素都无须再专门重置边距了，代码如下：

```css
*{
        padding:0;
        margin:0;
}
```

　　最后需要指出的是，在以上的代码中，CSS样式不仅仅发生了继承，也发生了覆盖。例如，一般来说浏览器默认的文字颜色为黑色，而当我们在样式表中为文字设置颜色时，就已经对默认的黑色样式进行了覆盖。此外，覆盖也发生在文档与文档的CSS样式之间，以及文档与页面中的CSS样式之间。

● 经验 ●

为了避免浏览器默认设置产生的影响，我们常常使用专门的CSS重设文件，如reset.css来清理所有默认样式（虽然现在逐渐有质疑的声音反对这一做法），这样的CSS文件可以通过在页面中使用link标签导入，也可以在CSS文件中使用@import语法来导入，如@import url("reset.css")。当我们在制作较为复杂的站点样式时，也可以将CSS按功能用途区分为不同的文件，然后使用@import语法分别加以导入。

3.1.3 选择器

在本章第一小节中我们提到了"选择器"，它代表了样式中花括号之前的部分。CSS中存在三种主要类型的选择器，分别为标签选择器，类选择器和id选择器，它们均已在本书此前的代码中有所运用。在此我们以一个简单的DOM结构为例，更详细地介绍三种选择器的用法，HTML代码如下：

```html
<body>
  <header>
    <h1 class="red" id="title">Title</h1>
  </header>
  <section>
    <h1 class="blue" id="m-title">Title</h1>
    <article>
      <h1 class="red" id="s-title">Title</h1>
    </article>
  </section>
  <aside>
    <h1 class="blue" id="a-title">Title</h1>
  </aside>
</body>
```

DOM结构范例如图3.10所示。

标签选择器（Tag Selector）用于选择文档中某种对应的HTML元素。例如，要把文档中所有h1元素的字体大小设置为30像素，其样式代码如下：

图3.10 DOM结构范例

```css
h1{
    font-size:30px;
}
```

在DOM结构中，被上述代码选择的元素如图3.11所示。

类选择器（Class Selector）用于选择文档中带有某种类的HTML元素。类选择器的标志是在最开始加一个点，点后面紧跟类的名称。例如，要把文档中所有带有red类的元素字体颜色设置为红色，代码如下：

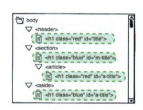

图3.11 标签选择器的选择范围

```css
.red{
    color:#F00; /* 红色 */
}
```

被上述代码选择的元素如图3.12所示。

标签和类选择器也可以加以组合，如以下代码将选择所有带有red类的h1元素：

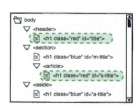

图3.12 类选择器的选择范围

```css
h1.red{
    color:#F00;
}
```

id选择器（ID Selector）用于选择文档中拥有特定id的HTML元素。id选择器的标志是在最开始加一个#号，#号后面紧跟id的名称。例如，要把文档中id为m-title的元素字体大小设置为30像素，代码如下：

```css
#m-title{
    font-size:30px;
}
```

被上述代码选择的元素如图3.13所示。

图3.13 id选择器的选择范围

• 经验 •
在页面中元素的属性是唯一的，因此属性的命名一般具有功能上的描述性，比如用search-box表示搜索框时，在一个页面中只能有一个元素应用id="search-box"。样式则不是唯一的，因此样式的命名常常具有属性上的描述，比如用red表示红色的字体，则页面中凡是需要使用红色字体的元素均可应用class="red"。

如果h1、h2、h3、h4元素的字体大小都是30像素，也可以在同一条样式中加以声明，只需要用英文逗号将选择器分隔开来，这一方式又被称为群组选择器。代码如下：

```css
h1, h2, h3, h4{
        font-size:30px;
}
```

如果希望实现更精确的选择，则可以对选择器的父元素加以指定，父元素和子元素之间用空格隔开，这一方式又被称为后代选择器。如希望只对section元素下的h1元素应用样式，代码如下：

```css
section h1{
        font-size:30px;
}
```

该代码所选择的元素如图3.14所示。

如果还希望实现更为精确的选择，只对section元素下，article元素下的h1元素应用样式，代码如下：

```css
section article h1{
        font-size:30px;
}
```

图3.14 后代选择器的选择范围1

该代码所选择的元素如图3.15所示。

CSS中的选择方式是非常灵活的，往往不一定局限于某一种选择方式。例如，以下代码也能实现和图3.14相同的选择效果，即选择所有section下带有red类的元素：

```css
section .red{
        font-size:130px;
}
```

图3.15 后代选择器的选择范围2

• 经验 •
CSS中还有多种基于关系的选择器，如a > b表示选择任何a元素的子元素b，a + b表示任何a元素的下一个b元素，a:first-child表示任何a元素的第一个子元素，等等。我们将在后续的实战案例中运用和掌握这些选择器。

除三种主要类型的选择器外，在CSS中还有一些附加的选择器，包括伪类选择器和伪元素选择器。

伪类选择器是在之前的选择器基础之上，加以一些用于指定元素状态的关键字，如鼠标位置、浏览历史、内容状态等。伪类选择器的标志是在选择器与关键字之间以英文冒号"："间隔。最常用的一种伪类选择器是hover选择器。例如，要使得鼠标经过某个链接时，使链接背景显示为红色，代码如下：

```
a:hover{
    background:#FF0;
}
```

要使得已经访问过的链接文字显示为红色，则可以使用visited选择器，代码如下：

```
a:visited{
    color:#FF0;
}
```

伪元素选择器的功能是在选择某元素的基础上，在文档中再增加一些额外的元素。伪元素选择器的标志是在选择器与关键字之间以两个英文冒号"::"间隔。例如，我们要为一段英文文字开头添加两个单词，段落代码如下：

```
<p>everything happens for a reason.</p>
```

在不修改HTML代码的前提下，这一工作可以通过使用CSS的before选择器来完成。代码如下：

```
p::before{
    content:"He said ";
}
```

在以上代码中，before选择器将在段落之前插入content属性中的文字内容。因此在页面中以上段落文本将显示为"He said everything happens for a reason."。如果将before换为after伪元素，则content属性中的文字内容将显示在段落文本末尾。

虽然带有一个"伪"字，但在选择器中这并非贬义词。伪类选择器和伪元素选择器都是HTML5开发的好帮手，其使用的频率相当高，一些新奇的效果可以巧妙地借助这些选择器来加以制作，本书也将在后续的章节中更全面地对其加以讲解说明。

3.2 CSS3常用属性

在接下来的小节中，我们将对CSS3的一系列常用属性及其技巧加以了解，其中包括了文本和字体、边框与背景、元素定位、框模型和列表等。

3.2.1 文本和字体

文本和字体的重要性常常被人所忽视。在前端开发中，这两者决定了页面内容的呈现是否让人赏心悦目。特别是当前"内容为王"的时代，文本效果显得尤其重要，页面中每一个文本细节都值得精心打磨。

首先，以一段文字为例。在这段文字中包含了标题和文字描述，分别以h1和p元素容纳，代码如下：

```
<h1>speech</h1>
<p>Fear less, hope more, eat less, chew more, whine less, breathe more, talk less, say more, hate
less, love more, and good things will be yours.</p>
```

为了加以区别，我们将标题标为红色。文字的颜色可以通过color属性来定义，代码如下：

```
h1{
    color:#F00;
}
```

以上文字段落的显示效果如图3.16所示。

最基本的文本操作包括设置粗细、大小等。默认的h1元素是粗体显示，我们可以修改h1的font-weight属性为normal，来去除标题加粗，也可以通过设置该属性为bold将p元素的文字加粗，代码如下：

图3.16 文字段落的显示效果

```
h1{
    color:#F00;
    font-weight:normal;
}
p{
    font-weight:bold;
}
```

以上样式的文本效果如图3.17所示。

我们已经在第一章学习过文本大小的调节方式，当时使用的是"px"，即以像素作为大小单位。除px外，em也是一种重要的文本大小单位，不同之处在于它是一种"动态变化"的大小。1em代表页面1个字符大小的基准值，这个基准值可根据浏览器、用户自定义标准的不同而不同。h1的默认大小约为2em，也就是基准大小的两倍，我们也可以让它变得更大，如调整到基准值的3.5倍，代码如下：

图3.17 文字粗细的设置效果

```
h1{
    color:#F00;
    font-size:3.5em;
}
```

测试页面，3.5倍基准字体大小如图3.18所示。在制作网站时，如果对元素定位的精细程度要求比较高，则使用px这样的绝对单位较佳，而当对字体大小的结构化管理要求比较高时，则可以考虑采用em这样的相对单位。

接下来看看文字的缩进，这里还不得不提到em的另一个优点。众所周知，中文的段落都是首行空两格，这样的缩进可以用text-indent来设置，而缩进的值如果用px来定义，则需要精确算好两个字符的宽度，且一旦段落的字体大小发生变化，缩进的效果也将随之出现偏差。在此最佳的方式是使用em，当设置缩进为2em时，不管字体大小是多少，段落将始终忠实地缩进两个字符。代码如下：

图3.18 修改h1字体大小的显示效果

```
p{
    text-indent:2em;
}
```

为了更好地体现缩进效果，在此用中文字符来演示这一例子。缩进效果如图3.19所示。

另一种常见的文本属性是行高（line-height）。浏览器默认的行高较小，通常使得大段文字显得过于密集，增加行高有助于在文字中增加让人愉悦的空间。行高可以以像素作为单位，也可以以百分比（%）作为单位。如以下样式代码将设置段落行高为基准值的1.5倍：

图3.19 文本的缩进效果

```
p{
    line-height:150%;
}
```

测试页面，段落行与行之间的间距将变大，如图3.20所示。

• 经验 •

在网络上有一个热门的问题（甚至在一些大公司的面试题中被频繁使用），即CSS中，line-height:150%与line-height:1.5有何差别？答案是，两者的差别在于其继承性。使用百分比时，会首先计算父元素的line-height值，然后将这一像素值继承给子元素；而使用无单位的1.5时，则子元素先是继承1.5这个系数，再分别计算其对应的line-height像素值。

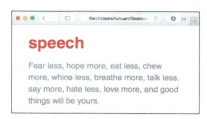

图3.20 行高测试效果

行高的另一种重要功能是设置内容的垂直居中。首先，让我们将h1的高度加大，如设置为60像素高，看看文字在垂直方向上将处于什么位置？为了凸显文字的位置，我们同时使用了background属性来设置浅灰色的背景底色，代码如下：

```
h1{
        color:#F00;
        background:#ECF0F1; /* 浅灰色背景 */
        height:60px;
}
```

测试页面，可见增加高度后的标题中，文字位于左上角，也就是说垂直方向上为顶对齐方式，如图3.21所示。

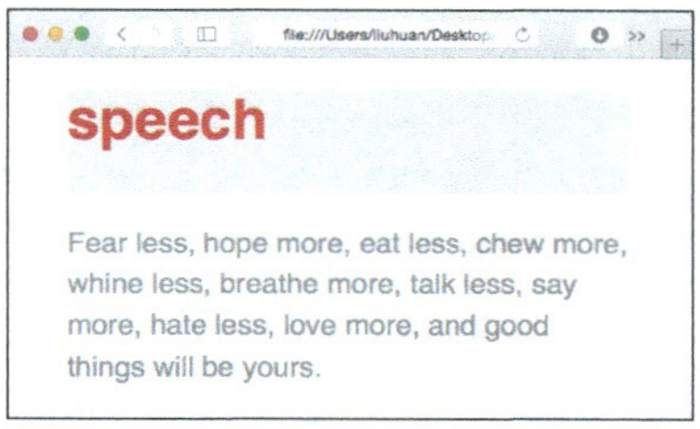

图3.21 加高标题后的文字效果

那如何能够使得标题垂直居中呢？最简便的方式是使用line-height属性，使得行高等于标题的高度即可，代码如下：

```
h1{
        color:#F00;
        background:#ECF0F1;
        height:60px;
        line-height:60px;
}
```

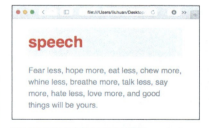

测试页面，现在标题文字已经在标题区域中垂直居中了，如图3.22所示。

图3.22 标题文字的垂直居中效果

此外，通过修改font-family属性，可以实现字体的设置。例如，将h1和p的字体都设置为Courier New，代码如下：

```
h1, p{
        font-family:"Courier New";
}
```

测试页面，现在文字的字体就将由浏览器的默认字体变为新的Courier New等宽字体，如图3.23所示。

• 注意 •

Courier New的字体名中带有空格，在CSS中定义该值时需要加上双引号或单引号。如果有多个字体，则可以在字体间用逗号加以分隔，如font-family: Helvetica, Arial, sans-serif，此时浏览器将从前往后选用字体，如果缺少Helvetica，则选择Arial字体作为替代，以此类推。

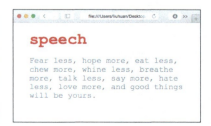

图3.23 设置字体为Courier New

CSS3还为字体爱好者带来了福音。我们可以在样式中自行定义并引入想要显示的字体，而不必像以往那样担心用户电脑中没有安装该字体。具体的做法是使用@font-face来声明一种自定义字体。以下是一个具体的例子，通过font-family属性来将字体命名为Lato，然后用src属性引入字体的储存路径（在此准备了三种不同类型的字体文件，分别为lato-regular.ttf、lato-regular.eot和lato-regular.woff）。在定义好字体后，只需设置h1和p的字体为Lato即可。代码如下：

```
@font-face {
    font-family:Lato;
    src:url('lato-regular.ttf'),url('lato-regular.eot'),url('lato-regular.woff');
}
h1, p{
    font-family:Lato;
}
```

测试页面，新的字体效果如图3.24所示。

• 经验 •

不同浏览器对Web字体的支持并不相同，IE浏览器支持eot字体，Chrome、Safari、Firefox等浏览器支持ttf和woff字体。其中，woff字体是最佳的格式，一方面它经过了有效的压缩来减少档案大小，另一方面它不包含加密，也不受DRM（数位著作权管理）限制。此外，长久以来，中文字体都因为字符个数较多，导致字体文件较大，而很难像英文字体那样被方便地嵌入应用。然而，随着网速、带宽的提升，自定义字体现在并非只是英文字体的专利。苹果公司就在其中国官方网站中使用了自定义的平黑（PingHei）字体，获得了不错的效果。

图3.24 Lato字体效果

• 注意 •

当需要加粗字体时，则需要专门设置自定义字体的加粗样式，并链接到相应的粗体字体文件。

最后，我们还可以在一个font声明中快捷地设置所有字体属性，如以下代码设置h1元素为斜体、加粗显示，字号为50像素，行高为1.5倍，字体为arial：

```
h1{
    font:italic bold 50px/150% arial;
}
```

3.2.2 边框与背景

边框样式在页面中的应用非常广泛，在第一章中制作圆角按钮时，我们便已学习了边框的样式定义。一段标准的边框样式代码如下：

```
.block{
    border:5px dotted #FFF;
}
```

该代码定义了一个宽度为5像素，样式为点状线，颜色为白色的边框，如图3.25所示。

在之前章节中已经介绍过border-radius属性，它可以为边框添加圆角效果，该数值越大，则边框圆角的弧度越大。当数值为50%时，边框将显示为圆形，代码如下：

```
.block{
    border:5px dotted #FFF;
    border-radius:50%;
}
```

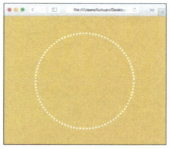

图3.25 点状边框显示效果

圆形边框测试效果如图3.26所示。

我们也可以为图片赋予边框，以起到点缀的效果。原始图片样式如图3.27所示。

接下来，使用img选择器，为图片添加白色外边框，代码如下：

图3.26 圆形边框显示效果

图3.27 原始图片效果

```
img{
    border:10px solid #FFF;
}
```

以上代码将为图片添加10像素的白色实线边框，其显示效果如图3.28所示。

为图片进一步设置边框的圆角属性，如设置border-radius为50%，代码如下：

```
img{
    border:10px solid #FFF;
    border-radius:50%;
}
```

图3.28 图片的边框显示效果

测试页面，图片将显示为圆形，如图3.29所示。在此，圆角边框相当于对图片设置了一种形状遮罩。借助这一特性，当我们需要在页面中显示圆形图片时，就不再需要通过Photoshop这样的工具对文件进行预先处理了，而是直接用CSS将矩形图片定义为圆形即可。

边框的用法还不仅限于以上这些形式。例如，我们可以仅仅只给标题添加下边框，这样边框线可以作为标题和正文的分隔线。以上一小节的文本段落作为范例，设置h1的样式，代码如下：

图3.29 圆形图片显示效果

```
h1{
    border-bottom:2px solid rgba(0,0,0,.15);
    padding-bottom:10px;
}
```

以上代码设置了h1的border-bottom属性，即定义下边框属性。属性值为2像素宽，带有15%透明度的黑色实线（实际显示为灰色）。分隔线的显示效果如图3.30所示。

我们也可以仅仅给文本添加左边框，以产生流行的 "引用文本" 效果，代码如下：

图3.30 分隔线的显示效果

```
p{
    border-left:5px solid #27AE60;
    background:#ECF0F1;
    padding:5px 10px;
}
```

以上代码设置了段落的左边框属性，赋值为5像素宽、实线、绿色。边框效果如图3.31所示。

讲解完了边框的一些特性，接下来让我们看看CSS中的背景。实际上，在之前的范例中已经运用过background属性制作自适应的页面背景，也介绍了背景颜色的设置方法。然而，背景的运用并不限于此。例如，在以上的文字段落中，我们希望将标题更改为更加自定义的显示效果，如图3.32所示。

图3.31 左边框显示效果

以上的标题带有彩色图案和特殊字体，最简单的实现方式就是将其转换为一张图片（在此图片名为title.png，大小为300×86像素），然后将图片作为标题的背景。代码如下：

图3.32 自定义标题效果

```
h1{
    height:100px;
    text-indent:-9999px;
    background:url(title.png) no-repeat 0 50%;
}
```

在以上代码中，首先将h1的text-indent属性设置为-9999像素，这使得原有的 "speech" 文字向左缩进到屏幕之外，变相隐藏了标题文字。接下来设置background属性，将title.png作为背景图片，且通过声明 "no-repeat" 使其不重复平铺。Background属性的最后两个参数分别是水平和垂直方向的定位，在此水平的参数值为0，表示将背景图片放在最左侧，垂直的参数值为50%，表示背景图片垂直居中。应用背景样式后的标题效果如图3.33所示。

图3.33 应用背景样式后的标题效果

背景图片的大小也能够通过background-size属性来加以精确控制，如以上范例中，将背景图片的宽度和高度缩小到原始大小的一半，则可以直接用background-size属性加以指定，代码如下：

```css
h1{
    height:100px;
    text-indent:-9999px;
    background:url(title.png) no-repeat 0 50%;
    background-size:150px 43px;
}
```

以上代码指定h1元素的背景尺寸为150×43像素，即缩小为原尺寸的一半。修改后的标题背景效果如图3.34所示。

图3.34 缩小背景图片的效果

3.2.3 元素定位

CSS中的元素有两大类型，一种是块级元素（又称块状元素），另一种是行内元素（又称内联元素）。简单来说，前者就是一个矩形的块，而后者则是一行或几行中某些内容的集合。我们以一段文字作为例子加以介绍，代码如下：

```html
<h1>tags</h1>
<p>Main html5 tags are: <span>header, section, article, aside and footer</span>, which bring a better form of semantic structure.</p>
```

在以上代码中，h1和p都是块级元素，而span则是行内元素，段落文字效果如图3.35所示。

在默认效果中很难看出两种元素的区别。接下来，让我们给h1和p元素分别加以背景色，代码如下：

tags

Main html5 tags are: header, section, article, aside and footer, which bring a better form of semantic structure.

图3.35 段落文字默认效果

```css
h1{
    color:#FFF;
    background:#27AE60; /* 深绿色 */
}
p{
    color:#FFF;
    background:#2ECC71; /* 亮绿色 */
}
```

添加背景色后，我们可以发现h1和p的背景区域都是一个矩形，也就是所谓的"块状"，而且彼此隔开，如图3.36所示。

接下来，我们给span设置背景色为橙色，代码如下：

图3.36 h1和p元素的背景色效果

```css
span{
    color:#FFF;
    background:#27AE60; /* 橙色 */
}
```

测试页面，可以发现和h1、p元素所不同的是，span元素的外轮廓（即橙色的背景区域）并不是一个块状区域，而是根据文字的位置散布在段落中，如图3.37所示。由此可见两种元素在显示上的差异。

图3.37 span元素的背景色效果

在CSS中，块级元素和行内元素是由display属性控制的，当属性值为block时为块级元素，属性值为inline时为行内元素。我们可以将h1和p元素都转换为inline元素，代码如下：

```
h1,p{
    display:inline;
}
```

转换后，可以看到标题和段落文本就前后连接在一起，其背景区域也发生了变化，如图3.38所示。

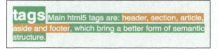

图3.38 inline元素转换效果

同理，我们也可以将span转换为块级元素（首先去掉上述h1和p的行内元素定义），代码如下：

```
span{
    display:block;
}
```

转换后，可以看到span成为了单独的一行，而不再和上下文紧邻，如图3.39所示。

虽然两种元素之间可以相互切换，但需要注意的是，块级元素可以包含行内元素和块级元素，而行内元素却不能包含块级元素。

图3.39 block元素转换效果

对于行内元素而言，设置宽度和高度是无效的（仅能设置行高），但我们却可以为块级元素设置宽度和高度。例如给h1和p分别设置不同的宽度，代码如下：

```
h1{
    width:100px;
}
p{
    width:300px;
}
```

在设置宽度前，块级元素默认的宽度是100%占满整行的，在设置后则改变为我们所设置的数值，效果如图3.40所示。

现在，h1和p这两个块级元素虽然宽度缩减了，但仍然各自占据了一行代码。为了实现更加灵活的定位，我们可以使它们"浮动"起来，添加代码，如下：

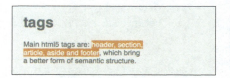

图3.40 宽度设置效果

```
h1, p {
    float:left;
}
```

在以上代码中使用了float属性，这一属性用来控制元素的浮动方向，在此将h1和p元素的浮动方向全部设置为left，即左浮动。测试页面，可以看到标题和段落都按照从左到右的顺序排列，紧紧靠在了一起，如图3.41所示。

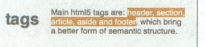

图3.41 向左浮动的显示效果

接下来，将h1设置为左浮动，p设置为右浮动，修改代码，如下：

```css
h1{
    float:left;
}
p{
    float:right;
}
```

此时，缩放浏览器窗口，可以看到标题一直紧贴窗口的左侧，而
段落则紧贴窗口的右侧，如图3.42所示。

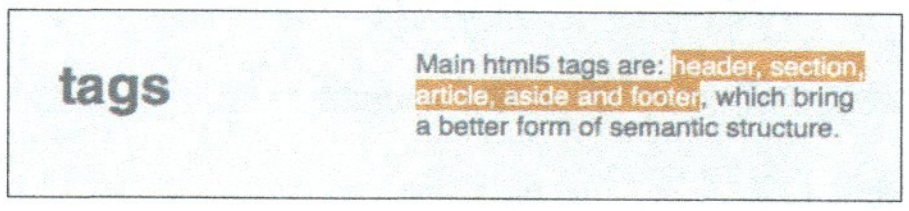

我们也可以将h1设置为右浮动，p设置为左浮动，修改以上代码，
如下：

图3.42 左右浮动的显示效果

```css
h1{
    float:right;
}
p{
    float:left;
}
```

测试页面，现在标题跑到了屏幕右侧，段落则移到了左侧，两者
互换了位置，如图3.43所示。

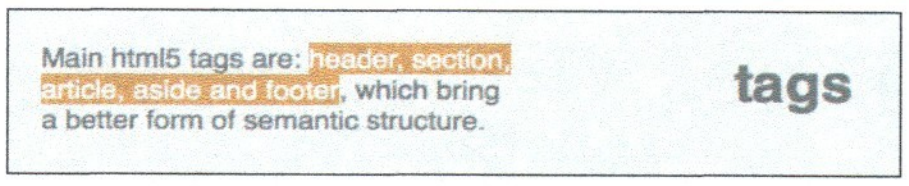

由于浮动的设置，h1和p这两个块级元素不再各占一行，而是在同
一行中一起显示。如果希望两者仍旧各占一行，则可以用clear属性来清
除浮动。其中当该属性的值设置为"both"时，表示在元素的左右两侧均不允许浮动元素，代码如下：

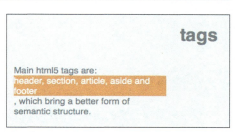

图3.43 修改浮动方向后的显示效果

```css
h1, p {
    clear:both;
}
```

测试页面，清除两侧浮动后，标题和段落再次各自占据一行，如
图3.44所示。

接下来，我们将了解CSS中的绝对定位和相对定位。首先，再将
span转换为块级元素，代码如下：

图3.44 清除双侧浮动效果

```css
span{
    display:block;
}
```

转换后的span元素显示效果如图3.45所示。现在的span元素采用
的是一种"相对定位"方式，它的位置根据上下文的位置变化而变化，
这一方式在css中被称为relative。默认情况下，块级元素都采用relative的
定位方式。

与相对定位相对应的是绝对定位方式。绝对方式允许我们灵活地
设置元素的位置，同时，该方式定位的元素将不占用"位置"。例如，
将span元素修改为绝对定位方式，代码如下：

图3.45 span元素显示效果

```
p{
    position:relative;
}
span{
    display:block;
    position:absolute;
}
```

虽然绝对定位的元素号称"绝对"，实际上它也是有相应的位置参照物的，这个参照物就是元素的父元素。在本例中span的父元素是p元素，因此要设置span为绝对定位，首先需要它的参照物p元素有固定的位置，也就是需要声明p元素是相对定位方式。

因此，在以上代码中，首先设置了p元素的position属性为relative。然后再设置span的position属性为absolute。测试页面，可以看到span在绝对定位方式下没有占用段落空间，其前后的文字自动衔接到一起，span元素浮动在段落上方，遮挡住了段落剩余的文字，如图3.46所示。

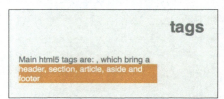

图3.46 绝对定位显示效果

绝对定位使得页面在深度上增加了层级（类似于Photoshop中的图层）。如果要使得span元素不遮挡住段落文字，可以设置其深度小于页面的默认深度，代码如下：

```
span{
    display:block;
    position:absolute;
    z-index:-1;
}
```

以上代码通过设置span元素的z-index属性为-1，使元素深度小于页面默认为0的深度。span元素将显示在段落文字层的下方，如图3.47所示。

我们还可以通过设置绝对定位元素的top、left、bottom、right等属性来灵活地控制其显示位置。如设置top属性为一个负数的值，使span元素向上方移动到p元素的区域之外，代码如下：

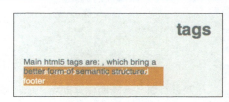

图3.47 span元素的深度更改效果

```
span{
    display:block;
    position:absolute;
    top:-50px;
}
```

以上代码设置了span元素向上方位移50像素，显示效果如图3.48所示。

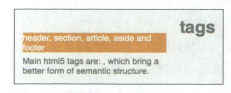

图3.48 span元素位移效果

3.2.4 框模型

仅仅只掌握元素的定位方式还不足以制作出排版精良的页面，我们需要更精确地掌握元素本身的内容显示方式，即"传说中"的CSS框模型。框模型往往又被称为盒模型、盒子模型（Box Model），它决定了元素的内容、内外边距和边框的处理方式。

在制作CSS样式之前，先准备一份HTML结构代码，代码如下：

```
<body>
  <div class="box">
    <h1>box</h1>
  </div>
</body>
```

以上代码包含了一个类名为box的div元素，以及div中的h1元素。接下来为这些元素设置一些基本的样式，将body、div和h1分别设置为浅灰蓝、深蓝、浅蓝三种背景色。此外，为了便于更好地研究边距，我们通过设置绝对定位，使div触发BFC机制以清除浮动。代码如下：

```
body{
    color:#FFF;
    background:#EDF5F9; /* 浅灰蓝色 */
    position:relative;
}
.box{
    background:#2980B9; /* 浅蓝色 */
    position:absolute;
}
h1{
    background:#3498DB; /* 深蓝色 */
}
```

测试页面，现在我们只能看到浅蓝色背景的h1元素，且文字紧贴着背景色边缘，如图3.49所示。这一区域也就是元素的内容区域。

图3.49 浅蓝色背景的 h1元素

> • 经验 •
> 关于CSS中触发BFC机制，清除浮动以解决容器高度坍塌的相关知识将在本书后续章节中详细介绍。

接下来，让我们认识框模型中的内边距，也就是padding区域。修改h1样式代码，如下：

```
h1{
    background:#3498DB;
    padding:20px;
}
```

在以上代码中，我们设置h1的padding属性为20像素。测试页面，现在可以看到box的白色文字到浅蓝色背景外沿的距离变远了，文字不再紧贴着背景边缘，如图3.50所示。从文字边缘到背景边缘的范围，就是内边距的区域，该距离的单边宽度为20像素。

接下来，再设置h1的外边距，即margin属性，代码如下：

图3.50 h1的内边距效果

```
h1{
    background:#3498DB;
    padding:20px;
    margin:20px;
}
```

测试页面，现在可以看到设置外边距的结果，此时div的深蓝色背景显示了出来。如图3.51所示。从浅蓝色边缘到深蓝色边缘的范围，就是外边距的区域，该距离的单边宽度为20像素。这一实验说明元素的背景色只能覆盖padding区域，而无法覆盖到margin区域，因此本例中h1元素的margin区域只能显示下方div元素的背景色。

图3.51 h1的外边距效果

• 经验 •

外边距margin的属性值也可以为负值，我们常常使用负值的margin来制作一些特殊的页面效果。

最后，为h1元素添加白色边框，代码如下：

```
h1{
    background:#3498DB;
    padding:20px;
    margin:20px;
    border:5px solid #FFF;
}
```

测试页面，可以看到一个白色矩形显示在浅蓝色和深蓝色背景之间，这就是宽度为5像素的边框区域，如图3.52所示。通过这一实验，我们可以发现边框的位置实际上位于内外边距的中间。

现在，我们已经初步理解了内容、内外边距、边框之间的位置关系，接下来我们将了解它们之间的大小关系。为h1元素设置宽度和高度，代码如下：

图3.52 h1的边框效果

```
h1{
    /*其余代码省略*/
    width:120px;
    height:120px;
}
```

以上代码将h1元素的宽度和高度均设置为120像素，其显示效果如图3.53所示。

现在让我们来看看整个h1元素的实际宽高，从Chrome浏览器的计算界面（可以从开发者工具中调取该界面）可以得知，h1元素由外而内，分别是最外侧20像素的margin，5像素的border，20像素的padding，然后是120×120像素的内容区域，如图3.54所示。从这一数据来看，我们设置的120像素的宽高根本没有对margin、padding或border产生任何影响，它仅仅作用于内容区域。如果从边框算起，h1元素实际的可视化宽高应该是170×170像素（margin部分不可见，不计入实际的可视化区域，其余区域宽高分别为5+20+120+20+5=170像素）。

图3.53 h1元素的宽度和高度设置

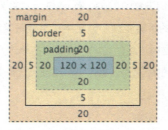

图3.54 h1元素的宽高统计

在过去，前端开发中一个很苦恼的问题就在于此，当我们为一个元素设置宽度和高度时，元素并不会显示为该宽高，而是加上了边框和内边距的宽高。设计师还需要手动去计算，扣减掉边框和内边距的数值。有一种非常简便的办法能帮助我们避免这样的困扰，就是将box-sizing属性设置为"border-box"，代码如下：

```
h1{
    /*其余代码省略*/
    box-sizing:border-box;
}
```

box-sizing属性定义了框模型中元素的组成模式。以h1这样的块级元素为例，其默认的box-sizing属性值为content-box，即宽高属性值不计入内边距及边框的数值。当修改为border-box时，意味着以一种新的形式来计算元素的宽高。修改后的页面显示如图3.55所示。

回到Chrome浏览器的计算界面，可以看到切换到border-box后，内容区域宽高变为了70×70，这样边框、内边距、内容区域宽度相加后一共等于120像素（5+20+70+20+5），如图3.56所示。也就是说，将box-sizing属性值设置为border-box后，元素将先扣减掉内边距和边框的宽度，剩下的宽度才是内容宽度。这样，我们为元素设置什么样的宽高，元素就将显示为相应的尺寸。这一特性能够大大节省设计师的工作量，正因如此，现在许多Web站点往往会使用诸如*{ box-sizing:border-box;}这样的声明，默认将所有块级元素的box-sizing属性值都设置为border-box。

图3.55 box-sizing属性修改后的显示效果

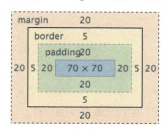
图3.56 box-sizing属性值下的宽高图

3.2.5 列表

列表是一种能够清晰地表述内容的并列关系或顺序关系的元素，我们常常使用列表来制作各种菜单和内容项。本书前一章已介绍了列表的HTML标签运用，本节将从CSS样式的角度来介绍如何配置列表的外观呈现，并同时对此前介绍的定位、框模型等知识加以巩固。

列表的HTML范例代码如下：

```
<ul>
  <li>Link 1</li>
  <li>Link 2</li>
  <li>Link 3</li>
  <li>Link 4</li>
</ul>
```

以上的HTML代码创建了一个ul列表，其中包含了4个li列表项。默认的列表效果如图3.57所示。

默认列表效果虽然结构很清晰，但不够美观。为ul和li元素添加样式代码，代码如下：

- Link 1
- Link 2
- Link 3
- Link 4

图3.57 列表的默认样式

```
ul{
    margin:0;
    padding:0;
}
```

```
li{
    background:#C0392B; /* 红色 */
    color:#FFF;
    list-style:none;
}
```

制作自定义列表样式前，很重要的一点是清除浏览器默认赋予列表的内外边距，否则这些默认数值会对新样式起到严重干扰，因此在以上代码中，我们首先将ul的margin和padding属性值都清零。接下来，设置li元素的背景色为红色，文字为白色。为了去掉浏览器自带的列表项的前缀小圆点，我们将list-style属性设置为了none，即不带任何列表项样式。以上样式对应的列表效果如图3.58所示。

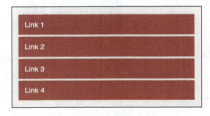

图3.58 修改样式后的列表效果

由于默认内外边距被清零了，因此现在li元素都粘在了一起。运用上节学习的定位技巧，为li元素添加内外边距，代码如下：

```
li{
    /*其余代码省略*/
    padding:15px;
    margin:5px 0;
}
```

在以上代码中，padding属性被用于增加li元素中文字与背景边缘的距离，margin属性被用于增加li元素之间的距离，在此给所有li元素上下各设置了5像素的外边距。列表效果如图3.59所示。

接下来用自定义图片代替列表元素原有的前缀小圆点，在此准备了一张名为check.png的图片作为项目列表图。添加样式代码，如下：

图3.59 设置内外边距后的列表效果

```
li{
    /*其余代码省略*/
    text-indent:35px;
    background:#C0392B url(check.png) no-repeat 10px 50%;
}
```

要设置新的项目列表图，首先需要让列表文字向右缩进，以便于为列表图让出空间，在以上代码中使用了text-indent属性来完成这一工作。项目列表图的设置是通过background属性来完成的，设置红色底色后，将check.png设置为背景图片，使用no-repeat确保图片不重复平铺，并设置图片位置为水平方向距左侧10像素，垂直方向居中。修改后的列表效果如图3.60所示。

图3.60 修改列表图片后的效果

• 经验 •
项目列表图也可以通过设置列表元素的list-style-image属性来实现，如li {list-style-image : url(check.png)}。

我们也可以为每个列表项单独设置不同的项目列表图，在此需要使用到CSS3中的伪类选择器。其中first-child代表第一项元素，last-child代表最后一项元素，使用nth-child并在其后的括号里加上编号，则能够获取到任何一项对应的元素。代码如下：

```css
li:first-child{
    background:#C0392B url(check.png) no-repeat 10px 50%;
}
li:nth-child(2){
    background:#E74C3C url(check_i.png) no-repeat 10px 50%; /*浅红色 */
}
li:nth-child(3){
    background:#C0392B url(plus.png) no-repeat 10px 50%;
}
li:last-child{
    background:#E74C3C url(plus_i.png) no-repeat 10px 50%; /* 浅红色 */
}
```

• 经验 •

我们还可以使用:nth-child()来实现更加强大的选择功能。例如，在一个含有12个元素的<li>列表中，:nth-child(-n+3)将获取前3个元素，:nth-child(n+3)将获取除前3个以外的其他元素。:nth-child()还支持简单的表达式，如:nth-child(2n+1)会将列表分为每两个一组，并获取每一组中的第一个元素，即获取第1、3、5、7、9、11个元素，同理，:nth-child(4n+2)则将获取第2、6、10个元素。

以上代码分别为每个列表项都定义了不同的项目列表图，且修改了第2个、第4个列表项元素的背景色为较浅的红色，如图3.61所示。

如果希望鼠标滑过列表项时背景颜色发生改变，则可以使用hover这一伪类选择器，添加代码，如下：

```css
li:hover{
    background-color:#000; /* 黑色 */
}
```

以上代码设置了li元素在hover状态（鼠标滑过）下的样式，当鼠标滑过列表项时，背景色将变为黑色，如图3.62所示。

图3.61 项目列表图显示效果　　　　　图3.62 鼠标滑过第二个列表项时的效果

• 注意 •

在此需要设置元素的background-color属性而非background属性，后者则将覆盖掉项目背景图片的定义，导致鼠标滑过时项目图标消失。

当前列表项的排列方向为纵向，我们也可以使其横向排列，代码如下：

```
li{
    box-sizing:border-box;
    width:200px;
    float:left;
}
```

在以上代码中，先设置li元素的box-sizing属性为border-box，以便于宽度计算。接着设置了每个列表项的宽度为200像素，最后让li元素左浮动，使其横向排列。列表效果如图3.63所示。

如果需要列表之间有横向的间隙，则只需要设置水平方向上的margin即可，代码如下：

```
li{
    /*其余代码省略*/
    margin-right:10px;
}
```

以上代码为每个li元素设置了右侧外边距为10像素，以将列表项间隔开来，显示效果如图3.64所示。

图3.63 列表横向排列效果

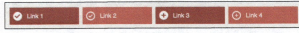

图3.64 横向间距显示效果

作为一款横向菜单而言，现在列表的效果看上去已经非常不错了。但是，当我们将浏览器的窗口加以缩小时，由于一行的宽度放不下所有菜单，菜单将变为换行显示，如图3.65所示。

以上问题的根本原因是我们采用了绝对的宽度设置（200像素）。要解决这一问题，可以转而使用相对宽度属性，即百分比单位制。代码如下：

图3.65 窗口缩小后的换行显示

```
li{
    /*其余代码省略*/
    margin-right:4%;
    width:22%;
}
li:last-child{
    margin-right:0;
}
```

当使用百分比作为大小单位时，元素所处的容器默认为100%大小，元素自身的各项数值按所占比例来动态地计算分配。在以上代码中，将每个li元素的宽度设置为了22%，也就是当父元素ul的宽度为100像素时，每个li元素的宽度为22像素。除此之外，li元素之间的间距也需要以百分比的形式设置，目前4个列表项之间一共有3个间隔，每个间隔的宽度应该是4%（即(100-22×4)/3），因此可以设置margin-right属性为4%。最后，不能忘记的是虽然只有3个间隔，但给每一个列表项都添加了右外边距，则整体宽度多出来了4%，因此需要将最后一个列表项的右外边距设置为0。测试页面，现在当浏览器窗口动态改变时，列表项的宽度也将随之动态适应，如图3.66、图3.67所示。

图3.66 列表项宽度的动态适应1

图3.67 列表项宽度的动态适应2

以上的代码仍然有一定缺陷，例如当浏览器窗口缩放到非常小的时候，列表项的宽度将无法容纳文字内容，从而发生换行或文字挤压，如图3.68所示。

要解决这一问题，可以使用min-width属性来定义元素的最小尺寸。当元素进行百分比缩放时，该尺寸将作为最后的尺寸底线。代码如下：

```
li{
    /*其余代码省略*/
    min-width:120px;
}
```

刷新页面，可以看到在窗口极小的情况下，列表项宽度维持在120像素，保证了自身文本的正常显示，如图3.69所示。

图3.68 列表项宽度过小

图3.69 min-width的设置效果

- **经验** -

除最小宽度、高度外，在某些情况下我们也可以为元素设置最大宽度、高度（max-width、max-height）。

3.3 CSS3常用效果与技巧

以下几节将就CSS3中使用频率较高的阴影、2D和3D等显示效果展开介绍，并讲解CSS3的优先级处理原则。

3.3.1 阴影效果

本节将主要介绍CSS3中使用率非常高的阴影效果。阴影主要有两类，一种是文字阴影（text-shadow），另一种是块状元素阴影（box-shadow）。

首先让我们了解文字阴影。在此以一个h1元素作为范例，代码如下：

```
<h1>article</h1>
```

该标题文字的默认显示效果如图3.70所示。

接下来，为标题设置文字阴影，即text-shadow属性。代码如下：

article

图3.70 标题文字默认显示效果

```
h1{
    text-shadow:0 8px 5px rgba(0,0,0,.5);
}
```

在以上代码中，text-shadow属性的四个参数值分别为x方向上的阴影位移，y方向上的阴影位移，阴影的模糊程度，以及阴影的颜色。在此，我们设置阴影在x方向上无位移，y方向上向下移动8像素，模糊大小为5像素，以及带50%透明度的黑色，阴影效果如图3.71所示。

article

图3.71 标题文字阴影效果

除了给文字加以阴影效果外，text-shadow也能形成文字的内嵌浮雕效果。如当文字颜色深于背景颜色时，可以为文字右下方添加亮色阴影，代码如下：

```css
h1{
    text-shadow:1px 1px 0 rgba(255,255,255,.7);
}
```

以上代码设置阴影的属性为向右下各移动1像素，阴影区域不加以模糊效果，阴影颜色为70%透明度的白色，如图3.72所示。

若文字颜色浅于背景颜色，则可为文字左上方添加深色阴影来形成内浮雕效果，代码如下：

```css
h1{
    text-shadow:-1px -1px 0 rgba(0,0,0,.7);
}
```

以上代码设置阴影的属性为向左上各移动1像素，阴影区域不加以模糊效果，阴影颜色为70%透明度的黑色，如图3.73所示。

article	article
图3.72 深色文字的内浮雕效果	图3.73 浅色文字的内浮雕效果

对于块状元素而言，要设置阴影则需要使用另一个属性，即box-shadow。例如，以下代码为一个id为box的元素设置阴影：

```css
#box{
    width:200px;
    height:200px;
    background:#FFF;
    box-shadow:10px 10px 10px rgba(0,0,0,.5);
}
```

以上代码中，第一和第二个"10px"分别设置box元素的阴影为向右、向下各移动10像素，第三个"10px"设置阴影模糊大小为10像素，最后一个参数设置阴影颜色为50%的黑色。可以看出，box-shadow与text-shadow的属性参数比较类似，阴影效果如图3.74所示。

图3.74 box元素阴影效果

然而，box-shadow属性中还存在text-shadow所不具有的两个可选参数，其中一个是spread，它代表了阴影的尺寸，默认值为0。spread参数的位置是在第四位，即模糊程度之后。测试代码如下：

```css
#box{
    /*其余代码省略*/
    box-shadow:10px 10px 10px 20px rgba(0,0,0,.5);
}
```

以上代码将box元素的阴影设置为20像素，现在阴影主体的大小将变大，如图3.75所示。

> **· 注意 ·**
> 在spread区域内的阴影为纯色，即第五个参数设置的颜色，且不带模糊效果。

图3.75 添加阴影尺寸后的效果

另一个可选参数为inset（默认为outset），设置这一参数后，可将阴影由外部转为内部。测试代码如下：

```css
#box{
    /*其余代码省略*/
    box-shadow:10px 10px 10px 20px rgba(0,0,0,.5) inset;
}
```

现在，box元素的阴影显示在元素内部，如图3.76所示。

浓厚的阴影往往并不能造就美感。块状元素阴影和文字阴影一样，通常都被用于设置一些非常浅淡、精细的页面效果。我们常常只运用1-3个像素的浅色阴影来描绘细节，代码如下：

图3.76 设置内阴影后的效果

```css
.box{
    /*其余代码省略*/
    border-radius:3px;
    box-shadow:0px 1px 2px rgba(0,0,0,.15);
}
```

以上代码使用了非常微小的阴影值来营造细节，如在y方向上设置阴影向下移动1像素，模糊大小只有两个像素，阴影颜色也非常浅，为15%透明度的黑色，并且添加了3像素的圆角，如图3.77所示。这些数值使阴影看上去若有若无，但正是这样凸显了细节之美，形成了前端设计中非常高级的"质感"。

图3.77 精细的阴影设置

3.3.2 2D 与 3D 效果

在过去，我们只能用图片等形式来实现元素的缩放、转动、拉伸等功能，而CSS3则为我们提供了强大的转换属性（transform），能方便地实现各种2D和3D效果。本节将对CSS3中的这些属性分别进行扼要的介绍。在此，我们使用了开源框架Flat UI的一个界面元素——"铅笔图案"作为范例，代码如下：

```html
<img src="img/icons/svg/pencils.svg" alt="Pensils" class="tile-image">
```

该图案在界面中的原始位置如图3.78所示。

首先，我们可以使用2D转换来使图案在x和y方向上移动，第一章邀请函的制作过程中曾对这一特性做过介绍，代码如下：

```css
.tile-image{
    transform: translate(0,50px);
    -ms-transform: translate(0,50px);
    -webkit-transform: translate(0,50px);
    -o-transform: translate(0,50px);
    -moz-transform: translate(0,50px);
}
```

图3.78 铅笔图案的原始位置

• 经验 •

各个浏览器对transform属性的支持不同，因此需要定义带有前缀的兼容性补充声明。其中，-ms-transform主要针对IE9，-webkit-transform针对Chrome和Safari，-o-transform针对Opera，-moz-transform针对Firefox。

以上代码使用了translate来实现平移，使铅笔图案x方向不变，y方向向下移动50像素，如图3.79所示。

使用rotate方法，可以实现元素的旋转。代码如下：

```
.tile-image{
    transform: rotate(90deg);
    -ms-transform: rotate(90deg);
    -webkit-transform: rotate(90deg);
    -o-transform: rotate(90deg);
    -moz-transform: rotate(90deg);
}
```

图3.79 图案平移效果

以上代码将铅笔图案顺时针旋转了90度，如图3.80所示。

使用scale方法，可以指定元素在x和y方向的缩放程度。代码如下：

```
.tile-image{
    transform: scale(1.2,1.6);
    -ms-transform: scale(1.2,1.6);
    -webkit-transform: scale(1.2,1.6);
    -o-transform: scale(1.2,1.6);
    -moz-transform: scale(1.2,1.6);
}
```

图3.80 图案旋转效果

以上代码将铅笔图案在水平和垂直方向上分别放大1.2倍和1.6倍，如图3.81所示。

> **• 经验 •**
>
> 可以为tranform属性添加多个方法，方法之间彼此用空格间隔。如"transform:scale(1.2,1.6) rotate(90deg)"将同时对元素进行2D缩放和旋转。

除2D转换外，transform属性还可以实现三维效果，如在x、y、z方向上3D旋转。代码如下：

```
.tile-image{
    transform: rotateX(30deg) rotateY(120deg);
    -webkit-transform: rotateX(30deg) rotateY(120deg);
    -moz-transform: rotateX(30deg) rotateY(120deg);
}
```

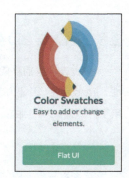

图3.81 图案缩放效果

以上代码使图案在3D 空间中，x方向旋转30度，y方向旋转120度，如图3.82所示。

图3.82 图案三维旋转效果

3.3.3 优先级

到目前为止我们已经学习了CSS的大部分基础知识，在本章的最后一个小节，我们将了解优先级方面的内容，包括优先级是什么，它会产生哪些问题，以及如何去解决这些问题。

首先，让我们来看一段代码：

```html
<h1 class="blue" id="title">article</h1>
```

在这个h1元素中，同时设置了元素的类名为blue，以及id属性为title。在之前的章节中我们了解到，要为h1元素设置字体颜色有着非常多样化的方式。例如，可以直接使用标签选择器，代码如下：

```css
h1{
    color:red;
}
```

• **经验** •

CSS中可以用单词来代表一些常见的颜色，如red代表红色，blue代表蓝色等等。CSS共支持17种名字的颜色。

毫无疑问，以上代码将给标题赋予红色。但我们同时可以给blue类设置另一种字体颜色，代码如下：

```css
.blue{
    color:blue;
}
```

现在，两种选择器都指向h1元素。测试页面，我们会发现，此时标题将显示为blue类所定义的蓝色，而非红色。接下来，再为title设置ID选择器，赋予字体以黄色，代码如下：

```css
#title{
    color:yellow;
}
```

再测试页面，你会发现标题又变为了黄色。那么问题来了，这些选择器带着不同的字体颜色都指向了同一个元素，此时元素最终应该呈现为什么样的颜色呢？

问题的答案即我们测试页面中所看到的，元素采用了某种排序机制，在这一机制中，id选择器（#title{…}）优于类选择器，而类选择器（.blue{…}）又优于标签选择器（h1{…}），因此最后标题采用了id选择器所指定的黄色。这一机制就被称为优先级机制。

当我们在制作复杂的页面时，会不可避免使用到大量的样式选择器，其中可能存在一些彼此矛盾的属性定义，产生一些"灵异"的现象，如果不了解其中的机理则很难解决这些问题。因此CSS的优先级是前端开发中必须考虑的一个重要因素。真实的CSS优先级是一个复杂而全面的机制，对于初学者或大部分开发者而言，掌握其中最主要、常用的排序就足够了。以下是常见选择器的优先级排序（从低到高）。

1. 通用选择器。如*{…}，它的优先级最低。
2. 标签选择器。如h1{…}、p{…}等，它的优先级高于通用选择器。
3. 类选择器。如.blue{…}、.red{…}等，它的优先级高于标签选择器。
4. 伪类选择器。如a:hover {…}、li:first-child {…}等，它的优先级高于类选择器。
5. ID 选择器。如#title{…}、#main{…}等，它的优先级高于伪类选择器。

至此，我们已经初步掌握了CSS3的各种基础知识，在下一章中，我们将进一步学习HTML5中交互的灵魂——JavaScript。

第 4 章 JavaScript新手详解

对于JavaScript这样一种编程语言，人们对待它的态度往往是"爱恨交加"。有人认为JavaScript"强大而又灵活"，同时兼具了面向对象语言和函数式语言的优点，也有人认为它是"精华与糟粕的并存"，其语言中存在许多硬伤；有人觉得JavaScript非常简单，即使是初学者，也能够很快地掌握一些小技巧，在页面中完成一些有用的功能；也有人觉得JavaScript非常难，即使在学习了很久之后，仍然只能摸到冰山一角。然而，不管怎样，要做更深入的前端开发，JavaScript终究是设计师们绕不开的一道槛。

本章将从实用的角度带领读者循序渐进地了解JavaScript中的基本知识。与此前的HTML、CSS相比，单纯的JavaScript代码或许略显枯燥，但在熟练掌握这些基本知识并成功运用于前端页面后，你也将体会到程序代码给设计师带来的超乎寻常的乐趣。

4.1 JavaScript代码基础

4.1.1 如何调试 JavaScript？

在掌握一门编程语言之前，最重要的是掌握它的调试方法。只有在学习的过程中不断输入代码片断进行尝试，调试并查看效果，再返回代码加以优化，才能使所学的代码知识变得深刻、有用。本书的第一章已经介绍了alert语句来调试并查看JavaScript中的元素，但这只是一种临时且效率不高的调试方法。在本节中，我们将学习一种更为强大的JavaScript调试方法。

要学习JavaScript，谷歌的Chrome浏览器是必不可少的工具，请确保你的电脑上安装了这一"利器"。打开Chrome浏览器，选择菜单项"视图"——"开发者"——"开发者工具"，打开开发者工具栏，在工具栏界面中选择最右侧的"Console"，如图4.1所示。

图4.1 Chrome浏览器的开发者工具栏

Console窗口又被称为控制台输出窗口。这是一个非常强大的调试工具，你可以直接在窗口中编写并执行JavaScript代码，例如输入代码如下：

```javascript
var name = "JavaScript";
console.log(name);
```

以上代码定义了一个变量，而要输出这个变量的值，只需要使用console.log()方法即可。代码输入完毕之后，只需要敲下回车键（Enter）即可，如图4.2所示。

图4.2 Chrome浏览器的开发者工具栏

> • 经验 •
> 在Console窗口中要为代码换行时，可以使用Shift+Enter组合键。

除console.log()方法外，我们可以根据要调试信息的不同性质，选择相应的显示信息的方法，分别为输出警告信息console.warn()、输出错误信息console.error()、输出提示信息console.info()和输出调试信息console.debug()。代码如下：

```
console.warn(name);
console.error(name);
console.info(name);
console.debug(name);
```

调试时，不同类型的信息将有不同的输出显示，如warn信息为淡黄底色，并带有惊叹标志，error信息为淡红底色，并带有错误标志，等等，如图4.3所示。

除Chrome外，在其他支持调试功能的主流浏览器中也都可以使用console.log()等语句，如Safari、Firefox等。有了console这样直观简便的调试方式，相信我们学习JavaScript的过程将变得更为轻松。

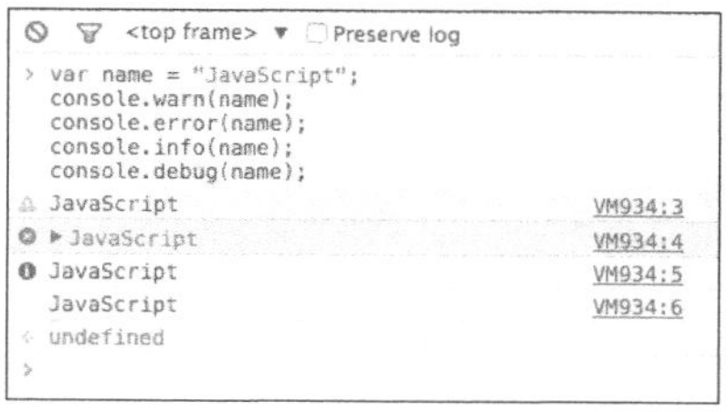

图4.3 Chrome浏览器的开发者工具栏

• 注意 •

包括老版本IE在内的部分浏览器并不支持console.log()语句，因此在开发完成并正式上线之前，需要将这些语句加以删除或注释屏蔽，否则在这些老式浏览器中将出现JavaScript报错。

4.1.2 为代码添加注释

在编写代码时，我们通常需要在代码中添加一些注释，用于说明该处代码的作用，以便于日后重新编辑代码时能够对代码功能一目了然。注释中的内容将不被执行。

添加代码注释的方法主要有两种。一种是逐行注释，方法是在要注释的内容前添加两个反斜杠（//），这将使标记后面直至该行行尾的内容成为注释。如：

```
var s = new String("foo"); // 创建一个字符串对象
```

另外一种方法是在要注释的内容开头添加反斜杠和星号的组合（/*），在末尾添加星号和反斜杠的组合（*/）。这种注释标记将使其包括的所有内容成为注释。如：

```
/* 创建一个字符串对象
将其命名为s */
var s = new String("foo");
```

• 注意 •

多行注释不能嵌套，例如/*…/*…*/…*/这样的注释形式是错误的。

为了使多行注释的内容显得尽量整齐、清晰，我们还往往在注释的每行开头都加以*号（虽然这是不必要的），例如：

```
/*
 * 这是一条多行的JavaScript注释，用来说明以下代码的用途
 *
 * 它的功能包括：
 * 1.创建一个字符串，并为其赋值；
 * 2.在页面中显示这个字符串；
 */
```

在编写代码时添加详细的代码注释是一种良好的编程习惯。虽然这样会在开发时耗费更多的时间，但是这将使代码变得容易理解。此外我们也可以通过代码注释将不同的功能模块清晰地区分出来，如：

```
//---------这里是变量定义部分---------//
代码...
//---------变量定义部分结束---------//
//---------这里是函数执行部分---------//
代码...
//---------函数执行部分结束---------//
```

代码注释也是一种方便地保存代码片段的方式，如开发时我们常常会遇到一些暂时不希望执行，但又有可能在今后会用到的代码，对其进行注释不仅能避免丢失这些代码，而且还能在需要时通过删除注释标记快速地重新使用它们。

4.1.3 创建一个简单的变量

接下来我们将学习如何在JavaScript中定义变量。变量被用来储存某种信息。例如，在页面中有5个苹果，为了储存苹果的数量，我们可以定义某个变量来存放 "5" 这个数字。

要在JavaScript中声明变量，我们必须使用var语句作为声明的方式。同时我们必须声明一个变量的名称，变量名称必须以字母、"$" 号或者下划线开头。变量的值用等号来声明，代码在行末用英文分号来结束。因此，我们可以声明一个简单的变量i，并为其赋予5这个数值。代码如下：

```
var i = 5;
```

> **● 经验 ●**
>
> 在JavaScript中，变量名区分大小写，如Apple和apple是分别不同的两个变量。

我们可以随时使用console.log()来输出并验证新创建的变量。除使用var关键字外，也可以直接在代码中为某个变量名赋值，代码如下：

```
i = 5;
```

以上代码是一种非常规的定义方法，以这种方式创建的变量为全局变量。在我们实际开发过程中，应该避免这样的变量定义方式，而尽可能使用关键字var。

当我们定义了一个变量，而没有为其赋值时，该变量默认为undefined，代码如下：

```
var apple;
console.log(apple); //将输出undefined
```

在给变量名赋值时，如果值的数据类型为字符串，则可以在变量内容前后加上英文单引号或双引号，代码如下：

```
var apple = "a kind of fruit";
console.log(apple); //输出a kind of fruit
```

如果变量为布尔值，则可以直接为变量赋值true（真）或false（假），代码如下：

```
var broken = true;
console.log(broken); //输出true
```

由于JavaScript中的变量是动态数据类型，数据类型可以按需要自动转换，因此我们也可以创建一个变量，先赋予数值，然后再将其转换为一条字符串，代码如下：

```
var times = 10;
times = "A kind of number";
```

除var关键字外，在JavaScript中还有另外两类用于定义变量的关键字，分别是声明局部变量的"let"，以及声明常量的"const"，但后两种关键字较为少用。

• 经验 •

在编写JavaScript代码时，必须牢记为每行代码的末尾加上英文分号。

4.1.4 几种常用的 JavaScript 运算符

在JavaScript中有一些基本的运算符，针对不同的数据类型，它们的作用不尽相同。

最简单的运算符莫过于加（+）、减（-）、乘（*）、除（/），如：

```
console.log(1+1); //输出2
console.log(2*2); //输出4
```

使用括号运算符"()"可以改变运算的优先级，如：

```
console.log(2*(1+2)); //输出6
```

对于数字类型来说，（+）运算符为加法运算，而对于字符串类型，该运算符的作用是将前后的字符串连接在一起。只要（+）运算符前后任意一个值为字符串数据类型，则该运算默认为字符串连接而非加法运算。代码如下：

```
console.log("1"+2); //输出12
console.log(""+1+2+3); //输出123
```

加（+）、减（-）、乘（*）、除（/）运算符可以与（=）号联用，表示在数值原来的基础上相应加、减、乘或除以一定的数字。如以下两个表达式的运算效果相同，都是将数值减3，代码如下：

```
var total = 10;
total = total-3;
console.log(total); //输出7
total -= 3;
console.log(total); //输出4
```

当数值在原有的基础上减去1时，我们可以将表达式简写为"--"。如以下两个表达式效果相同：

```
total = total-1;
total--;
```

同理，当数值在原有的基础上加1时，我们可以将表达式简写为++。另外，++或--运算符也可以放在变量之前，使变量立即返回变化后的数值，代码如下：

```
var total = 6;
console.log(total++); //输出6
console.log(total); //输出7
console.log(++total); //输出8
console.log(total); //输出8
```

　　求模运算符（%）的作用是求余数。在实际使用中，它的一大用处是将任意整数除以2，得到0或1的数值。代码如下：

```
console.log(4%2); // 输出0
console.log(5%2); // 输出1
```

　　关系运算符是一类判断大小关系的运算符，其中，大于（>）、小于（<）、大于或等于（>=）和小于或等于（<=）等运算结果将返回一个布尔值。代码如下：

```
console.log(1>2); //输出false
console.log(2>=2); //输出true
```

　　等于运算符（==）也是一种关系运算符，用于判断运算符前后数值的大小关系，返回一个布尔值。与赋值运算符（=）不同，赋值运算符是将运算符后面的数值赋予运算符前面的变量，该表达式不返回任何值。这是初学者容易混淆的地方。代码如下：

```
console.log(1=2); // 错误
console.log(1==2); // 输出false
console.log(2==2); // 输出true
```

　　与等于运算符作用相反的是非等于运算符（!=），当前后数值不相同时该运算符返回true，代码如下：

```
console.log(1!=2); // 输出true
```

　　等于运算符在进行判断时会自动执行数据类型转换，将前后数据转换为兼容的类型后进行判断。和等于运算符类似，全等运算符(===)也用于判断运算符前后是否相等。但与等于运算符不同，全等运算符在判断时更为严格，它要求值和类型必须都相等，才会返回true。代码如下：

```
var a = 1;
var b = "1";
console.log(a==b); //输出true
console.log(a===b); //输出false
```

　　同理，与全等于运算符作用相反的是非全等于运算符（!==）。代码如下：

```
var a = 1;
var b = "1";
console.log(a!==b); //输出true
```

• 经验 •

由于等于运算符会尝试进行数据类型转换，如判断（"1"==1）时将返回true，导致在实际使用中经常出现一些意想不到的问题。因此，在开发较复杂的JavaScript程序时，推荐大家始终使用===和!==，而非==和!=。

4.1.5 JavaScript 中的条件语句

在JavaScript中常常会作一些条件判断，如判断两者的大小关系，判断字符是否匹配，或判断某种情况的真假等。此时需要用到条件语句。在条件语句中可以设置判断条件，并且按照判断的结果进行相应的处理。

最简单的条件语句是if条件语句。例如，我们让用户在页面中填写问题的答案，当答案为A时，判断回答正确。代码如下：

```
var answer = "A";
if (answer === "A") {
    console.log("回答正确"); //输出回答正确
}
```

• 注意 •

有的初学者常常在条件语句中使用（=）号，导致if语句的条件变成了一个赋值语句，从而导致错误。如果要判断两者是否相等，应该使用等于运算符（==）或全等于运算符（===）。

当题目回答不为A时，若需要输出回答错误的提示，则可以使用if...else 条件语句。在if...else 条件语句中，一旦条件表达式判断为false（错误），则执行else语句中的代码。如以下代码将输出"回答错误"：

```
var answer = "B";
if (answer === "A") {
    console.log("回答正确");
}else{
    console.log("回答错误");
}
```

在较为复杂得多条件判断时，可以使用if...else if条件语句。在if...else if条件语句中，JavaScript先执行if语句的条件判断，如果判断结果为true，将执行if语句中的代码；而如果结果为false，则往下执行else if中的条件判断。如果else if的条件判断结果为true，则执行该语句中的代码；而当结果为false时，将继续执行下一个else if判断，以此类推。如果所有的if语句和else if语句判断均为false，则执行else中的代码。

如某个题目回答A、B中任意一个答案均正确，除此之外的答案均错误，代码如下：

```
if (answer === "A") {
    console.log("回答正确");
} else if (answer === "B") {
    console.log("回答正确");
} else {
    console.log("回答错误");
}
```

对于以上代码来说，由于不论回答A还是B其结果都是相同的，因此我们也可以用逻辑"或"（||）运算符来对代码加以简化。（||）运算符表示"或"的关系，当前后两个表达式任意一个为真时返回true，否则返回false，代码如下：

```
console.log((1==1)||(2==2)); //输出true
console.log((1>1)||(2==2)); //输出true
console.log((1>1)||(2>2)); //输出false
```

因此，上一个例子的代码可以简写成：

```
if ((answer === "A") || (answer === "B")) {
    console.log("回答正确");
} else {
    console.log("回答错误");
}
```

在任何表达式前面加上逻辑取反（!）运算符，表示对该表达式的结果取反。逻辑取反（!）运算符又称为"非"运算符。如：

```
console.log(!(1==1)); //输出false
console.log(!(1>1)); //输出true
```

因此，上一个例子的代码也可以写成：

```
if (!((answer === "A") || (answer === "B"))) {
    console.log("回答错误");
} else {
    console.log("回答正确");
}
```

如果题目有answer1和answer2两种回答，只有当answer1为A，answer2为B时，才判断回答正确，那么我们需要用到逻辑"与"（&&）运算符。（&&）运算符只有在前后两个表达式均为真时才返回true，否则返回false。代码如下：

```
if ((answer1 === "A") && (answer2 === "B")) {
    console.log("回答正确");
} else {
    console.log("回答错误");
}
```

"与"（&&）、"或"（||）、"非"（!）三种逻辑运算符的使用能够大大简化条件表达式，因此它们在条件判断中的使用非常普遍。

如果将条件的判断范围扩大一些，假设某个题目有A、B、C、D、E五个答案，回答A、B、D中任意一个答案均正确，而回答C或E则错误，则按照之前的经验，我们可以用if...else if条件语句。代码如下：

```
if (answer === "A") {
    console.log("回答正确");
} else if (answer === "B") {
    console.log("回答正确");
} else if (answer === "C") {
    console.log("回答错误");
} else if (answer === "D") {
    console.log("回答正确");
} else if (answer === "E") {
    console.log("回答错误");
}
```

以上代码虽然能够解决问题，但是略显冗长，阅读和编辑起来不是很方便。在此可以使用更清晰简便的switch语句。

switch语句类似于if语句，所不同的是，switch语句将switch表达式中的条件数值与各个case语句中的数据相比较，当该数值与某一case匹配时则跳转到该case条件下执行。需要注意的是，当case中的语句执行完毕后，需要使用break语句跳出switch条件语句，否则该判断会继续执行下去。在switch语句中，可以在最末尾添加default语句，以执行当没有任何匹配情况下的代码，这比较类似于if条件语句中的else语句。由于default语句位于switch语句的末尾，因此该语句不必添加break。

以下代码使用switch语句实现了对A、B、C、D、E五个答案的判断，同时，如果当答案超出A到E的范围时，提示用户选择正确的答案：

```javascript
switch (answer) {
    case "A" :
        console.log("回答正确");
        break;
    case "B" :
        console.log("回答正确");
        break;
    case "C" :
        console.log("回答错误");
        break;
    case "D" :
        console.log("回答正确");
        break;
    case "E" :
        console.log("回答错误");
        break;
    default :
        console.log("请正确选择答案");
}
```

此外，JavaScript还支持（?:）条件运算符。在表达式中，JavaScript先计算（？）号之前的表达式，如果该表达式为true，则返回（：）号之前的值；否则返回（：）号之后的值。如以下代码输出"回答错误"。代码如下：

```javascript
var answer = "B";
var isRightAnswer = (answer === "A") ? "回答正确" : "回答错误";
console.log(isRightAnswer);
```

4.1.6 JavaScript 中的循环语句

循环语句是JavaScript中必不可少的一种语句。利用循环语句，我们可以反复执行某段代码。

最简单的循环语句是for语句。for语句的基本原理是定义一个循环的索引值，每次循环时判断该索引值的大小是否超过了某个条件范围，如果没超过该条件范围，则按照某种规律改变索引值大小。如此循环，直至索引值大小超过该条件范围时，循环终止。在for语句的具体参数中包含了3个表达式。第一个表达式定义索引变量的初始值，第二个表达式定义终止循环的条件，第三个表达式定义索引变量的变化规律。如以下代码建立了变量i，初始值为0，每循环一次i加1，当i不小于4时循环中止。代码如下：

```javascript
for (var i = 0; i < 4; i++) {
    console.log(i); //依次输出0,1,2,3
}
```

我们在编写for语句时，常常用i作为循环变量的命名。for语句参数中也可以容纳一个以上的变量。以下代码声明了i，j两个整数变量，并且每循环一次，i加1，j减去1。代码如下：

```
for (var i = 0, j = 0; i < 4; i++, j--) {
    console.log(i);   //依次输出0, 1, 2, 3
    console.log(j);   //依次输出0, -1, -2, -3
}
```

for语句也可以循环嵌套，但注意两个for语句的初始值变量名称需要彼此不同，代码如下：

```
for (var i = 0; i < 2; i++) {
    for (var j = 0; j < 2; j++) {
    console.log(i+"/"+j); //依次输出0/0, 0/1, 1/0, 1/1
    }
}
```

• 注意 •

在编写循环代码时，应注意循环的终止条件和循环索引值变化之间的关系，确保循环能够在运行一定次数后被终止，否则循环将无限执行。

和for语句类似，while语句和do...while语句也是一种循环语句。但相比之下，while 循环与do...while 循环使用率较低。while 循环与 if 语句相似，只要条件为 true，就会反复执行其中的代码。代码如下：

```
var i = 0;
while (i < 4) {
    console.log(i); //依次输出0, 1, 2, 3
    i++;
}
```

do...while 循环与while 循环的差别是它首先执行一段代码，然后再进行条件判断。如下例，虽然i的初始值并不小于4，但是它在判断之前已经执行了do语句中的代码，代码如下：

```
var i = 4;
do {
    console.log(i); //输出4
    i++;
} while (i < 4);
```

此外，当需要遍历对象的动态属性或数组中的元素时，可以使用for...in语句。代码如下：

```
var fruit=["apple","banana","pear"];
for (var i in fruit){
  console.log(fruit[i]); //依次输出apple, banana, pear
}
```

最后，在循环语句中，我们可以随时使用break语句来终止循环。代码如下：

```
for (var i = 0; i < 4; i++) {
    if (i>2) {
        break;
    }
    console.log(i); //输出0,1,2
}
```

4.2 JavaScript编程进阶

在本章上一部分中我们学习了JavaScript的代码基础。接下来，我们将学习包括对象、函数、事件等在内的JavaScript进阶知识，并且将会通过制作一个简单的实战案例来加深理解。

4.2.1 数组及其操作

数组是JavaScript中储存数据的一种形式，同时数组也是一种复杂的数据类型。在数组中，数据以一定的规律排放，每个数据对应一个唯一的索引值。我们可以通过抽取数组中某个索引代表的值来取得相应的数据。建立数组对象的方法如下：

```
var arr = new Array(); //建立一个空白的arr数组
```

以上代码也可以加以简化，我们可以使用一对方括号来直接创建数组，写法如下：

```
var arr = []; //建立一个空白的arr数组
```

当给数组变量赋值时，我们需要在方括号中用逗号分隔数组中不同的数据元素。如以下代码定义了一个名为arr的数组，该数组含有a、b、c三个字符元素：

```
arr = ["a","b","c"]; // arr数组将包含a、b和c三个元素
```

也可以在定义数组的同时给数组赋值，代码如下：

```
var arr = ["a","b","c"];
```

如想获取该数组中的元素，可以使用数组名加上元素的索引值。其中索引数字两端需要添加方括号。代码如下：

```
console.log(arr[0]); //输出a
console.log(arr[1]); //输出b
```

需要注意的是，数组的索引是从0开始的，因此，如要获取arr数组的第1个元素，我们需要使用数字为0的索引，同理，如要获取第2个元素，则需要使用数字为1的索引。

要获取数组中所包含元素的个数，可以使用数组的length属性。代码如下：

```
console.log(arr.length); //输出3
```

可以使用for循环来逐个输出数组的每个元素，这也称为数组的遍历。其做法是在for循环中定义一个索引变量i，其初始值为0，按照该变量的值去获取数组中相应索引位置的数据元素。这样，循环将首先输出数组中第一个元素。每循环一次，变量i数值加1，循环次数等于数组中所包含元素的个数。以此类推，实现数组的遍历。代码如下：

```
var loopTime = arr.length;
for (var i=0; i < loopTime; i++) {
      console.log(arr[i]); //输出a, b, c
}
```

如果要向数组中添加元素，可以使用push()方法。该方法用于在数组的末尾添加新的元素。代码如下：

```
arr.push("d"); //在数组末尾插入了d
console.log(arr); //输出a, b, c, d
```

和push()方法不同，如果想在数组的开头插入元素，可以使用unshift()方法。代码如下：

```
arr.unshift("e"); //在数组开头插入了e
console.log(arr); //输出e, a, b, c, d
```

反之，如果要删除数组开头的元素，可以使用shift()方法。代码如下：

```
arr.shift(); //删除了e
console.log(arr); //输出a, b, c, d
```

如果要删除数组最后的一个元素，可以使用pop()方法。代码如下：

```
arr.pop(); //删除了d
console.log(arr); //输出a, b, c
```

如果想删除数组中任意位置的某个元素，可以使用splice()方法。该方法有两个参数，第一个参数确定开始删除的位置，第二个参数确定删除元素的个数。代码如下：

```
arr.splice(1,1); //从第1个数组元素之后开始，删除1个数组元素
console.log(arr); //输出a, c
```

splice()方法除了可以从数组中删除元素之外，也可以向数组中添加元素。当该方法的第二个参数值为0时，表示在第一个参数确定的位置之后插入元素。所插入元素的值可以作为随后的参数传入splice()方法中。代码如下：

```
arr.splice(1,0,"b"); //在第1个数组元素之后插入元素"b"
console.log(arr); //输出a, b, c
```

如果想将两个数组内容相连，创建新的数组，则可以使用数组的concat()方法，代码如下：

```
var arr1= [1,2,3];
var arr2= [4,5,6];
var arr3= arr1.concat(arr2);
console.log(arr3); //输出1,2,3,4,5,6
```

如果想将数组中的元素顺序倒转，可以使用数组的reverse()方法，代码如下：

```
var arr1 = [1,2,3];
console.log(arr1.reverse()); //输出3,2,1
```

数组中的元素的数据类型可以彼此不同，如以下代码定义了一个名为arr的数组变量，其中第一个元素为字符串
"a"，第二个元素为数字123，第三个元素为布尔值false。代码如下：

```
var arr = ["a",123,false];
```

数组中的元素的数据类型也可以为数组，即可以嵌套。这样的数组也称为多维数组。如以下代码定义了一个名
为arr的数组变量，其中的三个元素均为数组。代码如下：

```
var arr = [[1,2,3],[4,5,6],[7,8,9]];
```

以上代码实际上创建了一个二维数组，我们可以通过数组按索引取值的方法进行嵌套取值。代码如下：

```
console.log(arr[0][0]); //获取第一个数组元素中第一个元素的数值，输出1
console.log(arr[1][0]); //获取第二个数组元素中第一个元素的数值，输出4
console.log(arr[2][2]); //获取第三个数组元素中第三个元素的数值，输出9
```

数组中也可以储存一些对象，能够通过访问数组元素的属性来获取相应的数据。这种方法代码清晰明确，在实
际工作中非常实用。代码如下：

```
var arr = [ {name: "Lucy",     age:31},
            {name: "Mike",     age:26},
            {name: "Tom",      age:52}];
console.log(arr[0].name); //输出Lucy
console.log(arr[2].age); //输出52
```

4.2.2 日期和时间

要在JavaScript中获取当前日期，可以新建一个Date对象，代码如下：

```
var now = new Date();
console.log(now); //如输出Sun Aug 09 2015 21:16:10 GMT+0800 (CST)
```

从以上代码可以看出，Date对象中包括了当前的秒、分、小时、星期数、日、月、年以及时区等信息。如果仅
需要返回星期值和日期值，而不返回时间或时区，可以使用Date对象的toDateString()方法，代码如下：

```
console.log(now.toDateString()); //Sun Aug 09 2015
```

要获取Date对象中的各种信息非常方便。如通过Date类的getHours()方法可以获取当前的小时信息，代码如下：

```
console.log(now.getHours()); //输出21
```

同理，也可以通过getMonth()方法获取当前的月份信息，但需要注意的是，Date 对象中的月份数值范围为0到
11，即0 代表1月。若当前是8月，则输出将为7而非8，代码如下：

```
console.log(now.getMonth()); //输出7
```

另一个值得注意的方法是getDay()，它返回 Date对象所指定的星期值，但数值范围是0到6，0代表星期日，6代表星期六，代码如下：

```
console.log(now.getDay()); //now的时间是星期日，输出0
```

以上方法获取的是电脑当前所设置时区的小时数。如在某台时区设置为北京时间（GMT+08:00）的电脑中，使用getHours( )方法将返回北京时间的小时数。如果要获取世界标准时间，则需要使用getUTCHours( )方法，代码如下：

```
console.log(now.getUTCHours()); //输出13
```

在新建Date对象时，如果不传入任何参数，将返回当前日期和时间。而如果传入参数，则可以设置日期和时间。Date对象可传入的参数共有七个，分别为年，月，日，小时，分钟，秒和毫秒。其中，需要注意的是，和getMonth()方法一样，"月份"参数的数值范围不是1到12，而是0到11。如以下代码创建了一个日期为2008年2月10日，时间为20点10分的Date对象，代码如下：

```
var date = new Date(2008, 1, 10, 20, 10);
console.log(date); //输出Sun Feb 10 2008 20:10:00 GMT+0800 (CST)
```

我们也可以对Date对象中的时间和日期进行修改。如使用setHours()方法来修改小时数为10点，代码如下：

```
date.setHours(10);
console.log(date); //输出Sun Feb 10 2008 10:10:00 GMT+0800 (CST)
```

某些时候我们需要作日期相关的计算，如两个日期之间的时间差等。Date对象提供了parse()方法，可以将某一日期字符串转化为自1970年1月1日起已经过的毫秒数，以便于完成更精确的计算。代码如下：

```
var date = "Fri Sep 19 2008";
console.log(Date.parse(date)); //输出1221753600000
```

4.2.3 初涉函数

在JavaScript编程中，我们习惯把所有的功能性代码都定义为相应的函数，这样可以保持代码的整齐易读，同时也可以为以后编写更复杂的代码打好基础。

函数的定义需要使用function关键字。在function关键字之后，通常要声明函数的命名，也可以理解为函数的"名字"。在其后是函数的参数区域，我们用一对括号来表示这个区域。最后是函数的代码执行区域，我们用一对花括号来表示这个区域。这种函数又被称为声明式定义函数，其语法格式可以抽象如下：

```
function 函数名() {
    //代码
}
```

例如，可以创建一个函数，命名为myFunction，在其中输出一段字符串。其后，使用myFunction()来调用执行该函数。代码如下：

```
function myFunction(){
    console.log("this is a function");
}
myFunction(); //输出this is a function
```

函数可以被多次调用。每调用一次该函数，JavaScript就将执行一次函数中的代码。代码如下：

```
var i= 0;
function myFunction(){
    i++;
    console.log("this is a function " + i);
}
myFunction(); //输出this is a function 1
myFunction(); //输出this is a function 2
```

我们也可以为函数加上参数。传递参数的方法是在函数名后的括号中添加要传递到函数中的参数名称。参数可能有一个，也可能为多个，彼此之间用逗号隔开。代码如下：

```
function myFunction(id){
    console.log("this is a function " + id);
}
myFunction(1); //输出this is a function 1
myFunction(2); //输出this is a function 2
```

有的函数在执行后能够返回相应的数据，这被称为带有返回值的函数。需要返回的数值用return关键字来加以声明，代码如下：

```
function myFunction(id){
    return ("this is a function " + id);
}
console.log(myFunction(1)); //输出this is a function 1
console.log(myFunction(2)); //输出this is a function 2
```

另外，由于return语句的特殊作用，它同时能够被使用在不返回值的函数中，使函数在执行到return语句时停止，不再继续往下执行，代码如下：

```
function test(){
    console.log("1");
    return;
    console.log("2");
}
test(); //只输出1
```

在JavaScript中，函数有可能是匿名的。以下的代码就定义了一个没有函数名的function，并定义了一个变量testID来对应这个匿名的函数，这样的函数又被称为赋值表达式定义函数，代码如下：

```
var testID = function(id){
    console.log("my id is " + id);
}
testID(125); //输出my id is 125
```

如果定义了一个匿名函数且没有将其赋予某个变量，要执行这个匿名函数，则可以采用(function(){})()的代码格式。其中前一个括号里面是匿名的函数，后一个括号中是传入的参数，如果没有参数则括号中内容可为空，代码如下：

```
(function(id){
    console.log("my id is " + id);
})(125); //输出my id is 125
```

• 经验 •

(function(){}())()看上去较为晦涩，这一代码形式又被称为自动执行的匿名函数，常见于各种JavaScript框架中，如jQuery插件等。简单来说，它的作用在于使得函数在被载入时自动执行，同时利用匿名函数和闭包的特征形成一个独立的空间，将内部所有的变量封闭起来，使其不会影响到函数外的其他变量。这种类型的函数还有其他写法，如(function(){/* code */}())、!function(){/* code */}()等，其执行效果均相同。

函数是我们书写代码的基础。一个复杂的代码程序其实是由许许多多的函数组成的。每个函数都能够完成一定的功能，这些细小的功能互相协作彼此联系，就像建筑工地的砖块一样，最后它们凝聚在一起形成了功能强大的程序。

4.2.4 函数的变量作用域

初学者在使用函数时，常常会在变量的作用域（Scope）方面犯错。以下代码就是一个典型的例子：

```
function count(){
    var mycount = 1;
}
count();
console.log(mycount);
```

按照代码的构思，JavaScript将输出count函数中mycount变量的数值。在控制台中测试，结果却得到了错误信息，提示mycount变量并未被定义，如图4.4所示。

发生这个问题的根源在于变量有自身的作用域。如果变量在一个函数中被定义，那么它就只能在该函数的范围内被使用。如果我

图4.4 代码运行出错提示

们将console.log()语句挪到函数内部，控制台就不会再报以上的未定义错误，并能够顺利输出mycount的数值，代码如下：

```
function count(){
    var mycount = 1;
    console.log(mycount);
}
count();//输出1
```

因此，像mycount这样只在局部区域有效的变量被称为局部变量。那么能否在函数以外获取mycount变量的值呢？答案是肯定的。方法是在函数之外定义一个变量。这样的变量称为全局变量。如在count()函数外定义一个名为mycount的变量，此时该变量没有任何赋值。在count()函数中，可以直接使用这个变量并对其赋值。此时，不论在函数内部还是函数以外，都能够获取mycount变量的值。代码如下：

```javascript
var mycount;
function count(){
    mycount = 1;
}
count();
console.log(mycount); //输出1
```

在一些特殊情况下，全局变量的命名可能和局部变量相同，此时，在局部变量作用的范围内，全局变量的作用被隐藏。如以下代码在函数内外均定义了名为mycount的变量，但在不同的位置变量输出的数值并不相同。在count()函数内部定义的mycount变量作为局部变量，其数值为1；而在count()函数外部定义的mycount作为全局变量，在函数内已有相同命名的局部变量的情况下被隐藏，其数值并没有被函数所更改，仍然为0。代码如下：

```javascript
var mycount=0;
function count(){
    var mycount = 1;
    console.log(mycount); //输出1
}
count();
console.log(mycount); //输出0
```

最后让我们来看一个更为复杂的例子。由于JavaScript中允许函数之间相互嵌套，即function中可以包含子function，因此每个层级的function都代表了不同的变量作用范围，其中的变量也存在着各自的作用域。代码如下：

```javascript
function out_count(){
  var mycount = 10;
  function inner_count(){
    var mycount = 20;
    output_count(mycount); //此处mycount值为20
  }
  inner_count();
  output_count(mycount); //此处mycount值为10
}
function output_count(val){
  console.log(val);
}
out_count(); //依次输出20，10
```

4.2.5 Object 简介

虽然称不上是一种真正面向对象编程（Object Oriented Programming，OOP）的语言，但我们仍然可以说Javascript是一种基于对象（object-based）的语言。要深入掌握JavaScript，与对象（Object）打交道是必不可少的。我们可以用var关键字定义一个Object，代码如下：

```javascript
var faculty = {
    name: 'Mike',
    age: 20,
    job: 'Designer'
};
```

以上代码创建了一个名为faculty的Object变量，用于储存员工的个人信息，在这个对象中有许多属性，如name、age、job等，每一个属性都有对应的值。以上代码也可以换成以下的书写方式：

```javascript
var faculty = new Object(); // Object构造函数
faculty.name = 'Mike';
faculty.age = 20;
faculty.job = 'Designer';
```

对象有时又被称为关联数组，因为我们也可以用类似数组的操作形式来控制对象中的属性，代码如下：

```javascript
faculty["name"] = 'Mike';
faculty["age"] = 20;
faculty["job"] = 'Designer';
```

我们可以用for语句循环输出对象中的内容，代码如下：

```javascript
for(var i in faculty){
  console.log(i + ":" + faculty[i]);
}
```

运行以上代码，在控制台窗口中将依次输出如下结果：

```
name:Mike
age:20
job:Designer
```

对象之间也可以相互嵌套，即对象中的属性值可以为另一个对象，代码如下：

```javascript
var person = {
    age: 31,
    gender: "male",
    address:{
        city:"shanghai",
        zipcode:"200000"
    }
}
```

要在JavaScript中创建对象，更高级的用法是通过创建构造函数来定义相应的对象类型，代码如下：

```javascript
function Faculty(name, age, job){
    this.name = name;
    this.age = age;
    this.job = job;
}
```

以上定义了一个Faculty函数，我们可以称其为构造函数。接下来，可以用new关键字来声明一个相应的Faculty对象，代码如下：

```javascript
var robert = new Faculty("Robert", 21, "Developer");
```

以上代码创建了一个新的Faculty对象并赋值给robert。在这个对象中，name属性值为Robert，age属性值为21，job属性值为Developer。同理，我们也可以方便地创建更多其他的Faculty对象，代码如下：

```javascript
var alex = new Faculty("Alex", 26, "Coder");
```

构造函数中也可以为对象创建函数，如为Faculty对象创建一个showName函数，使其输出职员的姓名，即name属性，代码如下：

```javascript
function Faculty(name, age, job){
    this.name = name;
    this.age = age;
    this.job = job;
    this.showName = function(){
        console.log(this.name);
    }
}
```

我们可以创建一个新的Faculty对象，并调用对象的showName函数，代码如下：

```javascript
var leo = new Faculty("Leo", 32, "Designer");
leo.showName();//输出Leo
```

我们也可以通过对象的prototype属性来获取其原型（类似于从根源上获取其结构），在此基础上为对象添加新的函数。如添加showAge函数以输出职员的年龄，代码如下：

```javascript
Faculty.prototype.showAge = function(){
    console.log(this.age);
}
```

现在，调用leo对象的showAge函数，就能够输出其age属性了，代码如下：

```javascript
leo.showAge(); //输出32
```

4.2.6 JavaScript 的 DOM 操作

前面的小节中介绍了大量的JavaScript基础语言知识，但似乎都没有提及它与HTML5的交互。接下来我们将学习如何在页面中使用JavaScript来操作HTML中的DOM结构。首先，准备一段HTML代码，如下：

```
<p class="red" id="first">The first paragraph.</p>
<p class="red small" id="second">The second paragraph.</p>
```

JavaScript所擅长的就是找到页面中的这些HTML代码块，然后为它们添加交互行为。以上代码中含有两个p元素，如果希望访问第一个p元素并将其输出，可以利用它的id属性来定位，代码如下：

```
//输出<p class="red" id="first">The first paragraph.</p>
console.log(document.getElementById("first"));
```

除getElementById方法外，JavaScript还提供了其他的元素定位方式，代码如下：

```
console.log(document.getElementsByClassName("red"));
```

以上代码使用getElementsByClassName定位所有带有red类名的元素，由于这一方法将返回一个数组而非某个特定的元素，因此在控制台输出结果中可以看到输出结果为数组，其中包含了两个元素，分别是p#first.red和p#second.red.small，即第一个和第二个p元素，如图4.5所示。

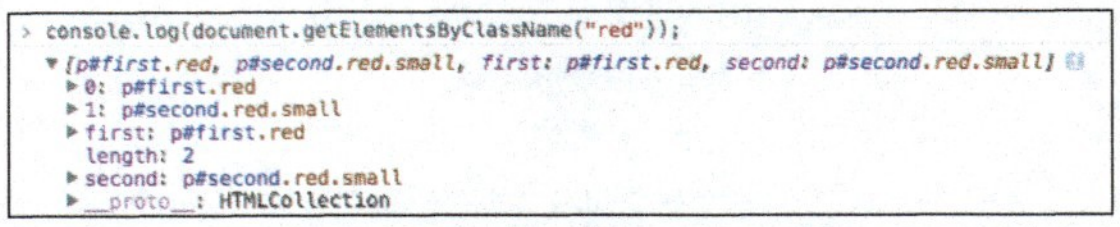

```
> console.log(document.getElementsByClassName("red"));
▼ [p#first.red, p#second.red.small, first: p#first.red, second: p#second.red.small]
  ▶ 0: p#first.red
  ▶ 1: p#second.red.small
  ▶ first: p#first.red
    length: 2
  ▶ second: p#second.red.small
  ▶ __proto__: HTMLCollection
```
图4.5 getElementsByClassName输出结果

因此，如果需要输出第2个p元素，则需要在表达式后面加上数组的元素编号，代码如下：

```
//输出<p class="red small" id="second">The second paragraph.</p>
console.log(document.getElementsByClassName("red")[1]);
```

即使只有一个元素含有small类，使用getElementsByClassName方法返回的仍然是一个数组，仍然需要加上"[0]"来获取数组中唯一的一个元素，代码如下：

```
console.log(document.getElementsByClassName("small")[0]);
```

除使用id属性和类名外，我们还可以直接通过标签名来定位元素，如以下代码定位并输出第2个p元素，如下：

```
console.log(document.getElementsByTagName("p")[1]);
```

我们也可以将定位的元素赋值给一个变量，以便于进一步对元素加以操作，代码如下：

```
var first = document.getElementById("first");
console.log(first);
```

JavaScript的魅力就在于能够动态地操作这些DOM代码，例如将定位元素的内容加以修改，代码如下：

```
first.innerHTML = "My Title";
```

当这段代码执行后，就可以看到页面中第一段文字内容换为了"My Title"。

我们也可以使用getAttribute方法获取元素中的各种属性，如获取id属性，代码如下：

```
console.log(first.getAttribute("id")); //输出first
```

利用JavaScript还能在DOM中动态增加新的节点，代码如下：

```
var subspan = document.createElement("span"); //创建一个span元素
subspan.innerHTML = "sub span"; //设置span元素的HTML内容
first.appendChild(subspan); //将span元素添加到第一个段落中
```

添加节点后的p元素代码如下：

```
<p class="red" id="first">The first paragraph.<span>sub span</span></p>
```

我们也可以使用setAttribute方法动态地为元素设置各种属性，如设置span的id属性，代码如下：

```
subspan.setAttribute("id", "sub");
```

添加id属性后的元素代码如下：

```
<p class="red" id="first">The first paragraph.<span id="sub">sub span</span></p>
```

另一种修改元素属性的方式更加直接，如直接修改元素的className属性来更改其类名，代码如下：

```
first.className = "big";
```

修改类名后的元素代码如下：

```
<p class="big" id="first">The first paragraph.<span id="sub">sub span</span></p>
```

如果希望去除span元素，可以通过调用其父元素的removeChild方法来实现，代码如下：

```
first.removeChild(subspan);
```

> **• 经验 •**
> removeChild方法需要通过父元素来加以调用，如a元素是b元素的父级，要删除b元素，则不能单纯使用removeChild(b)，只能通过a.removeChild(b)这一途径，这意味着还需要对a加以定位，操作起来较为繁琐。一种简便的方法是使用元素的parentNode 属性来找到父元素，然后再调用删除方法，如b.parentNode.removeChild(b)。

我们也可以通过JavaScript修改元素的样式，如将第一个p元素的字体颜色修改为红色，代码如下：

```
first.style.color = "red";
```

在JavaScript中提供了大量的元素样式属性控制方法，例如修改文字字体大小为32像素，修改first元素的宽度为30%，等等，代码如下：

```
first.style.fontSize = "32px";
```

```
first.style.width = "30%";
```

> **• 经验 •**
> 初学者常常会在style对象的赋值中犯错，例如将first.style.width = "30%"误写成first.style.width = 30%。需注意，在使用style修改元素样式时，属性值应为文本类型。

4.2.7 DOM 事件处理

事件处理可谓是HTML5交互的核心要素。用户在浏览页面的过程中，鼠标、键盘、表单等人机操作将引发各种页面"事件"，我们所要做的就是通过JavaScript来对这些事件加以响应，完成页面与用户之间的交互。

首先，以一个button元素作为范例，HTML代码如下：

```html
<button id="submit">Submit</button>
```

我们希望当用户单击button元素时，在控制台中输出字符串，最简单的方式是在button元素中添加onclick属性，直接调用控制台操作，代码如下：

```html
<button id="submit" onclick="console.log('submit button clicked')">Submit</button>
```

测试页面，当单击按钮时，控制台将输出"submit button clicked"。

然而，直接把事件处理代码写在DOM结构中是并不推荐的一种做法，我们更加倾向于将DOM结构和JavaScript分开，以利于页面维护。去掉button元素中的onclick属性，改为输入JavaScript代码，如下：

```javascript
var submit = document.getElementById("submit");
submit.onclick = function(){
    console.log("submit button clicked");
};
```

在以上代码中，首先将button元素用getElementById方法定位，并赋予变量submit。然后，为submit注册onclick事件，当发生单击事件时，执行相应的函数。

除以上形式外，处理函数也可以被单独创建，再赋值给元素的onclick属性。代码如下：

```javascript
var submit = document.getElementById("submit");
function doSubmit(){
    console.log("submit button clicked");
};
submit.onclick = doSubmit;
```

我们可以用类似的方法，为button元素注册onmouseover事件，当鼠标滑过button上方时，将输出"Mouse over submit button"，代码如下：

```javascript
function doMouseOver(){
    console.log("Mouse over submit button");
};
submit.onmouseover = doMouseOver;
```

除button元素外，还可以为整个页面注册事件。如注册onload事件，当页面加载完毕时，输出"This page loaded"，代码如下：

```javascript
function loadComplete(){
    console.log("This page loaded");
}
this.onload = loadComplete;
```

4.2.8 利用 JavaScript 实现 HTML5 拖放

在本章中我们已经由浅入深地学习了JavaScript的基础语法知识，在本章最后让我们用一个小例子来结束这一阶段的学习。

我们知道，HTML5在其标准中增加了对元素拖放（Drag & Drop）的支持，这使得设计师有可能实现更加强大的页面功能和更好的交互效果。然而，即使元素拖放是HTML5标准中的一部分，它的实现却离不开JavaScript。在本小节中我们将通过使用JavaScript，制作一个简单的HTML5拖放案例。

首先，创建一个HTML页面，在页面的body部分只有两个简单的div元素，代码如下：

```html
<body>
  <div id="logo"></div>
  <div id="box"></div>
</body>
```

接下来创建CSS样式，设置两个div元素为绝对定位方式，并且使id为logo的div元素背景显示为一张图片（在此使用了Flat UI框架的钻石Logo），靠最左侧显示，使id为box的div元素显示为圆角的虚线矩形，靠最右侧显示，代码如下：

```css
body {
    position:relative;
}
#logo{
    width:300px;
    height:200px;
    background:url(logo.png) center 50% no-repeat;
    position:absolute;
    left:0;
}
#box{
    width:300px;
    height:200px;
    background:#d4efdf; /*浅绿色*/
    border-radius:10px;
    border:5px dashed #27AE60; /*深绿色*/
    position:absolute;
    right:0;
}
```

该页面的初始效果如图4.6所示。

默认情况下，元素是不可拖动的，如按住左侧的logo并拖拽鼠标指针，logo将无任何反应。要使得元素能够被拖动，则需要设置元素的draggable属性为true，代码如下：

图4.6 页面初始效果

```
var logo = document.getElementById("logo");
logo.draggable = true;
```

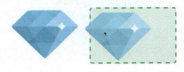

图4.7 logo拖动效果

测试页面，现在点按住logo并拖曳，logo就能够随着鼠标的移动而移动了，如图4.7所示。

我们希望能够将logo拖放到右侧的虚线框里面。然而，现在的问题是，当松开鼠标左键时，logo还会回到原始的位置。这一问题可以分两个步骤来解决，首先，当logo拖动到虚线框上方时，会不断触发box的ondragover事件，而这一事件默认是无法将数据或元素放置到其他元素中的，因此我们需要使用事件参数的preventDefault()方法来取消该事件的默认行为，代码如下：

```
var box = document.getElementById("box");
box.ondragover = function(event){
    event.preventDefault();  //去除事件的默认行为
}
```

接下来，当我们在box上方松开鼠标左键，放下logo时，会触发box的ondrop事件。在这一事件中，我们需要创建代码来把logo放入box中，在此使用appendChild方法即可，代码如下：

```
box.ondrop = function(event){
    box.appendChild(logo);
}
```

测试页面，现在我们就能够顺利将左侧的logo拖放到虚线框中了，如图4.8所示。

图4.8 拖放效果

• 经验 •

在本例中，logo被拖放到虚线框中之后，就无法再拖放回到原始位置了。读者可以运用已学习的知识，尝试自己动手补充这一功能。

经过本章的学习，我们已经初步地掌握了JavaScript基础知识。在下一章中，我们将着重了解移动端中的HTML5开发技巧。

第 5 章 移动端HTML5开发详解

移动化的浪潮来得比人们想象的还要更加迅猛。以本书作者于2014年底对国内某高校所作的一项实证调查为例，该校师生移动端（iOS、Android、Windows Phone）的上网接入已占到总的网络接入的80%以上，远远超过了PC设备（桌面端）。移动设备因其轻量便携、使用不受时间和地点限制等优点，现已成为人们上网的重要方式。这一新形势也改变了当今前端开发的侧重点。对于前端设计师而言，移动端的HTML5开发不再是一个"可选项"，而已然成为一个"必选项"。

虽然HTML5天生具有跨平台的优秀基因，但在实际开发中，移动端和桌面端的HTML5运用仍然存在着大量差异。为此，本章将针对移动端的特点，着重介绍HTML5中有别于桌面端开发方式的前端技巧。

5.1 桌面端开发概述

5.1.1 桌面端和移动端有何不同？

在开始本章的学习之前，我们需要先回答一个问题，即桌面端和移动端有何不同？

一个最明显的不同就是两者的屏幕大小，或称分辨率大小差异。在桌面端，分辨率的特征只有一个字，那就是"大"。十余年前，桌面端的主流分辨率是1024×768，当时的网页宽度基本都控制在1002像素以内，其中960像素的页面宽度成为主流。而到今天，桌面端分辨率基本都超过了1280×800。即使电脑中可以选调较小的分辨率，用户也几乎都会选择将分辨率设置得更大，以便于在一个屏幕内显示更多的内容信息，如图5.1所示。

根据桌面端的这一特征，当前一些重内容的网站开始使用更大的页面尺寸，如在页面宽度上，京东采用了1210像素，淘宝采用了1190像素，如图5.2所示。

图5.1 桌面端分辨率

图5.2 京东页面采用1210宽度

而对于移动端而言，屏幕的尺寸则小得多。常见的手机分辨率都是320×480、360×640、640×960这样的小尺寸（但也有例外，如iPhone 6 Plus达到了1080x1920）。而且桌面端的页面通常是横向的，而移动端是纵向的。因此，在移动端中我们很少像桌面端那样制作横向的多列布局，而是更多地运用垂直方向上的纵深，采用自上而下的流动布局，充分利用有限的空间来展示内容信息。

桌面端和移动端的另一个不同之处在于文件的大小尺寸。对于桌面端页面来说，虽然流量也是需要考虑的因素，但在网速越来越快的今天，我们已经不再像十余年前那样顾忌页面中几十或上百KB的文件大小波动了。然而，在移动端则不同，虽然3G、4G网络对移动带宽有很大提升，但是仍然无法与桌面端相提并论，太大的页面将使得用户需要长时间等待加载，而且用户的手机流量也非常宝贵。因此，在移动端页面中，我们要尽可能对页面进行精简，对文件尺寸进行压缩，这是一件非常具有挑战性的工作。

桌面端和移动端的第三个不同之处在于，桌面端拥有强大的性能，可以在页面中尽情使用各种阴影、动画、透明度、视频等HTML5特性。而移动端在性能上则弱很多，在页面中包含太多渲染，甚至是图片过大、DOM结构太过于复杂，都会导致设备性能的降低，并加重移动设备的电量负担。这就要求前端设计师在制作页面效果时要有所取舍，并掌握一定的移动端性能优化技巧。

桌面端和移动端的交互方式也互不相同。在桌面端，几乎所有的操作都是通过鼠标来完成的，其间可以发生单击、经过、移出等鼠标行为。而在移动端，鼠标被换成了手指，页面元素将不再有类似鼠标经过、移出这样的状态，单击也被换作了一次"触摸"。移动端设备在缺少键盘的情况下，用户的输入难度要远大于桌面端，因此表单等页面元素的交互效果需要重新考虑。此外，由于手指的精度远不及鼠标，因此其间还存在一些更深层次的用户体验的问题，如怎样使链接、按钮更容易被准确"触摸"到，等等。

再者，桌面端和移动端的设计方式也互不相同。桌面端网站的设计通常是固定布局，设计元素的大小和内容的显示位置都精确到像素，网站的内容主体有着具体的宽度。特别是在设计传统网站时，设计师通常会先固定一块特殊尺寸的画布，作为虚拟的浏览器屏幕区域，然后在该区域中设计和定位各种元素。在某个特定屏幕分辨率下，传统网站通常能够获取最佳的浏览效果，但在更大或更小的分辨率下，网站可能产生横向滚动条，或在页面两侧产生空白区域。相比之下，移动端设计更强调设计的灵活性。网站内容的排布不局限于某个特殊的浏览器窗口大小，而是根据窗口大小进行灵活的布局，其中每个页面元素的位置、大小甚至表现形式都是动态的。如菜单栏在较大分辨率的屏幕中为横向显示，在较小分辨率屏幕中则为纵向显示，在更小分辨率屏幕中甚至被折叠起来。相应地，在移动端设计中通常会准备多个分辨率下的设计稿，以体现各种页面元素的动态定位。

最后，桌面端和移动端在浏览器兼容性方面也存在差异。桌面端浏览器可以说是群雄割据，混乱不堪，有着泾渭分明的不同阵营，也存在新老版本浏览器共存的尴尬局面，任何一个新的HTML5特性要想在桌面端得到普及都是非常困难且耗时良久的事情，这也是目前HTML5开发者遇到的一大难以逾越的障碍。然而在移动端，这些令人头疼的浏览器兼容性问题却烟消云散了，绝大多数的移动设备浏览器目前都采用了WebKit内核，或基于该内核开发。这不得不说是一件非常幸运的事情，使得我们有可能在移动端毫无顾忌，且更加深度地运用各种HTML5技巧。

5.1.2 响应式设计还是移动版网站？

比较了桌面端和移动端的差异之后，在移动端我们又可以看到更细的分歧。通常来说，移动端HTML5页面有两种技术路线，移动版网站和响应式设计（Responsive Web Design）。

移动版网站往往是常规网站的内容复制，其对页面内容和功能进行了精简，以提升移动设备上的网站载入速度，同时调整了页面外观以适应移动设备屏幕显示。当网站检测到用户访问来自于移动设备时，将跳转至移动版页面进行显示。移动版网站的优点是页面呈现效果好、节省流量，技术开发人员能够专注于移动端进行技术优化，而无需考虑桌面端页面的浏览器兼容性等问题，其缺点是需同时维护桌面和移动两套页面，后期维护成本较高，一旦主站点有任何修改，还需加倍计算移动版网站的修改工作量。移动版网站也是当前大部分网站所采取的技术路线，如图5.3所示。

相比之下，响应式设计使用了更加具有弹性的机制。只需要设计和开发一个网站，就能够在各种不同分辨率的电脑和移动设备端实现自适应显示。响应式设计是一种技术路线而非单纯的网站设计，其主要原理是在页面流式布局的基础上，通过CSS3的Media Queries调整页面元素在不同屏幕分辨率下的显示，并结合JavaScript实现页面交互功能。对于许多敢于尝鲜的站点而言，响应式设计是一种既节省开发和维护成本，又能够获得良好表现效果的移动端解决方案，目前

图5.3 新浪微博的移动版网站

连苹果公司的官网也采用了这一技术，如图5.4、图5.5所示。然而，响应式设计也有其弊端，由于需要同时兼顾桌面和移动端，其页面的前期设计和后期调试需要投入大量人力，在技术方面的要求上也超过了移动版网站。较之移动版网站，响应式设计的站点运用目前还较少。

图5.4 苹果中国的响应式设计首页1

图5.5 苹果中国的响应式设计首页2

移动版网站和响应式设计，到底选择其中哪种开发方式是一件见仁见智的事情，并没有绝对的定论。目前来看响应式设计更加酷炫，更容易得到"加分"，而移动版网站则更加稳妥，也更适合大规模的站点应用。总之一句话，一切按实际需求来解决问题。本章中的移动端HTML5开发知识，主要是针对前者，即移动版网站的，对于响应式设计而言，本书将在后续的章节中专门作详细讲解。

5.2 移动端开发技巧

接下来，我们将详细讲解移动端HTML5的开发技巧，其中包括viewport设置、百分比布局、弹性布局、Media Query、雪碧图等。

5.2.1 Viewport 设置

在移动端页面开发中，我们需要首先弄清楚浏览器"屏幕"和"显示窗口"之间的区别。在移动设备中，屏幕是浏览器可视的那部分区域，屏幕的宽度往往只有320像素或者640像素。考虑到传统的桌面端网站页面往往都是在1024×768以上的分辨率下浏览的，其远远大于移动设备的屏幕尺寸，为了使桌面端页面能够在移动端正常显示，移动端浏览器虚拟出了一种名为"viewport"的显示窗口，在不同的设备中这一显示窗口的大小不同（如Windows Phone的viewport宽度为1024像素，iOS设备为980像素），但都无一例外地大于移动设备的屏幕大小，如图5.6所示。

图5.6 手机浏览器的viewport

为了使移动设备能够完整地显示网页，尽可能不出现横向滚动条，viewport往往被浏览器自动加以缩放以适应屏幕宽度，例如将本身虚拟显示区域为980像素宽的页面显示窗口加以缩小，使其实际显示在320像素的屏幕中。这就是为什么我们往往在手机浏览器中访问页面时，页面文字和图片元素都显示得很小，而用JavaScript调取页面宽度，宽度值又显示为980像素的原因。

了解了viewport的来龙去脉，接下来看看我们就以上问题的对策。在移动端页面中，我们可以在<head>中添加meta标签，对viewport专门加以设置，代码如下：

```
<meta name="viewport" content="width=device-width, initial-scale=1.0">
```

以上代码做了两件非常关键的事情，一是设置viewport的宽度为device-width，即显示窗口宽度等于设备宽度，也就是说将原本980像素的viewport宽度更改为屏幕实际的320像素宽度。代码所做的第二件事情是设置viewport的initial-scale属性值为1，即窗口默认不缩放，以便于以1:1的比例为浏览者提供最佳的移动页面浏览体验。

此外，我们往往希望页面能够呈现为类似手机app那样的显示效果，此时可以在meta代码中设置viewport的user-scalable（用户可缩放）属性值为no，maximum-scale（最大缩放值）属性值为1，以锁定页面的缩放，避免用户操作屏幕时触发缩放行为而对页面效果产生影响。代码如下：

```
<meta name="viewport" content="width=device-width, initial-scale=1.0,
user-scalable=no, maximum-scale=1.0">
```

> • **经验** •
>
> 如何使我们制作的移动页面能够在手机中被查看呢？一般来说，我们需要一个能够上传页面的服务器，以及一个绑定这个服务器的域名。您可以通过购买服务商的空间和域名，或者通过购买云服务来获取在线服务（如新浪云、阿里云、腾讯云等）。如果仅仅是本地测试的话，也可以通过在某台PC上架设IIS或者Apache，借助局域网的内部地址来实现在手机浏览器中的测试。

以我们在第一章中制作的邀请函为例，当时测试的环境是Firefox下的响应式设计视图，并非在真正的移动端中进行测试。而真正到了手机浏览器中，邀请函显示的则仿佛是一个缩小版的邀请函页面，如图5.7所示。在这样的显示页面中，文字被缩得非常小，需要手动放大才能看清，按钮也因为太小，导致很难被精确点中。

在页面的<head>中添加以上的meta标签，再次在手机端测试，现在我们就能得到和Firefox下的响应式设计视图相同的显示效果了，如图5.8所示。

图5.7 未设置viewport的页面默认效果　图5.8 设置viewport后移动端的页面显示效果

> • **经验** •
>
> 要了解更多移动页面中需要添加的meta标签，可参见第二章的"文档元数据"一节。

5.2.2 百分比布局

由于移动端屏幕尺寸的特殊性，我们很难像在桌面端那样设置一个固定的页面最小宽度，因此在移动端页面开发中往往采取百分比的动态布局方式。这一布局方式在本书第三章中曾作过简要说明，在本节我们将专门针对移动页面的百分比布局做更加详细的介绍。

首先我们来看一段HTML代码，如下：

```
<div class="comic">
  <img src="fate.png" alt="Fate">
  <h1>Fate</h1>
</div>
<div class="comic">
  <img src="hulk.png" alt="Hulk">
  <h1>Hulk</h1>
</div>
<div class="comic">
  <img src="superman.png" alt="Superman">
  <h1>Superman</h1>
</div>
<div class="comic">
  <img src="captain.png" alt="Captain">
  <h1>Captain</h1>
</div>
<div class="comic">
  <img src="wonder.png" alt="Wonder">
  <h1>Wonder</h1>
</div>
<div class="comic">
  <img src="ironman.png" alt="Ironman">
  <h1>Ironman</h1>
</div>
```

以上代码用6个div元素分别指定了6种漫画角色，每个角色包括了一张img图片和一个h1标题。在Firefox的响应式设计视图中，页面的默认显示效果如图5.9所示。

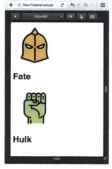

图5.9 页面默认显示效果

• 经验 •

以上图标的绘制作者为speckyboy，你可以在其个人网站上发现更多有趣的图标（http:// speckyboy.com/）。

接下来制作页面样式。首先用"*"号通配符将全局的内外边距都清零，便于后续边距的自定义设置。并且为页面设置字体和背景色，代码如下：

```
*{
    margin:0;
    padding:0;
}
body {
    background:#f3f2ef; /*极浅的灰色*/
    font-family:sans-serif;
}
```

如果我们要将以上的漫画角色按两列的方式输出，那么可以设置每一个div的宽度为50%，代码如下：

```
.comic{
    width:50%;
    text-align:center;
    float:left;
    background:#e5e8e1; /*较深的灰色*/
```

```
        box-shadow:0 0 1px rgba(0, 0, 0, 0.2) inset;
}
.comic h1{
        color:#666;
        font-weight:normal;
        font-size:1.5em;
}
```

以上代码不仅将每一个div元素的宽度设置为了50%，还设置了div的左浮动（float）来形成排列效果。此外，在comic类中设置text-align属性为center，使得图片和标题在div内水平居中。为了使div之间的界限更加分明，我们为comic类设置了较深的背景色，并运用box-shadow的1像素内阴影制作了边框线。最后，我们还略微调整了下h1元素的样式，去掉了加粗，将其字体设置得更小，颜色更淡。测试页面，在320×480分辨率之下的分列效果如图5.10所示。

当扩大屏幕分辨率到720×480时，我们的百分比布局依然能够完美呈现两列效果，如图5.11所示。

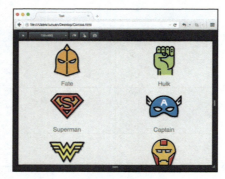

图5.10 320×480分辨率下的两列效果　　图5.11 720×480分辨率下的两列效果

既然顺利地实现了两列布局，那么三列显示也是同样的原理，只不过由于100除以3无法得到一个整数，我们可以用33.33%来近似地加以设置，代码如下：

```
.comic{
        width:33.33%;
        /*其他代码*/
}
```

测试页面，在720×480分辨率下，三列的显示非常完美，如图5.12所示。

然而，将窗口加以缩小，如缩小到360×480时，我们将发现虽然仍然为三列布局，但是由于图片尺寸较大，有一部分图片已经超出了显示区域，如图5.13所示。

为了使得图片也能够以百分比的形式动态显示，我们为其添加width属性声明，代码如下：

图5.12 720×480分辨率下的三列显示　　图5.13 360×480分辨率下的三列显示

```
.comic img{
        width:60%;
}
```

当设置图片的宽度单位为百分比后，就意味着图片的宽度将随时根据div的宽度动态变化，该宽度等于div宽度的

60%。刷新页面，可以看到图片的尺寸发生了改变，不仅是宽度变小了，连图片的高度也随之等比例变小，图片完美地实现了自适应显示，其显示效果如图5.14所示。

当将屏幕分辨率变大时，可以看到图片尺寸也随之等比例变大，如图5.15所示。在这一技巧的基础之上举一反三，我们可以在许多移动端页面中将图片宽度设置为100%，以确保图片实现最大程度的展示，同时又确保不会超出屏幕的范围。

解决了图片的百分比显示后，我们继续将屏幕分辨率缩小。在260×480分辨率下，文字的排版也出现了问题，一部分文字显示超出了div的范围，如图5.16所示。

图5.14 设置图片百分比宽度后的显示效果1

图5.15设置图片百分比宽度后的显示效果2

图5.16 文字超出div范围

要解决文字的自适应显示，可以使用vw或vh这样的"相对"字体大小单位。vw代表文字相对于viewport的宽度，vh则代表相应的高度。在vw的体系中，默认将整个viewport的宽度设置为100vw，以此相对换算文字的大小。添加代码，如下：

```
.comic{
    padding:30px 0;
    /*其他代码*/
}
.comic h1{
    font-size:5vw;
    /*其他代码*/
}
```

在以上的代码中，我们设置了h1元素的字体大小为5vw，也就是等于屏幕宽度的1/20，即5%，当屏幕为400像素时，则字体大小为20像素。此外，由于我们将图片和文字都进行了缩放，为了使得div不至于显示得过于密集，我们设置了comic的padding，使得div中的图片和文字上下各保留30像素的空间。测试页面，现在在260×480分辨率下文字也能正常缩放显示了，如图5.17所示。

而当屏幕分辨率调大时，文字大小也会相应变大，如图5.18所示。

图5.17 修改文字字体大小　　图5.18 文字大小的动态变化

- **经验** -

除vw、vh外，还有vmin和vmax两种相对字号单位，其作用是自动选择相对于viewport宽高而言最小或最大的值，以此作为字体的大小。

掌握了百分比布局技巧后，其他的列数形式也易如反掌。例如要实现单列效果，只需将div的宽度设置为100%即可，代码如下：

```
.comic{
    width:100%;
    /*其他代码*/
}
```

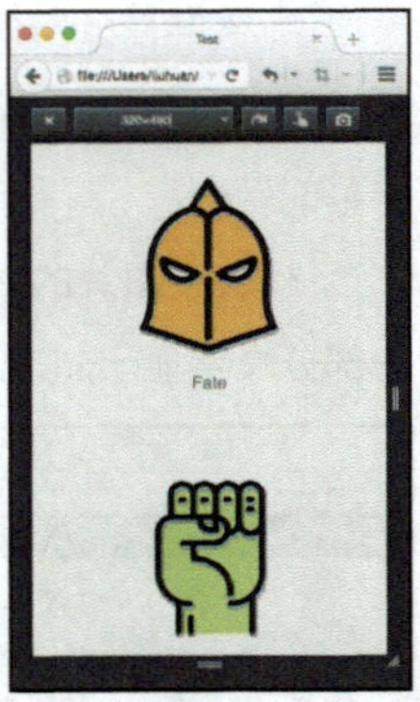

单列的显示效果如图5.19所示。

要实现更多列的显示效果，只需将div的宽度百分比均分即可。如设置4列显示，代码如下：

```
.comic{
    width:25%;
    /*其他代码*/
}
```

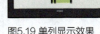

图5.19 单列显示效果

四列的显示效果如图5.20所示。

有时候我们希望元素与元素，以及元素与屏幕边缘之间留出一定间距，这可以通过设置margin属性来实现。在设置时我们也需要事先进行计算，如制作一个两列布局，每一列的宽度为40%，则去掉两列内容宽度后，屏幕还剩下20%的空间，将其分摊给每一列的左右两侧，则每条边的间距值为5%，代码如下：

```
.comic{
    /*其他代码*/
    margin:5%;
    width:40%;
}
```

图5.20 四列显示效果

以上代码的测试效果如图5.21所示。

众所周知，margin同时设置了四条边的外间距，我们的设想是，当这一间距值为5%时，左右侧的外间距等于页面宽度的5%，上下侧的外间距等于页面高度的5%。然而，在不改变屏幕高度的情况下，增加屏幕宽度，可以发现上下侧的外间距也发生了增大，如图5.22所示。

发生这一问题的原因在于margin和padding以百分比作为计量单位时，不论宽高，取值的基础都是来自于父元素宽度（width）。如父元素宽高为100×200，则当子元素margin为5%时，四边的margin实际值都为5像素，而非

图5.21 添加margin效果

图5.22 增加屏幕宽度后的显示效果

上下10像素、左右5像素。接下来，修改样式代码，将上下的margin值修改为绝对值，如10像素，代码如下：

```
.comic{
    /*其他代码*/
    margin:10px 5%;
}
```

修改后的页面在不同分辨率屏幕中的测试效果如图5.23、图5.24所示。实际上，在制作移动端页面时，我们往往会采用以上这种绝对值和相对值相混合的方式，而非全盘使用百分比数值。

图5.23 修改margin后的显示效果1　图5.24修改margin后的显示效果2

现在，页面还存在一个间距上的小问题，那就是在上述布局中，两列之间的间隔实际上被加倍了，而我们希望列与列、列与屏幕边缘的距离都相等。这就要求我们将其中一列的某个水平方向的margin值去掉，以使得列与列之间的距离减半。我们的解决思路是将偶数列的div的左侧margin值清零（也可以选择将奇数列的右侧margin值清零），在此需要使用到nth-child()这一伪类选择器，代码如下：

```
.comic{
    /*其他代码*/
    margin:10px 4%;
    width:44%;
}
.comic:nth-child(even){
    margin-left:0;
}
```

在以上代码中，使用了nth-child(even)来选择偶数个的div元素（将even改为odd则选择奇数个元素），将左侧margin设置为0，这样就完美地去除了中间多出来的间距。同时，重新计算了元素的宽度和margin值，将每列宽度设置为44%，间距设置为4%，使其总宽度为(44%×2) + (4%×3) = 100%。测试页面，布局效果如图5.25所示。

图5.25 调整间距后的显示效果

5.2.3 Flexbox：轻松实现弹性布局

百分比布局虽然灵活，但是各种宽度、间距数值的计算也是一件让人心烦的事情。在之前的CSS章节中我们了解到，页面的元素包括块级元素和行内元素两大类，传统意义上的页面定位、布局就是在这两种元素的基础上开展的。而事实上，还有一种更加灵活的布局模型，即Flexbox，我们往往又称它为弹性框模型（Flexible Box Model，或称弹性盒模型）。由于桌面端浏览器对Flexbox的支持还未得到普及，因此它还未成为桌面端页面的主流布局方式。而在移动端，当浏览器兼容性已不再是最大的问题时，Flexbox迎来了它一展身手的机会。

Flexbox对于移动端有着特别的意义。在传统的定位方式中充斥着各种float浮动属性，这些浮动对于移动端来说就是对渲染性能的消耗。而在Flexbox中，浮动成为了历史，这变相提升了移动端的效能，此外，开发者也不必再去计算那些让人烦恼的margin、padding、width和height，而是可以把这一切都交给Flexbox，由它来选择最佳的空间利用方式。

我们仍然以上一节的HTML代码作为范例。要将它切换到Flexbox布局，需要为div元素的父元素，即body加以设置，代码如下：

```
body {
    background:#f3f2ef;
    font-family:sans-serif;
    display: -webkit-flex;   /* WebKit内核浏览器的兼容性写法 */
    display: flex;
}
```

以上代码设置了body元素的display属性为flex，这等于宣告了body内的元素以Flexbox的方式进行布局。针对WebKit内核浏览器而言，则需要声明为"-webkit-flex"（在老版本的WebKit浏览器中还一度声明为"-webkit-box"）。

Flexbox布局有上下和左右两种排列方向。例如，我们希望将div元素上下排列，可以设置flex-direction属性为column，代码如下：

```css
body {
    /* 其他代码 */
    -webkit-flex-direction:column; /* WebKit内核浏览器的兼容性写法 */
    flex-direction:column;
}
```

现在，我们就已经设置好一个最简单的Flexbox布局了。回到comic类中，把float、margin、width这些原有的布局属性统统去掉，剩下的样式代码如下：

```css
.comic{
    text-align:center;
    background:#e5e8e1;
    box-shadow:0 0 1px rgba(0, 0, 0, 0.2) inset;
    padding:30px 0;
}
```

测试页面，现在就能看到div元素由上而下自动依次排列，并充满了整个页面，如图5.26所示。

在flex-direction的属性值之后添加"-reverse"，能够使元素反向排列。修改该属性，代码如下：

```css
body {
    /* 其他代码 */
    -webkit-flex-direction:column-reverse; /* WebKit内核浏览器的兼容性写法 */
    flex-direction:column-reverse;
}
```

测试页面，现在可以看到原本在末尾的"Ironman"，现在显示在了第一位，整个div元素的顺序发生了颠倒，如图5.27所示。

接下来我们希望将布局从纵向更改为横向。修改flex-direction属性，代码如下：

```css
body {
    /* 其他代码 */
    -webkit-flex-direction:row; /* WebKit内核浏览器的
兼容性写法 */
    flex-direction:row;
}
```

图5.26 Flexbox从上到下排列　图5.27 Flexbox从下向上排列

以上代码将flex-direction属性值修改为了row，即使body中的div元素从左到右排列。接下来，我们还需要指定这些div元素的伸缩方式。修改comic类，代码如下：

```css
.comic{
    /* 其他代码 */
    -webkit-flex:1 1 auto; /* WebKit内核浏览器的兼容性写法 */
    flex:1 1 auto;
}
```

Flex属性包含了3个参数，第一个参数名为flex-grow，它用于决定伸缩元素可扩展空间的分配，在此设置为1，表示每个元素的可扩展空间大小相等；第二个参数名为flex-shrink，它用来定义当元素超过容器的大小后的压缩比例，在此也设置为1，即每个元素的压缩能力相同；最后一个参数名为flex-basis，用于定义伸缩的基准值，在此设置为auto，即自动分配空间。测试页面，可以看到所有元素都形成了横向排列，效果如图5.28所示。由于此时浏览器的宽度不足以容纳所有的元素，因此元素被自动压缩，Flexbox尽量以最优化的形式分配元素的宽度。

我们可以将h1的字体大小由5vw更改为2em这样的绝对值，以避免字体始终横向充满屏幕，然后再将屏幕宽度增大，可以看到，此时横向排列的元素都被分配了相同大小的空间，如图5.29所示。

图5.28 Flexbox从左到右排列　　图5.29 各元素分配了相同大小的空间

我们不希望这么多元素挤在同一行，而是希望它们能够以更加灵活的方式进行排列。在此可以为父元素body设置Flexbox的换行属性，代码如下：

```css
body {
    /* 其他代码 */
    -webkit-flex-wrap:wrap;  /* WebKit内核浏览器的兼容性写法 */
    flex-wrap:wrap;
}
```

在以上代码中，通过设置flex-wrap属性值为wrap，使得元素能够自动换行。现在，在不同的屏幕分辨率下测试页面，将得到各种不同而又灵活的布局效果，如图5.30至图5.34所示。

图5.30 不同分辨率下的弹性布局效果1　　图5.31 不同分辨率下的弹性布局效果2　　图5.32 不同分辨率下的弹性布局效果3

 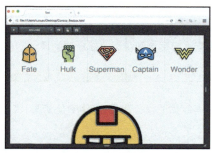

图5.33 不同分辨率下的弹性布局效果4　　图5.34 不同分辨率下的弹性布局效果5

Flexbox提供的布局特性还不止以上这些，它还具有多样化的空间分配方式，能够实现一些更加复杂和实用的布局效果，而这些效果都是我们很难通过传统布局方式实现的。在开发移动端页面的过程中，我们可以根据需求灵活地利用这一利器，做出惊艳的布局效果。

> **· 经验 ·**
> 要了解更多有关Flexbox的知识，可以访问以下延伸阅读网址。这是由Paddi Macdonnell撰写于WebdesignerDepot.com上的一篇文章，详细介绍了使用Flexbox来制作一些流行布局效果的方法：http://www.webdesignerdepot.com/2015/09/modern-web-layout-with-flexbox/。

5.2.4 Media Query

移动端的分辨率可谓五花八门，海量的Android机型自不待言，光是iPhone系列，从iPhone 3GS到iPhone 6 Plus，就有320×480、640×960、640×1136、750×134、1080×1920等多种分辨率。虽然在布局方面可以使用百分比或Flexbox来实现不同分辨率下的自适应布局，但对于页面内容，特别是图片元素而言，诸多不同的分辨率可能是一种灾难。我们永远无法预测用户将以何种移动设备访问页面，如果按照最低320x480的分辨率来制作图片，则在Retina这样的高分辨率屏幕中，图片的显示效果会非常糟糕，而如果按照高分辨率屏幕的最佳效果制作和准备图片，则在低分辨率移动设备中又造成了加载时间的无谓变长、渲染性能的消耗，以及上网流量的浪费。

这一棘手问题在CSS3中得到了解决，它提供了一种名为Media Query（又被称为媒体查询）的新特性，用于设置某种媒体特性（Media features）下的显示规则。让我们直接来看一个例子，代码如下：

```html
<link href="css.css" rel="stylesheet" media="screen and (max-width: 600px)">
```

以上代码是一段HTML中的link标签，用于在页面中引入CSS文件。与我们之前所知的link标签所不同的是，在此添加了一个media属性。在该属性内容中，screen代表媒体的类型为电脑或移动终端显示屏幕（除此之外media query中还有all、print、tv等媒体类型，分别代表所有媒体、印刷媒体、电视媒体等）；and是一个表示"与"关系的关键字，它类似于JavaScript表达式中的&&运算符（除and外，media query中还有not和only关键字，分别代表排除某种设备，以及仅限于某种设备）；(max-width: 600px)为媒体特性，需要放置在一对圆括号中，它代表媒体的最大宽度为600像素。将media属性的上述参数值合并起来，其含义就是"当屏幕宽度小于或等于600像素时，应用本条CSS样式"。也就说是，css.css这个文件是专门为符合这一条件的设备所准备的。

同理，以下代码表示当屏幕宽度大于或等于400像素时，应用css.css这一样式文件：

```html
<link href="css.css" rel="stylesheet" media="screen and (min-width: 400px)">
```

以下代码表示当屏幕宽度小于等于600像素且大于等于400像素时，应用css.css：

```html
<link href="css.css" rel="stylesheet" media="screen and (min-width:400px) and (max-width:600px)">
```

以下代码表示当所有媒体的设备宽度小于等于480像素时，应用样式文件。注意在此使用了max-device-width而非max-width，前者是指设备支持的最大宽度，而后者则指浏览器窗口的最大宽度。

```html
<link href="css.css" rel="stylesheet" media="all and (max-device-width: 480px)">
```

以下代码更加复杂一些，它表示当所有媒体的设备宽度介于481像素与1024像素之间，并且为竖屏显示时，应用样式文件：

```
<link href="css.css" rel="stylesheet" media="all and (min-device-width: 481px) and (max-device-
width: 1024px) and (orientation:portrait)">
```

如果将以上代码中的orientation:portrait换为orientation:landscape，则表示匹配横屏的媒体。

有了media query，我们就可以为不同的屏幕分辨率分别制作样式文件。例如，制作一个所有分辨率下都通用的CSS文件，然后再为每一种特殊的分辨率范围专门定制相应样式，代码如下：

```
<!--针对所有设备的基础样式-->
<link href="base.css" rel="stylesheet">
<!--小于等于480，适合大部分手机-->
<link href="css480.css" rel="stylesheet" media="all and (max-device-width: 480px)">
<!--介于481到1024，较高分辨率手机及iPad等-->
<link href="css481_1024.css" rel="stylesheet" media="all and (min-device-width: 481px) and (max-
device-width: 1024px)">
<!--大于1024，高分辨率移动设备-->
<link href="css1025.css" rel="stylesheet" media="all and (min-device-width: 1025px)">
```

我们也可以在同一个CSS文件中使用media query来定义不同的媒体样式。例如，在CSS文件中，以下的media query定义了屏幕宽度最大为480像素的所有设备中，<h1>元素的字体大小为24像素，代码如下：

```
@media all and (max-width: 480px) {
    h1{
        font-size:24px;
    }
}
```

从以上代码可以看出，在CSS文件中指定media query，需要用@media来加以声明，且该媒体类型下的所有样式都被包裹在最外侧的花括号内。

接下来我们再看看一个例子。由于240像素、360像素、480像素是低分辨率Android移动设备的三个重要的宽度范围节点，因此在以下代码中定义了三种仅针对屏幕的媒体查询，分别使所有设备宽度小于等于240像素的页面中h1元素显示为14像素，所有设备宽度在241到360像素的页面中h1元素显示为18像素，所有设备宽度在361到480像素的页面中h1元素显示为21像素，代码如下：

```
@media only screen and (max-device-width:240px){
    h1{
        font-size:14px;
    }
}
@media only screen and (min-device-width:241px) and (max-device-width:360px){
    h1{
        font-size:18px;
    }
}
@media only screen and (min-device-width:361px) and (max-device-width:480px){
    h1{
        font-size:21px;
    }
}
```

Media query也能够适配特定长宽比的设备，如以下代码将设置所有长宽比为4:3的设备中h1元素字体的大小为2.5em：

```
@media only screen and (device-aspect-ratio:4/3){
    h1{
        font-size:2.5em;
    }
}
```

利用media query，我们能够完美地解决本节前述的iPhone的普通分辨率和Retina分辨率（视网膜屏幕）中的图片自适应问题。在Retina屏幕中更多的像素点被压缩至一块屏幕里，从而达到更高的分辨率，并提高屏幕显示的细腻程度。如果普通屏幕中一个点是一个像素，那么在Retina屏幕中一个点则等于两个像素。对于一张页面中显示大小为100×100的icon图片而言，我们可以制作两种不同的尺寸，分别是原始尺寸icon.png（尺寸为100×100），以及放大一倍的尺寸icon@2x.png（尺寸200×200），代码如下：

```
@media only screen and (min-width: 320px) {
  /* 非Retina屏幕，屏幕宽度大于等于320像素 */
  background:url(icon.png) no-repeat;
  background-size:100px 100px;
}
@media
only screen and (-webkit-min-device-pixel-ratio: 2) and (min-width: 320px),
only screen and (min-device-pixel-ratio: 2) and (min-width: 320px),
only screen and (min-resolution: 192dpi) and (min-width: 320px),
only screen and (min-resolution: 2dppx) and (min-width: 320px) {
  /* Retina屏幕，屏幕宽度大于等于320像素*/
  background:url(icon@2x.png) no-repeat;
  background-size:100px 100px;
}
```

以上代码运用了-webkit-min-device-pixel-ratio来查询像素比例为2，以及分辨率为192dpi以上，或2dppx以上的媒体设备，这些特征都指向了Retina屏幕。因此，在这些媒体设备中，我们显示放大一倍的图片，以确保图片在Retine屏幕中的清晰度。

除以上两种方式外，media query还有其他的实现方式，比如使用@import的导入方式，代码如下：

```
@import url("css/screen.css") screen;
@import url("css/print.css") print;
```

在以上代码中，我们分别为screen（屏幕显示）和print（印刷显示）这两种媒体类型指定了不同的样式文件。@import声明media query的这一方式还被可以用于页面的<style>标签中。代码如下：

```
<style type="text/css" media="screen">
    @import url("screen.css");
</style>
```

Media query不仅可被运用于移动版网站中，在响应式设计中它更是不可或缺的核心要素，我们将在后续的响应式设计章节重复地使用这一CSS特性。

5.2.5 雪碧图

虽然在桌面端网页中，文件的并行下载数量很早就成为人们关注的问题，但在移动端这一问题似乎显得更加严重。在移动设备中浏览网页时，并行下载的文件个数非常有限，通常仅为4~5个。也就是说如果页面中有100张小图片的话，即使每张图片只有1KB，总大小只有100KB，但由于无法同时间下载，只能排队"一一通过"，因此将远比下载一张100KB的图片花费的时间更长。而解决这一问题的办法则是使用CSS Sprites，中文也被称为雪碧图。

雪碧图已经不是新生事物，在多年前它就已经流行开来，它的技巧在于将许多图片拼合起来形成一张大图，继而用CSS来控制图片的显示大小和显示位置，以实现在不同的元素中显示不同的图片内容。通过减少网页的http请求，雪碧图能够有效地提升页面的性能。

首先，让我们来制作一张雪碧图片。在本例中，我们希望将四张按钮图片合并制作为雪碧图，如图5.35所示。

虽然网络中有许多雪碧图的自动制作工具，但为了对雪碧图的制作过程有更加直观的体会，在本例中我们选择使用Photoshop来作为图片处理工具。在Photoshop中新建一个画布尺寸较大的图片文件，将四张按钮图片都放置到其中，使得彼此图片区域互不重叠。在此我们将图片按从上到下的顺序排列，每张图片的大小是96×100，因此第一张图片位于画布左上角，第二张图片位于画布最左侧，距离顶部100像素，以此类推，如图5.36所示。读者在制作时也可以按自己喜欢的方式编排位置，如从左到右排列等，但最好避免图片之间存在太大的空隙，以最大限度地减小文件体积。

图5.35 雪碧图素材图片

图5.36 在Photoshop中制作雪碧图

> • 经验 •
>
> 读者可以使用一些相关的在线网站来快速制作雪碧图，如CSS Sprites Generator（http://csssprites.com）、Modular Grid Pattern（http://modulargrid.org/）等。

接下来，在Photoshop中保存图片，命名为sprite.png。回到页面，要显示icon的HTML列表代码如下：

```html
<ul>
    <li>Weather</li>
    <li>Feature</li>
    <li>Phone</li>
    <li>Notebook</li>
</ul>
```

我们先对页面进行一些预处理，包括将列表的默认margin和padding清零，设置字体及字号大小、颜色等，并且通过设置文字缩进，给将要添加的icon预留出左侧的显示空间。代码如下：

```css
*{
    margin:0;
    padding:0;
    font-family:sans-serif;
}
li {
    font-size:32px;
    color:#565656;
    border-bottom: 1px solid #ccc;
    line-height:120px;
    text-indent:130px;
    position:relative;
}
```

以上代码中还有一个技巧，即通过设置一个较大的line-height，一方面间接指定了每个li元素的高度为120像素；

另一方面又使得文字能够始终保持垂直居中，如图5.37所示。

接下来，我们要为每个li元素添加icon显示。显示图片的途径很多，在此使用了一种巧妙的方法，即通过向每一个<li>节点内容之前插入before伪元素来作为icon的显示容器。在伪元素中，我们将content属性设置为空，使其不显示文字内容，同时设置其宽度和高度为单个icon的宽高，并设置sprite.png作为背景图片。最后设置伪元素为绝对定位，调整其top和left属性，使其显示在li元素左侧的适当位置。代码如下：

图5.37 列表初始效果

```css
li::before{
    content:"";
    width:96px;
    height:100px;
    background:url(sprite.png) no-repeat;
    position:absolute;
    top:10px;
    left:12px;
}
```

测试页面，由于每一个before伪元素都具有相同的背景设置，其显示效果如图5.38所示。

最后，我们需要发挥雪碧图的强大作用，使得四个列表项都具有不同的icon显示。要完成这一任务，只需要对每个列表项的background-position属性加以设置即可，如使第二个列表项的背景位置在垂直方向上以-100像素作为起始，第三个列表项的背景位置在垂直方向上以-200像素作为起始，以此类推。代码如下：

图5.38 伪元素的icon背景显示效果

```css
li:nth-child(1)::before{
    background-position:0 0;
}
li:nth-child(2)::before{
    background-position:0 -100px;
}
li:nth-child(3)::before{
    background-position:0 -200px;
}
li:nth-child(4)::before{
    background-position:0 -300px;
}
```

通过以上的CSS设置，每个列表项只截取了雪碧图中96×100的图像区域，同时还通过控制背景位置实现图片实际显示区域的控制。测试页面，效果如图5.39所示。

以上就是雪碧图的一个简单运用案例。实际上，雪碧图的运用还远不止于此，我们还可以借助它完成许多更为酷炫的前端效果。例如谷歌在玛莎·葛兰姆117周年诞辰的日子制作了一个Google doodle首页动画，它就是通过将整个动画的每一帧都整合绘制在一张大图上，然后通过JavaScript动态设置元素的背景位置、大小来实现动画效果，如图5.40所示。

图5.39 雪碧图的最终显示效果

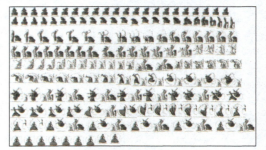

图5.40 Google Doodle雪碧图

5.2.6 图标字体

雪碧图完美地解决了多个图片文件造成的http请求压力问题，然而在Retina和非Retina移动设备上，我们仍然需要准备两套不同的图片，制作过程较为繁琐。况且，雪碧图的图片大小、阴影、框线等效果也不太容易调整，一旦有大的变动，则同时会带来图片和CSS两方面的工作量，有牵一发而动全身之感。而现今较为流行的另一种呈现icon图标的技巧——图标字体（Icon Font），则能有效地解决以上问题。

图标字体，顾名思义这是一种字体，但其显示的却不是字母或数字，而是各种图标。图标字体是当前取代图片文件，用来展示图标和特殊字体等元素的一种重要手段，其普及的速度非常快，现在有许多大的图标字体提供网站，如国内的阿里巴巴矢量图标库（http://iconfont.cn/），以及国外著名的Font Awesome（http://fontawesome.github.io/）等，如图5.41所示。

图5.41 Font Awesome网站

图标字体的制作较之雪碧图而言要求更高，需要一些专业的软件，制作方法也较为复杂，且鉴于网络中的图标字体已经非常丰富，常见的图案都能够方便找到，一般而言大家只需要运用即可，并不用花费时间去自己制作。但如果希望定制个性化图标，则有两种途径。一种途径是使用现成的在线生成工具，如国内阿里巴巴的iconfont，以及国外的IconMoon（http://iconmoon.io/）等。只需要准备好想要生成的图标形状的SVG或ESP矢量文件，再上传到网站，就能自动生成相应的字体，如图5.42所示。

图5.42 iconfont网站

在线网站提供的字体制作功能一般都较为简单。如果希望更加自定义地开发图标字体，则需要使用矢量处理软件和字体生成软件的结合，这些软件一般都需要付费使用。如首先使用Adobe Illustrator制作好矢量的形状，然后导出成SVG文件，最后在Glyphs（https://www.glyphsapp.com）、FontLab Studio（http://www.fontlab.com）这样的专业字体编辑器中生成字体文件，如图5.43所示。

图5.43 FontLab网站

接下来，我们来演示图表字体的运用。需要添加图标的是一个简单的h1标题元素，代码如下：

```html
<h1>Example</h1>
```

在本例中我们准备了Flat-UI的一套图标字体，字体文件名分别为my-iconfont.ttf、my-iconfont.eot和my-iconfont.woff，在CSS中需要将这些字体文件引入，而后才能加以使用，在此可以运用在第3章学习的自定义字体经验，将字体命名为my-icon-font，代码如下：

```css
@font-face {
    font-family:'my-icon-font';
    src:url('my-iconfont.ttf'),url('my-iconfont.eot'),url('my-iconfont.woff');
}
```

定义好了my-icon-font字体后，我们就可以在h1标题的before伪元素中设置字体和文字内容了，在此可以使用unicode编码来指定字符，如心形图标的字符编码为"\e626"。此外，我们还给before伪元素设置了20像素的右外间距，使图标和标题之间留出一定空隙，代码如下：

```
h1{
    font-weight:normal;
}
h1::before{
    font-family:'my-icon-font';
    content: "\e626";
    margin-right:20px;
}
```

测试页面，图表字体的效果如图5.44所示。

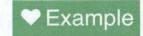

图5.44 新浪微博的移动版网站

· 经验 ·
Unicode是一种统一的字符编码形式，能够跨语言、跨平台实现文本转换、处理。如英文字母a对应的unicode编码为\u0061，
中文字符"你" 对应的unicode编码为\u4f60。

现在，我们可以方便地设置图标的大小和显示效果，这是以往用图片文件无法实现的。如为整个标题添加文字阴影，代码如下：

```
h1{
    text-shadow:8px 10px 0 rgba(0,0,0,.2);
}
```

阴影效果如图5.45所示。

图标的更换也非常简单，只需要修改字符对应的unicode编码即可。在此我们将心型icon修改为五角星，该字体中五角星图标字符对应的unicode编码为"\e63f"，代码如下：

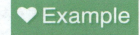

图5.45 图标文字的阴影效果

```
h1::before{
    /*其他代码*/
    content: "\e63f";
}
```

更换五角星图标后的显示效果如图5.46所示。

· 经验 ·
为了避免给盲人等存在使用障碍的用户带来干扰，在制作图表字体时我们常常避免使用带有意
义的字符，而会选择那些专用区的字符（即Private Use Area，简称PUA，这是保留给人们放
自定义字符的区域）。

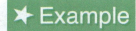

图5.46 更换五角星图标

实际上，目前的许多在线的图表字体库，已经不需要我们使用以上方式来定义字体了，而是已经封装成为了各种类，直接使用即可。如以上的五角星图标，在Flat-UI框架中可以直接用以下类名进行调取：

```
<span class="fui-star-2"></span>
```

最后需要说明的是图标文字和雪碧图都并非移动端所独有，在桌面端依然可以使用这些技巧，而对于移动端而言，这些技巧给浏览速度、性能等方面带来的提升显得更加显著和可贵。此外，图标文字也并非万能，特别是当我们

要使用到含有多种色彩的icon时，单色的图标文字是无法实现这一需求的，仍然需要使用图片文件或者雪碧图，如图5.47所示。

图5.47 图标字体无法实现的彩色效果

5.2.7 移动端交互

在移动设备上，人们的交互方式不再是键盘和鼠标，而是手指。因此，对应的移动端页面的交互方式也会与桌面端有所不同。

在桌面端，为某个提交按钮制作单击功能，可以使用如下JavaScript代码：

```javascript
var submit = document.getElementById("submit");
submit.onclick = function(){
    // 功能代码
};
```

以上代码使用了onclick事件来对应鼠标的单击行为。然而，在iPhone这样的移动端测试时，我们会发现onclick事件有大约半秒的延迟，这是因为iOS系统需要等待一段时间来判断用户是单击还是拖动。要使得用户在移动端的交互更为流畅，则需要使用到Touch事件，使页面得知用户的交互行为不是一次单击，而是一次"触摸"。代码如下：

```javascript
submit.addEventListener("touchstart", submitForm);
function submitForm(){
    // 功能代码
}
```

以上代码使用了addEventListener方法为submit元素注册了事件侦听，侦听的事件为touchstart，触发的函数为submitForm()。也就是说，当用户在移动设备中触摸这个submit按钮时，就会触发按钮的touchstart事件，并执行submitForm函数。

在触发touchstart事件时，也会同时产生一个event对象，在这个对象中包括了触摸行为的各种信息，如我们可以用以下代码输出触摸点的个数：

```javascript
function submitForm(event){
    submit.innerHTML = "触摸点个数为" + event.touches.length;
}
```

> ● 经验 ●
>
> addEventListener方法又被称为注册事件侦听器方法，这从字面上理解似乎比较生涩。通俗地讲，它的功能类似于一个指挥中心。当执行addEventListener方法时，可以理解为我们向这个指挥中心发送了一条信息。该信息由三个部分组成。第一个部分为信息的发送者，可以理解为"发送者是谁"；第二个部分为一种事件，即"发送者发生了某个事件"；第三个部分为一种行为，结合信息的前两个部分，可以将其理解为"当发送者发生了某个事件时，将立即执行某个行动"。指挥中心接收到这条信息后，开始密切关注发送者的"一举一动"，当发送者一旦发生了信息中所描述的事件时，指挥中心立即发出命令，执行信息中所描述的行动。

在以上代码中，首先将event对象传入submitForm函数，在对象的touches属性中包含了所有触摸点的信息，该属性为一个数组，通过获取数组的长度我们就能够得知有几个触摸点。在移动设备浏览器中测试页面，当同时用两根手指触摸该按钮时，按钮将显示为"触摸点个数为2"，如图5.48所示。

触摸点个数为2

图5.48 同时用两根手指触摸submit按钮的效果

我们也可以获取到触摸点的x、y位置属性，其属性名分别为pageX和pageY。以下代码将输出第一个触摸点的x坐标：

```javascript
function submitForm(event){
    submit.innerHTML = "第一个触摸点的X位置" + event.touches[0].pageX;
}
```

按钮在手机浏览器中的触摸测试效果如图5.49所示。

除touchstart外，在HTML5中与触摸相关的事件还包括touchmove和touchend，前者是在手指拖曳页面元素的过程中不断触发，而后者是手指从一个页面元素上移开时触发。

图5.49触摸点的x坐标输出效果

> • 经验 •
> 在桌面端浏览器中是不支持触摸事件的，如果正在制作的页面是既用于移动端又用于桌面端的，那么则需要首先考虑对浏览器环境作检测，然后根据设备种类的不同来绑定不同的交互事件。

除touch事件外，在iOS设备中还提供了gesture事件，即多指操作。可以这么理解，当用户将一根手指放到按钮上时，此时触发了touch，而此时将第二根手指也放到按钮上时，就触发了gesture事件，我们可以用gesturestart来侦听这一事件，代码如下：

```javascript
submit.addEventListener("gesturestart", editForm);
function editForm(event){
    submit.innerHTML = "触摸点个数为2";
}
```

测试页面，当将两根或两根以上的手指放到按钮上时，将出现和图5.48相同的效果。如果两根或多根手指持续在屏幕中移动，则会不断触发gesturechange事件，通过事件对象参数传回手指的旋转度、缩放等数值，我们可以根据这些数据从中得知用户正在试图操作的手势，代码如下：

```javascript
submit.addEventListener("gesturechange", changeForm);
function changeForm(event){
    submit.innerHTML = "手指的旋转度为" + event.rotation +"，缩放值为"+ event.scale;
}
```

测试页面，当两根或多根手指放到按钮上并移动时，以上代码将不断输出类似"手指的旋转度为-14.83…，缩放值为1.22…"的结果，根据实时的旋转和缩放值与初始值的比较，我们可以计算出用户是在试图放大还是缩小该元素，或是在试图按顺时针或逆时针方向旋转元素，抑或是在进行更加复杂的操作。

从桌面端到移动端，从click到touch、gesture，我们必须要有一个清醒的认识，即要给予用户最好的使用体验，则必须建立在深入了解用户使用情境的基础之上。就像在移动端中，每一次"单击"都并非单击，而实际上是一次触摸一样，只有针对实际使用情境最细致地加以优化处理，我们才有可能做出真正人性化的优秀的前端作品。我们将会在后续的案例中更详细地介绍这些触摸和手势事件。

5.2.8 移动端调试

调试永远是网页制作中的一个不可忽视的环节。在桌面端，我们可以通过各种浏览器的开发者模式查看页面元素、网络状态、数据交互等，但是在移动端的浏览器中并没有这样的模式。此外，桌面端的响应式设计视图有时会和实际的移动端浏览器显示存在差异，当页面出现问题时，我们很难像桌面端那样精确、快速地定位到问题所在。因此，我们需要使用一些特殊的工具来完成移动端的调试工作。

以iOS为例，苹果为我们提供了一套有效的移动端调试解决方案，其前提是开发者需要同时拥有iPhone和Mac电脑，分别作为页面测试端和调试结果输出端。首先，使用USB线缆将iPhone与Mac电脑相连，然后依次进入iPhone的"设置"——"Safari"——"高级"选项，在其中打开Web检查器，如图5.50所示。

接下来，打开iPhone的Safari，访问需要调试的页面，如图5.51所示。

图5.50 打开Safari的Web检查器　图5.51 访问需要调试的页面

然后切换到Mac电脑。在Mac的Safari中，进入"开发"菜单，在其中可以看到iPhone的名称（在此为STOP），在其下有该iPhone的Safari中正在打开的页面列表，需要调试的页面就在其中（本例该页面名为debug.html），如图5.52所示。

选中该页面后，Mac的Safari中将弹出Web检查器窗口，现在我们就能够在该窗口中对页面加以调试了，例如选中页面的<h1>节点，在界面右侧将显示相应的样式，如图5.53所示。

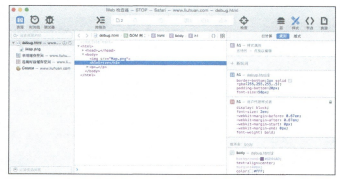

图5.53 Web检查器窗口

图5.52 在Mac的Safari中调取iPhone页面

当我们在Web检查器中选择和调试节点元素时，iPhone中的相应元素也会发生反应，如显示出内外边距的范围轮廓，这一效果和在桌面端调试完全相同，如图5.54所示。

我们也可以在Web检查器中直接修改各种样式属性，甚至改变节点的内容。在此将h1元素的font-size属性从50像素修改为30像素，如图5.55所示。

修改样式后，iPhone中的字体大小会立即发生变化，如图5.56所示。

图5.54 选中h1节点的调试效果　　　图5.55 修改h1元素的font-size属性　　　图5.56 修改样式后手机中的显示效果

有了以上直观、快捷的调试工具，我们制作移动端页面的效率将大大提高。相信当读者深入了解移动端页面设计开发后，也会对这一工具带来的生产力提升产生更直观的体会。

> **• 经验 •**
>
> 除以上方法外，我们也可以通过各种模拟器来仿真并调试移动设备的浏览效果，在以下网页中有对这些模拟器的详细整理：http://www.mobilexweb.com/emulators。

5.2.9 移动端其他技巧

在移动端开发HTML5还有许多其他的技巧和注意事项，我们已经在之前的章节中部分学习了这些技巧，例如在表单中设置各种属性，来使得手机用户填写起来更加方便快捷。在网络中有大量的开发者在不断整理这些移动端经验和技巧，在此我们也罗列了其中的一些开发技巧，供读者参考。

首先，当用户在iOS设备中按住一个页面元素时，iOS会自动在元素周围显示橙色的外框，以表明该元素被按中了。这一高亮效果可以用如下的CSS代码去除：

```css
*{
    -webkit-tap-highlight-color: rgba(0,0,0,0);   /*高亮颜色设置为完全透明*/
}
```

以上代码还可以解决在一些Android机型中，单击后发生被绑定单击区域闪一下的问题。

以下CSS代码能够避免在横竖屏切换时，移动设备对页面中的文字大小进行自动调整：

```css
html {
    -webkit-text-size-adjust: 100%;
    -ms-text-size-adjust: 100%;
    text-size-adjust: 100%;
}
```

另一个常见的问题是页面高度渲染问题，即当页面设置高度为100%时，将系统自带的导航栏也计算到其中，我们可以用一段JavaScript代码来修正这个问题：

```
document.documentElement.style.height = window.innerHeight + 'px';
```

我们往往需要获取用户的客户端类型，判断用户究竟是通过Android、iOS等移动设备，还是通过桌面端设备来访问页面的，在此可以使用JavaScript来获取这一信息，代码如下：

```
console.log(navigator.userAgent);
```

在iPhone 5下会输出如下的设备信息，在拿到这一串字符后，再利用正则表达式加以判断，就可以实现对用户客户端类型信息的提取。

```
Mozilla/5.0 (iPhone; CPU iPhone OS 7_0 like Mac OS X; en-us) AppleWebKit/537.51.1 (KHTML, like Gecko) Version/7.0 Mobile/11A465 Safari/9537.53
```

通过以下代码，我们可以获取当前用户的网络连接类型，包括ethernet、wifi、2G、3G、4G等。

```
console.log(navigator.connection.type);
```

以下代码是一种带有兼容性的写法，能够输出当前设备的横屏或竖屏状态：

```
console.log(window.orientation || screen.orientation);
```

以下HTML的meta代码能够使得用户在使用iOS设备从主屏直接启动某个页面时，显示一幅启动图像：

```
<link rel="apple-touch-startup-image" href="default.png" />
```

当站点还有配套的Apple Store App时，还可以通过添加以下名为"Smart App Banners"的meta标签，将应用链接显示在页面顶部，以方便用户下载使用，如图5.57所示。

```
<meta name="apple-itunes-app" content="app-id=570931840"/>
```

图5.57 Smart App Banners效果

第 6 章 事半功倍：运用流行开源类库

HTML5已经足够强大了，但更强大的则是无数开发者在它的基础之上构建的各种开源类库，这些类库使得我们能够更便捷地使用HTML5的各种特性，大幅提高工作效率，并完成各种令人惊艳，甚至是不可思议的任务。可以说，在如今的互联网中，几乎每一个HTML5站点的背后都有着一个或多个开源类库的强力支持。

在开源已成为主流的今天，HTML5开源类库层出不穷，每天都有很多好用的类库诞生，已有开源类库的更新频率也相当高，书本知识的响应速度已经远远跟不上这些类库的发展速度，类库的各种细节更适合于通过互联网中的文档和手册来展开学习。在本章中，我们将从较为宏观的角度出发，对其中最有影响力，使用频率最高的几种开源类库加以介绍，希望这部分内容能帮助读者理解各种主要开源类库的用法，并在实际开发过程中加以灵活运用。

6.1 开源类库jQuery介绍

提到HTML5开源类库，就不得不提jQuery，它也许是我们使用得最为频繁的一种类库了。jQuery能够使我们方便地操作HTML中的节点、对象、事件、动画，其用法比原生的JavaScript更加简单，能够大大节省开发工作量。由于jQuery的实效显著，它几乎已经成为了HTML5开发中的标配工具。可以说，要学习HTML5，则需要学习JavaScript，而要学习JavaScript，则必须学习jQuery。在本书后续的案例中我们也将频繁使用到jQuery。

本书不是一本专门介绍jQuery用法的书籍，但为了使读者能够了解这一框架的大致用法，以便于更好地理解在后续案例中可能出现的jQuery代码，在此我们将用较短的篇幅精简扼要地介绍这一开源类库。顺便提一句，jQuery真的是一种非常容易学习的语言。

6.1.1 强大的 jQuery

要使用jQuery，最直接的方法是访问它的官方网站（http://jquery.com），在其中下载其最新的版本，如图6.1所示。

> **• 经验 •**
>
> 在编写本书时，jQuery的最新版本是2.1.4。在jQuery的官网上能够下载jQuery的各种历史版本，越新的jQuery版本，性能提升也越高。需要注意的是，其中2.x版本已经不提供针对IE6、7、8的支持。如果您需要制作一个在老版本浏览器中也能正常交互的站点，可以下载其1.x版本，如1.9.1。此外，当我们需要在页面中使用某些jQuery插件时，需要注意这些插件可能会不兼容最新的jQuery版本。

图6.1 jQuery官网

接下来，我们要学习如何在页面中引入并运用jQuery。我们已经准备好了一张简单的页面，页面中只有一个h1元素，代码如下：

```
<body>
  <h1>Article</h1>
</body>
```

在页面中，我们使用样式为h1元素添加了边框，初始效果如图6.2所示。

下一步，在页面底部</body>之前使用script标签引入已经下载好的jQuery文件，代码如下：

```html
<body>
  <h1 id="title" class="white">Article</h1>
  <script src="jquery-2.1.4.min.js"></script>
</body>
```

图6.2 示例页面初始效果

• 经验 •

我们也可以将jQuery放在<head>标签中引入，但这样有可能会影响body部分的载入速度，因此除非必要，否则我们一般推荐将其放在页尾。即使将jQuery放在<head>标签中，也请确保将引入jQuery文件的代码放在CSS调用代码之后，以使外观效果优先呈现。

除直接引入本地JS文件外，我们还可以使用CDN公共服务来引入jQuery。目前，像腾讯、百度、新浪、Google等公司都推出了公共JS库的CDN服务，由于这些公司有着超快的CDN服务器，因此使用其JS库能够有效地节约下载时间（但有可能在版本支持方面存在滞后）。如我们使用新浪CDN来引入版本为1.9.1的jQuery，代码如下：

```html
<script src="http://lib.sinaapp.com/js/jquery/1.9.1/jquery-1.9.1.min.js"></script>
```

在成功引入jQuery文件后，我们就可以在页面中运用这一强大的类库了。在使用时，我们一般要确保所有页面文档都加载成功后，再激活jQuery中的函数，以避免出现意外情况。因此在引入代码之后，我们一般插入如下jQuery代码来判断文档加载完毕：

```html
<body>
  <h1 id="title">Article</h1>
  <script src="jquery-2.1.4.min.js"></script>
  <script type="text/javascript">
    $(document).ready(function() {
        //代码
    });
  </script>
</body>
```

• 经验 •

本章后续小节中所有jQuery代码片段都需要写在$(document).ready(function(){…})之内。

接下来，我们希望制作一个小小的交互功能，将h1中的文字由"Article"更换为"jQuery"。这一功能涉及两个步骤，首先要匹配到h1元素，在之前的JavaScript学习中这是通过诸如document. getElementsByTagName()这样的原生代码获取的。其次，要修改h1元素的内容，可以通过修改其innerHTML属性来实现，原生的代码写法如下：

```javascript
$(document).ready(function() {
    document.getElementsByTagName("h1")[0].innerHTML = "jQuery";
});
```

而在jQuery中，这一切被大大简化，使用$('h1')即可匹配到页面中的h1元素，而用点语法调用html方法，传入希望更改的内容即可完成与上述代码完全相同的功能，代码如下：

```
$(document).ready(function() {
    $('h1').html("jQuery");
});
```

图6.3 h1元素内容更换效果

测试页面，现在h1元素的内容就从"Article"更换为了"jQuery"，如图6.3所示。

也许以上代码还无法令人对jQuery的强大功能产生深刻的体会，让我们在此前的代码末尾再添加一个短短的"尾巴"，代码如下：

```
$('h1').html("jQuery").css("background-color","#001f3f");
```

在以上代码中，我们添加了".css(…)"，用于设置h1元素的CSS样式，使其背景显示为深蓝色。再次测试页面，现在我们就能看到这一背景颜色的变化效果，如图6.4所示。

图6.4 设置h1元素的背景色效果

• 经验 •
我们常常在jQuery中使用类似上述代码的"点语法"，将对某一种元素的许多属性设置串接在一行代码中，既精简了代码长度，又使代码功能直观可维护。

6.1.2 jQuery 选择器

在上一节的例子中，我们可以发现jQuery中元素的选择非常精简方便，仅仅用一个$('h1')就可以代替原生JavaScript中较为冗长的一段代码。在本节我们将进一步学习jQuery的选择器规范。

首先，所有的jQuery选择器都是以以下方式呈现的，即以一个$开头，后面紧跟着一对括号：

```
$(…)
```

如果是匹配某个标签，可以将标签名作为字符串放入括号中，上一节中h1元素的匹配就是一个类似的例子。我们也可以用如下的代码选择body元素并为其更改背景色：

```
$('body').css("background-color","#F012BE");
```

图6.5 修改body背景色

修改body背景色后的效果如图6.5所示。

我们也可以使用id属性来选择相应元素，如h1元素的id属性为title，则可用以下代码加以选择：

```
$('#title').css("background-color","#F012BE");
```

图6.6 修改id为title的元素背景色

修改该元素背景色后的效果如图6.6所示。

我们也可以用类似的方法来选择含有某个类名的元素，如选择含有名为white类的元素，代码如下：

```
$('.white').css("background-color","#F012BE");
```

jQuery的选择符还可以实现更加复杂的选择效果，如在以下HTML代码中，存在两个h1元素：

```
<h1 class="white big">Title</h1>
<h1 class="white small">Sub Title</h1>
```

以下代码将使得两个h1元素的高度都设置为200像素：

```
$('.white').height("200px");
```

而以下代码则选择既有white类，又有small类的元素，即后一个h1元素，将其高度设置为100像素：

```
$('.white.small').height("100px");
```

我们可以通过添加:first、:last、:even、:odd这样的后缀来匹配第一个、最后一个、偶数个、奇数个元素，如以下代码匹配第一个带有white类的元素，即第一个h1元素，将其高度设置为30像素：

```
$('.white:first').height("30px");
```

我们也可以通过eq()方法直接选择某个索引值对应的元素，该索引值以0开始，因此如果要选择第2个带有white类的元素，则需要使用eq(1)，代码如下：

```
$('.white:eq(1)').css("background-color","#000000");
```

在HTML5中提供了data属性，以方便设计者放置一些自定义的数据，增强页面的数据交互性。例如以下HTML代码为两个div元素分别定义了data-role和data-theme属性，这些属性并不会在页面内容中显示，代码如下：

```
<div data-role="header"></div>
<div data-role="main" data-theme="red"></div>
```

而在jQuery中我们能够很方便地获取到带有这些自定义data属性的元素，如通过以下代码给以上两个带有data-role属性的div设置文本内容（这一做法也可以选择含有href等原生属性的元素）：

```
$('[data-role]').html('这是一个自定义data属性元素');
```

我们也可以使用data-theme属性来单独选择后一个div元素，代码如下：

```
$('[data-theme]').html('这个元素带有自定义data-theme属性');
```

更进一步地，我们还可以根据属性的值来作出更精确的选择，如选择data-role属性值为header的元素，即第一个div元素，将其显示内容加以更改：

```
$("[data-role='header']").html('header');
```

在多个表达式之间加上逗号，可以将多种选择方式的结果组合到一起。如以下代码将带有两种data-role属性值的元素都进行了选择，其结果是两个div的文本内容都被更改为了"data-role div"：

```
$("[data-role='header'],[data-role='main']").html('data-role div');
```

最后，通过使用$(document)和$(window)这两种选择器，我们可以得到整个页面文档及浏览器窗口：

```
console.log($(document));
console.log($(window));
```

6.1.3 jQuery 的属性和 DOM 操作

我们在前一节学习了jQuery中的各种选择器，在选择好合适的元素后，下一步就是运用jQuery中的各种属性操作方法来动态改变元素的内容或显示效果。

最简单的属性操作就是修改元素的宽度、高度、内容等，我们已经在之前的小节中运用过这些方法，如设置h1元素的宽度为500像素：

```
$('h1').width("500px");
```

我们也可以通过同样的语法返回h1元素的现有宽度：

```
var myWidth = $('h1').width();
console.log(myWidth); //输出h1元素宽度,如800
```

> **• 经验 •**
>
> jQuery的width()和height()方法设置或返回的是不包括内边距、边框或外边距在内的元素宽度和高度。如果希望该数值包括内边距，则可以使用innerWidth()和innerHeight()方法。如果进一步希望该数值包括内边距和边框，可以使用outerWidth()和outerHeight()方法。outerWidth(true)和outerHeight(true)方法则可以返回元素包括内边距、边框和外边距在内的宽度和高度。

通过调用offset()方法，可以得到元素左上角距离整个文档顶部和左侧的位移，它变相等于元素的x、y位置，代码如下：

```
console.log($('h1').offset());//输出Object {top: 230, left: 490}
```

我们也可以单独输出其中一侧的值，如输出left属性，代码如下：

```
console.log($('a').offset().left); //输出490
```

要为元素指定一个位置，则可以创建一个对象，在其中设置left和top参数，并将该对象赋予jQuery元素的offset()方法。如以下代码设置h1元素距离整个文档左侧0像素，距离顶部50像素：

```
newPos = new Object();
newPos.left = 0;
newPos.top = 50;
$("h1").offset(newPos);
```

> **• 经验 •**
>
> Offset代表了元素相对于整个文档的位置，是一种全局性的坐标数值，而如果需要返回元素在其父元素中的位置，则可以使用position()方法。

除宽度高度外，如果要通过jQuery对元素动态设置其他的外观样式，则可以事先在CSS中创建相应的样式声明。如以下代码定义了一个名为borderWhite的类，为元素添加浅白色的边框，代码如下：

```
.borderWhite{
    border:1px solid rgba(255,255,255,.5);
}
```

接下来，使用addClass()方法即可将borderWhite样式赋予h1元素，代码如下：

```
$('h1').addClass("borderWhite");
```

使用hasClass()方法可检查元素是否拥有某个类，如以下代码将输出true：

```
console.log($('h1').hasClass("borderWhite"));
```

而要去掉某个样式，则可以使用removeClass()方法，如以下的代码去掉了h1元素的borderWhite样式：

```
$('h1').removeClass("borderWhite");
```

如果我们希望h1元素在鼠标经过时设置borderWhite样式，鼠标移出时去除该样式，在这样频繁反复切换的场景中，我们可以使用更简便的toggleClass()方法，该方法检测元素中是否存在某个类，如果存在则去除，不存在则添加，代码如下：

```
$('h1').toggleClass("borderWhite");
```

除样式外，jQuery还能够动态获取和改变元素的各种DOM属性，以一个<a>链接为例，代码如下：

```
<a href="send.php">Send</a>
```

使用jQuery的attr()方法，可以获得链接的地址，代码如下：

```
console.log($('a').attr('href')); //输出send.php
```

我们也可以同样运用这一方法来修改链接的地址，如以下代码将链接修改为post.php：

```
$('a').attr('href','post.php');
```

对于DOM节点的控制方面，jQuery提供了大量非常好用、简便的方法。如以下代码使用了before()方法，在<a>链接之前插入一段内容：

```
$('a').before('<span>Form Submit:</span>');
```

该代码运行后，将把一个span节点插入到a节点之前，HTML代码如下：

```
<span>Form Submit:</span><a href="send.php">Send</a>
```

让我们来看一个更为复杂的例子，这是两个div的嵌套结构，分别是id为out的外部div，以及id为in的内部div，代码如下：

```
<div id="out">
  <div id="in"></div>
</div>
```

使用unwrap()方法，可以将元素的父节点去除，代码如下：

```
$('#in').unwrap();
```

以上代码将内部div的父节点，即外部div去除，unwrap()执行后生成的HTML代码如下：

```
<div id="in"></div>
```

要恢复原状，则可以使用wrap()方法创建一个节点再度将内部div包裹起来，代码如下：

```
$('#in').wrap('<div id="out"></div>');
```

我们可以用append()方法在外围的div中添加新的节点，代码如下：

```
$('#out').append('<div>new div</div>');
```

使用append()方法添加的新节点将位于内部div之后，生成的HTML代码如下：

```
<div id="out">
  <div id="in"></div>
  <div>new div</div>
</div>
```

与append()对应的则是prepend()，它会将新节点添加到内部div之前，代码如下：

```
$('#out').prepend('<div>new div</div>');
```

要去除某个元素，可以直接调用remove()方法。如以下代码直接将内部div去除：

```
$('#in').remove();
```

除以上方法外，在jQuery中还有许多其他属性操作方法，在此不作一一列举。通过jQuery提供的这些丰富多样的处理方法，我们只需要使用很少的代码，就能够完成那些原生JavaScript中需要使用大量代码才能完成的任务。

6.1.4 jQuery 动态效果

jQuery的另一神奇之处在于它能通过非常简便的方式来完成一系列页面元素动效，使得设计师能够在很短的时间内制作出优秀的页面交互效果。

首先，我们以一个id属性为box的div元素为例，在CSS中我们设置了这个div的背景色为绿色，显示为正方形，如图6.7所示。

要使得这个div隐藏起来，我们通常的做法是在样式中设置其display属性为none，代码如下：

```
#box{
    display:none;
}
```

而在jQuery中，我们只需要简短的一行JavaScript代码，如下：

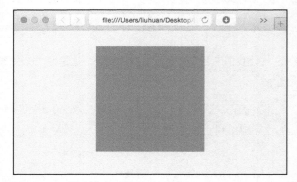

图6.7 box元素初始状态

```
$('#box').hide();
```

测试页面，box就已经被隐藏起来了，如图6.8所示。

在以上代码中，hide()方法瞬间隐藏了box，而如果希望使隐藏的过程以动画的形式呈现，则只需为hide()方法添加一个参数即可，这一参数可以是一个毫秒数，以代表动画的持续时间，也可以使用jQuery预设的三种速度：slow、normal和fast。代码如下：

```
$('#box').hide('slow');
```

图6.8 box的隐藏效果

以上代码以慢速隐藏box元素，测试页面，我们将看到box的动态隐藏效果，如图6.9至图6.11所示。

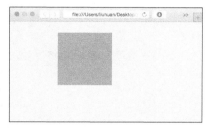

图6.9 hide()方法动画效果1

图6.10 hide()方法动画效果2

图6.11 hide()方法动画效果3

在hide()方法之前，我们也可以插入delay()方法，使得动画延迟执行。如以下代码延迟1秒后再执行隐藏动画：

```
$('#box').delay(1000).hide(1000);
```

与hide()相对的是show()，前者是隐藏某个元素，而后者是显示某个元素。除hide()方法外，我们也可以使用fadeOut()方法使元素逐渐淡出（同理fadeIn()则使得元素淡入），动画时间为1秒，代码如下：

```
$('#box').fadeOut(1000);
```

淡出的动画效果如图6.12至图6.14所示。

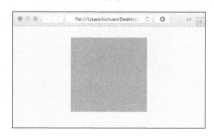

图6.12 fadeOut()方法动画效果1

图6.13 fadeOut()方法动画效果2

图6.14 fadeOut()方法动画效果3

除fadeIn()和fadeOut()外，我们也可以使用fadeTo()方法，使元素渐变到某一特定的不透明度。

另一种常用的jQuery动效是伸展（slideDown）和压缩（slideUp），常见于一些网页菜单中。在以下代码中我们使用slideUp()来制作压缩效果，动画时间为500毫秒，即0.5秒：

```
$('#box').slideUp(500);
```

slideUp()方法的压缩效果如图6.15至图6.17所示。

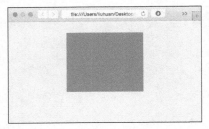  

图6.15 slideUp()方法动画效果1　　　　图6.16 slideUp()方法动画效果2　　　　图6.17 slideUp()方法动画效果3

我们还能在动画参数中加入callback，使得动画结束时调用某个函数。如以下代码使得box在压缩动画结束后，再调用sideDownAgain函数，在函数中使box再次伸展开来：

```
$('#box').slideUp(1000,sideDownAgain);
function sideDownAgain(){
        $('#box').slideDown(1000);
}
```

以上所有的动效，都可以使用toggle方法使元素在隐藏和显示之间切换（若前一动作是隐藏，则toggle将使之显示，反之则隐藏），代码如下：

```
$("#box").toggle();
```

除以上三种默认的动效外，我们也可以使用animate()方法自定义动画效果，如使box发生高度的变化，从初始高度变化到高度为300像素，代码如下：

```
$("#box").animate({height:"300px"});
```

animate()方法的动画结果如图6.18所示。

有了animate()方法，我们可以为元素添加更加丰富多样的动画效果，如以下代码同时为box添加了x位置、透明度、宽度、高度的动画效果：

```
$("#box").animate({
  top:'50px',
  opacity:'0.5',
  height:'40px',
  width:'350px'
});
```

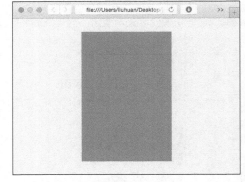

图6.18 animate()方法动画结果

最后，如果希望在任何时候停止动画，则可以调用stop()方法，代码如下：

```
$("#box").stop();
```

6.1.5 jQuery 事件

和在JavaScript中制作onclick事件侦听一样，jQuery也为我们提供了大量的事件处理方法，这些事件成为了我们制作页面交互功能的关键所在。

实际上，我们在每个页面中默认加入的jQuery的ready方法就是一种事件，它代表了文档加载完成这一事件。当事件发生后，将执行function参数中的相应代码，代码如下：

```
$(document).ready(function() {
    //代码
});
```

如果要为一个button元素制作单击事件，则可以使用click事件（相当于原生的onclick），代码如下：

```
$("button").click(function(){
    $("p").hide();
});
```

以上代码表示当单击button时，隐藏页面中的所有p元素。

要使得鼠标指针滑过某个元素时执行功能函数，则可以使用mouseover事件（相当于原生的onmouseover），代码如下：

```
$("button").mouseover(function(){
  $("p").hide();
});
```

与mouseover相对应的是mouseout。如果要侦测鼠标在元素上方的移动，可以使用mousemove事件，此时我们可以借助事件对象来获取鼠标指针的各种状态信息。如以下代码使得鼠标在页面上方移动时不断输出其x和y坐标：

```
$(document).mousemove(function(e){
  console.log(e.pageX + ", " + e.pageY);
});
```

jQuery也可以侦测按键的各类交互事件，如使用keydown事件来侦测是否有按键按下，代码如下：

```
$("input").keydown(function(){
  console.log("按键被按下");
});
```

另一种常用的jQuery事件是resize，它在用户缩放浏览器窗口时被触发。使用resize事件能够有助于我们制作自适应各种分辨率的页面。代码如下：

```
$(window).resize(function() {
  console.log("页面窗口发生了缩放");
});
```

最后让我们来看一个较为复杂的事件运用例子。假设在某个页面中有多个p元素，我们希望当单击button元素时，能够使这些段落有顺序地淡出，代码如下：

```
$("button").click(function(){
    $("p").each(function(index){
        $(this).delay(index*300).fadeOut(1000);
    });
});
```

在以上代码中，当button被单击时，将触发click事件，此时通过each方法对p元素逐个设置淡出动画。其中，each方法的参数将返回每个p元素的索引值，如第一个p元素的index为0，第二个p元素的index为1，以此类推。然后，使用delay方法使p元素的fadeOut动画延迟，第一个p元素延迟为0毫秒，第二个为300毫秒，以此形成有序淡出效果。

代码生成的淡出效果如图6.19所示。

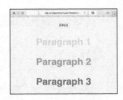

图6.19 有序淡出效果

6.1.6 jQuery 的优缺点

从以上小节的介绍我们已经可以体会到jQuery的诸多优点，其中最大的优点就是方便、好用，能够用一两行代码代替原生的上百行代码，最大程度地简化前端开发人员编写JavaScript代码的工作，使站点开发起来有一种"飞速"的效果。此外，在jQuery的1.x版本中还提供了对于老版本IE的兼容性支持，这使得我们不需要再为JavaScript在各种浏览器中的兼容性感到头痛。

然而，jQuery也并非万能神药，需要我们辩证看待，以下是它的一些不足之处。

1. 由于jQuery是基于原生JavaScript的封装，因此它的运行速度要略慢于原生JavaScript。

2. 在jQuery中封装了许多的功能，一方面导致类库的JS文件较大，需要耗费一定的加载时间；另一方面，在一些简单的站点开发中往往只需要使用到其中很少的一部分功能，再专门载入一个jQuery类库往往有杀鸡用牛刀的感觉，增加了页面功能的冗余。在移动端我们尤其需要注意这一问题。

3. jQuery为我们提供了超级简便的开发途径，这容易使得一些初学者过分依赖于jQuery，而不愿意动手使用原生JavaScript，忽视对基础知识的学习，这也无形中限制了其开发水平的进一步提升。

6.2 其他开源类库介绍

除jQuery外，我们在日常工作中也需要使用到许多其他开源类库。在以下小节中，我们将一一了解其中最为常见的几种类库。

6.2.1 使用 jQuery Mobile 开发移动站点

移动端始终是不可忽视的重要部分，为此jQuery也推出了专门针对移动页面的框架——jQuery Mobile，其官方网站为http://jquerymobile.com。使用这一框架，我们能够非常快捷、高效地制作出带有各种经典组件的移动版网站，如图6.20所示。

简单来说，jQuery Mobile就是在一个页面中用多个带有data自定义属性的节点，分别定义移动站点的不同页面，以及页面中的各种移动化组件。例如，要为一所高校制作一个移动版网站，可以在一个HTML文件中，创建多个data-role属性为page的div，每个div表示一个移动页面，且带有唯一的id，代码如下：

```html
<!DOCTYPE html>
<html>
<head>
    <title>高校移动网站</title>
    <meta name="viewport" content="width=device-width, initial-scale=1">
    <!-- jQuery Mobile相关CSS、JS文件引用-->
</head>
```

图6.20 jQuery Mobile的一个站点例子

```html
<body>
    <div data-role="page" id="splash"><!--欢迎页面--></div>
    <div data-role="page" id="home"><!--主页面--></div>
    <div data-role="page" id="events"><!--通知公告页面--></div>
    <div data-role="page" id="lecture"><!--学术讲座页面--></div>
    <div data-role="page" id="classroom"><!--自习室信息页面--></div>
    <div data-role="page" id="shuttles"><!--班车信息页面--></div>
</body>
</html>
```

在各个page中可以创建单个页面的界面元素。以"通知公告"的内容页面为例，代码如下：

```html
<div data-role="page" id=" events">
    <div data-role="header">
        <h1>通知公告</h1>
    </div>
    <div data-role="content">
        <p><!--通知公告内容--></p>
    </div>
</div>
```

在以上代码中，header、content都将表现为相应的移动组件形式。如果要实现页面之间的跳转，则可以通过链接到相应的页面id，代码如下：

```html
<a href="#home">跳转到主页面</a>
```

页面中的对话框、列表、导航、按钮、表单等功能组件，可以通过jQuery Mobile提供的各种UI得以方便地实现。在页面外观制作方面，可以选择jQuery Mobile的默认配色方案（Themes），也可以通过其在线调色工具ThemeRoller制作自定义皮肤，如图6.21所示。此外，为适应各种不同分辨率的设备屏幕，我们还可以使用Media Queries为Web应用创建响应规则。

图6.21 利用ThemeRoller制作自定义皮肤

6.2.2 Zepto——移动端的 jQuery

jQuery的异常全面的功能在桌面端显得威力十足，但到了移动端则显得过于庞大，且有一些冗余。因此在移动端我们常常会使用一些更加轻量级的JavaScript框架。Zepto是其中较为优秀的一类开源框架，它拥有和jQuery相似的语法，但更加精简，文件体积也更小，压缩后只有8.4k。Zepto的官方网址是http://www.zeptojs.cn，如图6.22所示。其GitHub项目地址是https://github.com/madrobby/zepto，我们往往习惯于在GitHub中获取它的最新文件版本。

图6.22 Zepto官方网站

如果使用过jQuery，那么Zepto是非常容易上手的，比如以下的Zepto选择器代码具有和jQuery相同的效果：

```javascript
$('p') //选择所有p元素
$('#box') //选择所有id为box的元素
```

要为某个元素设置CSS样式，其语法也和jQuery一致，代码如下：

```
$('h1').css('background-color', '#000');
```

在jQuery中我们使用$(document).ready来判断文档加载完毕，并在其中书写代码，而Zepto的写法更加简单，代码如下：

```
Zepto(function($){
  console.log('页面内容加载完毕')
})
```

在Zepto中专门针对移动设备准备了触摸事件，以代替存在延迟的click事件，代码如下：

```
$('#link').tap(function () {
    //单击link元素时执行的代码
});
```

要侦测屏幕的滑动事件也非常容易，Zepto提供了swipe、swipeLeft、swipeRight、swipeUp、swipeDown等多种事件，代码如下：

```
$('#area').swipeUp(function () {
    //向上滑动area元素时执行的代码
});
```

6.2.3 前端开发框架 BootStrap

BootStrap是一个非常流行的前端框架，它提供了一系列灵活的布局方式，针对网页中常见的元素准备了一套丰富而全面的组件，如菜单、按钮、进度条、提示框等等，并且通过集成一系列jQuery插件，使得开发者能够方便地实现图片跑马灯、Tab切换、页面滚动等交互效果。其官方网址为http://getbootstrap.com/，如图6.23所示。

如果需要制作的网站已经有特定的设计稿，或者有着严格的设计诉求（例如某两列之间一定要留出特定大小的间隙），那么BootStrap不一定适合这样的开发情境。

图6.23 BootStrap官方网站

BootStrap更适合于用来开发某个管理后台，它能够很快地生成后台的各种界面元素，并且有着不错的外观呈现，可以使后台变得不那么枯燥乏味。此外，如果希望在很短的时间内完成一个跨平台的站点（桌面端加移动端），在设计要求方面的要求又比较宽松的话，BootStrap也是一个非常好的选择，我们往往利用其自带的各种组件就能做出看上去非常不错的站点。

BootStrap中需要着重掌握的是其12列的布局模式。BootStrap把每一行（row）分为12列，我们可以通过对列数的分配来大致确定内容的宽度比例。如以下代码将一行分为了左右两列，左侧的一列占了三分之二的宽度，右侧的一列占了三分之一的宽度：

```
<div class="row">
  <div class="col-md-8">.col-md-8</div>
  <div class="col-md-4">.col-md-4</div>
</div>
```

以下代码则将一行均分为三列：

```
<div class="row">
  <div class="col-md-4">.col-md-4</div>
  <div class="col-md-4">.col-md-4</div>
  <div class="col-md-4">.col-md-4</div>
</div>
```

使用BootStrap开发的站点非常多，以下是其中的两个应用案例，如图6.24、图6.25所示。

图6.24 BootStrap运用案例1

图6.25 BootStrap运用案例2

除BootStrap外，类似的开源框架还有很多，其中比较有名的框架包括Foundation（http://foundation.zurb.com）、Semantic UI（http://semantic-ui.com），以及国内前端框架Amaze UI（http://amazeui.org）等，如图6.26、图6.27、图6.28所示。

图6.26 Foundation官网

图6.27 Semantic UI官网

图6.28 Amaze UI官网

6.2.4 设计工具包 Flat UI

BootStrap能够使我们在其基础上方便地构建整个站点，而如果我们只希望对站点进行局部美化，则可以使用类似Flat UI这样的开源设计类库，其官方地址为http://flatui.com（Flat UI也有高级的收费版本）。

在BootStrap的基础上，Flat UI提供了一系列的基础页面元素，但更加注重设计方面的美感，所有元素都是以扁平化设计的方式呈现，如图6.29、图6.30所示。

对于色彩感觉不太好的设计师而言，Flat UI的调色板可谓是"救命稻草"，在该调色板中收录了当前Web中最流行的色调，每一种颜色都非常精致，如图6.31所示。

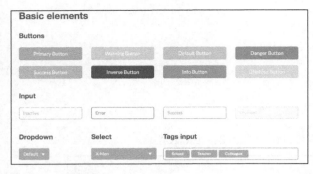

图6.29 Flat UI基础元素1

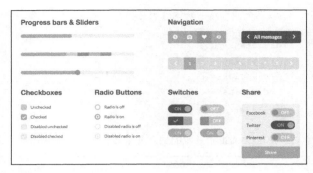

图6.30 Flat UI基础元素2

Flat UI也同时提供了一系列的图标字体、矢量图形等，如图6.32所示。

除Flat UI外，类似的设计和UI方面的类库还有BootMetro、Pure、Colors等。

图6.31 Flat UI调色板

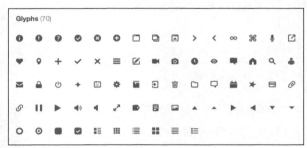

图6.32 Flat UI图标字体

6.2.5 浏览器检测工具 Modernizr

在本书之前的章节中很少考虑到兼容性问题，这是因为我们假定要制作的站点页面都是面向Chrome、Firefox这样的新型浏览器的。然而事实上，目前正在使用老版本IE浏览器的用户也不在少数，在这些浏览器中HTML5页面的显示效果将是非常糟糕的。而要应对这一兼容性问题，我们一方面可以通过自己写各种hack代码、补丁来进行弥补，但这往往需要花费大量的时间和精力，也需要开发者具有相当的技术深度。另一方面则是通过使用Modernizr这样的类库来快速解决问题。

图6.33 Modernizr官网

Modernizr的官网地址是http://modernizr.com，在其中可以自由勾选希望检测的HTML5特性，然后下载对应这些特性的自定义Modernizr.js，如图6.33所示。下载的文件将为类似modernizr.custom.56835.js这样的命名格式。

接下来，我们需要在head标签中引入Modernizr.js，代码如下：

图6.34 html中生成的class属性

```
<head>
  <meta charset="UTF-8">
  <title>Test</title>
  <script src="modernizr.custom.56835.js"></script>
</head>
```

测试页面，Modernizr将根据浏览器对特性的支持与否，在\<html\>标签中生成相应的class属性，如图6.34所示。

当使用老版本IE访问这一页面时，如果浏览器不支持textshadow特性，则将在\<html\>中生成no-textshadow类。接下来，我们就可以在CSS文件中专门为这些浏览器设置兼容性样式，代码如下：

```css
.no-textshadow div{
  background-color: #000;
}
```

利用Modernizr，我们还可以直接检测浏览器是否支持某种设备特性，如以下代码输出浏览器对地理定位特性的支持情况，若支持则输出true，反之输出false，代码如下：

```
console.log(Modernizr.geolocation);
```

除以上功能外，Modernizr还有一些非常实用的特性，如可以根据一些条件判断来动态选择加载CSS和JavaScript，以避免不必要的资源加载，或是在浏览器不支持某些特性时做一些后备操作（fallback）等。

6.2.6 数据可视化工具 D3

现在"大数据"很"热"，热到在过去用文字描述就可以完成的工作，现在则需要用大量图表、数据来展示。在网页中要展示这些动态的图表和数据，意味着需要通过编写大量JavaScript代码来完成绘制工作，或者是通过Flash等其他途径来变相实现，在过去这常常是令设计师头大的问题。而有了D3（其全称为Data-Driven Documents）这一数据可视化工具，设计师只需要通过很简单的代码，就能完成各种复杂，甚至是看上去非常"高大上"的图表绘制。

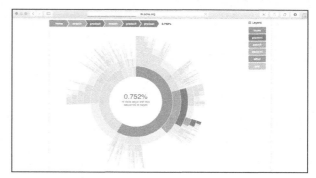

图6.35 D3数据应用示例1

D3的官方网址为http://www.d3js.org，在其网站中陈列了很多酷炫的数据应用示例，如图6.35、图6.36、图6.37所示。

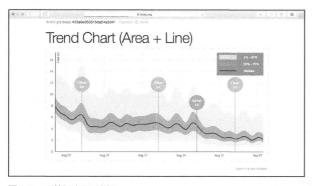

图6.36 D3数据应用示例2

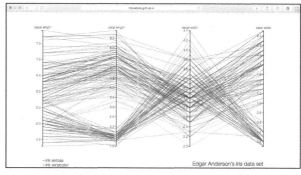

图6.37 D3数据应用示例3

在D3中主要通过CSS、JavaScript、SVG三者的结合来实现各类数据的可视化效果。D3的核心包括了SVG绘制、数据处理、选择器、动画等。学习D3的最快捷的方法就是查看其官网的"Gallery"（展廊），在其中选择和自己希望实现的数据效果相似的例子，查看其源代码，并结合官网的API文档动手修改。

6.2.7 使用 Hammer 轻松控制触摸手势

我们已经在之前的章节中学习了HTML5中关于移动设备的触摸、手势等控制知识，在实际的JavaScript编写过程中，这些控制需要较为复杂的代码支持，特别是在手势控制和设备兼容性方面需要花较大精力进行开发。而Hammer.js则能够有效减轻我们在移动端的开发压力，轻松控制各种触摸手势。

Hammer.js的官方网址为http://hammerjs.github.io，在该网站我们可以下载到文件大小仅为3.96k的类库文件，并且查阅详细的使用文档，如图6.38所示。

将Hammer.js引入页面后，我们可以创建一个Hammer实例对象，然后设置各种手势动作事件，指定对应的执行函数，代码如下：

```
var hammertime = new Hammer(myElement, myOptions);
hammertime.on('pan', function(ev) {
    console.log(ev); //输出拖移事件对象
});
```

图6.38 Hammer.js官网

Hammer.js默认添加了tap（点一下）、doubletap（双点）、pinch（二指往内或往外拨动）、rotation（旋转）、swipe（滑动，快速移动）、pan（拖移，慢速移动）等手势事件，其中既包括了单指操作，又包括了多指操作，使得复杂手势的操作和控制变得非常简单，且它的一大优势在于良好的兼容性，能够适配市面上大多数移动设备。如果要开发具有手势识别的移动站点，则Hammer.js应是开发者必备的工具之一。

6.2.8 前端在线编辑工具

本章最后要推荐的是一些前端在线编辑工具，包括jsfiddle和codepen等。使用这些工具的好处在于，我们不需要在自己的开发电脑中安装代码编辑器，也不需要去各种类库网站下载源代码，就能够在这些在线编辑工具中直接编辑、保存和展示各种前端代码，这对于我们学习、研究HTML5来说是非常有帮助的。

jsfiddle是一个经典的前端在线编辑工具，其官方网址为http://jsfiddle.net。进入该网站，我们就进入了一个前端编辑界面，其中包括了HTML编辑器、CSS编辑器、JavaScript 编辑器和

图6.39 jsfiddle网站

输出界面，且有不同的类库可供选择，可以在其中直接编辑并运行自己的前端代码，如图6.39所示。该网站的缺点是在国内访问较缓慢。

CodePen是一个新兴的前端编辑和展示工具，其官方网址为http://codepen.io，它的特点在于界面所见即所得，在编辑的过程中会不断刷新预览效果，如图6.40所示。此外，CodePen还会手动挑选出精品的前端案例，在其首页进行展示。

目前国内也有类似的在线工具，如RunJS，其官方网址为http://runjs.cn，如图6.41所示。该网站拥有实时预览、高亮显示、代码格式化等功能，你可以将制作好的作品分享给他人，也可以在网站中查看和学习其他国内设计师的各种优秀前端作品。

图6.40 CodePen网站

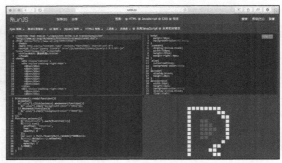

图6.41 RunJS网站

第 7 章 HTML5与周边编程语言、软件

HTML5常常与其他的编程语言、软件有所关联，并互相配合，以完成一些特定的工作。在本章我们将使用较短的篇幅对这些HTML5的周边知识加以介绍。

7.1 HTML5与Flash

7.1.1 HTML5 与 Flash 的结合

从HTML5诞生的那一天起，它似乎就站在了Flash的对立面。在各种媒体、评论的渲染下，两者犹如死敌，必须一分高下。而经过了过去几年的风风雨雨，结果有目共睹，在移动互联网的快速发展之下，Flash轰然倒地，HTML5成为了最终的胜利者。许多当初从事Flash交互的设计师，也纷纷转向了HTML5领域。

然而，Flash并未完全死亡，在网页游戏、互动设计、媒体应用、教育课件等领域，我们仍然能够看到Flash异常活跃的身影。在动画效果的复杂性、互动设计的便捷性、代码开发的简易性、程序应用的广泛性等方面，目前HTML5与Flash还存在一定的差距。特别是在运用HTML5时，需要考虑到每一个平台、每一种浏览器的兼容性，常常顾此失彼，即使花了很大力气做出某个效果，但在用户花样百出的浏览器中有可能又是别的样子。而在Flash统一的平台下，兼容性根本就不是问题，许多开发者也因此非常怀念Flash年代下，那种只专注于一个平台，对各种交互细节加以精雕细琢的美好回忆。

不论Flash还是HTML5，适合要求的就是最好的。当前我们的页面往往都需要在iOS设备上浏览，使用Flash显然是不可行的，还是需要通过HTML5来实现。但是，当遇到页面中有一些复杂的动画需求时，我们又会感到苦恼，因为在HTML5中制作动画实在是比较麻烦，在Flash中花一分钟制作的动画效果，在HTML5中可能要花上一下午的时间。那么，有没有一种方案能够综合两者的优点呢？答案是肯定的。在Flash CS5之后的版本中提供了一种名为CreatJS的工具，能够方便地实现将Flash中的动画转换为HTML5。

我们以一个简单的动画作为例子来演示这一操作过程。首先，打开Flash软件，在其中绘制动画背景，如图7.1所示。

接下来，新建一个图层，我们在其中绘制一辆汽车，并将其转换为元件，将该元件放置在舞台左侧之外，如图7.2所示。

图7.1 绘制动画背景

图7.2 制作汽车元件

· 经验 ·

在制作以上HTML5动画时，请尽量在Flash中使用矢量的色块、线条而非位图来绘制图形。

下一步，将影片帧数延长到40帧，在第40帧创建关键帧，将汽车元件放置到舞台最右侧，如图7.3所示。

然后，为汽车设置从第1帧到第40帧的元件动画，如图7.4所示。

图7.3 第40帧的汽车位置

图7.4 设置元件动画

- 经验 -

以上为Flash中的传统动画方式，如果使用新的Motion动画方式，则可以不需要添加以上关键帧，直接修改第40帧中元件的位置即可。

现在，动画的测试效果如图7.5至图7.8所示。

图7.5 动画测试效果1

图7.6 动画测试效果2

图7.7 动画测试效果3

图7.8 动画测试效果4

接下来，选择Flash软件中的菜单"窗口（Window）"——"CreatJS工具箱（Toolkit for CreatJS）"，打开该工具箱窗口，如图7.9所示。在该窗口的"时间轴设置（Timeline Settings）"区域中，可以设置HTML动画是否循环播放。

单击"编辑设置（Edit Settings）"按钮，将打开CreatJS的发布设置窗口，在其中可以对将要发布的HTML动画作更多设置，如选择导出的目标文件路径，指定图片、声音、类库等文件的所在文件夹，并在可选项（Option）区域中选择是否使用CreatJS服务器中的JavaScript类库文件

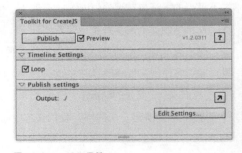

图7.9 CreatJS工具箱

（建议不使用），是否导出Flash中隐藏图层的内容，是否对图形加以自动简化，等等，如图7.10所示。

在设置好以上选项后，接下来，选择Flash软件中的菜单"命令（Commands）"——"发布为CreatJS（Publish for CreatJS）"，Flash就会在指定的目标文件夹生成相应的HTML5文件，如图7.11所示。

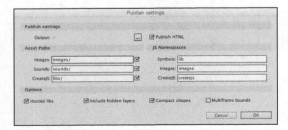

图7.10 发布设置窗口

图7.11 生成的HTML5文件

在浏览器中打开生成的HTML页面，可以看到生成的HTML5动画效果基本与在Flash中的效果一致，如图7.12至图7.15所示。如果在发布设置中选择了预览（Preview），则Flash也将自动调出浏览器，打开页面并播放动画效果。

图7.12 生成的HTML5动画效果1　　图7.13 生成的HTML5动画效果2　　图7.14 生成的HTML5动画效果3　　图7.15 生成的HTML5动画效果4

在浏览器的开发者视图中查看生成的HTML5文件源代码，可以发现这一机制是通过Canvas动画实现的，即Flash将舞台转换为了一个HTML5的Canvas，如图7.16所示。

动画中的各种元素和运动都是通过随动画发布一起生成的JavaScript文件来定义的，在本例中该文件的名称为animation.js。我们可以在该文件中看到每一个元素的绘制代码。所有的矢量元素都直接转换为了Shape等形状对象，如图7.17所示。可以看出，Flash做了大量的转换工作，能够帮助我们省去许多工作量。在该动画中还引入了两种功能性类库，其中EaselJS用于操作Canvas（即本例中的easeljs-0.6.0.min.js和movieclip-0.6.0.min.js），TweenJS用于生成动画效果（即本例中的tweenjs-0.4.0.min.js）。

图7.16 HTML文件源代码　　　　　　　　　　图7.17 元素的JavaScript绘制代码

· 经验 ·

如果在Flash中含有ActionScript代码，CreatJS也能够帮助我们顺利转换为HTML中的JavaScript交互。但需要注意的是，EaselJS在读取帧数时会将第一帧的数字1转换为0，因此如果在ActionScript中有类似gotoAndStop(3)之类的代码，需要在发布前将帧参数减去1。

了解了以上的案例，你会发现Flash和HTML5的对立实际上不是那么不可调和，某种情况下，Flash还可以作为HTML5开发的好帮手。

7.1.2 使用 Google Swiffy 进行 Flash 转换

除CreatJS外，Google也推出了免费的Swiffy服务，能够将带有ActionScript的SWF文件转换为HTML5，且转换的保真度较高，其官方网站为http://swiffy.googlelabs.com，如图7.18所示。

在该网站中，我们可以选择两种方式来转换SWF文件，一种方式是下载Flash的扩展插件（Adobe Flash Extension），在Adobe Extension Manager中安装后，从Flash中调用并直接转换。

另一种方法则更加简便，我们可以在网站中选择"Upload a SWF"，上传想要转换的SWF文件，Swiffy将自动完成在线转换，如图7.19所示。

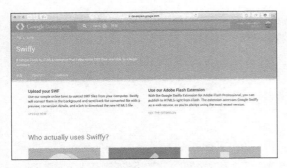

| 图7.18 Google Swiffy官方网站 | 图7.19 上传SWF文件 |

转换完成后，Swiffy将提供文件的效果预览，如图7.20所示。此外，由于这一转换中使用到了SVG特性，因此在不支持SVG的浏览器中可能无法浏览到正常效果。

将生成的文件下载到本地，我们就可以进一步使用这些代码了。从代码中可以看出，Swiffy生成了一个id为swiffycontainer的div，将其定义为一个"舞台"，在其中使用JavaScript绘制图形并完成各种交互，如图7.21所示。

图7.20 转换后的效果预览

图7.21 Swiffy生成的HTML5文件源码

Google Swiffy支持最大1MB的单个文件，如果你的SWF文件在该大小范围内，那么使用Swiffy将是一种不错的选择。目前已有许多站点使用这一工具来将Flash广告banner转换为HTML5版本。

7.2 HTML5与其他周边语言和软件

7.2.1 HTML5 与应用开发

现在，移动终端已成为了人们学习工作中不可或缺的重要元素，与移动终端相关的应用开发也变得非常火爆。当前的移动应用开发模式主要有三种，分别为原生开发、Web移动开发和混合开发，其中后两种开发模式都和HTML5有着紧密的联系。

原生应用是基于指定移动终端开发的应用程序，该程序将安装到移动设备上，并能够获取设备硬件的访问权限，如加速度计、照相机等。原生程序需要在一定的开发环境中进行开发，如开发针对iOS系统的应用时，可以使用Xcode/Interface Builder的集成开发环境，如图7.22所示。

在原生应用的开发环境中，通常提供了诸如按钮、下拉菜单、列表等控件，能够实现一些优秀的UI效果，使移动应用显得美观；由于设备的原生支持，移动应用兼容性得到绝

图7.22 在Xcode中开发原生应用

对保障，用户体验非常优秀；对硬件底层的访问使一些复杂功能的实现成为可能，原生应用与系统能够无缝结合在一起；原生应用在设备上的运行效率也较高，运行速度快；同时原生应用也支持离线浏览、应用评分、应用付费等其他功能。

但原生应用也存在一些缺点。开发者需要为iPhone、iPad、Android等各个平台分别开发应用，而且Android平台下存在多种分辨率机型需要分别定制，导致开发成本较高，开发和测试周期长；iOS的审核机制导致移动应用一旦有任何更新，需要重新走申请审核流程，步骤麻烦且浪费时间。

与原生应用开发相反，一个Web移动应用实质上是一个网站，按照标准的网络技术创建，通过URL进行访问。如在手机浏览器中访问京东网站，其界面看上去就如同一个原生应用，如图7.23所示。Web移动应用的技术主体就是HTML5。

Web移动应用的优点是只需要开发一个版本，即可以在任何移动设备上运行，无需针对各个终端操作系统重新编写应用，开发成本较低，同时也大大缩短了开发周期；应用的修改和发布非常便捷，只需要通过服务器端进行升级，无需反复提交应用商店审核；网页设计和开发工作相对简单，技术壁垒不高，应用的可拓展性很强。

图7.23 京东的移动版网站

然而，Web移动应用的前端表现和用户体验不如原生应用，很难实现一些复杂的UI效果。通过HTML5提供的新特性，Web移动应用只能有限地调用一些本地设备功能，较难实现摄像头、麦克风、通讯录等系统功能的访问和完全控制。

第三种开发手段为混合开发。顾名思义，"混合开发"是混合了多种技术的一种开发模式，而非单一的技术手段。混合开发一般使用PhoneGap、Ionic等开源框架对HTML5应用进行打包，在充分享受Web移动应用各种优点的同时，使之能够利用包括地理定位、加速器、联系人、声音和振动在内的各种设备原生特性，并实现离线缓存浏览。同时，此类应用也可以被发布在iOS和Android的应用商店中，从而有助于应用的查找和推广。

相比之下，将原生开发和Web移动开发相结合的混合开发模式具有开发门槛低、跨平台开发的优势，但需要注意的是，混合开发应用在用户体验、运行效率等方面存在一定劣势，且随着苹果的App Store审核机制的不断修改，混合开发的应用在通过上架审核方面也具有一定风险。

混合应用开发的技术路线一般是使用类似jQuery Mobile的移动框架创建一个静态内容的Web应用，以调试应用的外观显示，确定所有栏目和页面内容的DOM结构。编写JavaScript脚本，为应用添加事件处理和数据交互，例如以XMLHTTPRequest方式从服务器端读取数据，并通过动态更改DOM结构来实现页面内容的显示。混合应用中内容信息的调取大都采用JSON或JSONP形式，目的在于确保数据的精简，节省移动应用的流量。在这些工作基础之上，再使用诸如PhoneGap这样的框架将站点打包为原生应用，将其发布为可供设备安装的安装包。在打包过程中，需要针对不同目标设备分别在不同开发环境下打包，如针对iOS的打包需要在Xcode下进行，Android版本打包需要在Eclipse和Android SDK环境下进行等，因此Web应用也将拷贝为多个设备版本分别开发。最后，将制作好的原生应用上传到app store或google play之类的在线商店，就可以供用户下载和使用了。

PhoneGap是较为常用的一种混合应用打包框架，其官方网址为http://phonegap.com，如图7.24所示。PhoneGap的主要机制是通过WebView组件实现对设备本地资源的访问，通过PhoneGap打包的原生应用，能够支持通讯录、照相机、地理定位、系统提醒、文件读写等一系列硬件设备操作。PhoneGap的强大之处在于它不仅能为iPhone和Android打包可安装的应用程序，还能够支持Palm、

图7.24 PhoneGap官方网站

Symbian、Windows Phone和Blackberry等其他平台。使用PhoneGap，我们可以轻松地实现应用的全平台"制霸"。与其相似的框架还有Ionic（http://www.ionicframework.com）。

在开发混合应用时，我们需要格外注意应用的运行效率问题。现今通过混合开发模式生成的应用普遍存在启动慢、按钮响应慢、稳定性差、闪退和卡顿频发等问题，其原因在于WebView的显示机制导致运行效率低下。为了提高应用的运行效率，我们需要对HTML5文件采取一些优化措施，包括尽量精简应用的DOM结构，减少JS库的种类，压缩JS和CSS文件；在应用启动时，尽量不加载和渲染大量HTML代码；在读取列表数据时，使用分次读取，避免一次载入过多列表项；简化页面切换效果，避免使用阴影等耗费系统资源的CSS3样式；简化jQuery Mobile的JS脚本，去除不用的CSS定义，等等。

7.2.2 HTML5 与 Illustrator 的结合

随着前端设计领域中自适应思潮的流行，HTML5中的图形展示已经越来越趋向于矢量化，而作为矢量图形格式的代表——SVG（Scalable Vector Graphics）也得到了越来越广泛的使用。

SVG又称可缩放矢量图形，它是用于描述二维矢量图形的一种图形格式，其最大的优势就是矢量、开放、文件尺寸小。要在页面中使用SVG，就需要首先将图形转换成这一矢量格式，其中，最佳的SVG处理和转换软件莫过于Adobe Illustrator。

我们以一个简单的矢量图形为例，来说明SVG文件的制作过程。首先，打开Illustrator软件，在其中新建文件，在此设置文件的画布尺寸为500×500像素，如图7.25所示。

在新建的文件画布中绘制矢量图形，或者导入已经准备好的其他格式的矢量文件，如ai、eps等，如图7.26所示。

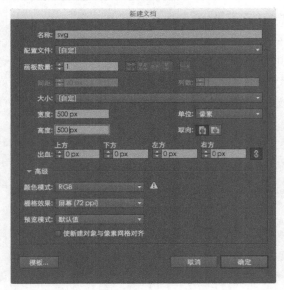

图7.25 新建Illustrator文件

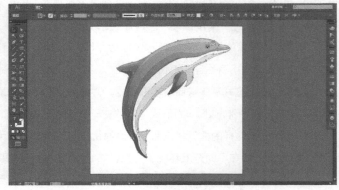

图7.26 绘制矢量图形

接下来，选择菜单项"文件"——"存储为"，打开保存文件对话框，将文件命名为svg，并在底部的"格式"下拉框中选择文件格式为SVG，如图7.27所示。

> **• 经验 •**
>
> 除SVG格式外，Illustrator还可以保存SVGZ格式，这是一种经过压缩的文件格式，得到的文件较小，可以在纯展示图像时使用，但是在需要使用CSS和JavaScript进一步操作SVG矢量内容时则可能会存在问题，此时不建议使用该格式。

接下来会弹出SVG选项对话框，使用其中的默认设置即可，如图7.28所示。单击"确定"按钮，将文件保存为SVG格式。

图7.27 文件保存窗口

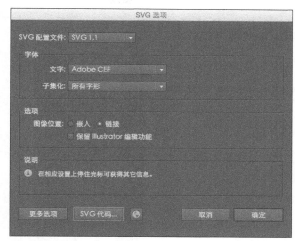

图7.28 SVG选项对话框

现在我们就能够在输出路径中找到生成的svg.svg文件了，可以直接在safari或chrome等浏览器中打开并预览这一矢量文件，如图7.29所示。

以上生成的SVG文件大小小于10k。用文本工具或者代码编辑工具打开文件查看其内容，可以看到实际上它就是一个xml文件，在其中描述了图像的路径、填充色彩、分组等信息，如图7.30所示。

图7.29 预览SVG文件

图7.30 SVG文件内容

最后，我们可以在HTML文件中方便地引用这一SVG文件，代码如下：

```html
<img src="svg.svg" alt="dolphin">
```

· 经验 ·

Adobe Illustrator有着不菲的价格。在正版保护越来越严格的今天，也有一些便宜的替代软件，如Sketch（http://bohemiancoding.com/sketch），Inkscape（https://inkscape.org/）等矢量图形处理软件。

7.2.3 HTML5 与 Photoshop 的结合

Photoshop往往被视为配合制作和处理网页中所使用的各种图片的工具，然而，随着HTML5越来越热门，Adobe也逐渐加强了Photoshop、Illustrator等传统软件对于HTML5的支持。Photoshop现在不仅仅是一款图像处理软件，它还能够导出各种CSS样式以供网页使用。

以下是一个简单的示例。首先，在Photoshop中新建一个文件，并使用圆角矩形工具在画布中绘制一个圆角矩形，如图7.31所示。

接下来，打开图层面板，将圆角矩形图层重命名为box，在其图层上方单击鼠标右键，在弹出的菜单项中选择"复制CSS"，如图7.32所示。

图7.31 绘制一个圆角矩形　　　　　　图7.32 选择"复制CSS"

新建一个CSS文件并在其中粘贴，可以看到Photoshop已经生成了刚才制作的圆角按钮的样式，并复制到了系统剪切板中，代码如下：

```css
.box {
  border-radius: 12px;
  background-color: rgb( 0, 183, 238 );
  position: absolute;
  left: 46px;
  top: 179px;
  width: 408px;
  height: 143px;
  z-index: 2;
}
```

以上的样式有很多是宽度、高度、定位，在实际使用中可以根据页面的具体情况来加以调整,不必完全照搬。接下来，我们还可以通过在box图层中添加渐变叠加，为圆角按钮设置渐变色，如图7.33所示。

添加阴影后的圆角矩形效果如图7.34所示。

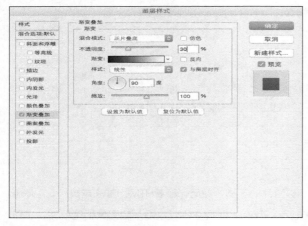

图7.33 在box图层中添加渐变叠加　　　　　　图7.34 添加阴影后的圆角矩形效果

再次选择图层右键菜单中的"复制CSS"，将得到以下代码：

```css
.box {
  border-radius: 12px;
  background-image: -moz-linear-gradient( 90deg, rgb(0,0,0) 0%, rgb(255,255,255) 100%);
  background-image: -webkit-linear-gradient( 90deg, rgb(0,0,0) 0%, rgb(255,255,255) 100%);
  background-image: -ms-linear-gradient( 90deg, rgb(0,0,0) 0%, rgb(255,255,255) 100%);
  position: absolute;
  left: 46px;
  top: 179px;
  width: 408px;
  height: 143px;
  z-index: 2;
}
```

从以上代码可以看到，Photoshop自动添加了代表线性渐变（linear-gradient）的CSS代码，并且还使用了各种前缀，如-webkit-、-moz-等，兼顾了浏览器兼容性，这在某种程度上可以减少书写复杂样式所消耗的工作量。但需要注意的是，Photoshop中生成的样式一方面比较冗余，最好再手动加以精简，另一方面其生成的样式也可能会不准确。如本例中我们设置了带有透明度和混合模式的渐变，但在生成的代码中渐变色值明显是错误的（实际上Photoshop在生成CSS时是无视图层的混合模式的），这些色值需要我们手动来加以校正。

7.2.4 HTML5 开发桌面端应用

在过去，开发一个桌面版本的应用软件，一般都需要用到VB、C#、Java这样较为重型的工具，很难想象在今天，基于JavaScript的强大推动，我们也能够使用HTML5制作出一款地道的桌面软件。

目前此类的桌面应用开发框架都是基于node.js的，node-webkit就是其中的代表。它的原理是使用nodejs来进行本地化调用，操作本地设备资源，并用webkit来解析和执行HTML和JavaScript,其官方网址为http://nwjs.io。如图7.35所示。我们可以使用HTML5制作好各种功能界面，并使用node-webkit生成EXE这样的可执行文件。实际上，通过node-webkit生成的桌面软件，既非纯正的原生应用，也并非Web APP，而是一种"混合型"应用。

图7.35 node-webkit官方网站

heX是另一种使用HTML5前端技术来开发桌面应用软件的框架，它特别适合于重UI、重交互的桌面应用场景，其官方网址为http://hex.youdao.com，如图7.36所示。在该网站中有非常多的使用范例，有助于初学者快速了解该框架并上手使用。

目前，有道词典beta版就已经使用了heX来实现整个UI界面和交互功能，其软件界面如图7.37所示。

图7.36 heX官方网站

图7.37 有道词典beta版

第二部分

HTML5前沿经典应用

第 8 章 HTML5页面元素与布局

许多开发者可能有过这样的体会，在刚刚接触HTML5时，虽然学习了大量的特性，做了许多小例子，但一旦要着手制作一个完整的页面，或是某个版块，却在实现页面布局的时候陷入了泥潭，许多始料未及的棘手问题突然出现，解决起来困难重重。问题的根源就在于我们往往聚焦于花哨的HTML5新特性，而忽视了最为基础的页面布局。可以说，页面元素与布局是HTML5实战最重要的基础，也是难点之一，它考验了设计师对于HTML5知识的深度掌握，以及各种技术的综合运用能力。要使自己的水平从HTML5"学习者"提升到"开发者"，该知识点是第一道关键的门槛。

随着前端技术的发展，各种各样的页面布局层出不穷，想法越来越奇特，种类越来越丰富。本章我们挑选了最经典的几类页面元素与布局案例，它们基本上涵盖了当前的主流布局方式，具有很强的代表性。此外，为了鼓励读者动脑思考，使读者在学习的过程中不被某一种具体的解决方法所束缚，本书还为其中的一些案例提供了开放式、多样化的实现途径。

8.1 页面元素与布局核心技巧

在本书的第三章中，我们已经了解了关于页面布局的一系列基础知识，但在实际开发过程中，在对待某一个具体问题时，教科书般的知识往往显得无能为力。在此，我们首先把页面元素与布局的一些核心技巧列举于下，以作为读者本章学习的主要脉络：

1. HTML5非常强调代码的语义化。在过去我们往往用表格来实现页面布局，但那是很糟糕的语义实现，因此后来逐渐被抛弃了。而今，在我们做HTML5页面布局时，应首先考虑代码的语义化，尽量使代码中不包含冗余的DOM结构，在此基础上尽可能使用CSS样式来完成页面布局。此外，在迫不得已的时候，我们也可以适当添加一些DOM结构来帮助实现某些特定的布局效果。

2. 绝大部分的页面布局都是浮动（float）、定位（position）和内外边距（margin & padding）三者的有机结合，因此读者要对它们的基础知识有扎实地掌握和理解。一些高级的布局效果，还需要使用"负margin"这样的独特技巧来加以实现，参见本章第三节。

3. 要对布局有更加深入的理解，还需要掌握各种元素的呈现方式（display）及其与整个页面空间的关系，这也就是所谓的"文档流"。其中，读者应着重了解的是BFC机制，本章第二节将对这部分内容展开介绍。

4. 如果算上对IE6、7、8等老版本浏览器的支持，那么页面布局的实现难度将成几何级数被放大。历史总是向前发展的，我们并不推荐在这些过去的事物上花大量时间精力作修补工作，况且如今大部分网站已经放弃了对这些过时浏览器的支持。因此在本章中，部分布局案例将只针对较新的浏览器版本。

接下来，我们将通过几个具体的案例来开始本章的学习。

8.2 HTML5布局基础

本节中精选了一些基础的布局案例，包括图文混排、题图文字、Hero Unit、格子布局、两列均分布局、多列等高布局等。

8.2.1 图文混排与题图文字布局

最简单的页面布局莫过于图文混排了。首先让我们来看一个简单的混排案例，代码如下：

```
<img src="penguin.png" alt="penguin">
<p>With no change in the rule …… before the King. </p>
```

在以上HTML代码中，包含了一张图片和一个文本段落。该页面的默认显示效果如图8.1所示。

由于在HTML文档中，图片的img标签在前，段落的p标签在后，两者都是块级元素，因此在实际显示中，它们是彼此完全分开的两个部分。这就是最普通的文档流（Normal flow），即每一个块级元素各自垂直堆叠，从上至下排布。而要使得图文混排，我们过去常常使用以下方式：

With no change in the rule, the more you grow the more envious you become, the other courtiers like Rama Raja Bhushana were against the growth of Ramalinga's association with the King Rayalu. Whenever there is a possibility, those courtiers, and Rama Raja Bhushana had been working out for damaging Ramalinga's image and sling mud on him before the King.

图8.1 图文默认显示效果

```
<img src="penguin.png" alt="penguin" align="right">
```

以上代码的图文混排效果如图8.2所示。align属性定义了图像与文本的相互排列方式，将其设置为right时，使得图片右对齐，与文字混排。

But以上代码的问题在于，align属性在HTML5已不再被推荐使用。因此，最好的方式还是通过CSS来实现图文混排。去除HTML代码中的align属性，为img标签添加样式，代码如下：

With no change in the rule, the more you grow the more envious you become, the other courtiers like Rama Raja Bhushana were against the growth of Ramalinga's association with the King Rayalu. Whenever there is a possibility, those courtiers, and Rama Raja Bhushana had been working out for damaging Ramalinga's image and sling mud on him before the King.

图8.2 设置align属性后的效果

```
img{
    float:right;
    margin:30px;
}
```

With no change in the rule, the more you grow the more envious you become, the other courtiers like Rama Raja Bhushana were against the growth of Ramalinga's association with the King Rayalu. Whenever there is a possibility, those courtiers, and Rama Raja Bhushana had been working out for damaging Ramalinga's image and sling mud on him before the King.

图8.3 设置图片浮动后的效果

在以上代码中，我们为img设置了右浮动。一旦设置了浮动，img这个块级元素就被从整个文档流中抽取出来，根据浮动的方向重新定位，img原有的位置空了出来，被下方的段落所取代，两者由"上下"排列变成了"排排坐"。而由于img右浮动后占据了右侧的一块区域，因此段落中的行内元素将避开这一已经被占据的区域，最终呈现出图文混排效果，如图8.3所示。此外，我们还在上述样式代码中设置了margin值，以使得文字与图片之间保持一定距离（30像素），而非紧贴着图片边缘。

如果要使得图片居左混排，则可以将float的方向由right变为left，代码如下：

```
img{
    float:left;
    margin-right:30px;
    width:150px;
}
```

在以上代码中，不仅改变了浮动方向，还减小了图片的宽度至150像素，并设置了图片右外边距为30像素，其显示效果如图8.4所示。从这一效果可以更明显地看出，在浮动后p段落元素占据了原有图片的位置，两者的起始位置都是完全一致的，段落中的文字（行内元素）在图片区域被排挤出去了。

 With no change in the rule, the more you grow the more envious you become, the other courtiers like Rama Raja Bhushana were against the growth of Ramalinga's association with the King Rayalu. Whenever there is a possibility, those courtiers, and Rama Raja Bhushana had been working out for damaging Ramalinga's image and sling mud on him before the King.

图8.4 更改浮动方向

我们在HTML代码中，再添加一张图片，代码如下：

```html
<img src="penguin.png" alt="penguin">
<img src="button.png" alt="button">
```

　　由于在之前的样式中为所有img元素设置了左浮动，因此新增加的图片也会左浮动，并且浮动位置紧贴第一张图片，两者形成从左到右的排列关系，如图8.5所示。

　　通过以上的浮动设置，我们温习并巩固了浮动定位知识。最后让我们来实现一种较为流行的图文效果，即以图片作为文本内容的标题，使其悬浮在文本块上方，这又被称为"题图文字布局"。在HTML代码中为img和p元素增加一个div包裹，代码如下：

图8.5 添加图片后的浮动效果

```html
<div class="sec">
  <img src="penguin.png" alt="penguin">
  <p>With no change in the rule … before the King. </p>
</div>
```

　　接下来，去除掉原来设置的img标签样式，并为div元素创建sec类样式，代码如下：

```css
.sec{
    background:#eee;
    padding:90px 50px 30px;
    margin-top:150px;
    position:relative;
    border-top:10px solid #399;
}
```

图8.6 sec类样式显示效果

　　以上代码设置了诸多样式，首先将div元素背景色设置为灰色，使得文本块的区域边界可视化；设置内边距分别为顶部90像素，左右两侧50像素，底部30像素，一方面为了使文本内容与边界保持一定距离，另一方面使得顶部的内边距较大，以便于留出一定空间来容纳悬浮图片；设置顶部的外边距为150像素，这也是为悬浮图片预留上方的空间；设置div为相对定位，为下一步悬浮图片的绝对定位做准备；最后设置顶部10像素宽的绿色边框，为整个文本块增加修饰效果。其显示效果如图8.6所示。

　　现在我们所要做的最后一个步骤就是将图片向上推，使其一半显示在文字块上方外侧，一半显示在文字块区域中。为img创建样式代码，如下：

```css
img{
    margin-top:-220px;
}
```

　　在以上代码中，我们使用了带有负值的margin-top属性来使得图片向上推出，这可以被理解为在整个文档流中，上方突然腾出了220像素的空间，在这种情况下，图片向上移动230像素，紧跟着的段落也将向上移动相应距离来填充这个空间。完成后的题图文字布局效果如图8.7所示。

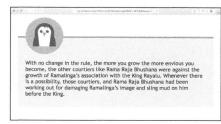

图8.7题图文字布局效果

• **经验** •

此处220像素的算法如下：图片本身为250像素高，我们希望它向上移动到边框位于其垂直中线的位置。由于边框为10像素，则图片加边框总高度的一半为130像素。加上顶部内边距的90像素，则总共将向上移动220像素。

通过本小节的学习，我们初步了解了文档流的一些特征，并综合运用背景色、边框、内外边距等样式属性，实现了一种简单的图文布局方式。在接下来的案例中，我们将进一步对文档流作深入的了解。

8.2.2 Hero Unit 图标题文混排

几乎在每一个商业网站中都有一块焦点区域，专门用于宣传主要产品，或是展示公司标语，这一区域往往又被称为Hero Unit（主角单元），如图8.8所示。在Hero Unit中，图、标题和说明文字的混排构成了主要的布局方式。

接下来，我们也来制作一款类似的Hero Unit。HTML代码如下：

图8.8 微软官网的Hero Unit

```
<div class="description">
  <img src="comment.png" alt="comment">
  <h1>Lioness of Gir</h1>
  <p>Monkeys swing merrily from tree to tree……the
forest walking around.</p>
</div>
```

在以上代码中，img、h1、p分别代表了图片、标题和说明文字，其默认显示效果如图8.9所示。

接下来，指定Hero Unit的显示宽度和高度，并为其设置背景色，代码如下：

图8.9 默认显示效果

```
.description{
    width:980px;
    height:380px;
    background:#F39C12;
}
```

页面测试效果如图8.10所示。

现在的页面离我们想要的Hero Unit效果还有点距离。接下来要为其进行改进，一方面我们希望图片和文字居中显示，另一方面希望内容不要紧贴着背景边缘显示。为description类添加样式代码，如下：

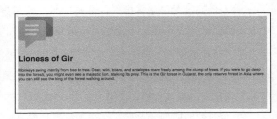

图8.10 页面测试效果1

```
.description{
    /*其他代码*/
    text-align:center;
    padding:45px 60px;
}
```

在以上代码中，我们使用了text-align属性来设置文本居中，它的效果"威力"很大，将使得div中的块级元素全部居中显示，此外我们还为div添加了内边距，分别为上下边45像素，左右边60像素，以拉开内容和背景边缘之间的距离。页面效果如图8.11所示。

图8.11 页面测试效果2

以上页面效果存在一个问题，在我们添加完padding属性后，div的宽度和高度已经超过了原来所设置的大小。造成这一问题的原因我们已经在之前的章节中介绍过，其解决方法就是设置div的box-sizing属性为border-box，代码如下：

```css
.description{
    /*其他代码*/
    box-sizing:border-box;
}
```

图8.12 页面测试效果3

添加这一代码后，div的宽度和高度将恢复原状，页面效果如图8.12所示。如果不采用以上的方式，则需要进行手动计算，将原始宽高减去内边距后，再为div设置新的宽高值。由此可见，box-sizing是一个多么重要的属性，能够帮助我们有效减少工作量。

现在Hero Unit效果已经粗略做好了。接下来，我们还可以对一些细节进行优化，如设置字体颜色，调整元素之间的距离等，代码如下：

```css
h1{
    color:#fff;
    margin:15px auto;
    font-size:56px;
}
p{
    color:rgba(255,255,255,.7);
}
```

在以上代码中，我们设置了标题字体为白色，将字号加大，并为标题和上下元素之间设置15像素的间距，最后还设置了说明文字为带有70%透明度的白色，生成的Hero Unit效果如图8.13所示。

接下来，我们希望对Hero Unit稍作变化，使得它的内部布局由上图下文变为左图右文，并使得图和文在垂直方向上都居中。

图8.13 页面测试效果4

在此，我们可以将图片和文字区分为两大部分，以便于后续的制作。在DOM结构中，用一个div将h1和p元素包裹起来，代码如下：

```html
<div class="description">
  <img src="comment.png" alt="comment">
  <div class="content">
    <h1>Lioness of Gir</h1>
    <p>Monkeys swing merrily from tree to tree …… forest walking around.</p>
  </div>
</div>
```

要实现以上描述的显示效果，最方便的方式莫过于使用绝对定位了。要设置子元素为绝对定位，则需要先将父元素的position属性设置为relative。代码如下：

```css
.description{
    /*其他代码*/
    position:relative;
}
```

接下来，设置图片和文字区域（包括标题和说明文字）为绝对定位。为了使这两部分内容都垂直居中，我们使用了一个已介绍过的技巧：先将其top属性设置为50%，即垂直方向上位于中点，然后再通过设置transform属性在y方向上负向偏移50%，即向上移动其高度的一半，以此实现垂直方向上的居中。代码如下：

```
img, .content{
    position:absolute;
    top:50%;
    transform:translateY(-50%);
    -ms-transform:translateY(-50%);
    -moz-transform:translateY(-50%);
    -webkit-transform:translateY(-50%);
    -o-transform:translateY(-50%);
}
```

垂直居中的显示效果如图8.14所示。

由于图片和文字区域在绝对定位后都成为了漂浮元素，两者的显示重叠在了一起。为了对两者加以区分，我们将分别为它们设置水平方向的位置，以及文字区域宽度，代码如下：

```
img{
    left:10%;
}
.content{
    left:30%;
    width:60%;
}
```

图8.14 垂直居中显示效果

以上代码首先设置图片的水平位置，使其与左侧的距离为总宽度的10%，然后设置了content距离左侧的距离为30%（该数值为一个实际调试值，为30%时正好与图片拉开合适的距离），并设置其宽度为60%，这样content距离单元最右侧的距离实际上是(100%-30%-60%)=10%。通过这样的方式，我们实现了左图右文的布局效果，如图8.15所示。

用类似的手法，我们只需调整元素的left属性，就可以方便地将图片切换到文字右侧显示，代码如下：

```
img{
    left:75%;
}
.content{
    left:10%;
    width:60%;
}
```

图8.15 Hero Unit左右布局效果

图8.16 右图左文布局效果

以上代码的显示效果如图8.16所示。

使用绝对定位，我们还可以随心所欲地制作出更个性化的布局方式。例如使得标题显示在上方，图表和说明文字显示于其下，并左右排列，代码如下：

```
img{
    left:100px;
    top:180px;
}
.content{
    left:100px;
    width:80%;
    top:50px;
```

```
}
.content p{
    left:180px;
    top:120px;
}
img, .content, .content p{
    position:absolute;
}
```

图8.17 绝对定位布局测试效果

在以上代码中，我们去除了img和.content的垂直居中代码，分别为图片（img）、文字区域（.content）和说明文字（.content p）设置绝对定位，其定位效果如图8.17所示。

在本节中，我们实现了图片、标题、文字的一些布局效果，并使用了绝对定位来实现精确的位置控制。需要注意的是，使用像素单位的绝对定位，其优点在于定位灵活，设置方便，缺点在于很难实现自适应，它更加适合于一些布局要求非常精细，宽度和高度均固定且已知的情境。

> **· 注意 ·**
> 由于绝对定位是相对于其父级元素而言的，因此在以上代码中，说明文字（.content p）的绝对定位的数值是相对于.content这一元素的，而非相对于整个Hero Unit。

8.2.3 两列均分布局

在制作了单个的图文混排，以及图、标题、文字的混排后，让我们再进入两列均分布局的学习。在本例中，我们要将两份带有图、标题、文字的内容信息制作成为列表的形式，这也是当前各种网页中较为常见的一种布局形式。

首先，我们准备了一段HTML代码，其中包括了一个section节点，以及该节点下的两个article节点。每一个article中均包含了h1、p和img等三个元素，分别对应标题、说明文字和图片，代码如下：

```
<section>
  <article>
    <h1>Rip Van winkle</h1>
    <p>Many years ago, at the foothills of …… ready to help anyone. </p>
    <img src="head1.png" alt="picture of Rip Van winkle">
  </article>
  <article>
    <h1>Robinson Crusoe</h1>
    <p>As Rip and his companion reached them ……  made Rip drink it.</p>
    <img src="head2.png" alt="picture of Robinson Crusoe">
  </article>
</section>
```

以上代码的浏览器默认显示效果如图8.18所示。

我们的目标是要使以上内容呈现为两列布局形式。接下来，将页面中的所有margin和padding数值先清零，以便于后续增加自定义的设置。此外，为了能够更加清晰地呈现布局范围，我们给section元素设置了一个固定的宽度，并且为其设置了背景色和边框，代码如下：

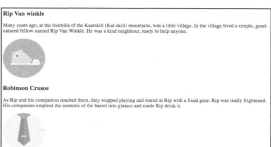

图8.18 浏览器默认显示效果

```
*{
    margin:0;
    padding:0;
}
section{
    width:980px;
    background:#f5f5f5;
    box-shadow:0 0 1px rgba(0,0,0,.4) inset;
}
```

在以上代码中，我们并没有使用border，而是使用了大小为1像素，在x和y方向上都没有位移，且颜色为40%透明度的黑色的阴影（box-shadow）来实现边框效果，这也是制作边框的另一种途径，效果如图8.19所示。

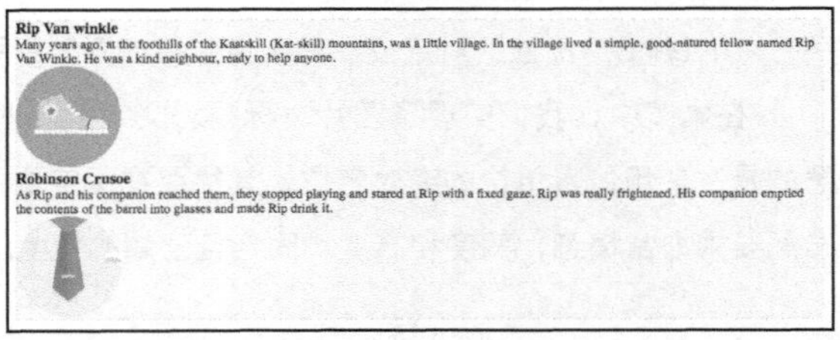

接下来，要将两个article元素以两列布局排放，只需要设置它们的宽度和浮动即可，代码如下：

图8.19 边框的显示效果

```
article{
    width:50%;
    float:left;
}
```

测试页面，可以发现两个article元素已经如愿呈现为两列的布局形式了，但是诡异的是，原先section的边框和背景色都突然消失不见了，如图8.20所示。

难道是section不翼而飞了吗？我们要从文档流的原理上寻找问题的根源。在section中原本有两个article元素，这形成了section内部的文档流，而section的高度也正是由article元素的高度得来。当我们将article加以浮动时，按照之前学习的原理，它们就被从文档流中抽取出去了，变为浮动在文档流之上。当section中的两个元素都浮动时，其内部的文档流都被抽空，这样它就失去了自身的高度，也就是高度"坍塌"了。要解决这一问题，我们常常通过在父元素中添加一个不浮动的子元素来清除浮动带来的影响，而为了DOM结构的简洁，这一任务常常通过::after伪元素来完成，代码如下：

图8.20 两列布局形式

```
section::after{
    content:"";
    display:table;
    clear:both;
}
```

· 经验 ·

老版本IE并不支持::after伪元素，可以采用手动插入一段DOM结构的方式来清除浮动。

以上是一种非常经典的清除浮动的做法，由Nicolas Gallagher 发表于A new micro clearfix hack这篇文章中（http://nicolasgallagher.com/micro-clearfix-hack/），也是我们目前最常用的清除浮动的方法之一。现在，section的灰色背景和边框线又重新出现了，如图8.21所示。

图8.21 清除浮动后的效果

我们在制作Web页面时，由于在页面中的很多地方都需要清除浮动，因此往往把清除浮动的代码统一设置为一个clearfix类，以便于重复调用，代码如下：

```css
.clearfix:before, .clearfix:after{
  content:"";
  display:table;
}
.clearfix:after{
  clear:both;
}
```

创建好clearfix类后，我们就可以将其方便地添加在任何一个需要清除浮动的元素中了，代码如下：

```html
<section class="clearfix">...</section>
```

需要补充说明的是，将display属性设置为table，并设置clear为both，是为了使清除浮动的时候形成一种名为BFC（Block Format Content，块级格式化上下文）的机制。在BFC中，元素布局不受外界的影响，我们往往利用该特性来消除浮动元素对其他非浮动元素带来的影响。此外，在BFC中，块级元素与由行内元素组成的"行盒子"会垂直地沿其父元素的边框排列。触发BFC的因素很多，如上述设置display为table即为其中的一种因素（也可以设置display为inline-block、table-cell、table-caption、flex、inline-flex等）。此外，overflow不为visible也会触发BFC，以本章第2小节的图文混排为例，当为图片设置左浮动时，可以看到段落中的文字是环绕图片排列的，如图8.22所示。

图8.22 图文混排默认效果

而为段落添加overflow属性为hidden，则可以触发其BFC机制，代码如下：

```css
p{
    overflow:hidden;
}
```

将段落转换为BFC后，可以看到文字不再围绕图片排列了，这样我们也就清除了img浮动对段落元素的影响，如图8.23所示。

图8.23 段落转换为BFC后的效果

> **• 经验 •**
> 有关BFC的更多知识，可以参考W3C的官方说明：http://www.w3.org/TR/CSS21/visuren.html#block-formatting。

在简要了解了BFC特性后，让我们回到本案例，继续后面的制作。现在两列的图文内容紧贴在section的边缘，我们需要为它们腾出一些空间，代码如下：

```css
section{
    /*其他代码略*/
    box-sizing:border-box;
    padding:40px;
}
article{
    /*其他代码略*/
```

```
        width:49%;
}
article:first-child{
        margin-right:2%;
}
```

在以上代码中，我们为section增加了40像素的内边距（padding），为了避免这一举动对section的整体宽度产生影响，我们设置了其box-sizing属性为border-box。而由于两列图文的宽度采用的是百分比单位，因此当为section设置padding数值时，我们也不用担心这一举动会使得内部宽度空间过小，

图8.24 添加边距后的测试效果

从而影响两列的左右排列。现在两列图文是紧密地靠在一起，为了使它们中间有一些空隙，在此将两者的宽度都从50%修改为49%，将留出来的2%空间作为左列图文的右外边距。测试效果如图8.24所示。

接下来，我们为标题和段落文字添加一些样式修饰，代码如下：

```
h1{
        font-size:32px;
        margin-bottom:15px;
}
p{
        font-size:15px;
        color:#777;
}
h1, p{
        width:65%;
        margin-left:35%;
        font-family:Georgia, "Times New Roman", Times, serif;
}
```

以上代码的主要目的是将h1和p的宽度缩减，从默认的100%缩小为65%，并留出左侧35%的外边距，以便于为后面的图片留出展示空间。此外，我们还设置了文字的字号、字体、颜色，以及标题与段落之间的垂直间距等，测试效果如图8.25所示。

图8.25 标题和文字样式的调整效果

> • 经验 •
> 从以上代码中我们发现百分比的属性值是一种方便有效的定位取值方法。在实际制作中，我们可先预估一个大概的百分数值，如文字内容宽度占70%，左侧留30%给图片，如果该宽度稍许不够，再将宽度减小到65%，左侧留出35%空间。这样的制作方法快速有效，计算也非常简单，比起像素定位而言更容易调整。

最后我们要做的一件事情就是将图片调整到每一列的左上角。虽然使用margin-top也能够实现这样的效果，但是在整个文档流中，margin-top的数值要根据图片之前的内容高度来做相应调整。比如在图8.25中，两列的文字高度并不相同，那么意味着每一列都需要分别测量这一数值。而最简便的方法就是使用绝对定位，将img的top设置为0即可，代码如下：

```
article{
    position:relative;
}
img{
    position:absolute;
    top:0;
}
```

两列图文的最终测试效果如图8.26所示。

通过本例两列布局的学习，我们对BFC、绝对定位、百分比定位等知识有了更深的认识。最后，将本例中生成的所有样式代码加以整理，如下：

图8.26 最终测试效果

```
*{
    margin:0;
    padding:0;
}
section{
    width:980px;
    background:#f5f5f5;
    box-shadow:0 0 1px rgba(0,0,0,.4) inset;
    box-sizing:border-box;
    padding:40px;
}
section::after{
    content:"";
    display:table;
    clear:both;
}
article{
    width:49%;
    float:left;
    position:relative;
}
article:first-child{
    margin-right:2%;
}
h1{
    font-size:32px;
    margin-bottom:15px;
}
p{
    font-size:15px;
    color:#777;
}
h1, p{
    width:65%;
    margin-left:35%;
    font-family:Georgia, "Times New Roman", Times, serif;
}
img{
    position:absolute;
    top:0;
}
```

8.2.4 格子布局

格子布局（Grid Layout）是一种常见的布局方式，它代表了一种简洁而又有序的页面设计，颇受各类电商网站的青睐。京东、淘宝等网站首页都使用了这样的布局来展示各类商品，如图8.27所示。

在本例中，我们也将制作一个格子布局页面，页面的HTML代码如下：

```html
<section>
  <article>
    <h1>Ulysses</h1>
    <p>Soaring through the galaxies</p>
    <img src="pic1.png" alt="image of Ulysses">
  </article>
  <article>
    <h1>Dallas</h1>
    <p>Rollin' down to Dallas</p>
    <img src="pic2.png" alt="image of Dallas">
  </article>
  <article>
    <h1>McKay</h1>
    <p>McKay and his best friend</p>
    <img src="pic3.png" alt="image of McKay">
  </article>
  <article>
    <h1>Thunder</h1>
    <p>Thundercats on the move</p>
    <img src="pic4.png" alt="image of Thunder">
  </article>
</section>
```

图8.27 淘宝首页的格子布局

图8.28 默认显示效果

以上代码包含了一个section元素，其下有4个article元素，分别对应4个不同的格子。每个格子元素中又包含了h1、p和img三种元素，分别对应每个格子中的标题、说明文字和图片。代码的默认显示效果如图8.28所示。

接下来，我们希望通过CSS样式，将以上页面内容显示为两行两列的格子布局。首先为所有格子配置各自的宽度，代码如下：

```css
section{
    width:500px;
}
article{
    box-sizing:border-box;
    width:250px;
    height:250px;
    padding:20px;
    text-align:center;
    float:left;
}
```

在以上代码中，设置了整个格子区域的宽度为500像素，每个格子的宽度高度各为250像素，并通过左浮动形成两行两列的排列方式。此外，在样式中还设置了格子内边距为20像素，文本居中，使得格子中的内容居中显示，如图8.29所示。

现在格子的大体布局已经完工，剩下的关键工作就是格子框线的制作，在此我们将使用border来控制框线。一般来说，精致的框线都是1个像素粗细的，如果给每个格子都设置1个像素的边框，那么势必在两个格子交界的地方框线将变为2个像素，从而影响格子效果。我们的策略是，首先给每个格子的右侧和下侧添加边框，代码如下：

```
article{
    border-bottom:1px solid rgba(0,0,0,.2);
    border-right:1px solid rgba(0,0,0,.2);
}
```

在以上代码中，我们设置了每个格子的底边框和右边框，各为1像素宽的实线，线条颜色为20%透明度的黑色，如图8.30所示。

现在，整个格子的左侧和顶部还没有框线。左侧的框线可以通过为奇数列的格子设置左边框来实现，代码如下：

```
article:nth-child(odd){
    border-left:1px solid rgba(0,0,0,.2);
}
```

现在左侧的边框也出现了，显示效果如图8.31所示。

图8.29 配置格子宽度后的显示效果

图8.30 设置格子底边框和右边框的效果

图8.31 设置奇数列格子的左边框

整个格子区域只剩下了顶部的边框空缺，这可以通过设置第1个和第2个格子的顶边框来实现，代码如下：

```
article:nth-child(1){
    border-top:1px solid rgba(0,0,0,.2);
}
article:nth-child(2){
    border-top:1px solid rgba(0,0,0,.2);
}
```

现在，所有的格子框线都齐备了，如图8.32所示。

• 经验 •

我们还可以使用:nth-child(-n+2)来直接获取前两个元素。

图8.32 格子框线效果

此外，格子的左侧和顶部框线效果也可以通过为整个section设置上、左边框来实现，这一做法效率更高，但设置左边框的前提是要先为section清除浮动，以便于得到真实的高度（参考上一小节的BFC部分）。这一做法同时会给格子的整体高度和宽度增加1像素，即从500×500变为501×501，代码如下：

```
section{
    border-top:1px solid rgba(0,0,0,.2);
    border-left:1px solid rgba(0,0,0,.2);
}
section::after{
    content:"";
    display:table;
    clear:both;
}
```

最后，为h1和p元素增加一些文字修饰样式，如调整文字大小、颜色、间距等，代码如下：

```
article h1{
    font-size:32px;
    margin:10px 0;
    color:#666;
}
article p{
    font-size:15px;
    margin-bottom:0 0 10px;
    color:#999;
}
```

图8.33 生成的格子效果

最终的格子效果如图8.33所示。

以上的格子效果是基于固定宽度的，我们也可以使其变为百分比定位，修改代码如下：

```
section{
    width:100%;
}
article{
    width:50%;
}
```

在以上代码中，分别将section和article的宽度设置为了100%和50%（此外还需要删除article的高度定义）。现在，拖动浏览器窗口，格子将根据窗口大小动态改变宽度，如图8.34所示。

但现在的问题在于，当浏览器窗口缩小到很小的程度时，格子因其中文字的换行导致高度发生变化，将形成浮动元素的推挤，进而导致格子布局的错乱，如图8.35所示。

图8.34 格子根据窗口大小动态改变宽度

图8.35 浮动元素的推挤

要解决这一问题，只需要为section设置一个最小宽度（min-width）即可，代码如下：

```
section{
    width:100%;
    min-width:500px;
}
```

在制作好两行两列的格子后，接下来我们将制作含有两行并在第二行跨列的格子。首先，在HTML的DOM结构中，删除最后一个article元素，使section中仅包含3个article元素。DOM结构变更后的格子效果如图8.36所示。

接下来，要做的事情就非常简单了，设置第三个格子的宽度为100%即可。代码如下：

```
article:nth-child(3){
    width:100%;
}
```

现在，跨列的格子效果便完成了，如图8.37所示。

图8.36 DOM结构变更后的格子效果　　　　图8.37 设置格子的跨列宽度

除跨列效果外，另一种格子效果则是跨行效果。接下来，我们希望实现第2个格子纵跨两行的效果。要实现纵向跨行，高度的控制是非常关键的。首先删除此前为第3个格子设置100%宽度的样式代表，然后为不同的格子设置各自的高度，代码如下：

```
article{
    height:270px;
}
article:nth-child(2){
    height:540px;
}
```

在以上代码中，首先将所有格子设置为270像素高，继而又将第二个格子设置为两倍高度，即540像素。页面测试效果如图8.38所示。

从上述测试结果中可以看出，由于第二个格子的高度太高，将下方的第三个格子远远推了出去。而要将格子放回原处，我们则可以借助负值margin的力量，代码如下：

```
article:nth-child(3){
    margin-top:-270px;
}
```

在以上代码中，我们使用了负值的margin-top，这相当于在第三个格子顶部打开了一个高度为270像素的空间，使得格子"义无反顾"地填充上去。修改后的格子效果如图8.39所示。

图8.38 修改格子高度的测试效果

图8.39 修改后的格子效果

最后，我们为第二个格子增加一些顶部内边距，使得格子的内容能够在垂直居中位置显示，代码如下：

```css
article:nth-child(2){
    height:540px;
    padding-top:150px;
}
```

最终的跨行格子效果如图8.40所示。

> • 经验 •
>
> 除使用border外，我们还可以使用box-shadow来制作格子的边框线效果，其用法也非常简单，如 "box-shadow: inset 0 1px 0 rgba(0,0,0,.1)" 表示为元素顶部绘制一条1像素宽，颜色为10%透明度黑色的顶边。

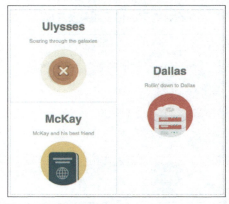

图8.40 最终跨行格子效果

8.2.5 多列等高布局

多列布局是目前网站的主流布局方式，如图8.41所示。在过去的表格布局时代，多列等高这件事完全不能算是一个问题，因为表格天生就是多列等高的。而在HTML5时代，我们在制作多列效果时，则往往会出现一些"怪异"而又难以解决的状况。

图8.41 三列布局网站25.io

我们以一个三列布局作为例子，其HTML代码如下：

```html
<div id="container">
  <div class="col">
    <img src="trend.png">
    <h1>Trend</h1>
    <p>The tool refers to periodic trends …… in chemistry.</p>
  </div>
  <div class="col">
    <img src="user.png">
    <h1>User</h1>
    <p>User namespaces are now fully …… document is obsolete.</p>
```

```
  </div>
  <div class="col">
    <img src="picture.png">
    <h1>Picture</h1>
    <p>Taking good pictures is …… some common mistakes..</p>
  </div>
</div>
```

在以上代码中存在两层div嵌套，最外层是id属性名为container的div元素，它包裹了所有内容，在其下有3个类名为col的div元素，每一个元素代表一列，每一列中含有一张图片、一个标题元素和一段说明文字。

首先，我们设置一些基本样式，以形成3列的布局效果，代码如下：

```
#container{
      width:100%;
}
.col{
      width:33.33%;
      float:left;
      text-align:center;
      box-sizing:border-box;
      padding:20px;
      color:#FFF;
      background:#2980B9;
}
.col img{
      width:30%;
      margin-top:30px;
}
```

在以上代码中，首先设置container的宽度为100%，然后设置每一列的宽度为其三分之一，即33.33%，并左浮动形成三列效果。我们还为每一列设置了深蓝色背景颜色，将文字设置为白色。最后调整了一下图片的大小和位置，使其显示得较为美观。以上代码的测试效果如图8.42所示。

图8.42 代码测试效果

为了使三列的高度有更明显的区分，我们为分别第2、3列添加不同的背景色，代码如下：

```
.col:nth-child(2){
      background:#3498DB;
}
.col:nth-child(3){
      background:#67aeef;
}
```

三列背景色效果如图8.43所示。

图8.43 三列背景色效果

现在我们的问题是，以上三列布局中每一列的文字内容长度不同，导致各列的高度也不相同，这又间接导致每一列的背景色块参差不齐。我们如何为这些列设置相同的高度，以使得背景色块看上去高度一致呢？一种最简单的方法是为每一列都设置一个固定的高度值，如500像素。但在实际开发中，每一列的内容都可能会随着数据的不同而动态变化，以至于高度值也是动态变化的，我们无法得到一个精确的高度值。

既然无法得到一个最精确的高度值，我们则可以换一种思路。由于每一列之间的高度都可能存在差异，但这一差异的范围一般来说较小，往往都在数百像素之内，如果存在两列间多达1000像素以上的高度差异，这个页面看上去就比较怪异了。我们可以使用一个较大的内边距，这个内边距超过了我们预估的列间高度的最大差异值，以使得每一列都增加相应的高度，代码如下：

图8.44 为col增加底部内边距

```css
.col{
    padding-bottom:500px;
}
```

在以上代码中，我们为每一列增加了500像素的底部内边距，测试效果如图8.44所示。

现在，每一列的高度增加了500像素，如某一列原先为300像素高，则内边距的增加将使得其高度变为800像素。为了抵消这多出来的500像素，我们可以充分运用负值margin的"威力"。添加如下代码：

```css
.col{
    padding-bottom:500px;
    margin-bottom:-500px;
}
```

测试页面，其显示效果将和图8.44相同。在显示上没有任何改变并不表明上述代码没有任何用处。在以上代码中，我们为每一列设置了底部外边距为负的500像素，这一设置在外部显示上确实不会造成任何影响，但是却能够使每一列的高度向上减少500像素，使得每一列的实际高度又恢复原始高度。如此前高度为800像素的某列，在这一设置后外在仍然显示为800像素的背景高度，但实际高度又回到了300像素。

完成前期的准备工作后，我们可以使出最后的一招，即为container设置overflow属性为hidden，使得超过该元素高度以外的内容都隐藏起来，这颇似于用一把锋利的剪刀，将超过实际高度的显示内容都一把剪去。代码如下：

```css
#container{
    width:100%;
    overflow:hidden;
}
```

现在，再测试页面，三列内容拥有了相同的显示高度，如图8.45所示。

负值margin拥有非常多的特性，我们往往利用它们在布局上实现一些非常特殊的效果，在后面的案例中，我们还将更深入地运用负值margin来实现更复杂的布局。

图8.45 三列显示高度相等

8.3 HTML5布局进阶

在掌握了基础的布局技巧后，我们将学习一些进阶的HTML5布局技巧，包括两列自适应布局、三列自适应布局、瀑布流布局等。

8.3.1 两列自适应布局

现在，我们将越来越趋向于实战式的布局了。接下来的两个案例，就是考验开发者实战经验的两种重要布局方式。在本小节中，我们先学习其中的一种经典布局方式——两列自适应布局。说是两列自适应，其实在这种布局中往往一列宽度固定，而另一列宽度自适应。

两列自适应布局的应用非常广泛，在经典的亚马逊网站中就使用了这一布局方式。在某个宽度范围内缩放浏览器窗口时，可见网站中右侧的图片列表宽度不变，左侧的主内容区域宽度随浏览器宽度发生变化，如图8.46、图8.47所示。

图8.46 亚马逊中国首页效果1

图8.47 亚马逊中国首页效果2

接下来开始案例的制作。我们准备了一段HTML，代码如下：

```html
<div class="row">
  <div class="side">
    <img src="side.png" alt="order">
    <p>In restaurants, pizza can be …… brick oven.</p>
    <button>Order</button>
  </div>
  <div class="main">
    <img src="pizza.png" alt="pizza">
    <h1>Pizza</h1>
    <p>Various types of ovens are …… varieties exist.</p>
  </div>
</div>
```

在以上代码中，最外层为一个类名为row的div元素，其内部包含了两个子元素，其中代表侧边栏的div元素类名为side，代表主内容区域的div元素类名为main。在两个div图层中都有一些图片、标题、文字等内容元素。我们所要实现的布局效果是将侧边栏的宽度固定，使主区域的宽度根据浏览器宽度自适应调整。

接下来，我们为row、side、main分别设置不同的宽度，代码如下：

```css
*{
    margin:0;
    padding:0;
}
.row{
    width:100%;
    background:#000;
}
.side{
    width:300px;
    height:500px;
    background:#C0392B;
```

```
    }
    .main{
        width:100%;
        height:500px;
        background:#E74C3C;
    }
```

在以上代码中，我们将整个row的宽度设置为100%，在其内部，side的宽度为固定的300像素，main的宽度由于需要自适应，因此先设置为100%。此外我们还为row、side和main分别设置了不同的背景色（黑色、深红色和浅红色），以便对三者的区域加以区分。测试页面，我们将发现侧边栏现在在左上方，而主区域排列在其下方，且宽度为100%，横向充满了浏览区域，如图8.48所示。

接下来，我们为页面添加一些针对side和main内部元素的修饰样式，代码如下：

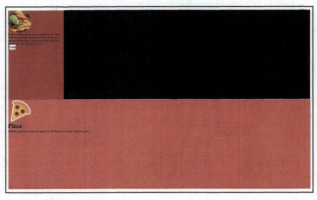

图8.48 页面测试效果

```
.main h1{
    font-size:82px;
}
.main p{
    font-size:26px;
}
.side img{
    margin-bottom:30px;
}
.side button{
    background:#F39C12;
    border:none;
    border-radius:4px;
    padding:5px 40px;
    margin-top:30px;
    font-size:18px;
}
.side{
    padding:50px;
}
.main{
    padding:100px;
}
.side, .main{
    text-align:center;
    font-family:"Comic Sans MS", cursive;
    color:#FFF;
    box-sizing:border-box;
}
```

以上代码修改了各种文字和图片内容的颜色、字体、间距，设置了button按钮的显示样式，并且为main和side设置内边距，使内容居中显示。修饰后的页面效果如图8.49所示。

接下来我们所要做的，是要使得主区域向上移动，而非显示在侧边栏的下方。在此我们使用了一种办法，将side设置为绝对定位，使它跳出文档流，浮动在区域上方。这样，side原来占据的位置就腾空了，main自然而然地将顶替其原来的位置。代码如下：

```css
.row{
    position:relative;
}
.side{
    position:absolute;
}
```

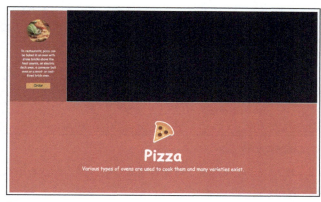

图8.49 页面元素修饰效果

测试页面，现在可以看到main区域发生了上移，如图8.50所示。

目前的问题在于，side浮动在了main上方，将main的左侧遮住了。我们需要找到一种办法在row的左侧专门腾出300像素来放置side，使得side和main两者不再交叠。在此，我们选择为row添加300像素的左侧内边距，代码如下：

```css
.row{
    padding-left:300px;
    box-sizing:border-box;
}
```

图8.50 main区域上移效果

测试页面，可以看到row左侧因为padding-left的设置，使得其内部的side和main两个元素都右移了300像素，如图8.51所示。

既然左侧已经留出了空间，那么我们只需要做一件事，就是将side绝对定位在最左侧即可。我们使出left属性这一"杀手锏"，代码如下：

图8.51 row的内边距设置

```css
.side{
    left:0;
}
```

在以上代码中，通过设置side的left属性为0，我们使它越过内边距，直接移动到了row的最左侧，而剩余的区域则完全交给了main，任其在内自适应显示。测试页面，两列自适应布局效果如图8.52所示。

现在，缩放浏览器窗口，我们将得到完美的左侧定宽，右侧自适应效果，如图8.53、图8.54所示。

图8.52 两列自适应布局效果

图8.53 自适应效果1

图8.54 自适应效果2

　　既然有了左侧定宽、右侧自适应效果，那么反过来左侧自适应，右侧定宽该如何实现呢？实际上，只需要变更两处样式即可，代码如下：

```css
.row{
    padding-right:300px;
}
.side{
    right:0;
}
```

　　在以上代码中，我们在row的右侧留出了300像素的内边距空间，然后将side的right属性设置为0，使其靠右显示，即可实现这一布局的左右转换，如图8.55所示。

　　到此为止，也许这一布局就完美收官了。但是，我们的探索是没有止境的。两列自适应布局是否有其他的实现方式呢？答案是肯定的。在此，我们将介绍另一种实现方法。这一方法需要我们先更改一下HTML代码，将

图8.55 布局的左右转换

side和main的DOM顺序修改一下，使得main在前，side在后，并且在main这一div元素内部，再加上一个div层级，将这一内部div的类名设置为content，代码如下：

```html
<div class="row">
  <div class="main">
    <div class="content">
      <!--原main中的DOM代码-->
    </div>
  </div>
  <div class="side"><!--原side中的DOM代码--></div>
</div>
```

　　经过以上修改后，在文档流中，main将在side之前显示，这一点将非常重要。接下来清除之前为实现两列布局所写的那些定位代码，将main和side都设置为浮动，其中side为左浮动，main为右浮动，代码如下：

```css
.side{
    float:left;
}
.main{
    float:right;
}
```

　　页面测试效果如图8.56所示。由于row中两个元素都形成了浮动，因此在没有清除浮动的前提下，row的高度发

生了塌陷，在页面中我们甚至看不到row的黑色背景。而由于main的宽度为100%，占据了整行，它和side两者一个显示在上方，一个显示在下方。

接下来，我们要在左侧为side腾出300像素的位置，使其不被挤到下方去。这次则不能再通过设置row的内边距来实现位置的腾挪，因为两个元素都浮动了。在此我们将继续使用负值margin的技巧，设置main的左侧外边距为负的300像素，这相当于告诉了页面，"在main的左侧有一个300像素的坑，可以将side填进去！"。代码如下：

图8.56 元素浮动效果

```css
.main{
    float:right;
    margin-left:-300px;
}
```

测试页面，可以看到side已经顺利进入了这个"隐形的坑"，显示在了main的左侧，如图8.57所示。这也是为什么我们在DOM结构中将main放在side之前的原因，文档流中后者能填进前者设置的空位中，而如果两者顺序相反，那么side就难以进入到main的这个"坑"里了。

现在页面还有一点问题，side叠盖在了main的上方。现在我们添加的额外的DOM结构终于可以发挥作用了，我们可以为其添加左侧的外边距，来将内容区域向右推开300像素，代码如下：

图8.57 side显示在main的左侧

```css
.content{
    margin-left:300px;
}
```

测试页面，现在我们得到了和之前绝对定位相同的布局效果，如图8.58所示。

在本案例中，我们通过了两种不同的途径实现了两列自适应布局效果，分别为绝对定位方法和浮动方法。而实现的途径还不止这两种，如果使用最新的Flex弹性视图，实现以上布局将更为容易，只需要定义一个固定宽度和一个弹性宽度的行即可。但通过本例中的两种布局方式，我们可以更

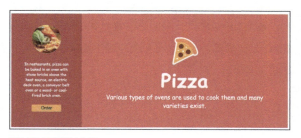

图8.58 最终测试效果

加深入地了解CSS中的各种定位特性，这对于我们进一步打好前端基础是非常有帮助的。

8.3.2 三列自适应布局

既然有两列自适应，那么也就有三列自适应。例如，亚马逊的首页在较宽的浏览器中就显示为三列自适应布局，如图8.59、图8.60所示。

相较于两列布局而言，三列自适应布局通常更复杂，它要求左右两列的宽度固定，中间一列宽度自适应。和两列布局一样，在本小节中我们也将使用两种不同的方法来制作三列布局。

图8.59 亚马逊官网的三列自适应布局1   图8.60 亚马逊官网的三列自适应布局2

首先让我们来看一看页面的HTML代码，如下：

```html
<div id="container">
  <div id="main" class="col">
    <img src="star.png" alt="star">
    <p>Ramalinga as usual was ... anger on those soldiers. </p>
  </div>
  <div id="left" class="col">
    <img src="drink.png" alt="drink">
    <p>Long before guards could  ...  close to Rayalu.</p>
  </div>
  <div id="right" class="col">
    <img src="closed.png" alt="closed">
    <p>Rayalu clapped in all praise  ...  filled narration. </p>
  </div>
</div>
```

在以上代码中，id属性值为container的div元素是布局的最外层，其内部三列的id属性值分别为main、left和right，并都含有名为col的类，分别代表中间、左侧和右侧的列。初始页面效果如图8.61所示。

接下来，为三列分别设置不同的背景色，并将左侧列设置为350像素宽，中间列设置为100%宽，右侧列设置为250像素宽，背景色分别为中绿、浅绿和深绿色，全部向左浮动，代码如下：

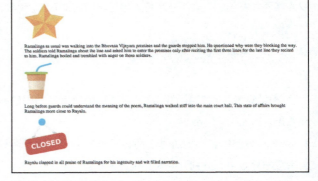

图8.61 初始页面效果

```css
#left{
    background:#16A085;
    width:350px;
}
#main{
    background:#1ABC9C;
    width:100%;
}
#right{
    background:#14856D;
    width:250px;
}
.col{
```

```
        float:left;
        height:500px;
}
```

测试页面，浮动效果如图8.62所示。

现在，左侧和右侧列都被挤出，显示在了中间列的下方。我们首先修改左侧列的位置，代码如下：

```
#left{
        margin-left:-100%;
}
```

以上代码为left列设置了左侧外边距为-100%，即等于父元素的容器宽度。原本因为第一行没有空余位置，left列被挤到了第二行，而在向左缩进-100%的宽度后，left列正好到达了布局的最左侧，如图8.63所示。

右侧列的定位也可以通过负margin值来加以实现，代码如下：

```
#right{
        margin-right: -250px;
}
```

以上代码使right列向右侧推移了250像素，这一位置正好使得该列与第一行的两个元素位置均不重叠，因此right列得以顺利地移动到前一行中。然而由于right列显示在屏幕右侧以外，我们在浏览器窗口区域并不能看到它的存在，如图8.64所示。

现在，左侧列层叠在中间列上方，右侧列显示在窗口以外，我们需要为这两列创造适宜的显示空间。在此，依然通过为整个container设置padding内边距来留出空间，代码如下：

```
#container{
        padding-left: 350px;
        padding-right: 250px;
}
```

在以上代码中，分别为container左右两侧留出了350像素和250像素的内边距。测试页面，现在可以看到由于右内边距的设置，main列被向左推移了250像素，刚好留下了足够的右侧空间，使得right列回到了窗口区域。同时，由于左内边距的设置，left和main列都被向右推开，以致于在布局区域左侧出现了350像素的空白，如图8.65所示。

现在唯一一个显示不正确的元素就是left列，我们只需要使它向左移动350像素即可。但由于它的margin-left属性已经被设置为了-100%，我们只能从别的途径想办法。在此

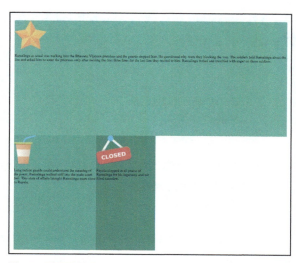

图8.62 元素浮动效果

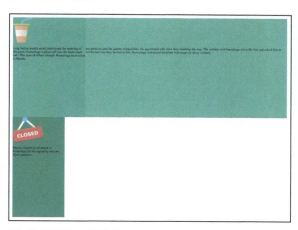

图8.63 left列负margin效果

图8.64 right列负margin效果

图8.65 设置padding后的显示效果

可以通过设置left列为相对定位，再设置其right属性为350来实现水平位移。这将使得left列距离其右侧350像素，也就意味着它将向左偏移350像素，代码如下：

```
#left{
    margin-left:-100%;
    position: relative;
    right:350px;
}
```

left列位置调整后的显示效果如图8.66所示。现在，我们就已经完成了三列的主要布局工作。

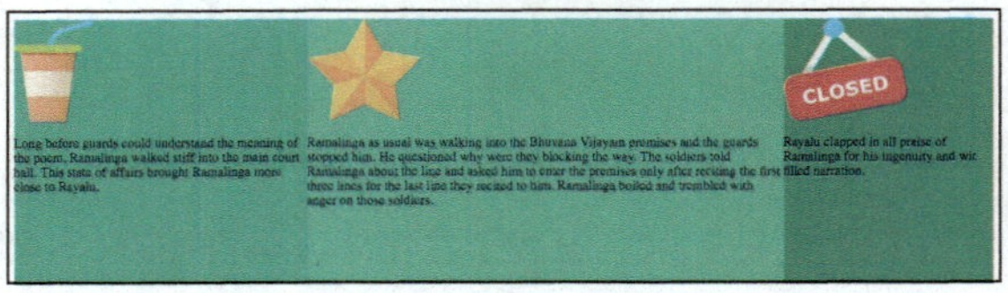

图8.66 位置调整后的显示效果

最后，我们再为三列中的文字和图片做一些额外的样式修饰，代码如下：

```
.col{
    color:#FFF;
    font-family:Georgia, "Times New Roman", Times, serif;
    font-size:23px;
    line-height:1.5;
    padding:30px 50px;
    box-sizing:border-box;
}
.col img{
    float:left;
    margin:20px;
}
```

以上代码设置了文字的字体大小、颜色、类型，行距，图片的浮动、间距，以及为每列添加了内部间距。测试页面并拖动浏览器窗口，现在我们就能看到完美的三列自适应效果了，如图8.67、图8.68所示。

图8.67 三列自适应效果1

图8.68 三列自适应效果2

最后，为了防止窗口缩放到很小时整个布局被挤破，我们可以在body中规定一个最小的宽度尺寸，如果小于该窗口浏览器将出现横向滚动条，而非继续压缩，代码如下：

```
body {
    min-width:950px;
}
```

以上的这种布局又被称为圣杯布局（Holy Grail Layout），这一技巧最初被Matthew Levine发表于alistapart网站中（http://alistapart.com/article/holygrail）。在该页面中也包含了圣杯布局针对老版本IE的hack技巧。

在圣杯布局的基础上，淘宝UED又提出了另一种三列自适应的布局实现方法，又被称作双飞翼布局。这一布局需要对DOM结构做稍许更改，在main列添加一层div结构，设置id属性值为content，代码如下：

```
<div id="main" class="col">
  <div id="content">
    <!--原main中的DOM代码-->
  </div>
</div>
```

接下来，去掉圣杯布局中为container设置的左右padding值，并将left和right列的布局代码重置为以下代码：

```
#left{
    margin-left:-100%;
}
#right{
    margin-left:-250px;
}
```

我们可以看出，left列去除了right属性，而在right列中，则将原先设置的margin-right属性改为了margin-left属性，页面测试效果如图8.69所示。

以上页面测试效果是否很熟悉？这和我们在前一小节制作的两列布局的第二种方式殊途同归。接下来，我们只需要设置content的左右margin值即可，代码如下：

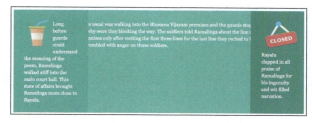
图8.69 页面测试效果

```
#content{
    margin:0 250px 0 350px;
}
```

以上代码分别为content的左右分别添加了350像素和250像素的外边距。现在，我们就得到了传说中的双飞翼布局效果，如图8.70所示。这一布局与圣杯布局的实现效果完全相同，不同之处在于圣杯布局需要修改父元素的padding值，而双飞翼布局则可以回避掉padding设置，改为使用margin，在低版本浏览器中这能够避免一些额外的hack代码。双飞翼的缺点则在于它为页面中添加了一项额外的DOM层级。

图8.70 双飞翼布局效果

8.3.3 瀑布流布局

在本章的最后，让我们再来看一种目前流行的布局方式——瀑布流布局。

很多人认为瀑布流布局最早是由Pinterest网站提出，它又被称为Pinterest style layout，然后很快在国内外大大小小的网站中流行开来，如图8.71所示。

瀑布流布局适合于小数据块，每个数据块内容相近且地位平等。通常，随着页面滚动条向下滚动，瀑布流布局还会不断加载数据块并无限附加至内容的尾部。因此，瀑布流布局不仅仅是HTML5和CSS3两家的事情，还

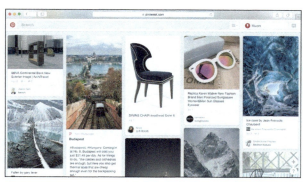
图8.71 瀑布流效果

需要后台数据以及JavaScript的支持。而在本案例中，我们将制作一个简化的、静态的瀑布流效果。

首先，我们准备了一份含有10张图片的HTML代码，如下：

```html
<div id="container">
  <div class="col">
    <div class="pic">
      <img src="images/1.jpg">
      <p>In sagittis sit amet lacus ... dictum blandit.</p>
    </div>
    <div class="pic">
      <img src="images/2.jpg">
      <p>Vestibulum sapien elit ... volutpat massa.</p>
    </div>
    <!--中间代码略去......-->
    <div class="pic">
      <img src="images/10.jpg">
      <p>Aenean quis quam ac ... nec non lectus.</p>
    </div>
  </div>
</div>
```

在以上代码中包含了三个层级，最外层是id为container的div元素，在其中包含了类名为col的div元素，其内部又包含了10个类名为pic的div元素。这些元素的默认显示效果如图8.72所示。

接下来我们开始着手制作样式。首先，将整个页面背景底色设为深灰，并设置container的宽度为960像素，将左右侧的margin值设置为auto，以使得container在body中水平居中，代码如下：

```css
body {
    background:#95A5A6;
    margin:50px;
}
#container{
    width:960px;
    margin:0 auto;
}
```

图8.72 默认显示效果

接下来，我们为col类设置样式。要实现瀑布流效果，可以使用webkit中的column属性，它能够将一个容器中的元素以规定的列数进行排列，代码如下：

```css
.col{
    -webkit-column-count: 3;
    -webkit-column-gap: 10px;
    -webkit-column-fill: auto;
    -moz-column-count: 3;
    -moz-column-gap: 10px;
    -moz-column-fill: auto;
    column-count: 3;
    column-gap: 15px;
    column-fill: auto;
}
```

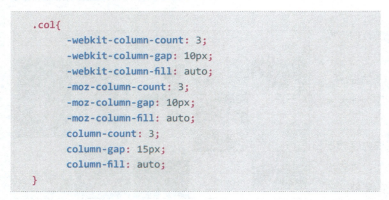

图8.73 分列效果

在以上代码中，column-count属性代表了设置总列数为3，column-gap代表列与列之间的距离为10像素，column-fill属性代表按顺序对列进行填充。此外，加-webkit和-moz前缀的属性分别是针对webkit内核浏览器和Firefox浏览器的兼容性写法。测试页面，分列效果如图8.73所示。

通过简单的CSS设置，我们就有了粗略的瀑布流分行效果。现在，让我们为pic类添加一些额外的修饰，如指定图片宽度，为每一个内容块设置宽度、白色背景、阴影，以及彼此的垂直间距等。代码如下：

```css
.pic{
    box-sizing:border-box;
    width:300px;
    background:#FFF;
    padding:20px;
    box-shadow:0 0 5px rgba(0,0,0,.5);
    margin-bottom:20px;
}
.pic img{
    width:260px;
}
```

图8.74 添加内容修饰后的显示效果

测试页面，添加内容样式修饰后的显示效果如图8.74所示。

从以上的显示效果可以看出，我们的瀑布流布局还存在一些瑕疵，有的内容块被生硬地首尾断开，一部分显示在了列的末尾，另一部分显示在了新一列的起始位置。要解决这一问题，可以通过将pic类的display属性设置为inline-block来加以解决。inline-block是一种特殊的显示类型，它可被视为块级元素和行内元素的结合，同时具有行内元素可在一行内显示直到占满，以及块级元素独立显示，不会在显示中换行的特征。代码如下：

```css
.pic{
    display:inline-block;
}
```

在设置了pic类的显示属性为inline-block后，就不会再出现一个元素被截断为两块的现象了。最终的瀑布流效果如图8.75所示。在我们的后续案例中，还将对inline-block属性加以进一步运用。

图8.75 瀑布流最终效果

> • 经验 •
>
> 以上瀑布流布局也存在一定缺点，一是column属性需要较为高级的浏览器的支持，兼容面较窄。二是这种方式中数据块排列是从上到下排列，到一定高度后，再把剩余元素依次添加到下一列，并非经典的底部添加方式，因此较为适合一次性加载的场景。

第 9 章 HTML5动画与动效

动画是一个Web作品中重要的"调味剂"。在过去十余年中，Web页面动画与动效的实现方式发生了巨大变化。最开始的页面动画往往是以GIF图片为主，其呈现内容大都是各类广告banner、站点链接等，浏览者与动画之间几乎没有交互。随着Flash的出现，页面中出现的动画越来越多，除了各种动画广告外，还出现了各种页面动画组件，甚至是全站点的动画动效，交互性也大大增强。近年来Flash不断衰落，页面动画与动效的呈现载体更多地转移到了HTML上，这导致了几个显著的变化，一是动画动效更加聚焦于页面细节，如聚焦于某个链接、按钮或图标等，二是动画能够更加紧密地与页面中其他元素结合，不再像Flash那样局限于单个SWF范围之内，三是动画制作更加依靠技巧和设计者的独特创意，任何一种动效的实现都可能会存在多种途径，需要设计者综合权衡后作出抉择，四是全站点的动画动效的实现难度更大，更加考验设计师多种前端知识和技术的综合运用能力。

本章将着重介绍几种常见的HTML5动画效果，希望能够借此向读者较为全面地展示各种动画与动效的制作技巧。此外，对于初学者而言，某些HTML5动画效果虽然非常容易上手使用，但在实际开发中也应该避免运用过"滥"，将整个页面弄得过于花里胡哨。

9.1 动画与动效核心技巧

HTML5技术的发展非常迅猛，近年来，新的页面动画实现方式层出不穷，并仍在不断扩增中。在这些纷繁复杂，令人眼花缭乱的效果中，我们可以梳理出两条主要的脉络，同时也是目前Web动画的两大实现途径：

1. CSS3动画。这类动画是当前页面动画的主力军，主要通过transition和animation两种方式来实现。其中，transition是为页面元素设置某个需要产生动画效果的属性，如宽度（width）、高度（height）、透明度（opacity），甚至3D旋转等，并使得这些属性的值在发生变化时产生相应的过渡效果。我们常常在制作类似按钮鼠标经过和移出效果时使用transition。而animation则是关键帧动画，它可以预先为动画设置多个节点，在每个节点中含有不同的状态属性，通过使用animation我们可以得到更为复杂的动画效果。通俗地说，transition是简化版的CSS3动画，而animation则是强化版的CSS3动画。在日常开发中transition的使用频率更高一些，我们往往只有在遇到transition无法解决的问题时，才会转而使用animation。

2. JavaScript动画。这类动画是通过JavaScript来动态地控制并刷新元素的各种属性值，以形成动画效果，其中元素的控制可以针对页面DOM结构中的某个节点，也可以通过深入控制HTML5中的Canvas元素来生成Canvas动画。在JavaScript的实现方式方面，一方面可以通过编写原生代码，另一方面也可以使用jQuery、GASP之类的类库来加以实现。

一般来说，大部分简单的页面动画都可以使用transition实现。JavaScript动画则往往用于更加复杂，或是需要结合各类用户交互操作的动画效果。在运行效率方面，像jQuery这种JavaScript类库的动画效果要低于CSS3动画，应谨慎使用。而在兼容性方面，CSS3动画的兼容性要差于jQuery等类库动画，前者并不支持IE9之前的旧版浏览器。除以上两者外，我们也可以使用SVG来制作动画，这部分的相关知识将放在后续章节中加以介绍。

接下来，我们将通过几个具体的案例来开始本章的学习。

9.2 CSS3动画与动效

在本节中，我们将通过6个案例来学习与CSS3相关的动画技巧。

9.2.1 按钮元素动画效果

首先让我们来看一个简单的超链接动画案例，HTML代码如下：

```html
<a href="">This is a link</a>
```

接下来为这个链接设置一些样式，使其默认显示为无下划线的白色文字，而当鼠标指针经过时切换为黑色，代码如下：

```css
a{
    color:#FFF;
    text-decoration:none;
    font-family:sans-serif;
    font-size:34px;
}
a:hover{
    color:#000;
}
```

测试页面，鼠标指针滑过链接前和滑过链接后的显示效果分别如图9.1、图9.2所示，这一状态的切换是在一瞬间发生的。

This is a link

图9.1 鼠标指针滑过链接之前

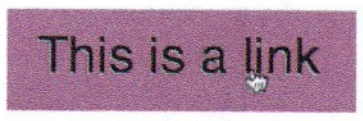

This is a link

图9.2 鼠标指针滑过链接之后

现在我们将为这个过程添加一些简单的动画效果，使鼠标指针滑过链接时不会立即变色，而是慢慢从白色过渡到黑色。代码如下：

```css
a{
    -webkit-transition:all .5s;
    transition:all .5s;
}
```

以上代码通过使用transition属性指定了超链接的过渡动画，动画属性为all，即当超链接元素中任何属性发生变化，都以动画形式呈现，动画的时间为0.5秒。此外，我们还为webkit浏览器加上-webkit-的兼容性前缀。测试页面，现在当鼠标指针移动到超链接上方时，链接将在0.5秒时间内逐渐从白色过渡到黑色，其中间效果如图9.3所示。

This is a link

图9.3 渐变的中间过程

上述transition动画仅仅是使超链接的文字颜色在鼠标指针滑入前后发生了改变，我们也可以将"all"修改为"color"，其测试效果将完全相同。代码如下：

```css
a{
    -webkit-transition:color .5s;
    transition:color .5s;
}
```

以上的这种动画效果写法很简单，效果却非常明显。实际上，我们可以将这两行代码添加到网站的CSS文件中，就能够使得整个站点的所有超链接都带有过渡动画效果。

接下来我们再将以上超链接的显示样式稍作修改，使其显示为圆角按钮，并创建transition动画，代码如下：

```css
a{
    color:#FFF;
    text-decoration:none;
    font-family:sans-serif;
```

```
        font-size:34px;
        display:block;
        width:350px;
        height:60px;
        line-height:60px;
        border:1px solid #FFF;
        border-radius:4px;
        text-align:center;
        -webkit-transition:all .5s;
        transition:all .5s;
}
a:hover{
        color:#d53ea4;
        background:#FFF;
}
```

　　在以上代码中，我们将a元素修改为了块级元素，设置了高度和宽度分别为350像素和60像素，并设置行高与高度相同，以确保文字垂直居中显示。为了使其显示为按钮形状，我们添加了幅度为4像素的圆角，并添加了1像素的白色边框。鼠标指针滑过与否的两个属性差别包括背景颜色和文字颜色，在未滑过时我们并未设置背景颜色，文字颜色为白色，在滑过时，我们将背景颜色设置为白色，文字颜色则设置为与页面背景相同的艳红色。测试页面，鼠标指针滑过的渐变动画效果如图9.4至图9.7所示。

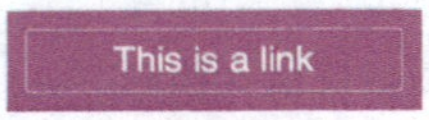

图9.4 鼠标指针滑过的
渐变动画效果1

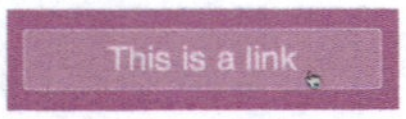

图9.5 鼠标指针滑过的
渐变动画效果2

图9.6 鼠标指针滑过的
渐变动画效果3

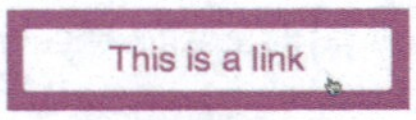

图9.7 鼠标指针滑过
渐变动画效果4

　　仔细观察按钮的过渡动画，我们可以发现整个过程由慢速开始，然后变快，然后再以慢速结束。这是因为transition中默认的动画速度曲线为"ease"。我们也可以将动画改为匀速进行，代码如下：

```
a{
        -webkit-transition:all .5s linear;
        transition:all .5s linear;
}
```

　　在以上代码中，linear代表匀速动画。测试页面，我们将发现按钮颜色的过渡效果将变得平稳和单一。除linear和ease外，还有ease-in、ease-out、ease-in-out等其他速度曲线可供选择，分别代表慢速开始，慢速结束，慢速开始和结束。

　　在以上动画中，按钮的字体颜色（color）和背景（background）这两种属性发生了改变，因此未添加linear速度曲线前的transition动画又等同于以下代码：

```
a{
        -webkit-transition:color .5s, background .5s;
        transition:color .5s, background .5s;
}
```

由以上代码可知，我们可以在transition中添加多个属性动画，彼此以逗号相分隔。

　　事实上，我们也可以为文字颜色和背景动画分别配置不同的时间和速度曲线等参数。例如，使文字颜色动画时长为5.5秒，速度曲线为linear，背景动画时长为0.5秒，速度曲线为ease-in-out，代码如下：

```
a{
    -webkit-transition:color 5.5s linear, background .5s ease-in-out;
    transition:color 5.5s linear, background .5s ease-in-out;
}
```

测试以上页面，我们将发现当鼠标指针滑过按钮时，背景很快变色，而文字颜色则将经过一个较为缓慢地变化过程。

我们还能为动画设置延迟时间，如为背景动画设置1秒钟的延迟，代码如下：

```
a{
    -webkit-transition:color .5s linear, background .5s ease-in-out 1s;
    transition:color .5s linear, background .5s ease-in-out 1s;
}
```

测试以上页面，我们将发现当文字颜色已经完全改变后，背景颜色还未发生变化，直至1秒后背景颜色才突然变为白色。多种属性的设置组合使我们能够实现一些更加复杂的动画效果。

我们也可以在同一个按钮中为多个元素创建transition动画。在以上按钮的基础之上，为其设置左侧内边距，使按钮文字靠右显示，同时将按钮的position属性设置为relative，以便于后续步骤中，在其内部添加绝对定位的元素。代码如下：

```
a{
    /*其他代码*/
    box-sizing:border-box;
    padding-left:140px;
    position:relative;
}
```

修改后的按钮文字效果如图9.8所示。

接下来，我们将使用after伪元素为按钮创建一个图标，在此使用了flat-UI的图标字体，字体名为"icon-font"，该字体文件的引入方法将不再复述。我们将图标以绝对定位的方式显示在按钮左侧，同时设置其transition动画。代码如下：

图9.8 修改后的按钮文字效果

```
a::after{
    font-family: 'icon-font';
    content:'\e607';
    position:absolute;
    right:85%;
    -webkit-transition:all .5s;
    transition:all .5s;
}
```

添加了图标后的按钮效果如图9.9所示。

接下来，我们为鼠标指针的滑过状态创建相应样式属性，代码如下：

图9.9 添加图标后的按钮效果

```
a:hover{
    padding-left:20px;
    background:rgba(0,0,0,.1);
}
a:hover::after{
    right:5%;
}
```

以上代码设置了当鼠标指针滑过按钮时，按钮左侧内边距减小，使文字从右侧移动到左侧，并将背景颜色更改为带有10%透明度的黑色。同时，也为鼠标指针滑过状态下的after伪元素设置了新的属性状态，使得图标向右移动，停止在与右侧的距离等于整体宽度的5%的位置。测试页面，鼠标指针滑过按钮的效果如图9.10至图9.12所示。

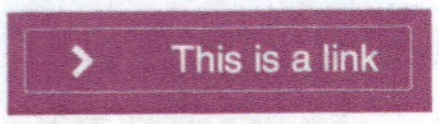

图9.10 鼠标指针滑过按钮效果1 　　图9.11鼠标指针滑过按钮效果2 　　图9.12鼠标指针滑过按钮效果3

> **· 注意 ·**
> 伪元素的hover状态的写法应为:hover::after{...}，而不能为::after:hover{...}。

以上就是目前常见的一种按钮元素的动画制作方法。除修改文字颜色、背景颜色、文字和图标位置外，你还可以充分发挥想象，制作带有其他变化形式的动画效果。

9.2.2 图标元素动画效果

在上一节中我们对transition动画有了基础的了解，本节我们将通过为图标元素创建动画效果，来学习另一种动画制作方法：animation动画。

首先，准备一个span元素作为图标的载体（也可以使用其他元素，如div、a、button等）。代码如下：

```
<span class="close">Close</span>
```

在此我们仍然使用设置了icon字体的伪元素来生成图标图案，代码如下：

```
.close{
    font-size:0px; /*使span中的文字不显示*/
    cursor:pointer; /*使鼠标指针显示为手型*/
    display:block;
    width:100px;
    height:100px;
    line-height:100px;
    border-radius:50%; /*使背景形状显示为圆形*/
    background:#FFF;
    color:#8b8ab3;
    text-align:center;
}
.close::before{
    content:"\e609";
    font-family: 'icon-font';
    speak:none; /*使文本内容不能通过屏幕阅读器等辅助设备读取*/
    font-size:48px;
    display:block;
}
```

在以上代码中绘制了一个圆形按钮，其原理是通过设置span原本的字体大小为0来隐藏"Close"文字，并通过设置属性值为50%的圆角来实现圆形效果。此外，我们还添加了speak:none属性来为该元素增强可访问性，使得有阅读障碍的浏览者不会被插入的伪元素中的无意义字符所困扰。圆形图标效果如图9.13所示。

图9.13 圆形图标效果

接下来，我们为鼠标指针的滑过状态设置一些动画效果。在此，我们希望当鼠标指针滑过时，图标在1秒内匀速旋转360度，代码如下：

```
.close:hover::before{
    -webkit-transform:rotate(360deg);
    transform:rotate(360deg);
    -webkit-transition:-webkit-transform 1s linear;
    transition:transform 1s linear;
}
```

在以上代码中，我们使用了transform属性来实现图标的旋转，并且设置了transition动画，将变化的属性名称设置为transform。测试页面，现在我们将看到图标的旋转效果，如图9.14所示。

图9.14 图标的旋转效果

当前的图标只会旋转一次，然后将停止下来。而如果我们希望图标能够一直不停旋转，则需要使用animation动画。使用animation动画的前提是先制作动画的各个关键帧，代码如下：

```
@-webkit-keyframes spin { /*兼容性写法*/
    from {
        -webkit-transform: rotate(0deg);
    }
    to {
        -webkit-transform: rotate(360deg);
    }
}
@keyframes spin {
    from {
        transform: rotate(0deg);
    }
    to {
        transform: rotate(360deg);
    }
}
```

在以上代码中，我们使用了keyframes关键字来定义了一个名为spin的关键帧动画，在该动画中使用了from关键字来指定动画的起始状态，to关键字来指定动画的结束状态。在起始状态中设置transform属性的旋转度为0度，在结束状态中设置该旋转度为360度。此外，我们还添加了-webkit-前缀以确保动画在webkit浏览器中的兼容性。

在指定了spin关键帧动画后，我们就可以在图标中运用这一动画，代码如下：

```
.close:hover::before{
    -webkit-animation: spin 1s linear;
    animation: spin 1s linear;
}
```

在以上代码中，我们设置了鼠标滑过状态下伪元素的animation属性，该属性的第一个参数是动画名称，即spin；第2个参数是动画时长，在此设置为1秒；第3个参数为速度曲线，在此设置为匀速运动。测试页面，现在我们能够得到和之前transition动画相同的效果，如图9.15所示。

图9.15 animation动画效果

如果我们希望图标一直旋转，则可以在animation属性中添加infinite参数，代码如下：

```
.close:hover::before{
    -webkit-animation: spin 1s linear infinite;
    animation: spin 1s linear infinite;
}
```

以上代码中，infinite参数表示动画将无限循环。如果我们只希望动画循环一定次数，则可以将其修改为相应的数字。例如，要使图标360度旋转两次，代码如下：

```
.close:hover::before{
    -webkit-animation: spin 1s linear 2;
    animation: spin 1s linear 2;
}
```

在速度曲线和播放次数之间还可以插入一个时间参数，用以设置动画延迟的时间。如希望使图标在1秒钟后再开始旋转，并旋转两次，代码如下：

```
.close:hover::before{
    -webkit-animation: spin 1s linear 1s 2;
    animation: spin 1s linear 1s 2;
}
```

我们还可以在animation动画中加入反向播放参数alternate。在加入该参数后，动画将在偶数次数时反向播放动画。如在之前代码中，图标将顺时针旋转两次，而加入alternate后，则变为顺时针旋转一次后，再逆时针旋转一次，代码如下：

```
.close:hover::before{
    -webkit-animation: spin 1s linear 1s 2 alternate;
    animation: spin 1s linear 1s 2 alternate;
}
```

在以上的animation属性参数中，延迟参数是我们较为常用的一种参数。当动画的对象为多个时，我们常常用延迟参数来形成动画序列。如以下代码定义了5个不同的图标：

```
<span class="home icon">Home</span>
<span class="search icon">Search</span>
<span class="user icon">User</span>
<span class="mail icon">Mail</span>
<span class="chat icon">Chat</span>
```

图标的基本样式和之前的Close图标一致，不同之处在于此处的图标都设置为inline-block，使它们能够横向排列。代码如下：

```
.icon{
    display:inline-block;
    margin-right:20px;
}
.home::before{
    content:"\e62e";
}
.search::before{
    content:"\e630";
}
/*其余伪元素content属性设置略过*/
```

图标的初始显示效果如图9.16所示。

接下来，为图标添加animation动画，使图标初始位置向下偏移-100%，然后再向上移动回到初始位置，在此过程中同时使图标由完全透明变化为完全不透明，代码如下：

图9.16 图标初始显示效果

```
.icon{
    -webkit-animation:move 1s;
    animation:move 1s;
}
@-webkit-keyframes move {
    from {
        opacity:0;
        -webkit-transform:translateY(100%);
    }
    to {
        opacity:1;
        -webkit-transform:translateY(0%);
    }
}
@keyframes move {
    from {
        opacity:0;
        transform:translateY(100%);
    }
    to {
        opacity:1;
        transform:translateY(0%);
    }
}
```

在以上代码中，我们使用了transform属性的translateY方法来实现图标的向下偏移，并使用opacity属性来设置图标的透明度。动画效果如图9.17至图9.19所示。

图9.17 图标的动画效果1

图9.18图标的动画效果2

图9.19图标的动画效果3

以上5个图标的动画效果都是同时进行的，为了使图标运动带有先后顺序，我们将为每个动画添加延迟。和之前运用的方法所不同，我们可以直接通过animation-delay属性来设置animation动画延迟，代码如下：

```
.home{
    -webkit-animation-delay:0s;
    animation-delay:0s;
}
.search{
    -webkit-animation-delay:.1s;
    animation-delay:.1s;
}
.user{
    -webkit-animation-delay:.2s;
    animation-delay:.2s;
}
.mail{
    -webkit-animation-delay:.3s;
    animation-delay:.3s;
}
.chat{
    -webkit-animation-delay:.4s;
    animation-delay:.4s;
}
```

在以上代码中，我们设置了5个图标的延迟时间分别为0、0.1、0.2、0.3和0.4s。实际上，延迟0秒为默认值，因此第一个图标实际上也不需要设置延迟代码。测试页面，动画效果如图9.20至图9.23所示。

图9.20 图标延迟动画效果1

图9.21图标延迟动画效果2

图9.22图标延迟动画效果3

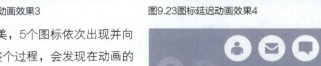

图9.23图标延迟动画效果4

以上效果所呈现的延迟动画效果似乎已经非常完美，5个图标依次出现并向上运动到最终的位置。然而，当我们仔细观看动画的整个过程，会发现在动画的最开头，几个图标将在顶部一闪而过，如图9.24所示。

图9.24 图标在顶部一闪而过

发生这种"灵异"事件的原因在于除第一个图标外，其余图标都有一定的动画延迟，而在动画没有开始时，图标并没有发生偏移，而且是完全不透明的，只有当动画开始的那一瞬间，图标才会切换到完全透明且偏移的动画起始状态。

那么如何解决这一问题呢？或许我们可以尝试使5个图标的默认状态就是发生偏移且完全透明的，但即使这样修改后，测试页面时我们会发现，动画开头的闪现问题消失了，而新的问题又发生了，当动画结束后，5个图标又恢复到了其默认状态，即全部消失不见了。

要解决这一问题，就需要使用animation动画的animation-fill-mode属性。这一属性规定了元素在动画时间之外的状态是怎样的。若该值为forwards，则表示动画完成后保留最后一个关键帧中的属性值，该值为backwards时则恰好相反，表示在动画延迟之前就使得元素应用第一个关键帧中的属性值，而该值为both时则表示同时包含forwards和backwards两种设置。在本例中，我们使用backwards或both均可，代码如下：

```
.icon{
  -webkit-animation-fill-mode:both;
  animation-fill-mode:both;
}
```

现在，再次测试页面，图标的闪现问题就得到了完美的解决，如图9.25所示。

在animation中也可以像transition动画那样设置速度曲线。CSS3动画中默认的ease效果本来就很不错，因此我们往往省略了对于速度曲线的设置。而在一些非常自定义的动画中，我们也可以考虑运用速度曲线来实现一些特殊的效果。

图9.25 图标不再发生闪现

例如，在本例中我们希望图标的运动带有一点弹性效果，即图标向上运动时，并非减速并停止在终点，而是到达终点后继续向上运动，超过一定距离后再反方向运动回到终点，形成一种往复的效果。我们当然可以使用帧动画来实现这样的效果，但是如果使用速度曲线将更为简便。要使用自定义曲线，我们往往需要一些工具，因为CSS3动画使用了三次贝塞尔（Cubic Bezier）数学函数来生成速度曲线，而这个函数的参数并不直观。我们可以使用诸如http://cubic-bezier.com这样的站点来可视化地调整速度曲线，如图9.26所示。

在cubic-bezier.com中，我们可以通过拖动两个控制点来调整速度的曲率，最终生成的贝塞尔函数将依次包括两个控制点的x和y位置。其中x位置的范围在0和1之间，y位置则既可以在0和1之间，也可以大于或小于这个数值范围。

为了实现弹性效果，我们将第一个控制点拖动到（.62,-0.91）的位置，将第二个控制点拖动到（.45,1.97）的位置，形成的速度曲线如图9.27所示。

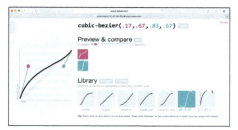

图9.26 cubic-bezier.com

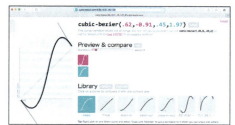

图9.27 自定义速度曲线

接下来，我们就能够将该速度曲线写入animation属性的参数中，代码如下：

```
.icon{
  -webkit-animation:move 1s cubic-bezier(.62,-0.91,.45,1.97);
  animation:move 1s cubic-bezier(.62,-0.91,.45,1.97);
}
```

现在，测试页面，我们就能得到弹性的动画效果了，动画的结尾效果如图9.28至图9.31所示。

图9.28 弹性动画的结尾效果1

图9.29弹性动画的结尾效果2

图9.30弹性动画的结尾效果3

图9.31弹性动画的结尾效果4

9.2.3 页面切换动画效果

在前两个小节中，我们初步掌握了两种CSS3动画的操作方法。在本节中，我们将更加深入地运用transition动画来实现HTML5中的页面切换效果，并通过结合JavaScript来形成带有交互的动画效果。

首先让我们先看看页面的HTML代码，如下：

```html
<article id="tablet">
  <img src="tablet.png" alt="tablet">
  <h1>Comprehensam</h1>
  <p>Mel homero labores ce maluisset ... aliquam te.</p>
  <a href="#wifi">Next</a>
</article>
<article id="wifi">
  <img src="wifi.png" alt="wifi">
  <h1>Adversarium</h1>
  <p>Ea qui graece facilisi persequeris ... similique ex qui.</p>
  <a href="#tablet">Next</a>
</article>
```

在以上代码中包含了两个article元素，其id属性分别为tablet和wifi。每个article中都有图片、标题、文字段落，以及一个Next链接。我们希望每个article元素都显示为一张全屏页面，当浏览者单击页面中的"Next"链接时，切换到另一个页面显示。而在两个页面的切换中，我们将适当加入一定的动画效果。

要实现以上效果，需要做一些CSS样式上的准备工作。首先，要使得页面全屏展示，为html和body设置100%的高度是必不可少的，代码如下：

```css
html, body{
    height:100%;
}
body {
    margin:0;
    padding:0;
    font-family:sans-serif;
    text-align:center;
    color:#FFF;
    overflow:hidden;
    position:relative;
}
```

在以上代码中，我们设置了body的overflow属性为hidden，使得超出全屏区域以外的元素不被显示。接下来，设置两个article元素为相对定位，其中tablet的left属性为0，使其默认显示在屏幕中，wifi的left属性为100%，使其位于浏览器右侧，默认不显示，代码如下：

```css
article{
    position: absolute;
    width:100%;
    height:100%;
    padding:100px;
    box-sizing:border-box;
    -webkit-transition:all 1s ease-in-out;
    transition:all 1s ease-in-out;
    top:0;
```

```
}
#tablet{
    background:#4ac4aa;
    left:0;
}
#wifi{
    background:#ea5634;
    left:100%;
}
```

　　在以上代码中，我们为tablet和wifi页面分别设置了绿色和红色的背景色，并设置了transition动画。测试页面，现在仅能看到的是绿色背景的tablet页面，如图9.32所示。

　　为了使页面有良好的视觉效果，我们略微增加一些页面中元素的修饰样式，如改变文本的字号，增加间距，为Next链接创建圆角按钮显示样式等，代码如下：

图9.32 绿色背景的tablet页面

```
h1{
    font-size:4em;
    border-bottom:1px solid rgba(255,255,255,.2);
    padding-bottom:30px;
}
p{
    color:rgba(255,255,255,.8);
    margin-bottom:30px;
}
a{
    font-size:1.5em;
    padding:5px 50px;
    border:1px solid #FFF;
    border-radius:4px;
    text-decoration:none;
}
```

　　修饰后的页面效果如图9.33所示。

　　此前我们制作的transition动画都是在hover状态下触发，本例中我们将改为单击Next按钮后触发页面切换动画。在此借助jQuery来实现这一交互功能。在body结束标签之前插入jQuery文件的引入代码，并为超链接的click事件创建响应函数，代码如下：

图9.33 修饰后的页面效果

```
<script type="text/javascript" src="jquery-2.1.4.min.js"></script>
<script type="text/javascript">
    $(document).ready(function() {
        $('a').click(function(e){
            e.preventDefault();
            $('#tablet').toggleClass('move');
            $('#wifi').toggleClass('move');
        });
    });
</script>
```

在以上代码中，我们为两个页面中的a元素设置了相同的功能函数。在函数中，首先调用了click事件对象的preventDefault方法，其目的是阻止超链接的默认锚点跳转动作。接下来，使tablet和wifi两个页面分别切换名为move的类，也就是说当这两个页面没有move类时将添加这个类，反之则去除这个类。move类的作用将使得页面在切换后移动到目的位置。

我们设想的页面切换效果是单击tablet页面中的Next按钮时，该页面向左移动到屏幕之外，同时wifi页面从屏幕右侧向左移动到屏幕中央，完成切换过程。因此，对于tablet而言，其目标位置为屏幕左侧以外，即left属性为-100%的位置，而wifi的目标位置则是left属性为0。接下来，我们为两个页面分别创建move类，代码如下：

```
#tablet.move{
    left:-100%;
}
#wifi.move{
    left:0;
}
```

在以上代码中，我们设置了页面各自的目标位置。测试页面，当单击tablet页面中的按钮时，tablet和wifi将同时被赋予move类，此时将产生向左移动的页面切换动画效果，如图9.34至图9.37所示。

图9.34 页面切换动画效果1

图9.35 页面切换动画效果2

图9.36 页面切换动画效果3

图9.37 页面切换动画效果4

当切换到wifi页面后，单击其中的Next按钮，此时tablet和wifi中的move类将同时被去除，两者将向右移动，回到其初始的位置。

我们也可以将页面的切换方向由横向改为纵向，只需要将left属性修改为top属性即可。代码如下：

```
#tablet{
    top:0;
}
#wifi{
    top:100%;
}
#tablet.move{
    top:-100%;
}
#wifi.move{
    top:0;
}
```

页面的切换动画如图9.38至图9.41所示。

图9.38 页面的纵向切换动画1

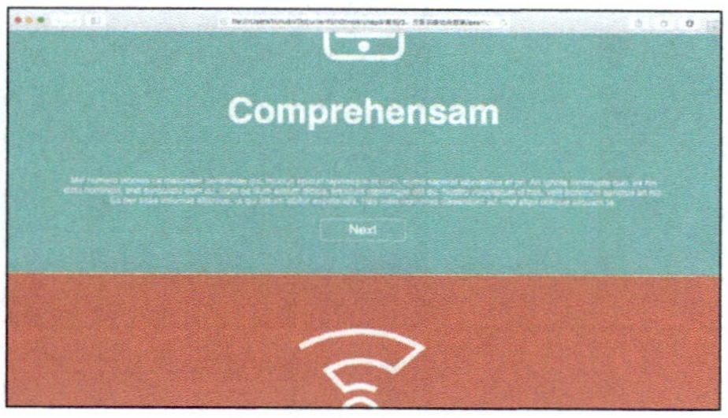

图9.39 页面的纵向切换动画2

图9.40 页面的纵向切换动画3

图9.41 页面的纵向切换动画4

通过对页面进行缩放，也能产生不错的切换效果。而要控制缩放，则需要使用transform属性中的scale方法。该方法有两个参数，分别是水平方向和垂直方向的缩放值，0代表缩放到最小，1代表缩放到原始大小，代码如下：

```css
#tablet{
    -webkit-transform:scale(1,1);
    transform:scale(1,1);
}
#wifi{
    -webkit-transform:scale(0,0);
    transform:scale(0,0);
}
#tablet.move{
    -webkit-transform:scale(0,0);
    transform:scale(0,0);
}
#wifi.move{
    -webkit-transform:scale(1,1);
    transform:scale(1,1);
}
```

页面的缩放切换效果如图9.42至图9.46所示。

图9.42 页面的缩放切换效果1

图9.43 页面的缩放切换效果2

图9.44 页面的缩放切换效果3

图9.45 页面的缩放切换效果4

图9.46 页面的缩放切换效果5

我们也可以使用3D属性来呈现页面切换效果。在设置3D变换之前，我们首先要为article的父元素，也就是body元素设置3D动画的透视效果，在此设置perspective属性为1500像素，即3D动画中元素距离视图的距离为1500像素。代码如下：

```css
body {
    -webkit-perspective: 1500px;
    perspective: 1500px;
}
```

我们的制作目的是将页面沿垂直中轴进行3D旋转，形成翻面效果，当tablet页面翻过去后，其背面的wifi页面翻到正面并显示。这一动画效果要求翻面后，背面的页面不可见，因此需要将页面的backface-visibility属性预先设置为hidden，即翻面后隐藏，代码如下：

```css
article{
    -webkit-backface-visibility: hidden;
    backface-visibility: hidden;
}
```

接下来，我们为页面的两种状态各自设置相应的3D旋转角度，在此设置页面围绕其Y轴旋转，首次切换时tablet从0度旋转到-180度隐藏起来，wifi则从180度旋转到0度完成显示切换。代码如下：

```css
#tablet{
    -webkit-transform:rotateY(0deg);
    transform:rotateY(0deg);
}
#wifi{
    -webkit-transform:rotateY(180deg);
    transform:rotateY(180deg);
}
#tablet.move{
    -webkit-transform:rotateY(-180deg);
    transform:rotateY(-180deg);
}
#wifi.move{
    -webkit-transform:rotateY(0deg);
    transform:rotateY(0deg);
}
```

测试页面，3D旋转切换效果如图9.47至图9.52所示。

图9.47 页面的3D旋转切换效果1

图9.48 页面的3D旋转切换效果2

图9.49 页面的3D旋转切换效果3

图9.50 页面的3D旋转切换效果4

图9.51 页面的3D旋转切换效果5

图9.52 页面的3D旋转切换效果6

最后，我们也可以将3D旋转与缩放结合起来，产生更为复杂的切换效果，代码如下：

```css
#tablet{
        -webkit-transform:rotateY(0deg) scale(1,1);
        transform:rotateY(0deg) scale(1,1);
}
#wifi{
        -webkit-transform:rotateY(180deg) scale(0,0);
        transform:rotateY(180deg) scale(0,0);
}
#tablet.move{
        -webkit-transform:rotateY(-180deg) scale(0,0);
        transform:rotateY(-180deg) scale(0,0);
}
#wifi.move{
        -webkit-transform:rotateY(0deg) scale(1,1);
        transform:rotateY(0deg) scale(1,1);
}
```

测试页面，现在页面切换中会发生同时翻面和缩放的动画效果，如图9.53至图9.58所示。

图9.53 翻面和缩放动画效果1

图9.54 翻面和缩放动画效果2

图9.55 翻面和缩放动画效果3

图9.56 翻面和缩放动画效果4

图9.57 翻面和缩放动画效果5

图9.58 翻面和缩放动画效果6

9.2.4 加载动画效果

在上一小节中我们深入运用了transition动画来形成页面切换效果，在本节中我们将同样对另一种CSS3动画——animation动画加以深入挖掘。在此我们将展示几个加载（loading）动画案例，通过这些案例的制作，我们将进一步感受animation动画的强大之处。

Loading元素是页面中较为常见的一种元素，它能够非常有效地消除用户等待加载的焦虑感，一般而言此类元素都需要带有一些动态效果，表示页面正在"拼命""飞速"加载中。在本例中，loading元素的HTML代码如下：

```
<div class="loader">Loading...</div>
```

我们将要制作一个不停旋转的半圆圈，以作为页面的loading效果，如图9.59所示。

首先，让我们先画出整个圆圈，代码如下：

图9.59 将要制作的loading效果

```
.loader {
    text-indent: -9999em; /*隐藏文字*/
    position: relative;
    width: 200px;
    height: 200px;
    box-shadow: inset 0 0 0 15px #FFF; /*设置内部阴影，颜色为白色，宽度为15像素*/
    border-radius: 50%; /*使形状轮廓为圆形*/
}
```

在以上代码中，我们使用了box-shadow而非border属性来生成圆圈效果，这是由于box-shadow将不会影响div内部元素的定位，而带有一定宽度的border则有可能会引起内部元素位置的推移。圆圈效果如图9.60所示。

事实上，我们只需要以上的圆圈的一半区域，那如何能够裁去半边圆圈呢？在此我们要使用一种障眼法。为div创建一个before伪元素，代码如下：

图9.60 圆圈效果

```
.loader::before {
    position: absolute;
    content: '';
    width: 100px;
    height: 200px;
    background: #FF7B33;
    left: 100px;
}
```

在以上代码中，我们使伪元素的宽度为100像素，高度为200像素，并距离左侧100像素，为了使读者能清楚地辨析该形状区域，在此我们使用了红色作为背景色，如图9.61所示。

图9.61 绘制矩形

接下来，要使得这一形状从矩形变为半圆形，只需对其border-radius属性加以设置即可，代码如下：

```
.loader::before {
    /*其他代码*/
    border-radius: 0 200px 200px 0; /*设置顶部和左侧圆角为0像素，其余两侧为200像素*/
}
```

在以上代码中，我们巧妙地运用了不同边的圆角弧度生成半圆形状，如图9.62所示。

接下来，只需要将半圆的背景色修改为与网页的背景色相同即可，代码如下：

```
.loader::before {
    background: #4EA980; /*设置背景色与网页背景色相同*/
}
```

图9.62 生成半圆形状

通过以上的"障眼法"，我们就顺利地得到了一个半圆圈形状，如图9.63所示。

最后，我们还要创造一个颜色更浅的透明白色圆圈，来作为半圆圈形状的轨迹背景，代码如下：

图9.63 半圆圈形状效果

```
.loader::after {
    position: absolute;
    content: '';
    width: 200px;
    height: 200px;
    border-radius: 50%;
    left: 0;
    box-shadow: inset 0 0 0 15px rgba(255,255,255,.2); /*设置内部阴影为15像素宽，颜色为20%透明度的白色*/
}
```

在以上代码中，我们仍然使用了box-shadow来绘制该轨迹背景，由于after伪元素默认的显示层级高于before伪元素，因此它不会被半圆形状所遮盖，其显示效果如图9.64所示。

接下来就是动画的制作时间。我们仍然先定义好关键帧动画，代码如下：

图9.64 浅色圆圈轨迹背景

```
@-webkit-keyframes load-effect {
    0% {
        -webkit-transform: rotate(0deg);
    }
    100% {
        -webkit-transform: rotate(360deg);
    }
}
@keyframes load-effect {
    0% {
        transform: rotate(0deg);
    }
    100% {
        transform: rotate(360deg);
    }
}
```

在load-effect动画中，我们使得元素从最初的0度旋转到360度。值得注意的是，在之前的animation中，我们使用了from和to作为关键帧动画的首尾两个节点，而在本动画中，我们使用了更加灵活的百分比作为节点，其中0%代表动画开始，100%代表动画结束。

接下来，我们将旋转半圆，通过绿色半圆对下方白色圆圈的遮罩，形成转圈效果。设置before伪元素的animation属性来生成动画，代码如下：

```
.loader::before {
    -webkit-animation: load-effect 2s infinite;
    animation: load-effect 2s infinite;
}
```

测试页面，现在我们看到的效果将出现一点小问题，before伪元素似乎并没有围绕圆圈的中心旋转，而是围绕半圆自己的中心转圈了，我们将半圆的背景色调回红色来观察这一问题，如图9.65至图9.67所示。

图9.65 半圆默认旋转效果1　　图9.66 半圆默认旋转效果2　　图9.67 半圆默认旋转效果3

要解决这一问题，则需要我们手动设置半圆的旋转中心，使其位于左侧垂直居中的位置，代码如下：

```
.loader::before {
    -webkit-transform-origin: 0px 100px;
    transform-origin: 0px 100px;
}
```

以上代码使用了transform-origin属性来完成了旋转中心的设置。测试页面，新的半圆旋转效果如图9.68、图9.69所示。

最后，将半圆的颜色改回背景色，我们将得到最终的loading动画效果，如图9.70至图9.73所示。

图9.68 修改旋转中点后的效果1　　图9.69 修改旋转中点后的效果2

图9.70 最终的loading动画效果1　　图9.71 最终的loading动画效果2　　图9.72 最终的loading动画效果3　　图9.73 最终的loading动画效果4

另一种常见的loading效果是带有渐变"尾巴"的转圈效果，接下来我们将制作这一效果。其中，渐变"尾巴"可以使用linear-gradient来绘制，代码如下：

```
.loader {
    text-indent: -9999em;
    position: relative;
    width: 200px;
    height: 200px;
    background: #ffffff;
    background: -webkit-linear-gradient(left, #ffffff 10%, rgba(255, 255, 255, 0) 50%);
    background: linear-gradient(to right, #ffffff 10%, rgba(255, 255, 255, 0) 50%);
    border-radius: 50%;
    box-shadow:inset 0 0 0 20px rgba(255,255,255,.2);
}
```

在以上代码中，设置linear-gradient的方向为从左到右，从最左侧向右10%均为纯白色，再向右到50%的位置渐变为完全透明的白色，透明白色轨迹则使用box-shadow来制作，显示效果如图9.74所示。

图9.74 loader初始显示效果

运用之前绘制半圆的经验，我们也可以使用before伪元素来绘制四分之一个圆，将其放在圆圈的左上角，这部分将作为圆圈的实体区域，代码如下：

```css
.loader::before {
    position: absolute;
    content: '';
    width: 50%;
    height: 50%;
    background: #FFF;
    border-radius: 100% 0 0 0;
    left:0;
    top:0;
}
```

测试页面，目前的加载效果如图9.75所示。

然后，我们再添加after伪元素，绘制一个内部的圆圈，使其颜色与背景色相同即可，代码如下：

图9.75 添加四分之一个圆的显示效果

```css
.loader::after  {
    background: #4ea980;
    width: 160px;
    height: 160px;
    border-radius: 50%;
    content: '';
    position: absolute;
    top: 20px;
    left: 20px;
}
```

由于大圆圈的直径为200像素，轨迹宽度为20像素，因此中央的小圆圈的宽度为160像素，并距离顶部和底部20像素，这样正好能够将中央区域遮住，如图9.76所示。

最后，我们使整个loader元素旋转即可，代码如下：

图9.76 添加中央小圆圈后的效果

```css
.loader {
    -webkit-animation: load-effect 2s infinite linear;
    animation: load-effect 2s infinite linear;
}
```

测试页面，现在我们就得到了流行的"拖尾"圆圈加载效果，如图9.77至图9.80所示。

图9.77 圆圈加载效果1　　图9.78 圆圈加载效果2　　图9.79 圆圈加载效果3　　图9.80 圆圈加载效果4

以上的animation动画都较为简单，只设置了第一帧和最后一帧。在接下来的两种loading效果中，我们将尝试更为复杂的animation关键帧设置。

我们先来看看以下一段样式代码：

```
.loader {
    font-size: 20px;
    width: 1em;
    height: 1em;
    border-radius: 50%;
    position: relative;
    text-indent: -9999em;
    box-shadow: -3em 2em 0 .5em #FFF, 0 2em 0 .5em #FFF, 3em 2em 0 .5em #FFF;
}
```

图9.81 页面测试效果

在以上代码中，除最后一行外，其余都是我们所熟知的样式代码，它们设置了loader的宽度和高度，以及圆角弧度，并隐藏loader中的文字。然而，测试页面，我们却得到了并排的三个白点，如图9.81所示。

图9.82 为loader添加红色背景

为什么最后一行的box-shadow会生成三个白色圆点呢？当我们为loader添加红色背景后便可一目了然，如图9.82所示。实际上，三个白点是通过box-shadow生成的三个"阴影"，其颜色为白色，且由于loader自身为圆形，因此阴影也就显示为白色圆点。三个圆点的排列是由第1、2两个参数指定的，如"-3em 2em"表示最左侧的圆点水平左移三个字符的距离，并向下移动两个字符距离。第三个参数为0，表示圆点没有模糊效果。圆点的大小则是由第4个参数控制的，默认的阴影大小是与loader实体大小一致的，而设置为0.5em则表示将阴影外扩二分之一字符宽度，因此白点的直径将是红色圆点（loader本体）的一倍。

如果我们将第二个圆点的扩展参数改为0，第三个圆点改为-0.5em，则表示将第二个圆点恢复到与loader同样大小，并将第三个圆点缩小直至消失，代码如下：

```
.loader {
    box-shadow: -3em 2em 0 .5em #FFF, 0 2em 0 0 #FFF, 3em 2em 0 -.5em #FFF;
}
```

以上代码将生成如下的圆点效果，如图9.83所示。

利用以上的box-shadow特性，我们就能够制作出一种流行的loading效果，即三个并排的点依次放大和缩小，代码如下：

图9.83 修改后的圆点效果

```
.loader {
    -webkit-animation: load-effect 1s infinite linear;
    animation: load-effect 1s infinite linear;
}
@-webkit-keyframes load-effect {
    /*代码略，与下同*/
}
@keyframes load-effect {
    0% {
        box-shadow: -3em 2em 0 0 #FFF, 0 2em 0 0 #FFF, 3em 2em 0 -.5em #FFF;
    }
    25% {
        box-shadow: -3em 2em 0 0 #FFF, 0 2em 0 -.5em #FFF, 3em 2em 0 0 #FFF;
    }
    50% {
```

```
            box-shadow: -3em 2em 0 -0.5em #FFF, 0 2em 0 0 #FFF, 3em 2em 0 .5em #FFF;
        }
        75% {
            box-shadow: -3em 2em 0 0 #FFF, 0 2em 0 .5em #FFF, 3em 2em 0 0 #FFF;
        }
        100% {
            box-shadow: -3em 2em 0 .5em #FFF, 0 2em 0 0 #FFF, 3em 2em 0 -.5em #FFF;
        }
    }
```

在以上的帧动画中，我们分别定义了0%、25%、50%、75%和100%五种动画状态，使三个点依次从大到小，再从小到大变化，测试效果如图9.84至图9.89所示。

图9.84 点状loading动画效果1

图9.85 点状loading动画效果2

图9.86 点状loading动画效果3

图9.87 点状loading动画效果4

图9.88 点状loading动画效果5

图9.89 点状loading动画效果6

> • **注意** •
> 在本例中使用了em作为相对度量单位，它的好处是便于修改大小，我们只需要调整基本的font-size属性，就能够从整体上改变动画效果的宽度和高度。

以上动画由于需要循环播放，因此0%和100%的动画关键帧的状态是一致的，我们可以将其用逗号分隔，合并为如下代码形式：

```
@keyframes load-effect {
    0%,
    100% {
        box-shadow: -3em 2em 0 .5em #FFF, 0 2em 0 0 #FFF, 3em 2em 0 -.5em #FFF;
    }
    /*其他关键帧*/
}
```

在本小节最后，我们将制作一个更为复杂的关键帧动画，在这个动画中绘制了8个白色圆点，分别位于loader元素上下左右，以及斜上斜下斜左斜右等8个方位。我们还为动画设置了8个关键帧，分别使8个圆点依次放大和缩小，代码如下：

```
@keyframes load-effect {
    0%,
    100% {
        box-shadow: 0 -3em 0 .2em #FFF, 2em -2em 0 0 #FFF, 3em 0 0 -.5em #FFF, 2em 2em 0 -.5em
#FFF, 0 3em 0 -.5em #FFF, -2em 2em 0 -.5em #FFF, -3em 0 0 -.5em #FFF, -2em -2em 0 0 #FFF;
    }
    12.5% {
```

```
            box-shadow: 0 -3em 0 0 #FFF, 2em -2em 0 .2em #FFF, 3em 0 0 0 #FFF, 2em 2em 0 -.5em #FFF,
    0 3em 0 -.5em #FFF, -2em 2em 0 -.5em #FFF, -3em 0 0 -.5em #FFF, -2em -2em 0 -.5em #FFF;
        }
        25% {
            box-shadow: 0 -3em 0 -.5em #FFF, 2em -2em 0 0 #FFF, 3em 0 0 .2em #FFF, 2em 2em 0 0 #FFF,
    0 3em 0 -.5em #FFF, -2em 2em 0 -.5em #FFF, -3em 0 0 -.5em #FFF, -2em -2em 0 -.5em #FFF;
        }
        37.5% {
            box-shadow: 0 -3em 0 -.5em #FFF, 2em -2em 0 -.5em #FFF, 3em 0 0 0 #FFF, 2em 2em 0 .2em
    #FFF, 0 3em 0 0 #FFF, -2em 2em 0 -.5em #FFF, -3em 0 0 -.5em #FFF, -2em -2em 0 -.5em #FFF;
        }
        50% {
            box-shadow: 0 -3em 0 -.5em #FFF, 2em -2em 0 -.5em #FFF, 3em 0 0 -.5em #FFF, 2em 2em 0 0
    #FFF, 0 3em 0 .2em #FFF, -2em 2em 0 0 #FFF, -3em 0 0 -.5em #FFF, -2em -2em 0 -.5em #FFF;
        }
        62.5% {
            box-shadow: 0 -3em 0 -.5em #FFF, 2em -2em 0 -.5em #FFF, 3em 0 0 -.5em #FFF, 2em 2em 0
    -.5em #FFF, 0 3em 0 0 #FFF, -2em 2em 0 .2em #FFF, -3em 0 0 0 #FFF, -2em -2em 0 -.5em #FFF;
        }
        75% {
            box-shadow: 0 -3em 0 -.5em #FFF, 2em -2em 0 -.5em #FFF, 3em 0 0 -.5em #FFF, 2em 2em 0
    -.5em #FFF, 0 3em 0 -.5em #FFF, -2em 2em 0 0 #FFF, -3em 0 0 .2em #FFF, -2em -2em 0 0 #FFF;
        }
        87.5% {
            box-shadow: 0 -3em 0 0 #FFF, 2em -2em 0 -.5em #FFF, 3em 0 0 -.5em #FFF, 2em 2em 0 -.5em
    #FFF, 0 3em 0 -.5em #FFF, -2em 2em 0 0 #FFF, -3em 0 0 0 #FFF, -2em -2em 0 .2em #FFF;
        }
    }
```

测试页面，以上动画的显示效果如图9.90至图9.94所示。

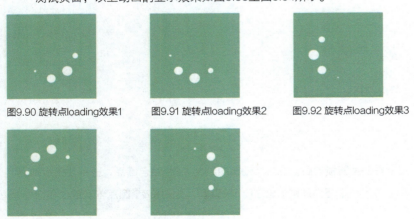

图9.90 旋转点loading效果1   图9.91 旋转点loading效果2   图9.92 旋转点loading效果3

图9.93 旋转点loading效果4   图9.94 旋转点loading效果5

9.2.5 逐帧动画效果

当我们需要制作一些通过属性变化无法实现的动画效果时，就需要使用逐帧动画，在本例中我们将通过制作一段简单的跑步动画来演示HTML5中逐帧动画的制作方法。

首先，在Illustrator之类的矢量绘图软件中绘制好跑步动作的每一个环节，如图9.95所示。

图9.95 绘制跑步动画

创建逐帧动画时，最方便的是使得每一帧的动画都有着相同的大小，我们可以在Photoshop中完成这一尺寸调整。在此我们将每一帧的内容都设置为300×372像素的宽高，如图9.96所示。

图9.96 为每一帧内容平均分配宽高

将以上图像存为PNG图片，命名为run.png。由于其中包含了12帧动画，每一帧为300×372像素，则该文件尺寸为3600×372像素。接下来，我们回到HTML文件，为跑步动画准备一个DOM容器，代码如下：

```
<div class="run"></div>
```

然后，设置run类的CSS样式，将run.png作为背景，且不重复平铺，代码如下：

```
.run {
    width: 300px;
    height: 372px;
    background: url(run.png) no-repeat;
}
```

测试页面，现在我们只能看到第一帧的动画内容，如图9.97所示。

逐帧动画的基本思路就是通过移动背景图片的位置，来实现图片的切换，进而呈现出动画效果。由于我们的动画一共有12帧，加上动画开头和结尾是同样的两个节点，因此一共需要有13个节点，将100%平均分为13份，则可以得到每个节点的百分比值依次为0%、8.3%、16.7%...100%。在每个节点中，我们只需设置background-position属性，使图片依次向左移动300像素即可。代码如下：

图9.97 第一帧动画内容

```
@keyframes run {
    0%, 100% {
        background-position:0 0;
    }
    8.3% {
        background-position:-300px 0;
    }
    16.7% {
        background-position:-600px 0;
    }
    25% {
        background-position:-900px 0;
    }
    33.3% {
        background-position:-1200px 0;
    }
    41.7% {
```

```
            background-position:-1500px 0;
        }
    50% {
            background-position:-1800px 0;
        }
    58.3% {
            background-position:-2100px 0;
        }
    66.7% {
            background-position:-2400px 0;
        }
    75% {
            background-position:-2700px 0;
        }
    83.3% {
            background-position:-3000px 0;
        }
    91.7% {
            background-position:-3300px 0;
        }
}
```

　　为了精简篇幅，以上代码中我们略去了-webkit-的兼容性写法。接下来，我们为run类设置animation属性，将动画时长设置为900毫秒，并无限循环，代码如下：

```
.run {
        -webkit-animation: run 900ms infinite;
        animation: run 900ms infinite;
}
```

　　测试页面，我们并没有得到预想中的逐帧动画效果，而是背景图片一直向右快速移动的效果，如图9.98所示。

　　我们也很容易理解这一效果的产生原因，animation默认背景图片位置在水平方向上发生了位移，因此整个动画过程是以平滑的形式呈现的。我们要使其"一格一格"地显示，则可以使用animation动画的steps方法，使得每一个动画关键帧都以"台阶"而非"线性"的形式显示，代码如下：

图9.98 背景图片动画效果

```
.run {
        -webkit-animation: run 900ms steps(1) infinite;
        animation: run 900ms steps(1) infinite;
}
```

　　现在再次测试页面，我们就能够看到流畅的逐帧动画了，如图9.99至图9.103所示。

图9.99 逐帧动画效果1　　　图9.100 逐帧动画效果2　　　图9.101 逐帧动画效果3　　　图9.102 逐帧动画效果4　　　图9.103 逐帧动画效果5

除以上的背景位置切换方式外，我们也可以用多张图片交替呈现的方式制作逐帧动画。首先，我们要将每一帧单独保存为一个文件，在此可以使用Photoshop中的切片工具来快速完成该操作，如图9.104所示。

当完成切片后，我们可以将图片以HTML和图像的形式保存，Photoshop会自动生成单张且序列化命名的图片文件，如图9.105所示。

图9.104 Photoshop切片工具　　　　　　　　　　　　　　　　图9.105 Photoshop所生成的图片文件

接下来，我们要准备12个div元素，每个div元素用于放置一张图片，其id属性名依次为frame1至frame12，代码如下：

```
<div class="run">
  <div id="frame1" class="run-pic"></div>
  <div id="frame2" class="run-pic"></div>
  ...
  <div id="frame11" class="run-pic"></div>
  <div id="frame12" class="run-pic"></div>
</div>
```

接着，使每一个div都以绝对定位的方式显示在run容器的左上角，并为这些div分别设置背景图片，代码如下：

```
.run {
    width:300px;
    height:372px;
    position:relative;
}
.run-pic{
    position:absolute;
    width:300px;
    height:372px;
    display:block;
    top:0;
    left:0;
}
#frame1{
    background:url(images/run_01.png);
}
#frame2{
    background:url(images/run_02.png);
}
/*省略其他代码*/
#frame12{
    background:url(images/run_12.png);
}
```

最后，我们使用jQuery来实现动画效果。我们的制作思路是首先将12张图片全部隐藏，然后将第一张图片显示，停留0.1秒后隐藏，第二张图片则延迟0.1秒显示，刚好接续第一张图片隐藏，第三张图片延迟0.2秒，以此类推。所有12张图片全部显示完毕后，第一张图片再次显示，因此两次动画轮回间需要延迟的时间是其余11张图片的显示时间，即1.1秒。我们可以创建一个loop函数供反复调用，以生成这一动画轮回，而在动画最开始时，则需要通过遍历div元素，为每个元素设置初始的延迟值。代码如下：

```javascript
<script type="text/javascript">
    $(document).ready(function() {
        $('.run-pic').each(function(index){
            $(this).hide(0).delay(index*100).show(0,loop);
        });
    });
    function loop(){
        $(this).delay(100).hide(0).delay(1100).show(0,loop);
    }
</script>
```

在以上代码中，每张图片都立即调用hide(0)方法，马上隐藏起来，继而通过delay()方法实现延迟，延迟的时间等于索引值乘以100，因此第一张图片延迟0毫秒，第二张图片延迟100毫秒，第三张图片延迟200毫秒……在经过了延迟时间后，该图片再通过调用show()方法来显示，此时也调用了loop函数，使图片开始进入动画的轮回。测试页面，我们将得到与之前的CSS动画完全相同的逐帧动画效果。

与CSS动画相比，使用JavaScript创建逐帧动画有利也有弊，其弊端是制作过程更加复杂一些，其有利之处在于它对动画的控制能力更强，同时能够呈现更加复杂的动画效果。在实战开发中我们应该根据实际情况灵活地选择动画的实现方式。

> • 经验 •
> 除以上两种方式外，我们还可以使用Canvas画布来绘制逐帧动画，在后续章节中将详细介绍具体实现方法。

9.2.6 3D 翻页动画效果

在之前的小节中我们已经学习了使用transform和transition相结合来制造3D效果动画的方法。在本例中我们将更进一步，通过制作一种3D翻页动画效果，以此来了解更多HTML5中有关3D变换的知识。

我们的设想是做一本简单的"书"，这本书只有三页。当鼠标指针移动到书上时将翻开书，鼠标指针移开时合上书，如图9.106、图9.107所示。

我们首先准备了三张尺寸为300×400的图片，分别作为书中的前三页，如图9.108至图9.110所示。

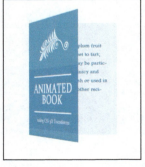

图9.106 翻页效果1

图9.107 翻页效果2

图9.108 第一页图片　　　　图9.109 第二页图片　　　　图9.110 第三页图片

然后，创建HTML代码如下：

```html
<ul class="book">
  <li class="cover">第1页</li>
  <li class="page1">第2页</li>
  <li class="page2">第3页</li>
</ul>
```

接下来编写CSS样式。预先将所有margin和padding清零，并设置book在页面中居中显示，代码如下：

```css
*{
    margin:0;
    padding:0;
}
.book{
    width:300px;
    margin:0 auto;
    position:relative;
}
```

对于代表书页的三个li元素而言，我们都将其设置为绝对定位，并设置其大小为300×400，即与图片的宽高相同。同时，为每一页设置内阴影，以加强书页的边缘质感。最后，我们为三页分别设置不同的z-index，代码如下：

```css
li{
    position:absolute;
    font-size:0;
    width:300px;
    height:400px;
    box-shadow: inset 0px 0px 2px rgba(0, 0, 0, 0.1);
}
.cover{
    background:url(cover.png);
    z-index:0;
}
.page1{
    background:url(page.png);
    left:-300px;
    z-index:-1;
}
.page2{
    background:url(page2.png);
    z-index:-2;
}
```

在以上代码中，我们按照默认的一本书中第一、二、三页的上下顺序，为每一个li元素设置了不同的z-index值。值得注意的是，我们预先使第二页向左移动300像素，现在页面的显示效果如图9.111所示。可以从图中看到，第二页显示在封面的左侧，与此同时我们看不到第三页，因为它被遮盖在封面下方。

图9.111 页面显示效果

接下来，我们需要为前两页分别设置默认的旋转角度和旋转点，否则页面将围绕其中轴旋转，不能形成翻页的效果。对于第一页而言，它默认是不需要旋转的，当翻页时，旋转点应该位于其左侧中点，而对于第二页而言，它默认状态下是被翻过的状态，因此要事先将其Y轴旋转180度，同时使其旋转点位于右侧中点。在本例中我们将不对第3页添加交互，因此不需要为其设置更多的样式，代码如下：

```css
.cover{
    transform-origin: left center;
    -webkit-transform-origin: left center;
}
.page1{
    transform: rotateY(180deg);
    transform-origin: right center;
    -webkit-transform:rotateY(180deg);
    -webkit-transform-origin: right center;
}
```

添加以上代码后，测试页面，现在第二页在经过Y轴翻转后位于了第一页之下，因此唯一可见的只剩下了第一页，如图9.112所示。

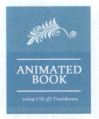

图9.112 页面测试效果

• 经验 •

由以上代码我们可以总结出一个规律，即奇数页的旋转轴都在左侧，而偶数页的旋转轴都在右侧，事实上我们翻开一本书中任何一页就能发现这样的规律。

在做好准备工作后，我们可以为这本书添加transition动画，在鼠标指针滑过时，使第一页Y轴旋转至负180度，同时使第二页Y轴旋转翻动至0度，从而实现翻页效果。此外，为了使翻转的第一页不再覆盖在第二页之上，我们还需要设置backface-visibility属性为hidden。代码如下：

```css
li{
    backface-visibility: hidden; /*使得翻转到反面时不显示*/
    -webkit-backface-visibility: hidden;
    transition:transform 1s;
    -webkit-transition:-webkit-transform 1s;
}
.book:hover .cover{
    transform: rotateY(-180deg);
    -webkit-transform: rotateY(-180deg);
}
.book:hover .page1{
    transform: rotateY(0deg);
    -webkit-transform: rotateY(0deg);
}
```

测试页面，当鼠标指针滑过书本时，页面就将翻开，而移开鼠标指针时，页面将合上，如图9.113至图9.116

所示。

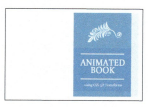
图9.113 翻页效果1

图9.114 翻页效果2

图9.115 翻页效果3

图9.116 翻页效果4

从现在的翻页效果来看，我们很难体会到这是3D翻页动画。为了使整个翻页效果更具有透视感，我们需要增加一些相关样式，代码如下：

```css
.book{
    -webkit-perspective:1500px;
    perspective:1500px;
    -webkit-transform-style:preserve-3d;
    transform-style:preserve-3d;
    -webkit-transform:rotateX(10deg);
    transform:rotateX(10deg);
}
```

在以上代码中，我们设置了book的perspective属性为1500像素，以增加透视景深，同时设置了transform-style属性为preserve-3d，以产生3D透视效果。最后，我们还使book元素在x轴上略微旋转10度，以使得透视角度更佳。测试页面，现在我们将得到更加逼真的翻页效果，如图9.117至图9.120所示。

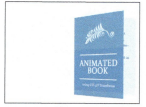
图9.117 最终的翻页效果1

图9.118 最终的翻页效果2

图9.119 最终的翻页效果3

图9.120 最终的翻页效果4

9.3 JavaScript动画与动效

本节将通过两个具体案例来展示如何通过JavaScript来创建HTML5页面中的动画效果。

9.3.1 Canvas 粒子动画效果

Canvas是HTML5中的一项非常重要的特性，但是本书到目前为止都尚未介绍相关的知识。在本节我们将初涉Canvas，并使用它来实现一些绚丽的粒子动画效果。而关于Canvas的更深度应用将留待后续的章节详细讲解。

在本例中，我们希望制作浏览器中的飘雪效果。如果是用transition和animation来制作的话，其CSS动画样式和DOM结构将非常复杂，而使用Canvas来绘制这样的动画效果则是最适当的。

我们可以将HTML5中的Canvas看作是现实生活中的翻页动画。我们在一页一页的纸上绘制不同的图案，当飞速翻动纸页时就形成了连续的动画，如图9.121所示。Canvas也是如此，它就像是一张纸，我们不停地在这张纸上绘制图案，然后再擦去图案重新绘制，在极短的时间间隔中，这就构成了动画效果。

要使用Canvas，则需要在HTML中插入相应的DOM结构，代码如下：

图9.121 Canvas与翻页动画

```
<canvas id="myCanvas" width="1000" height="600">Your browser does not support the Canvas element.</canvas>
```

在以上Canvas元素中间我们插入了一句英文，其含义为"你的浏览器不支持Canvas元素"。这一做法是为了使得浏览器兼容性更佳，该提示将在不支持Canvas元素的浏览器中显示。此外，我们还使用CSS将页面的背景色改为蓝色，以便于雪花的呈现，并将Canvas的宽度高度设置为充满浏览器屏幕，在此略过这些样式设置。

接下来，我们在body结束标签之前添加JavaScript，代码如下：

```
<script type="text/javascript">
  var canvas=document.getElementById("myCanvas"); //获取Canvas元素
  var context=canvas.getContext("2d"); //返回一个对象，该对象提供了用于在画布上绘图的方法和属性
</script>
```

由于Canvas本身是没有绘图能力的，我们需要通过它的getContext()方法来返回可绘图的对象，即上述代码中定义的context变量，后续的雪花绘制都将在context中进行。

接下来，我们要创建一个数组来保存所有雪花的信息，代码如下：

```
var particles = []; //为粒子创建一个数组
for( var i = 0; i < 500; i++ ) { //循环500次，生成500粒雪花
        particles.push( { //设置雪花的初始x、y位置，x、y方向上的速度，以及雪花的大小、颜色
                x: Math.random()*window.innerWidth,
                y: Math.random()*window.innerHeight,
                vx: (Math.random()*1-.5),
                vy: (Math.random()*1+.5),
                size: 1+Math.random()*2,
                color: "#FFF"
        } );
}
```

在以上代码中，我们使用for循环生成了500粒雪花，给每一朵雪花设置了一个随机的初始位置，这一数值通过生成一个0到1之间的随机数，并将其乘以窗口的宽度和高度来得到。雪花的初始x方向上的速度为-0.5到0.5之间的随机值，y方向速度为0.5到1.5之间的随机值，雪花大小为1到3之间的随机值，雪花颜色为纯白色。

> **· 经验 ·**
> 在JavaScript中，Math.random()将返回从0到1之间的一个随机数。

当然，以上的数组都只是一种对于雪花的虚拟描述，要使这500粒雪花成为看得见的东西，则需要我们在画布中一一进行绘制，创建代码如下：

```
function timeUpdate(e){
    context.clearRect(0, 0, window.innerWidth, window.innerHeight); //清除画布区域
    var particle;
    for( var i = 0; i < 500; i++ ) { //循环遍历所有雪花
        particle = particles[i];
        particle.x += particle.vx; //更新雪花的新x、y位置
```

```
        particle.y += particle.vy;
        if(particle.x < 0){
            particle.x = window.innerWidth; //当雪花移动到窗口左侧以外时，使其显示在窗口最右侧
        }
        if(particle.x > window.innerWidth){
            particle.x = 0; //当雪花移动到窗口右侧以外时，使其显示在窗口最左侧
        }
        if(particle.y >= window.innerHeight){
            particle.y = 0; //当雪花移动到窗口顶部以外时，使其重新显示在窗口最顶部
        }
        context.fillStyle = particle.color;//设置雪花颜色
        context.beginPath();//开始绘制雪花
        context.arc(particle.x,particle.y,particle.size,0,Math.PI*2);//绘制圆形
        context.closePath();//闭合路径
        context.fill(); //填充颜色
    }
}
setInterval(timeUpdate, 40); //每过40毫秒执行一次timeUpdate函数
```

　　在以上代码中，我们通过最后一句setInterval语句，设置整个画布每40毫秒刷新一次，也就是每40毫秒执行一次timeUpdate函数。在该函数中，首先使用clearRect()方法将画布区域加以清空，使其成为一片空白的画布，否则每次绘制的雪花将重叠在一起。接着，通过for循环来绘制每一粒雪花。在此，我们先计算每朵雪花移动后的x和y位置，其中包括了超过浏览器边界的情况判断；然后，使用context的beginPath()方法开始雪花的绘制，其中圆形的绘制通过arc()方法来实现，路径绘制结束时则调用closePath()方法闭合路径，最后使用fill()方法为雪花填充白色。测试页面，现在我们就能够看到Canvas动画生成的雪花飞舞的效果了，如图9.122、图9.123所示。

图9.122 雪花动画效果1

图9.123 雪花动画效果2

• 经验 •

Canvas中的arc()方法可用于创建圆形形状，它的几个参数分别代表圆心的x坐标、y坐标、半径、起始角度和结束角度。其中角度的单位是"弧度"而非"角度"，因此要绘制一个完整的圆形，其起始角度为0，结束角度应为2π。

　　我们也可以自行调整雪花的各种参数，以形成不一样的雪花动画。例如通过修改size数值来增加雪花的大小，代码如下：

```
particles.push( {
    //其余设置略...
    size: 1+Math.random()*12,
} );
```

以上代码将雪花大小范围修改为了0到13，测试页面，现在雪花将变得更大，如图9.124所示。

我们也可以为雪花添加随机颜色，代码如下：

```
particles.push( {
    //其余设置略...
    color: '#'+('00000'+(Math.random()*0x1000000<<0).toString(16)).slice(-6)
} );
```

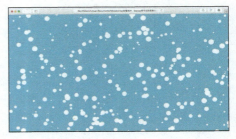

图9.124 雪花变大

以上代码将返回随机的RGB颜色值。测试页面，我们将得到五颜六色的"雪花效果"，如图9.125所示。

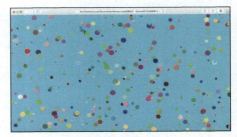

图9.125 五颜六色的"雪花效果"

9.3.2 GSAP 类库动画效果

在之前的小节中，我们学习了两种不同的动画制作方式——CSS动画和JavaScript动画。而除以上两种形式外，还存在其他途径，能够使得动画制作变得更加简单，那就是使用第三方动画引擎类库。在本节中我们将学习其中一种非常强大的类库——GSAP（GreenSock Animation Platform）。

GSAP是GreenSock推出的新一代动画引擎，它包括了Flash和HTML5等多种平台，其官方网站为http://greensock.com。在GSAP中有多种HTML5动画引擎，TweenMax是其中功能最为全面的，其精简版则被称为TweenLite。在本节中我们将使用TweenMax来完成一些复杂的动画效果。

例如，我们在一个页面下方居中处放置一张飞机的图片，图片大小为100×154，其HTML代码如下：

```
<img src="shuttle.png" id="shuttle">
```

页面的CSS样式代码如下：

```css
html, body{
    height:100%;
}
body {
    background:#747261;
    margin:0;
    padding:0;
    position:relative;
}
img{
    position:absolute;
    left:50%;
    bottom:10px;
    margin-left:-50px;
    margin-top:-77px;
}
```

默认的飞机位置如图9.126所示。

接下来，我们在页面底部引入TweenMax类库，并为飞机设置动画，代码如下：

```
<script src="js/TweenMax.min.js"></script>
<script type="text/javascript">
TweenMax.to(shuttle, 1, {top:'50%', left:250, rotation:90,
delay:1, ease:Back.easeOut, onComplete:completeHandler});
function completeHandler(e){
    TweenMax.to(shuttle, 2, {left:'100%', scale:.2, opacity:0,
ease:Back.easeIn});
}
</script>
```

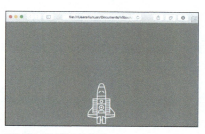

图9.126 默认的飞机位置

在以上代码中，TweenMax.to()方法代表执行一条动画语句，在该语句中指定了运动对象、动画时间，以及动画属性。飞机首先延迟1秒后（delay:1），在接下来的1秒时间内，以Back.easeOut这一弹性速度曲线（ease:Back.easeOut）移动到距离屏幕左侧250像素（left:250），垂直居中（top:'50%'）的位置，并且旋转90度（rotation:90）。动画结束时，将调用completeHandler函数（onComplete:completeHandler），该函数将在接下来的2秒内，使飞机移动到屏幕最右侧（left:'100%'），并且大小缩小为20%（scale:.2），透明度变为完全透明（opacity:0），速度曲线为先回弹再向右运动（ease:Back.easeIn）。测试页面，我们将看到这一复杂的动画效果，如图9.127至图9.131所示。让人惊叹的是，这一过程只用了短短的几句JavaScript便实现了，由此可见TweenMax的强大之处。

图9.127 飞机动画效果1

图9.129 飞机动画效果3

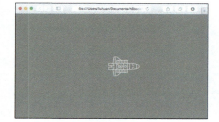

图9.130 飞机动画效果4

图9.128 飞机动画效果2

图9.131 飞机动画效果5

TweenMax还能完成一些常规CSS动画无法实现的属性变化，如制作圆角弧度动画，代码如下：

```
TweenMax.to(box, 2, {borderRadius:"50%", repeat:-1});
```

以上代码将一个边框为5像素宽的正方形在两秒内变为了圆形，并且无限循环播放，动画效果如图9.132至图9.135所示。

图9.132 形状动画效果1

图9.133 形状动画效果2

图9.134 形状动画效果3

图9.135 形状动画效果4

TweenMax也可以制作各种3D动画。例如我们在页面中创建多个类名为box的方块，再运用jQuery和TweenMax来使它们形成三维的透视排列效果，代码如下：

```javascript
<script type="text/javascript">
    $(document).ready(function() {
        CSSPlugin.defaultTransformPerspective = 500; //设置透视景深为500像素
        $('.box').each(function(index){
            TweenMax.to($(this), 20, {left:index*130, top:200, rotationY:45+12*index,
scale:1.2}); //使每个元素以130像素间距横向排开，并沿Y轴依次增加旋转度
        });
    });
</script>
```

以上代码生成的3D动画效果如图9.136至图9.139所示。

   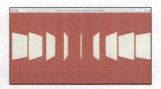

图9.136 3D动画效果1　　图9.137 3D动画效果2　　图9.138 3D动画效果3　　图9.139 3D动画效果4

第 10 章 HTML5图形与图像

现在是一个"创意开路、视觉为王"的时代，也是一个"读图"时代，图像在每个人的日常获取信息中所处的地位越来越重要。其中一个重要原因在于，图形和图像展示信息的直观程度远远高于文本。同样是一个关闭按钮，我们往往更喜欢"X"图形呈现，而不是"关闭"这样略显呆板的文字。在HTML5中，图形与图像方面的运用和探索是设计师们乐此不疲的话题，我们已不再满足于过去诸如"使用Photoshop切好图，再放入页面中"的传统制作流程，CSS3、Canvas、SVG等新事物的出现，给予了前端设计师更大的创作空间，形成了丰富的图像运用场景，并促成了更好的用户体验。可以说，在过去一个人即使不懂任何前端技术，但只要擅长于作图，也一样能做出优秀的页面作品。而在今天则完全不同，高质量的页面美化工作只有在对前端技术的深入了解的基础上才有可能实现。

本章将详细介绍HTML5中图形与图像的主要实现技巧，其中既包括了简单的CSS图标、按钮元素的制作方法、也包括了Canvas和SVG等前沿的图像制作知识，所选择的案例都具有一定的实用性，便于读者在实战开发中举一反三，有效解决实际问题。

10.1 图形与图像核心技巧

Web页面中的图形与图像主要有四种实现方式，一是使用PNG、GIF、JPG之类的位图文件，这是我们在绝大多数情况下所选择的途径；二是使用CSS3的各种特性来绘制一些简单的图形，如圆角矩形、正圆形等，在运用得当的情况下我们也能够得到较为复杂的图形效果；三是使用Canvas画布来进行像素级的绘制，这也是许多HTML5游戏的实现形式；四是使用新兴的SVG文件来实现矢量图形及其动画效果的绘制。

我们很难严格分辨在哪种情况下应该使用何种实现方式，但其中也有一些可以遵循和参考的规律：

1. 对于页面中的各种细节而言，最佳的方式是使用CSS来生成相应的图形界面。CSS修改和调试的成本都很小，而且能用很少的字节数来取代较大的位图文件。其中，我们最常运用的是边框（包括边框圆角）和背景颜色属性，在更复杂的情况下，还可以使用box-shadow来实现一些巧妙的图像效果。"终极"的CSS图形效果则可以由强大的背景色渐变（gradient）来生成，但这非常考验设计者对各类参数的掌握和理解程度，我们将在本章第二小节学习这一HTML5特性。

2. 对于一些复杂的图像场景、像素级操作、数学图形等，则可以在Canvas画布中完成。Canvas的制作严重依赖于JavaScript，因此设计者应该事先确保在JavaScript方面打下一定基础。在使用Canvas时，必须牢记它只是一块"黑板"，任何绘制上去的图形都是"死"的，如果需要移动或改变状态，都需要将整块黑板全部擦除之后，再重新绘制。在遵循这一最基本规律的基础上，Canvas的实际运用可能性是无限的。我们将在本章第三小节中学习Canvas的相关操作。

3. 对于矢量的图像操作，以及一些形状类动画而言，使用SVG是更好的选择。SVG有着无损式的图像质量，良好的交互特性，能够被直接嵌入页面来减少HTTP请求数量，更重要的是我们还可以通过CSS来控制它的呈现。随着移动设备对SVG支持度的普及，以及扁平式设计和扁平动画风格的流行，在SVG方面的Web运用案例已越来越多。可以预测的是在不远的将来，SVG将和PNG、JPG一样，成为一种主流的图像呈现方式。我们将在本章第四小节中学习SVG的相关操作。

接下来，我们将通过几个具体的案例来开始本章的学习。

10.2 CSS3图形与图像绘制

在本节中，我们将通过6个具体案例来学习CSS3图形绘制的相关技巧。

10.2.1 关闭按钮绘制

我们要制作的首个图形案例是"关闭"按钮，这也许是各种Web页面中最为常见的一种图形了。传统的制作方式往往是在Photoshop中画一个"叉"，然后存为图片，或者仅仅是打一个"X"字符来代替。在本例中，我们将通过CSS来绘制这一形状，它的优点在于效果美观，便于定制和修改，且具有矢量缩放能力，如图10.1所示。

图10.1 关闭按钮效果

首先，在HTML页面中，我们用一个span元素来作为图形的DOM容器，代码如下：

```html
<span class="close">Close Me</span>
```

接下来，我们将span的字体大小设为0像素，以隐藏其中的文字，代码如下：

```css
body {
    background:#2ECC71; /*使页面背景显示为绿色*/
}
.close{
    font-size:0px;
    display:block;
}
```

要得到两条线交叉的形状，首先我们应该绘制两条直线出来，这里自然用到了伪元素。我们可以分别为span的before和after伪元素各绘制一条直线，代码如下：

```css
.close::before, .close::after{
    content:'';
    width:50px;
    height:2px;
    background:#FFF;
    display:block;
}
```

以上代码中，我们并没有采用传统的设置边框线（border）的方法来得到直线，而是直接设置了before和after伪元素的宽度和高度，并在背景中填充白色，使其显示为50×2的一条细线，如图10.2所示。

图10.2 绘制直线

现在before和after伪元素对应的两条细线上下排列在了一起，我们可以为after伪元素设置不同的背景颜色来分清两者，代码如下：

```css
.close::after{
    background:#F00; /*红色*/
}
```

刷新页面，现在可以看到，before对应的白色细线位于上方，after对应的红色细线则位于下方，如图10.3所示。

接下来，我们需要将线条加以旋转来生成线条交叉效果，代码如下：

图10.3 before和after分别对应的线条

```
.close::before{
    -webkit-transform: rotate(45deg);
    transform: rotate(45deg);
}
```

以上代码使白色线条旋转了45度，其效果如图10.4所示。

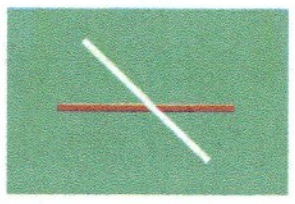

图10.4 使白色线条旋转45度

接下来，使after对应的直线反向旋转45度，以使两条直线垂直交叉，代码如下：

```
.close::after{
    -webkit-transform:rotate(-45deg);
    transform:rotate(-45deg);
}
```

两条直线的交叉效果如图10.5所示。但我们发现这并不是一个严格对称的交叉图形，比起白色线条来，红色线条向下偏移了一点。

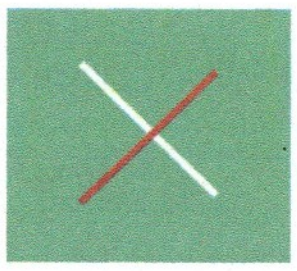

图10.5 两条直线垂直交叉

如图10.3所显示的，引起偏移的原因是before和after两个元素在y方向上有两个像素的数值偏差，这也使得它们在旋转后形成了一定的上下偏移。我们只需要使用translateY方法，将后者上移2个像素即可抵消这一偏差，代码如下：

```
.close::after{
    -webkit-transform:translateY(-2px) rotate(-45deg);
    transform:translateY(-2px) rotate(-45deg);
}
```

测试页面，现在两条线就形成了完美的交叉效果，如图10.6所示。

最后，将after伪元素的红色背景样式去掉，我们就得到了关闭的图标效果，如图10.7所示。

图10.6 线条交叉效果

图10.7 关闭图标效果

10.2.2 菜单图标绘制

在上一小节中，我们运用了before和after这两个伪元素，各自绘制了一条直线并加以旋转，以此形成了关闭的图标效果。然而，如果要绘制的是三条线，又该如何解决呢？本节将通过绘制当下非常流行的“三横”式菜单图标来介绍其制作方法，如图10.8所示。

图10.8 菜单图标效果

首先，我们使用一个a元素来作为DOM容器，代码如下：

```
<a href="">Menu</a>
```

本案例的制作焦点在于“Menu”字样左侧显示的“三横”图标，在绘制前，我们对a元素本身做一些字体大小、颜色、行高的样式设置。代码如下：

```
a{
    text-decoration:none;
    color:#999;
    text-indent:1.2em; /*使文字右移1.2个字符大小，为图标腾出显示空间*/
    font-size:32px;
    display:block;
    line-height:1; /*使文字垂直居中*/
    position:relative;
}
```

以上代码的显示效果如图10.9所示。

图10.9 Menu显示效果

由于伪元素只有before和after这两种类型，如果在每一种伪元素中绘制一条直线，最多也只能有两条直线。要得到三条直线，只能从其他途径想办法。还记得在上一章中我们使用box-shadow属性来绘制多个圆点吗？将阴影的模糊值设为最小，并设置好阴影的spread尺寸，阴影就将呈现为实体形状，此外，box-shadow还能够允许我们添加一个或多个阴影，添加多个阴影就将变相呈现为多个实体形状。这一技巧为我们制作菜单图标提供了解决思路。接下来，为a元素创建after伪元素，代码如下：

```
a::after{
    content:'';
    position:absolute;
    width:.75em;  /*设置线条宽度*/
    box-shadow: 0 10px 0 2px #999,0 20px 0 2px #999,0 30px 0 2px #999;
}
```

在以上代码中，我们使用box-shadow添加了3个阴影，分别在纵向10像素、20像素、30像素处绘制高度为2像素的灰色线条。由于after伪元素默认显示在文字之后，因此当前的图形效果如图10.10所示。

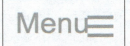

图10.10 after伪元素图形效果

最后需要做的就是将after元素移动到文字左侧，并略微上移一些，以使其与"Menu"文字垂直居中，代码如下：

```
a::after{
    left:0;
    top:-4px;
}
```

测试页面，现在我们就得到了流行的三横式菜单图标，如图10.11所示。需要注意的是，本例使用了像素作为绝对度量单位，在字体大小变化时，需要手动计算像素的变换比例并改变相应的参数值。您也可以将其修改为em这样的相对度量单位，这样只需修改字体大小，便能直接改变图标的显示大小。

图10.11 三横式菜单图标效果

我们还可以为a元素添加鼠标指针滑过的变色效果。如果单独添加a:hover样式，仅能使右侧的文本改变颜色，要想使图标的颜色也发生改变，则需要同时定义a:hover::after样式，代码如下：

```
a:hover{
    color:#2ECC71;
}
a:hover::after{
    box-shadow: 0 10px 0 2px #2ECC71,0 20px 0 2px #2ECC71, 0 30px 0 2px #2ECC71;
}
```

测试页面，当鼠标指针滑过Menu时，图标和文字都将变为绿色，如图10.12所示。

我们也可以对以上样式加以变化，隐藏Menu文字，将其变为一个深灰底色、白色线条的菜单图标，代码如下：

图10.12 鼠标指针滑过效果

```
a{
    text-indent:-9999em;
    display:block;
    width:40px;
}
```

```
        height:40px;
        background:#333;
        border-radius:3px;
        position:relative;
    }
    a::after{
        content:'';
        width:22px;
        position:absolute;
        left:9px;
        top:0px;
        box-shadow: 0 10px 0 2px #FFF,0 20px 0 2px #FFF,0 30px 0 2px #FFF;
    }
```

以上代码的测试效果如图10.13所示。其中，图标的整体宽高为40像素，中间横线的宽度为22像素，但由于添加了2像素的阴影，因此横向左右两侧将各增加两个像素，横线实际显示为26像素。

图10.13 菜单图标效果

如要为该图标添加鼠标指针滑过变色效果，则只需要改变a元素背景色即可，代码如下：

```
a:hover{
        background:#2ECC71; /*绿色*/
}
```

测试页面，鼠标指针滑过效果如图10.14所示。

10.2.3 三角图标绘制

图10.14 鼠标指针滑过效果

在页面的细节点缀中，三角形可能是使用率最高的流行元素之一。有一些看起来很呆板的传统元素，加了一个三角形可能就立马变得"高大上"起来。我们在之前的章节中使用CSS绘制过圆形、半圆形、四分之一个圆，以及各种线条等，在本节我们将尝试使用CSS来绘制三角形。

首先，准备一段HTML代码，其中包括一个article元素，在其内部又包含了h1标题和p段落等子元素，我们将通过在底部添加三角形状，使得article元素以"对话框"的形式呈现。代码如下：

```
<article>
    <h1>Lorem ipsum</h1>
    <p>Ne maluisset sententiae qui ... reprimique est eu.</p>
</article>
```

在CSS样式中，设置body背景颜色为红色，并为article和内部元素设置样式，使整个article元素显示为一个背景为白色，并带有投影效果的圆角矩形，代码如下：

```
body {
        background:#d4676a; /*红色*/
        margin:50px;
        font-family:sans-serif;
    }
    article{
        background:#FFF;
```

```
      border-radius:4px;
      padding:20px 40px;
      width:400px;
      box-shadow:5px 7px 1px rgba(0,0,0,.1);
      position:relative;
  }
  article h1{
      color:#d4676a;
  }
  article p{
      color:#666;
  }
```

设置样式后的article的显示效果如图10.15所示。

接下来轮到我们绘制三角形了。在绘制之前，让我们先做一个有趣的实验，看看当元素的宽度和高度都为0的情况下，再为元素设置边框样式，将会生成什么样的效果？为article添加after伪元素，代码如下：

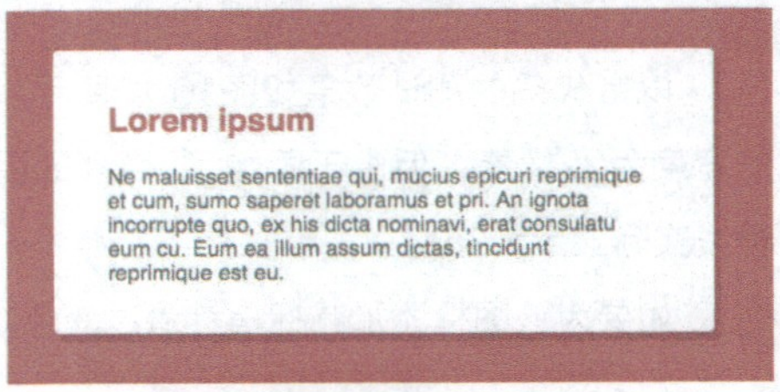

图10.15 article元素显示效果

```
  article::after{
    content:'';
    position:absolute;
    bottom:-40px;
    width:0;
    height:0;
    border-width:20px;
    border-style:solid;
    border-color:#390 #F30 #36F #FF3;  /*分别为绿色、红色、蓝色和黄色*/
  }
```

以上代码的显示效果如图10.16所示，我们可以看到此时after伪元素呈现为四个不同颜色的三角形。究其原因，虽然边框都是围绕内容显示的，但当遇到特殊的情形，即当内容的宽度和高度都为0的时候，边框将从外面四个角向内延伸到最中心的一点，其结果是边框被分成了4个三角形。在本例中，每个三角形高为20像素，底边宽度为40像素。当我们为边框的四周设置不同的颜色时，将能够更加明显地看到这一效果。

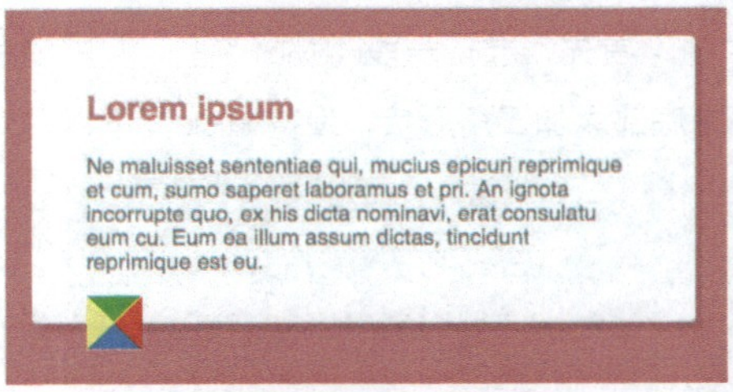

图10.16 边框分成4个三角形

利用边框的这种特性，我们就可以制作出相应的三角形状。修改以上代码，将左、右、下三条边的边框颜色设置为完全透明（transparent），我们就得到了一个向下的三角形，代码如下：

```
  article::after{
    /*其他代码略*/
    border-color:#390 transparent transparent transparent;  /*也可将其简写，将左右两侧的transparent合并为一个参数
*/
  }
```

向下三角形的显示效果如图10.17所示。

现在，我们在以上样式代码的基础上稍作修改，就能够实现本例的三角形效果。将上边框的颜色修改为白色，并调整after伪元素的位置，使其从article的底部向下偏移40像素，代码如下：

```
article::after{
  bottom:-40px;
  border-color:#FFF transparent transparent;
}
```

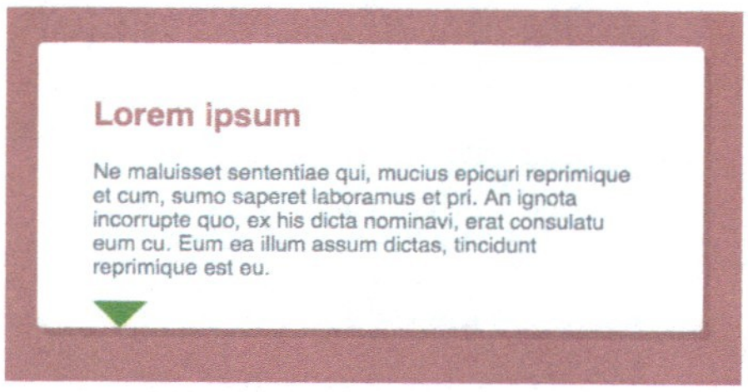

图10.17 向下三角形显示效果

现在，三角形变成了白色，并移动到了article的下方，形成了"对话框"效果，如图10.18所示。

如果要使三角形尖角向左，只需要设置右侧边为白色，其余边为透明即可，代码如下：

```
article::after{
  border-color:transparent #FFF transparent transparent;
  left:-40px;
  top:35px;
}
```

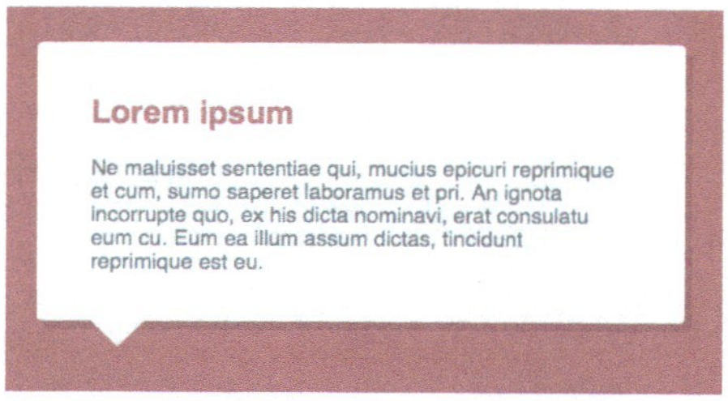

图10.18 三角形"对话框"效果

以上代码还调整了after伪元素的位置，使三角形显示在article元素左侧，其效果如图10.19所示。

目前after元素四条边框的宽度均为20像素，对应的四个三角形的底边长度为40像素，等于两条相对边长度的和；顶点到底边的距离，也就是三角形的高为20像素，即等于单边长度；顶角均为90度。这样实际上构成了四个等腰直角三角形。而如果希望修改三角形的形状，使其变得更尖锐或更扁平，则可以通过修改各个边框的宽度来实现，代码如下：

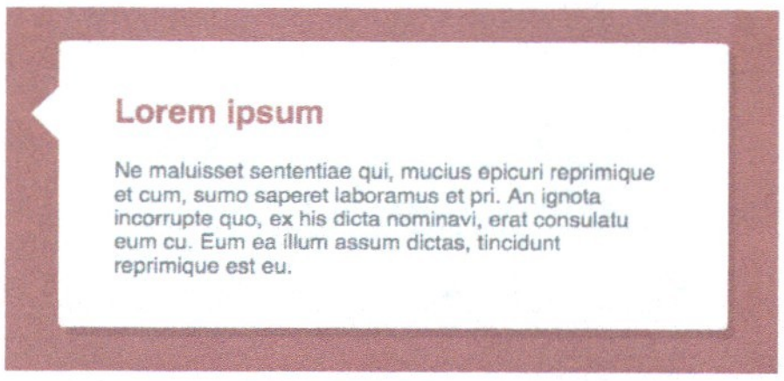

```
article::after{
  border-width:15px 20px;
}
```

图10.19 左侧三角形效果

以上代码将上下边的边框宽度减小到15像素，从而使得三角形的高不变，但底边由40像素变为30像素，从而使得顶角变得更为尖锐，如图10.20所示。

设置左边框为白色，则能够得到顶角方向向右的三角形，代码如下：

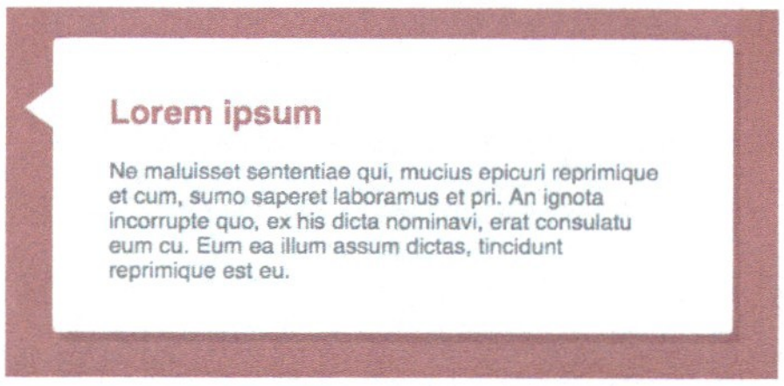

图10.20 修改上下边框长度为15像素

```
article::after{
  border-color:transparent transparent transparent #FFF;
  right:-40px;
  top:35px;
}
```

以上代码生成的三角形效果如图10.21所示。

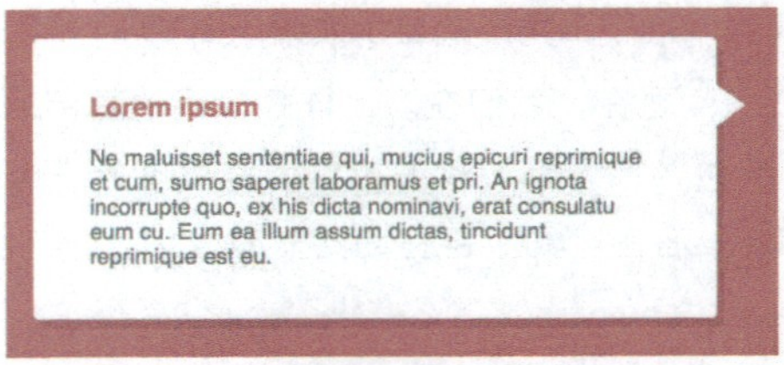

通过更改边框的颜色，使其与背景色相同，还可以制造出三角形缺口效果，代码如下：

```
article::after{
  border-width:15px;
  top:35px;
  left:0px;
  border-color:transparent transparent transparent
  #d4676a;
}
```

图10.21 顶角方向向右的三角形效果

以上代码的显示效果如图10.22所示。

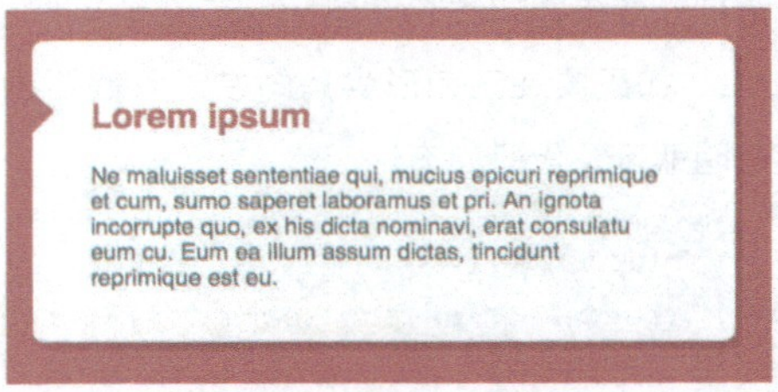

三角形不仅可以拼嵌在元素周围生成对话框效果，还可以直接用作页面中的元素点缀，代码如下：

```
article::after{
  top:42px;
  right:20px;
  border-width:10px;
  border-color:transparent transparent transparent
#d4676a;
}
```

图10.22 三角形缺口效果

刷新页面，现在三角形被置于article内部，成为了一个纯粹的形状修饰，如图10.23所示。

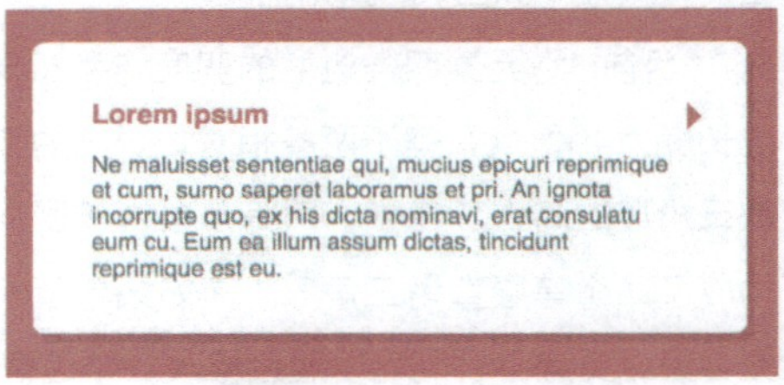

我们还可以将before伪元素也添加进来，生成两个并排的三角形元素，代码如下：

```
article::after{
  right:30px;
}
article::before{
  /*其余样式属性与after伪元素设置相同，在此略过*/
  right:20px;
}
```

图10.23 三角形置于article内部

并排三角形元素效果如图10.24所示。

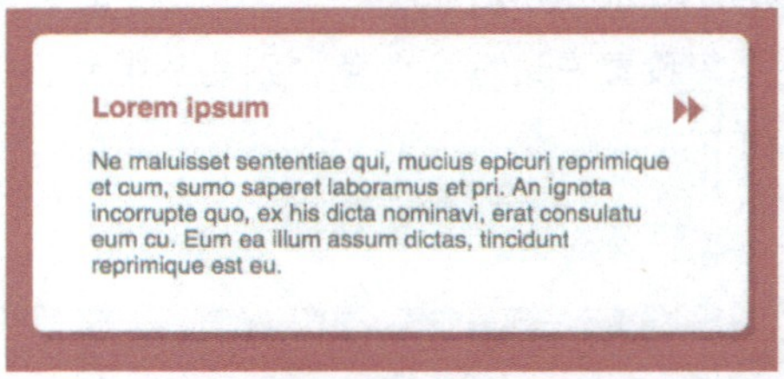

再发挥一些创意，将after对应的三角形修改为白色，并向右侧移动一些，使其部分盖住右侧before元素对应的三角形，通过这样的"障眼法术"，我们就得到了看似只有通过位图文件或图标字体才能实现的细箭头效果，代码如下：

```
article::after{
  right:25px;
  border-color:transparent transparent transparent #FFF;
}
```

图10.24 并排三角形元素效果

刷新页面，通过CSS生成的箭头效果如图10.25所示。

图10.25 箭头效果

10.2.4 渐变色绘制

在扁平化设计成为主流之前，设计圈内曾一度热衷于在Web页面中加入微妙的色彩渐变，如各种带有渐变色的按钮、渐变色Hero Unit等。渐变色可以通过位图文件来实现，也可以更方便地通过运用CSS来实现。在本节中我们将对HTML5中渐变色绘制的相关技巧展开介绍。

首先制作一个带有渐变色的按钮，其HTML代码如下：

```html
<a href="">BUTTON</a>
```

接下来，我们挑选了两种深浅不一的绿色来作为渐变的起点和终点颜色，分别为浅绿（#79F296）和深绿（#27AE60），如图10.26所示。

接下来，修改a元素的样式，使其呈现为一个带有白色文字的圆角按钮。我们要为按钮设置渐变背景色，这可以通过linear-gradient（线性渐变）方法来实现，代码如下：

图10.26

```css
a{
    display:inline-block;
    font-size:2em;
    border-radius:.3em;
    text-decoration:none;
    padding:1em 2em;
    color:#FFF;
    background:linear-gradient(#79F296, #27AE60);
}
```

在以上代码中，我们将起始和结束两个RGB色值放在linear-gradient方法中，就形成了色彩的渐变效果，如图10.27所示。

渐变的方向默认为从上到下，如果希望将其修改为从左到右，则可以添加"to right"参数，代码如下：

图10.27 渐变效果

```css
a{
    background: linear-gradient(to right, #79F296, #27AE60);
}
```

在以上代码中，to后面的"right"代表渐变方向为向右。从左到右的渐变效果如图10.28所示。

我们也可以在方向中加入top或bottom来生成斜向的渐变，例如使渐变从按钮左上方起始，到右下方终止，代码如下：

图10.28 从左到右的渐变效果

```
a{
    background: linear-gradient(to right bottom, #79F296, #27AE60);
}
```

从左上方到右下方的渐变效果如图10.29所示。

我们也可以在渐变中加入多个色值点，来形成多样化的色彩效果。例如在两种绿色之间加入蓝色，代码如下：

图10.29 从左上方到右下方的渐变效果

```
a{
    background: linear-gradient(to right, #79F296, #00F, #27AE60);
}
```

三种颜色的渐变效果如图10.30所示。

我们还可以为每个色值点添加位置百分比，以更精确地控制渐变效果，代码如下：

BUTTON

图10.30 三种颜色的渐变效果

```
a{
    background: linear-gradient(to right, #79F296 40%, #00F, #27AE60 60%);
}
```

以上代码使得从0%到40%的区域都为浅绿色，从60%到100%的区域为深绿色，剩下的40%到60%的区域则是由浅绿过渡到蓝色，再过渡到深绿色，如图10.31所示。

我们甚至可以在以上代码的基础上，设置从40%到60%的区域为蓝色，代码如下：

BUTTON

图10.31 添加位置百分比的渐变效果

```
a{
    background:linear-gradient(to right,#79F296 40%,#00F 40%,#00F 60%,#27AE60 60%);
}
```

由于在40%的位置点处，渐变突然从浅绿过渡到了蓝色，因此两者之间将形成清晰的颜色边界。同理蓝色与深绿色间也会形成清晰边界，以这种方式我们可以在形状中生成自定义的颜色条块，如图10.32所示。

以上的渐变方式为线性渐变，我们也可以使用radial-gradient来生成径向渐变效果，代码如下：

BUTTON

图10.32 颜色条块效果

```
a{
    background: radial-gradient(#79f296,#27AE60);
}
```

默认的径向渐变是由中心向四周渐变，其效果如图10.33所示。

径向渐变在四方形中将显示为圆形，在其他形状中会被拉伸。如果希望径向渐变不受元素形状的影响，忠实地显示为圆形的渐变效果，则可以为其添加circle参数，代码如下：

BUTTON

图10.33 径向渐变效果

```
a{
    background: radial-gradient(circle,#79f296,#27AE60);
}
```

添加了circle参数的渐变效果如图10.34所示。

图10.34 圆形径向渐变效果

现在按钮的背景具有了渐变色,那是否可以使得文字本身具有渐变色呢?答案是肯定的。我们可以运用webkit中
的背景裁剪属性来实现这一效果,代码如下:

```
a{
    font-size:5em;
    background: linear-gradient(to right, #79f296, #27AE60);
    -webkit-background-clip: text;
    color: transparent;
}
```

在以上代码中,我们首先使用-webkit-background-clip属性来裁剪整个背景,裁剪的形状
即文字区域。然后再设置文本的颜色为透明即可,其效果如图10.35所示。利用这样的CSS
特性,我们就能够在不使用位图的情况下直接为页面中的文字元素添加各种渐变效果了。

图10.35 渐变色文字效果

10.2.5 Pattern 图案绘制

在上一小节中我们学习了渐变的基本制作方法,在本节中我们将更进一步,运用渐变来制作各种可以重复利用
的pattern图案。

首先,我们为整个页面的body元素设置从浅蓝到深蓝色的渐变,代码如下:

```
html, body{
    height:100%;
}
body {
    background:linear-gradient(#51B0E7, #006084);
}
```

这一页面背景色的渐变效果如图10.36所示。

如果我们为两个色值都设置50%的位置点,则渐变将被均分为浅蓝和深蓝两大色块,代码如下:

```
body {
    background:linear-gradient(#51B0E7 50%, #006084 50%);
}
```

刷新页面,新的渐变效果如
图10.37所示。

在背景样式中,有一种名为
background-size的属性,它能够定
义一个背景图案尺寸,并在整个背
景中平铺这一图案,代码如下:

图10.36 页面背景色渐变效果

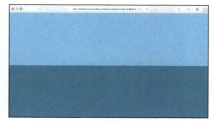

图10.37 渐变均分为浅蓝和深蓝两大色块

```
body {
    background:linear-gradient(#51B0E7 50%, #006084 50%);
    background-size:20px 20px;
}
```

以上代码将渐变浓缩到了20×20像素的区域，并将这一图案加以平铺，最终生成了页面中常见的横线背景效果，如图10.38所示。通过修改background-size属性，我们可以得到更密集或更稀疏的横线背景。

将渐变方向旋转90度，我们就能够得到纵向的横线背景，代码如下：

```
body {
    background:linear-gradient(90deg, #3498DB 50%, #2980B9 50%);
    background-size:30px 30px;
}
```

以上代码生成的背景效果如图10.39所示。

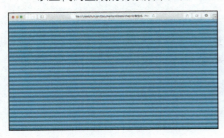

图10.38 横线背景效果

图10.39 纵向横线背景

既然可以用度数来设置渐变的方向，我们也可以随意使用其他的度数来改变横线背景的方向，代码如下：

```
body {
    background:linear-gradient(45deg, #3498DB 50%, #2980B9 50%);
    background-size:30px 30px;
}
```

以上代码将渐变旋转了45度，刷新页面，我们并没有得到铺满整个页面的45度斜线，而只是得到了由斜角小格子平铺而成的页面背景，如图10.40所示。

要得到斜向的横线背景，我们可以去掉background-size属性，改而使用repeating-linear-gradient方法来生成重复平铺的渐变背景。在此我们不能再使用百分比来作为渐变位置点，而是要精确到具体的像素，以决定横线的粗细，代码如下：

图10.40 旋转45度的渐变背景

```
body {
    background:repeating-linear-gradient(45deg, #3498DB, #3498DB 20px, #2980B9 20px, #2980B9 40px);
}
```

以上代码生成并重复平铺了一个渐变图案，该图案的渐变方向为45度，从0像素到20像素处为浅蓝色，从20像素到40像素处为深蓝色，由此生成的斜向横线背景效果如图10.41所示。

我们也可以自由修改渐变的角度，来生成不同的斜向横线背景效果，代码如下：

图10.41 斜向横线背景效果

```
body {
  background:repeating-linear-gradient(65deg, #3498DB, #3498DB 20px, #2980B9 20px, #2980B9 40px);
}
```

以上代码修改了渐变方向为65度，刷新页面，我们将得到更陡峭的横线效果，如图10.42所示。

此外，也可以通过repeating-linear-gradient与background-size的结合，生成更多奇特的渐变背景效果，代码如下：

```
body {
  background:repeating-linear-gradient(20deg, #3498DB, #3498DB 20px, #2980B9 20px, #2980B9 40px);
  background-size:40px 40px;
}
```

以上代码生成的背景效果如图10.43所示。

图10.42 65度横线背景效果　　　　图10.43 锯齿线背景效果

实际上，渐变背景效果能做的还远不止如此，只要用心去发掘，我们还能实现许多不可思议的图形效果。在CSS3 Patterns Gallery这一网站中就列举了大量的此类效果（http://lea.verou.me/css3patterns/），如图10.44所示。

例如，通过多个不同颜色径向渐变的组合，我们能够在页面中绘制出复杂的心型背景图案，如图10.45所示。在该案例中运用了大量渐变的高级属性，限于篇幅本书不对这些参数作深入的讲解，有兴趣的读者可以访问该网站并自行调试各种参数，在动手的过程中达到学习效果。

图10.44 CSS3 Patterns Gallery网站中的背景效果　图10.45 心型背景图案

10.2.6 锯齿图形绘制

在扁平化风格的影响下，锯齿成为了点缀页面细节的一种流行元素，能够使得原本呆板的直线边缘变得更加生动有趣，如图10.46所示。在本章最后一个有关CSS图形的例子中，我们就将来学习这种锯齿图形的绘制方法。

在本例中，我们将为一个页面的header元素增加锯齿效果，HTML代码如下：

图10.46 页面的锯齿修饰细节

```
<body>
  <header>CSS3 linear gradient</header>
</body>
```

首先，为header设置一些必要的样式设计，使其背景为红色，文字为白色且居中，整体显示在页面顶部，代码如下：

```
body {
      background:#FFF;
      margin:0;
}
header{
      color:#FFF;
      font-size:4.5em;
      text-align:center;
      line-height:220px;
      font-family:Georgia, "Times New Roman", Times, serif;
      height:220px;
      width:100%;
      background:#D35400;
}
```

以上样式代码生成的header效果如图10.47所示。

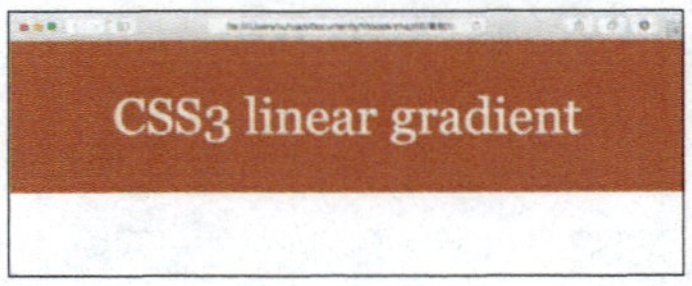

接下来我们所要做的，是在header的下方边缘处绘制锯齿形状，使得底边显示为锯齿而非直线。要绘制锯齿，则需要使用到渐变背景。在上一节中，我们曾经使用过45度渐变来生成了斜角小格子效果，在此我们使用类似的手法来生成斜角，代码如下：

图10.47 header效果

```
header{
    background-image:linear-gradient(45deg,#FF0 50%,transparent 50%);
    background-size:30px 30px;
    background-repeat:repeat-x;
    background-position:0 100%;
}
```

在掌握了前两个小节介绍的渐变知识的基础上，我们不难理解上述代码的含义。首先，代码中创建了一个30×30的背景图案，绘制线性渐变。渐变的角度为45度，也即是能够形成斜角的角度。渐变的位置点为50%，即中点，在中点之前背景为透明，后背景为黄色（#FF0）。我们通过设置background-repeat属性为repeat-x，使得该背景图案仅在水平方向上重复，而不是铺满整个header。通过设置背景位置的bottom参数为100%，背景图案将显示在header最底部。刷新页面，生成的斜角效果如图10.48所示。

图10.48 斜角效果

现在我们生成的斜角仅是锯齿形状的左半侧，为了给锯齿的右半侧腾出空间，我们需要将渐变中白色区域的大小减半，这只需要将渐变的位置点从50%修改为25%即可，代码如下：

```
header{
    background-image:linear-gradient(45deg,#FF0 25%,transparent 25%);
}
```

刷新页面，现在我们可以看到斜角变为了此前的一半大小，如图10.49所示。

接下来，我们将绘制另一侧的斜角。这一步骤非常简单，只需在背景中再加入一项线性渐变（两种渐变之间以逗号间隔），并将渐变的角度翻转到–45度即可，代码如下：

图10.49 斜角大小减半

```css
header{
    background-image:linear-gradient(45deg,#FF0 25%, transparent 25%),
                     linear-gradient(-45deg,#0F0 25%, transparent 25%);
}
```

在以上代码中我们将新添加的斜角颜色设置为了绿色（#0F0），其效果如图10.50所示。

现在我们就成功地运用两种不同的渐变设置，生成了锯齿形状。最后，只需将渐变中的绿色和黄色全部修改为白色即可，代码如下：

图10.50 添加第二项渐变后的效果

```css
header{
    background-image:linear-gradient(45deg,#FFF 25%, transparent 25%),
                     linear-gradient(-45deg,#FFF 25%, transparent 25%);
}
```

最终生成的锯齿效果如图10.51所示。这是一种简单而又实用的CSS技巧，您可以在许多场合中尝试加以运用，它将有可能为您的Web页面作品带来意想不到的效果。

图10.51 锯齿最终效果

10.3 Canvas图形与图像绘制

在本节中，我们将通过两个具体案例来学习Canvas中绘制图形和图像的相关技巧。

10.3.1 Canvas 图形绘制

在CSS中我们要动用大量技巧来绘制图形，这有点像在针尖上跳舞，对于初学者而言其难度不言而喻。而Canvas（画布）则是HTML5中专门用于绘制图形的一种容器，我们可以使用它来更方便地实现图形和图像的处理。在此前的章节中我们已经使用Canvas制作过雪花效果，对其有了一定的了解，在本节中我们将从基础开始，更为系统地学习Canvas的相关操作。

要在页面中使用Canvas，其前提是要在HTML中嵌入一个Canvas元素，代码如下：

```html
<canvas id="myCanvas" width="600" height="400"></canvas>
```

以上代码定义了一个id属性名为myCanvas的画布容器，其宽度为600像素，高度为400像素。要实现Canvas中的绘图操作，我们还需借助JavaScript的力量。在绘制图形时，需要特别注意的是在Canvas中是不能直接绘图的，所有的图形都需要事先通过Canvas元素的getContext()方法来返回一个绘图的环境，然后才能在该环境中绘制。例如，在Canvas中绘制一条红色、粗细为5像素的斜线，我们可以在页面底部</body>之前插入以下JavaScript代码：

```
<script type="text/javascript">
    var canvas=document.getElementById("myCanvas");
    var context=canvas.getContext("2d");
    context.strokeStyle = '#E74C3C'; //线条颜色为红色
    context.lineWidth = 5; //线条粗细为5像素
    context.moveTo(100,100); //线条起点坐标为100, 100
    context.lineTo(200,200); //从起点创建一条路径到200, 200的坐标点
    context.stroke(); //为以上的路径描边
</script>
```

以上代码所绘制的斜线效果如图10.52所示。

图10.52 斜线效果

> **• 经验 •**
>
> 在以上代码中，getContext方法的参数为2d，这表示创建了一个二维的绘图环境。而随着HTML5的发展，当Canvas支持3D绘图时，我们还可以通过传入"3d"参数来绘制三维图形。

如果要绘制一个矩形，则可以使用strokeRect()方法，代码如下：

```
context.strokeRect(250,100,100,100);
```

以上代码从（250，100）这个坐标点开始绘制矩形，矩形的宽度和高度均为100，矩形将以红色正方形的形式显示在斜线的右侧，其绘制效果如图10.53所示。

现在绘制的矩形是一个空心的框线，如果要为其内部填充颜色，则可使用fillRect方法。但需要注意的是，在此之前应事先设置好fillStyle属性，以确定填充的颜色，代码如下：

```
context.fillStyle="#000";
context.fillRect(250,100,100,100);
```

图10.53 矩形绘制效果

以上代码将为矩形内部填充黑色，填充效果如图10.54所示。

接下来我们将在矩形右侧再绘制一个圆形，圆形的绘制方法已经在制作雪花动画的章节中介绍过，代码如下：

```
context.beginPath();
context.arc(450,150,50,0,Math.PI*2);
context.closePath();
context.stroke();
```

图10.54 矩形填充黑色效果

圆形的绘制效果如图10.55所示。

而要为圆形内部填充颜色，只需要在上述代码之后，紧接着执行一行fill()语句即可，Canvas将对最后创建的路径执行填充颜色操作，所填充的色值将遵循此前设置的fillStyle属性，即黑色，代码如下：

```
context.fill();
```

图10.55 圆形的绘制效果

圆形的填充效果如图10.56所示。

以上就是Canvas中一些基本元素的绘制方法。虽然在制作网站时我们往往并不会绘制这么简单的形状，但它们却是实现更加复杂的图形效果的基石。

图10.56 圆形的填充效果

除基本的形状外，在Canvas中还可以绘制位图和文字。新建一个HTML页面，在其中创建一个850×400的Canvas容器，代码如下：

```html
<canvas id="myCanvas" width="850" height="400"></canvas>
```

我们事先准备了一张名为flag.png的透明背景图片，并希望将其放入Canvas中显示，如图10.57所示。

接下来，在JavaScript中使用fillRect()方法为整个画布填充深蓝色，代码如下：

```html
<script type="text/javascript">
    var canvas=document.getElementById("myCanvas");
    var context=canvas.getContext("2d");
    context.fillStyle="#2C3E50"; /*深蓝色*/
    context.fillRect(0,0,850,400);
</script>
```

颜色的填充效果如图10.58所示。

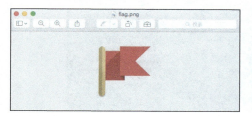

图10.57 flag.png

图10.58 填充画布颜色

要在画布中置入位图文件，可以通过先创建一个Image对象，再指定对象的图片路径来进行加载，最后使用drawImage()方法将位图绘制到Canvas中，代码如下：

```javascript
var img = new Image();
img.src = "flag.png";
context.drawImage(img, 80, 150); //将图像左上角放置在坐标为（80，150）的点
```

添加以上代码后，刷新页面，但是我们却看不到任何图片。发生这个问题的原因在于位图的加载是需要一定时间的，在执行drawImage方法的时候，位图可能还没有加载完全。因此，我们需要首先判断位图加载完毕后，再调用该方法，代码如下：

```javascript
var img = new Image();
img.src = "flag.png";
img.onload = function(){
  context.drawImage(img, 80, 150);
}
```

在以上代码中，我们通过侦测img的onload事件，使得图片在加载完毕后再执行所指定的function函数。刷新页面，现在我们能够看到位图被加载并显示在了画布左侧，如图10.59所示。

接下来，我们要在图标右侧绘制两行文字。Canvas中绘制文字的方法为fillText()，在该方法中可以指定文字内容以及绘制文字的起始坐标点。文字的颜色可以事先通过fillStyle属性来指定，文字的字体和字号则可以通过font属性来设置。代码如下：

图10.59 位图加载效果

```
context.fillStyle="#FFFFFF";
context.font = '48px georgia';
context.fillText("This is a Canvas",230,200);
context.font = '21px georgia';
context.fillText("Happiness is a way station between too much and too little",230,250);
```

文字的绘制效果如图10.60所示。

在Canvas中还有一些其他的操作，如对图案进行放大、缩小、旋转等，在此我们将演示其中旋转功能的用法。在以上fillText代码后，紧接着添加一句画布的旋转语句（注意旋转的单位应是弧度），代码如下：

```
context.rotate(5*Math.PI*2/180);
```

以上代码将使得画布旋转5度，但刷新页面，我们只能看到图片被旋转了，文字则没有丝毫旋转的迹象，如图10.61所示。

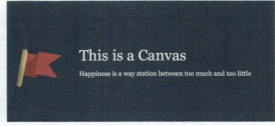

图10.60 文字的绘制效果

图10.61 画布的旋转效果

为什么文字没有被旋转呢？我们可以尝试将以上旋转语句放到fillText代码之前，代码如下：

```
context.rotate(5*Math.PI*2/180);
context.fillText("This is a Canvas",230,200);
context.fillText("Happiness is a way station between too much and too little",230,250);
```

刷新页面，现在可以看到图片和文字都发生了旋转，如图10.62所示。事实上，画布发生的旋转效果只会影响到旋转后所添加的元素。而由于图片的加载需要一定的时间，虽然其显示代码位于文字显示代码之前，但是drawImage的实际执行时间在画布旋转之后，因此在之前的代码中仅仅只有位图被旋转了。

图10.62 将旋转代码放在fillText代码前的效果

有没有什么办法只旋转文字，而不旋转后续显示的图片呢？在此则需要使用到Canvas绘图中的save()和restore()两种方法。其中，save()方法能够保存当前Canvas的状态，restore()则能够使画布恢复到之前所保存的状态。我们的解决思路是，在画布旋转之前先保存下未旋转时的状态，然后旋转并绘制文本，当图片加载完毕并准备绘制时，再将画布恢复到未旋转前的状态。代码如下：

```
img.onload = function(){
    context.restore();
    context.drawImage(img, 80, 150);
}
context.save();
context.rotate(5*Math.PI*2/180);
//省略绘制文本的代码
```

最终的旋转效果如图10.63所示。

以上就是Canvas的一些基础的操作介绍，为了更好地掌握它的使用方法，建议您可以构思一种图形，并亲自动手制作一个含有Canvas元素的Web页面来实现它。

图10.63 旋转文本效果

10.3.2 Canvas 像素控制

Canvas不仅能够绘制各种图形、文本和位图，它还能够对位图进行复杂的像素运算和处理。有了这样强大的功能，我们就能够随心所欲地在页面中实现各种原本只能在Photoshop之类的软件中才能生成的图像效果。

首先，在HTML中创建一个Canvas容器，代码如下：

```
<canvas id="myCanvas" width="800" height="500"></canvas>
```

在此，我们准备了一张名为bg.jpg的位图文件，准备将其置入Canvas中，如图10.64所示。

我们可以运用在上一小节学习的知识，将bg.jpg加载并显示到Canvas中，代码如下：

```
<script type="text/javascript">
    var canvas=document.getElementById("myCanvas");
    var context=canvas.getContext("2d");
    var img = new Image();
    img.src = "bg.jpg";
    img.onload = function(){
        context.drawImage(img, 0, 0);
    }
</script>
```

图10.64 bg.jpg文件

由于bg.jpg的原始图片大小为1680×1050，在800×500像素的Canvas容器中无法显示出图片的全貌，而仅能显示出图片的左上角，如图10.65所示。

解决以上问题的方法是在drawImage的方法中添加两个参数，分别作为所绘制的位图的宽度和高度，代码如下：

```
context.drawImage(img, 0, 0, 800, 500);
```

刷新页面，现在位图在加载后将以800×500的大小呈现，从而能够完整显示全貌，如图10.66所示。

图10.65 位图加载效果

图10.66 位图的绘制效果

接下来，我们希望对所加载的位图做一些像素操作。要实现这一操作，首先需要从Canvas中获取到位图的像素信息。我们可以使用绘图对象的getImageData()方法来获得包含每个像素点颜色的字节数据，代码如下：

```
img.onload = function(){
    context.drawImage(img, 0, 0, 800, 500);
    img = context.getImageData(0, 0, 800, 500);
}
```

以上代码使用getImageData()方法获取了位图的像素字节数据，并将这一数据赋予了img对象，这形成了后续图像处理的源数据。接下来，我们要对该字节数据进行遍历，以获得每一个像素点的红、绿、蓝色值。由于图像大小为800×500，像素的总个数是宽度与高度的乘积，因此我们需要创建一个800乘以500次的循环，代码如下：

```
var picLength = 800 * 500;   //获得像素个数
for (var i = 0; i < picLength * 4; i += 4) {
    var myRed = img.data[i];        //第一个字节单位代表红色
    var myGreen = img.data[i + 1];  //第二个字节单位代表绿色
    var myBlue = img.data[i + 2];   //第三个字节单位代表蓝色
    var myAlpha = img.data[i + 3];  //第四个字节单位代表透明度
}
```

在以上代码中，我们循环获取了包含在位图数据中的每个像素点的具体色值。需要注意的是，每一个像素点的数据不是一位，而是相邻的四位，分别代表该点的红、绿、蓝和透明值。因此，实际上位图字节数据的数组长度等于像素点个数乘以4，在for循环中我们也针对这一特性进行了相应处理。

在获取这些色值的基础上，我们就能够方便地操作位图的颜色。例如，要将位图由彩色转换为灰色，只需要将每一点的红、绿、蓝值进行平均，然后再将生成的平均值相同地赋予该像素点的红、绿、蓝值，就能形成灰度的图像字节数据，最后再调用putImageData方法来重新绘制img位图即可，代码如下：

```
for (var i = 0; i < picLength * 4; i += 4) {
    //其余代码略
    var myGray = parseInt((myRed + myGreen + myBlue) / 3);  //平均后获取灰度值
    img.data[i] = myGray;      //设置红色值
    img.data[i + 1] = myGray;  //设置绿色值
    img.data[i + 2] = myGray;  //设置蓝色值
}
context.putImageData(img, 0, 0);  //重新绘制img位图
```

以上代码生成的位图灰度效果如图10.67所示。

我们也可以通过设置某一种色值为0，来从位图中去掉该种颜色。如以下代码将去掉位图中所有的红色：

```
img.data[i] = 0;  //去掉所有红色
```

去掉红色值后的位图效果如图10.68所示。

图10.67 位图的灰度效果

图10.68 去掉红色值后的位图效果

透明度的控制也变得非常简单，只需要修改第四个字节单位对应的数值即可，该数值的范围为0至256，0代表完全透明，256代表完全不透明。如以下代码将使得位图含有50%透明度：

```
img.data[i + 3] = 128; //第四个字节单位代表透明度，在此设置为50%透明
```

位图的透明度效果如图10.69所示。

有了这些强大的像素处理方法，我们可以实现在过去很难通过Web页面本身实现的功能。例如当用户上传了一张图片后，我们可以找出其中的白色像素区域，将这些像素全部设置为完全透明，以实现自动抠图，或是Photoshop中魔术棒的功能。

图10.69 位图的透明度效果

> **· 经验 ·**
>
> 随着HTML5的发展，在CSS中也出现了filter（在webkit 内核浏览器中该属性名为-webkit-filter）等与图像处理相关的CSS属性，便于开发者更快捷地实现一些特定的图像效果。例如，-webkit-filter: invert(100%)将使一张图片以完全反色的方式呈现；-webkit-filter: blur(10px)将为一张图片添加10像素的模糊效果；-webkit-filter: brightness(150%)将在100%的基准值上，再为图片增加50%的明度；-webkit-filter: contrast(50%)表示将图片的对比度调整为50%；-webkit-filter: saturate(165%)将使图片的饱和度增加到165%；-webkit-filter: grayscale(100%)表示将图片转变为灰度显示；-webkit-filter: hue-rotate(90deg)表示将图片色相加以90度旋转；-webkit-filter: opacity(50%)表示将图片透明度设置为50%，等等。

10.4 SVG图形与图像绘制

在本节中，我们将通过两个具体案例来学习SVG中绘制图形和图像的相关技巧。

10.4.1 SVG 图形绘制

SVG又被称为可缩放矢量图形（Scalable Vector Graphics），它是HTML5中用于描述二维矢量图形的一种图形格式。与位图像素相比，矢量图形使用起来给人以更加缩放自如的感觉。在此并不赘述SVG的历史进程，现实情况是，随着移动端对SVG支持的普及化，它正越来越多地被使用于各种网页作品中。SVG的各种使用方法完全可以写成一本书，在此我们将择其重点进行介绍。

SVG的创建非常简单，只需直接在HTML中创建svg标签即可，代码如下：

```
<body>
  <svg height="1000px" width="1000px"></svg>
</body>
```

以上代码创建了一个SVG容器，其高度和宽度均为1000像素。接下来我们将在其中绘制两个矩形，代码如下：

```
<svg height="1000px" width="1000px">
  <rect id="myRect1" height="100px" width="200px" fill="#2ECC71"/>
  <rect id="myRect2" height="100px" width="200px" y="100px" fill="#27AE60"/>
</svg>
```

在SVG中，rect元素代表矩形，我们在此绘制了两个200×100的矩形，其背景色通过填充属性分别指定为浅绿和

深绿色，并且通过调整一个矩形的y位置，使两者呈现上下排列，绘制效果如图10.70所示。

在以上代码中，两个矩形分别指定了id属性，我们也可以通过CSS来控制其呈现方式，代码如下：

图10.70 矩形绘制效果

```css
#myRect1{
  fill:#E74C3C; /*填充浅红色*/
}
#myRect2{
  fill:#C0392B; /*填充深红色*/
}
```

上述CSS代码定义的背景色将覆盖<rect>矩形原有的fill设置，刷新页面，现在矩形的颜色将发生变化，如图10.71所示。

图10.71 使用样式控制SVG中矩形的颜色

> **· 注意 ·**
>
> SVG的CSS属性较为特别，如fill属性用于定义形状的填充颜色，相当于普通元素的background属性，stroke-width属性用于定义形状的边框宽度，相当于普通元素的border-width属性，stroke属性用于定义形状边框的颜色，相当于普通元素的border-color属性，等等。

除使用id外，我们也可以为不同的形状设置不同的class，代码如下：

```html
<svg height="1000px" width="1000px">
  <rect height="100px" width="200px" class="alizarin"/>
  <rect height="100px" width="200px" y="100px" class="pomerganate"/>
</svg>
```

通过class我们也能够改变矩形的颜色，甚是为矩形添加hover样式定义来制作交互效果，代码如下：

```css
.alizarin{
  fill:#E74C3C;
}
.pomerganate{
  fill:#C0392B;
}
.alizarin:hover, .pomerganate:hover{
  fill:#000;
}
```

在以上代码中，我们使得矩形在鼠标指针滑过时填充为黑色。页面测试效果如图10.72所示。

除矩形外，我们还可以在SVG中绘制圆形，其对应的元素标签为<circle>，代码如下：

图10.72 鼠标指针滑过矩形时的颜色变化效果

```html
<svg height="1000px" width="1000px">
  <circle cx="300" cy="300" r="150" id="circle"/>
</svg>
```

以上代码中，cx代表圆心的x坐标，cy代表y坐标，r代表圆的半径，绘制的圆形效果如图10.73所示。

由于该圆形没有定义fill属性，因此默认呈现为黑色。为其添加一些样式，代码如下：

```css
#circle{
    fill:#16A085; /*深绿色*/
    stroke:#1ABC9C; /*浅绿色*/
    stroke-width:20px;
}
```

图10.73 在SVG中绘制圆形

在以上代码中，我们为圆形填充深绿色，并设置了20像素的浅绿色边框，效果如图10.74所示。

除rect和circle外，我们还可以使用ellipse绘制椭圆形，使用line绘制线条，使用polygon来绘制含有不少于三个边的多边形，使用polyline来创建仅包含直线的多边形，使用path来定义路径，等等。

图10.74 圆形样式设置

我们可以将SVG有机地结合到Web页面中。例如，在某个图片背景上绘制文本显示区域，HTML代码如下：

```html
<div id="sec">
  <div id="sec-description">
    <h1>Zerg</h1>
    <p>Led by the cunning Queen of ... on the galaxy.</p>
  </div>
  <svg width="200px" height="500px">
    <polygon fill="white" stroke="blue" id="polygon"
points="0,0,200,0,200,350,0,250" />
  </svg>
</div>
```

以上代码将生成一个带有h1标题和p段落的div元素，在其下方使用SVG绘制了一个宽度为200像素的polygon多边形，在该多边形中定义了四个顶点坐标，分别为（0，0）、（200，0）、（200，350）和（0，250），依次以逗号分隔，形成了一个底边带有斜角的四边形。以上这些元素又被最外层id为sec的div元素所包含，如图10.75所示。

创建CSS样式，为最外层sec元素设置图片背景，提升sec-description的z-index值，使得SVG图案显示在下方，以作为衬托文字显示的纯色背景，代码如下：

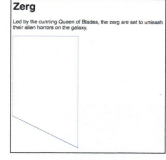

图10.75 斜角四边形

```css
#sec{
    background:url(bg.jpg);
    width:200px;
    height:500px;
    position:relative;
    overflow:hidden;
}
#sec-description{
    position:absolute;
    color:#FFF;
    box-sizing:border-box;
    padding:0 30px;
    z-index:20;
```

```
}
h1{
    font-size:48px;
}
p{
    font-size:14px;
}
#polygon{
    fill:#34495E;  /*修改多边形的背景色为深蓝绿色*/
    stroke-width:0;  /*去除多边形的边框*/
}
```

以上样式的显示效果如图10.76所示。

通过以上代码效果，可以看到SVG轻易地实现了斜角的图形绘制功能，使得页面的细节呈现更加美观活泼。我们也可以方便地通过CSS为图案添加交互效果，代码如下：

```
#sec:hover svg{
    opacity:.9;
}
```

以上代码使得鼠标指针滑过sec元素时将SVG图形透明度更改为90%，其显示效果如图10.77所示。

我们甚至可以为SVG添加transform属性，并设置transition动画，代码如下：

```
#sec svg{
    transition:all .5s;
    -webkit-transition:all .5s;
}
#sec:hover svg{
    opacity:.9;
    transform: translateY(-30px);
    -webkit-transform: translateY(-30px);
}
```

以上代码将在鼠标指针滑过sec元素时，使SVG图形向上移动30像素，其显示效果如图10.78所示。

图10.76 设置样式后的显示效果　　图10.77 鼠标指针滑过sec元素效果1　　图10.78鼠标指针滑过sec元素效果2

需要注意的是，以上的transition动画在一些webkit浏览器中渲染和播放时，会产生闪动情况。更具体来说，动画过程中标题和段落文字会在粗细上发生极其细微的变化。这可以看作浏览器的一个BUG。目前有一种通用的解决办法，即通过设置-webkit-backface-visibility属性为hidden，并且设置父元素的-webkit-transform-style属性为preserve-3d来解决。代码如下：

```
#sec-description{
    -webkit-transform-style: preserve-3d;
}
h1{
    -webkit-backface-visibility: hidden;
}
p{
    -webkit-backface-visibility: hidden;
}
```

现在再次测试页面，动画的闪烁效果已经消除。

另一种SVG的交互方式是通过其自带的事件属性来实现响应和交互。在以上代码的基础上，去除所有的hover样式代码，在SVG的polygon标签内添加新的节点，将其命名为animate（动画）。在animate节点中，设置当发生polygon的mouseover事件时开始播放该动画（begin="polygon.mouseover"）。其中，动画持续时间为500毫秒（dur="500ms"），动画属性为多边形的各个顶点（attributeName="points"），这些顶点将由polygon中的points坐标值变化为to属性中的坐标值，最后该动画将停止在to属性所指定的形状状态（fill="freeze"）。代码如下：

```
<svg width="200px" height="500px">
  <polygon fill="white" stroke="blue" id="polygon"
points="0,0,200,0,200,350,0,250">
    <animate attributeName="points" dur="500ms" to="0,0,200,0,200,250,0,250" begin="polygon.
mouseover" fill="freeze"></animate>
  </polygon>
</svg>
```

对比polygon和animate中的坐标点，不难发现只有一个点的位置发生了变化，即（200，350）的坐标点位置移动到了（200，250），上移了100像素。测试页面，当鼠标指针滑过SVG图形时，animate将被激活并开始播放动画，生成的形状动画效果如图10.79至图10.81所示。

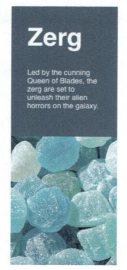

图10.79 SVG形状动画效果1　　图10.80 SVG形状动画效果2　　图10.81 SVG形状动画效果3

10.4.2 SVG 图像遮罩

在上一小节中我们了解了SVG中图形绘制的基础知识。实际上，在SVG中不仅能绘制矢量形状，还能够引入外部的位图，甚至对位图进行遮罩等处理。在此用一个简单而又较为实用的例子来加以说明，HTML代码如下：

```
<svg width="400" height="400">
    <image xlink:href="pic.jpg" width="400" height="400"></image>
</svg>
```

在以上代码中，我们使用<image>标签来代表SVG中的位图，并通过xlink:href属性来指定图片路径，图片的大小为400×400像素，其显示效果如图10.82所示。

要绘制更加复杂的SVG图形，我们需要使用到专业的矢量图形软件。接下来，使用Illustrator绘制一个矢量图形，以作为位图的遮罩图形，如图10.83所示。

将该文件保存为SVG类型，并在后续弹出的SVG选项窗口中单击"SVG代码…"按钮，如图10.84所示。此时Illustrator将打开一个文本文件，在其中则是该SVG文件的全部代码。我们并不需要将其存为SVG文件再加以使用，只需拷贝这些代码到HTML页面中即可。

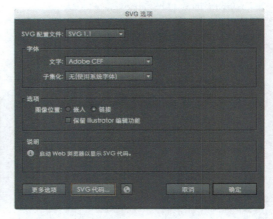

图10.82 SVG中的位图显示　　图10.83使用Illustrator绘制矢量图形　　　　图10.84 SVG选项窗口

接下来，在HTML文件中创建一个新的SVG元素，在其中创建defs节点，以定义被引用元素。将Illustrator中生成的SVG代码放入defs节点内部，并将标签由svg更改为clipPath，使得该SVG形状被定义为一个剪裁路径。最后，不要忘记给clipPath赋予一个id属性值。代码如下：

```
<svg>
  <defs>
    <clipPath width="400px" height="400px" id="clipping">
      <path d="M136.634,10.029v172.534c0,0-0.278,16.248,5.282,23.921L29.703,95.09C29.703,95.09,62.709,34.589,136.634,10.029z"/>
        <!--省略其余路径点代码-->
    </clipPath>
  </defs>
</svg>
```

现在，我们就能够使用自定义的clipping图形来遮罩之前制作好的image位图了，这一步需要在CSS中加以指定，代码如下：

```
svg image{
    clip-path:url(#clipping);
}
```

最终生成的位图遮罩效果如图10.85所示。

运用这一技巧，我们可以在网站的首页中对图片添加形状遮罩效果，而免去了使用Photoshop对图像进行处理的步骤，遮罩的对象甚至可以是动态更新的图片，如图10.86所示。我们还可以为该SVG图形加上动画，使得页面效果给人们留下更加深刻的印象。

• 经验 •

创造遮罩的另一种方法是使用CSS3中的mask或mask-image属性来指定遮罩的图形，但目前支持该特性的浏览器较少。

图10.85 位图遮罩效果　　　图10.86 遮罩技巧运用案例

由于SVG代码能够直接体现为某种图形，因此我们还可以在CSS中直接输入SVG内容，以代替图片。在移动端使用这一技巧的好处还在于能够有效减少HTTP请求数。例如，在大名鼎鼎的GitHub网站中便使用了SVG图案来显示内页标题的背景，如图10.87所示。

在使用这一技巧前，需要先将SVG转换成base64编码的Data URI数据，再将其作为参数传入CSS背景的url方法中，代码如下：

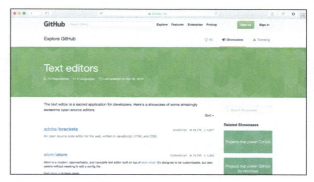

图10.87 GitHub网站中的SVG运用

```
background-image: url(data:image/svg+xml;base64,PHN2ZyB4bWxucz0ia...);
```

除CSS外，我们也可以直接在页面的img元素中引用压缩的SVG内容，代码如下：

```
<img src="data:image/svg+xml;base64,PHN2ZyB4bWxucz0ia...">
```

在过去，所有图像都必须通过引入PNG、JPG等外部文件来加以实现，而以上技巧则使得我们能够使用文本字符来描述图像，这不啻于是一种理念上的颠覆。如今，Canvas和SVG的技术已经非常成熟，它们在显示网页图形图像中所占的比例已经越来越高，本书虽不是一本专门介绍Canvas和SVG的书籍，但希望能通过对其基础知识的梳理和上述实战案例的制作分享，为读者抛砖引玉，进而引导大家作更加深入的应用和探索。

• 经验 •

有许多在线工具可以提供SVG的base64编码压缩，如Mobilefish提供的在线转换工具，其网址为 http://www.mobilefish.com/services/base64/base64.php。

第 11 章 HTML5交互操作

HTML5最创新的部分也许并不在于它绚丽的动画动效，也不在于其图像处理能力的强大，而是在于它给予了用户与页面之间开展交互的无穷可能性。本章作为介绍HTML5中交互操作的主要章节，也是全书的重头戏。我们将通过多个精选的交互操作案例，了解HTML5在用户交互方面提供了哪些新的特性，能够实现什么样的交互效果，并熟练掌握包括按键控制、滚动触发式动画、视差滚动、元素拖曳、手机刮奖、摇红包等流行交互功能的实现方法。

11.1 交互操作核心技巧

在过去，用户与页面之间的交互方式主要是键盘和鼠标，而随着移动设备的逐渐普及，交互的主要方式变为了触摸、手势操作。HTML5的一系列新的特性，也催生出了如文件拖动、重力感应等全新的交互方式。为了便于读者更清晰地掌握交互操作的核心技巧，在本章中我们将主要的交互操作模式分为了以下四类：

1. 页面滚动相关的交互操作。在传统的PC中，90%以上的用户与页面之间的交互都是通过鼠标完成的，鼠标的交互功能一方面是单击各种页面链接，完成一些功能性操作，另一方面则是对页面进行滚动来浏览更多内容。近年来，大量的HTML5交互细节都聚焦于页面滚动，它能在不扰乱用户注意力的前提下，潜移默化地提升用户的交互体验。一些页面滚动效果是可以通过CSS代码来实现的，如使用overflow属性以实现局部滚动，使用background-attachment属性来实现固定背景效果等，而更多的页面滚动效果则需要JavaScript的配合，在不断侦测页面scroll事件的基础之上，结合CSS制作出诸如视差滚动、滚动触发动画等交互效果。

2. 键盘和鼠标相关的交互操作。与键盘相关的页面交互大都集中于网页游戏中，如通过键盘控制游戏人物的走路、跑跳等，其实现方式主要依赖于侦测按键的按下（keydown）、松开（keyup）等事件。与鼠标相关的页面交互主要为拖曳，这可以通过侦测鼠标指针在元素上方按下（onmousedown），并在页面中移动（onmousemove）的相关事件来加以实现。本章将分别针对这两类交互操作给出对应的案例介绍。

3. 移动端相关交互操作。在移动端，除触摸和手势操作外，重力和加速度感应（DeviceMotionEvent）、地理位置检测（Geolocation）等也是现今流行的交互方式，在本章中将通过刮一刮、摇一摇、计步器等案例介绍这些功能和特性的实现方式。

4. 其他交互操作。除以上之其交互操作以外，本章还介绍了本地和跨域数据文件加载（ajax）、本地存储（localStorage）、文件拖放（ondragover、ondragend、ondrop）、本地文本操作（File API）等HTML5中的其他交互特性。

11.2 滚动类交互

在本节中，我们将通过6个具体案例来学习HTML5中与页面滚动交互相关的技巧。

11.2.1 页面固定背景

页面固定背景是实现许多其他滚动交互效果的基础，在此以一个简单的固定背景案例作为本章的开场。在本例中，我们准备制作一张含有大段文字的页面，HTML代码如下：

```html
<h1>Lorem ipsum</h1>
<p>Lorem ipsum dolor sit amet, consectetur ...（其余段落内容略）</p>
```

此外，我们为页面准备了一张背景图片，文件名为bg.jpg，如图11.1所示。

接下来，为页面添加CSS样式，包括设置文本样式和背景图片，代码如下：

```
body {
    background:#000 url(bg.jpg) no-repeat 50% 0;
    margin:10% 20%;
    color:#FFF;
    font-family:'Helvetica Neue', sans-serif;
}
h1{
    font-size:120px;
    text-transform:uppercase;
    border-bottom:2px solid #FFF;
    padding-bottom:50px;
}
p{
    font-size:24px;
}
```

图11.1 页面背景图片

在以上代码中，我们将页面背景色设置为黑色，并将bg.jpg设为页面的背景图片，通过声明"no-repeat"使其不重复平铺，并设置其水平方向位置为50%，即背景居中显示，垂直方向位置为0，即背景从顶部开始显示。页面测试效果如图11.2所示。

现在页面看上去没有什么问题。但由于页面的内容太长了，一旦往下滚动页面，到背景图片结束时，页面背景将显示为黑色，如图11.3所示。

图11.2 页面测试效果

图11.3 页面图片背景末尾效果

要解决这一问题，我们可以通过设置background-attachment属性为fixed，使背景固定下来，不随文字滚动而滚动，代码如下：

```
body {
    background-attachment:fixed;
}
```

刷新页面，现在无论怎么滚动页面，整个页面的背景都将固定不动，如图11.4所示。

固定背景是一种"神奇"的属性，如果运用得当则能够做出非常炫目的效果。我们可以为任何元素设置固定背景，不管元素的位置如何移动，其背景都将相对于浏览器的整个视窗来定位。例如，我们去掉body的

图11.4 固定背景效果

background-attachment属性，改而为h1和p添加该属性，CSS代码如下：

```
body {
    background:#000;
}
h1, p{
    background:url(bg.jpg) no-repeat 50% 0;
    background-attachment:fixed;
}
```

图11.5 文字固定背景效果1

　　页面测试效果如图11.5至图11.7所示。当滚动页面时，文字就好像在黑色的背景上方凿开了一扇扇"窗户"，透出了下方的背景图片。随着文字的移动，这些窗户也在不断移动，但透过窗户所看到的"风景"永远是静止不变的。

图11.6 文字固定背景效果2

图11.7 文字固定背景效果3

11.2.2 选区控制

　　页面固定背景是一种很微小的交互细节，但是因为有别于传统的跟随内容滚动背景效果，其运用常常能够给人以耳目一新的感觉。同理，选区颜色也是一种微小但能够给人以深刻印象的交互细节，常常被应用于各类重阅读交互的站点中。

　　在本例中我们就将制作这样一个选区颜色控制的案例。在此，我们沿用了上一个案例的HTML内容，同时也运用刚掌握的技巧为其设置固定背景，CSS样式代码如下：

```
body {
    background:url(bg.jpg) no-repeat 50% 0;
    background-attachment:fixed;
    margin:10% 20%;
    color:#FFF;
    font-family:Georgia, "Times New Roman", Times, serif;
    text-shadow:1px 2px 0 rgba(0,0,0,.75);
}
h1{
    font-size:90px;
    text-transform:uppercase;
    border-bottom:2px solid #FFF;
    padding-bottom:50px;
```

```
}
p{
    font-size:21px;
}
```

在以上代码中，我们除设置了固定背景外，还为页面中的文字设置了text-shadow属性，添加了文字阴影，页面显示效果如图11.8所示。

现在，当我们选择页面中的部分文字时，得到的将是浏览器的默认反蓝色背景，如图11.9所示。

图11.8 页面显示效果

图11.9 页面文字默认选择效果

默认的反选色不太美观，所形成的选区文字与背景色的反差也并不明显。我们可以通过selection伪元素来自主修改这一反选样式，代码如下：

```
::selection {
    text-shadow: none;
    color: #fff;
    background-color:#E74C3C;
}
```

在以上代码中，我们设置了页面中所有元素选区的文字颜色为白色，背景颜色为红色，并去除了文字阴影。刷新页面，现在选择页面中的任何文字，都能得到更加醒目的选区效果，如图11.10、图11.11所示。

图11.10 选区文字效果1

图11.11 选区文字效果2

• 经验 •

我们只能向 ::selection 选择器应用少量 CSS 属性，如color、background、cursor 及 outline等。

11.2.3 局部滚动

为了在有限的页面区域中显示更多的内容，我们往往会对局部内容区域添加滚动。在过去，这一工作常常由框架（iframe）完成，而在HTML5中，我们更倾向于使用overflow属性来创建这一局部滚动效果。

在本例中，我们将在页面中制作一个局部的纵向滚动区域，其HTML代码如下：

```html
<div id="title">
  <h1>The Scroll Effect</h1>
  <ul>
    <li><a href="#pic1">PIC1</a></li>
    <li><a href="#pic2">PIC2</a></li>
    <li><a href="#pic3">PIC3</a></li>
    <li><a href="#pic4">PIC4</a></li>
  </ul>
</div>
<div id="scroll">
  <div class="article" id="pic1">
    <img src="pic1.jpg">
    <h1>Duis volutpat</h1>
    <p>Phasellus hendrerit ... vitae viverra nisl.</p>
  </div>
  <div class="article" id="pic2">
    <img src="pic2.jpg">
    <h1>Fusce interdum</h1>
    <p>Etiam cursus erat eros ... erat volutpat.</p>
  </div>
  <!--其余代码略-->
</div>
```

在以上代码中主要包含了title和scroll两个div元素，分别作为页面的标题菜单区域和内容滚动区域。在scroll中包含了四个div子元素，其id分别为pic1、pic2、pic3和pic4，在每一个div子元素中又各包含了一张图片（img）、一个标题（h1）和一段文字（p）。在title中包含了ul列表元素，其中有4个超链接，分别链接到scroll中不同的div子元素。

我们的设想是使得title元素显示在页面左侧，scroll元素显示在右侧并实现局部滚动，以使得整个页面不出现纵向滚动条。首先我们完成页面的主体样式，设置页面的高度为100%，代码如下：

```css
html, body{
    height:100%;
}
body {
    background:#06C url(bg.jpg) no-repeat;
    background-size:cover;
    margin:0;
    padding:0;
    color:#FFF;
    font-family:'Helvetica Neue', sans-serif;
    position:relative;
}
```

图11.12 页面显示效果

在以上代码中，我们设置了html和body的高度均为100%，这是为后续制作预先铺垫的一步。此外，我们还为页面设置了背景色和图片背景，使页面中的所有字体颜色呈现为白色，其显示效果如图11.12所示。

接下来，为title元素设置绝对定位，使其显示在页面左侧，并通过设置li元素显示为inline-block，使ul列表中的元素横向排列，代码如下：

```
#title{
     position:absolute;
     bottom:20%;
     left:8%;
}
#title h1{
     font-size:56px;
     text-transform:uppercase;
}
#title ul{
     margin:0;
     padding:0;
     list-style:none;
}
#title li{
     display:inline-block;
}
#title li a{
     color:#FFF;
}
```

同时，为scroll元素添加样式代码，使其显示在页面右侧，内容区域宽度为300像素，代码如下：

```
#scroll{
     position:absolute;
     left:65%;
     width:300px;
     padding:0 30px;
     background:rgba(255,255,255,.15);
}
#scroll .article {
     width:300px;
}
#scroll .article h1{
     font-weight:normal;
}
#scroll .article img{
     margin-top:30px;
}
```

在以上代码中，scroll容器的宽度设置为300像素，而单个article元素的宽度也设置为300像素，这样一行只能容纳一个article，因此所有的article元素将以从上至下的方向排列，如图11.13所示。

然而，由于scroll容器的高度大于页面高度，导致当前页面中出现了纵向滚动条。当我们向下滚动页面时，title和页面背景将向上移动并消失在视窗区域中，如图11.14所示。

图11.13 article排列效果

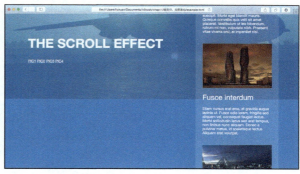

图11.14 页面滚动效果

要使得在滚动页面时title和页面背景位置仍然保持不变，我们可以使用之前学习的固定背景技巧，并将title容器的定位方式（position）由绝对定位（absolute）改为固定定位（fixed），代码如下：

```css
body {
    background-attachment:fixed;
}
#title{
    position:fixed;
}
```

以上两项CSS定义分别将页面背景和title元素位置加以固定，现在滚动页面，我们可以看到除右侧的图文内容发生滚动外，页面中其余元素都保持固定，如图11.15所示。

然而，以上代码仅仅只是将页面中的一些通用元素加以固定，滚动实际上仍然是针对整个页面的，滚动条也是显示在整个浏览器窗口的最右侧，这还称不上是局部滚动。要实现局部滚动，可以使用元素的overflow属性。去除上述样式代码，新增代码如下：

图11.15 背景和title的固定效果

```css
#scroll{
    overflow:auto;
    height:100%;
}
```

以上代码为scroll容器设置高度为100%，由于在之前的代码中已经设置了html和body的高度为100%，因此现在容器的高度将与整个页面的高度相同，也就是不出现页面纵向滚动条。overflow属性则指定了超出该高度之外的内容的处置方式，如果将该属性参数设置为hidden，则页面将截掉超出的部分；而将其设置为auto，则当该区域中实际内容的宽度或高度大于显示宽高时，浏览器将自动显示滚动条，以便于查看未显示出来的内容，使用这一技巧，我们就可以实现局部滚动效果。在本例中，由于内容的宽度不大于scroll显示区域的实际宽度，因此不出现横向滚动条；而内容高度大于显示区域实际高度，因此显示纵向滚动条。刷新页面，滚动条将只显示在scroll容器的右侧，生成的局部滚动效果如图11.16所示。

此外，由于我们在title容器中制作了4个超链接，分别对应到scroll容器中不同的div元素，现在单击这些链接，局部滚动区域也能够跳转到相应的显示位置。如单击"PIC2"，其显示效果如图11.17所示。

图11.16 局部滚动效果

图11.17 单击PIC2的跳转效果

在实现了纵向的局部滚动后，横向的局部滚动也可以采用相同的制作原理。但需要注意的是，为了使元素能够横向排列，我们需要为元素容器在水平方向上留出足够的宽度，因此要为DOM结构做一些必要的修改。在上述HTML结构的基础上，添加一个名为container的div元素，使其包裹scroll容器，代码如下：

```html
<div id="container">
  <div id="scroll">
    <!--其余代码略-->
  </div>
</div>
```

接下来，调整title的位置，使其显示在页面左上角，并使新增加的container容器显示在页面下侧，设置其overflow属性来产生横向局部滚动效果。代码如下：

```css
html, body{
    width:100%;
}
body {
    background:url(bg2.jpg) no-repeat; /*更换一张背景图片*/
}
#title{
    position:absolute;
    top:10%;
    left:8%;
}
#container{
    position:absolute;
    bottom:20%;
    width:100%;
    overflow:auto;
}
```

在以上代码中，我们设置了html、body和container的宽度均为100%，这样，container容器的宽度将与整个浏览器窗口的宽度相同。要完成横向局部滚动效果，我们还需要使每一个包含了内容的div元素横向排列，使其内容宽度超过container的宽度，添加样式代码如下：

```css
#scroll{
    width:3200px;
    height:200px;
    background:rgba(0,0,0,.2);
}
.article {
    display:block;
    height:200px;
    width:800px;
    box-sizing:border-box;
    padding-right:30px;
    float:left;
}
.article img{
    margin-right:20px;
    float:left;
}
```

在以上代码中，我们使每一个article的宽度均为800像素，高度为200像素，而使其父元素scroll的宽度为3200像素，高度为200像素，即正好能容纳下4个article。由于scroll的宽度大于屏幕宽度，因此将在container容器中形成横向的滚动条。刷新页面，现在我们就能够得到横向的局部滚动效果，如图11.18、图11.19所示。

图11.18 横向局部滚动效果1

图11.19 横向局部滚动效果2

网站的首页可谓寸土寸金，局部滚动作为一种非常实用的交互技巧，有助于最大化地使用页面空间，聚焦内容的呈现。在搭配了滚动加载数据等其他技巧后，它甚至能够实现无限的内容显示。当前我们在许多设计前卫的站点中都能够看到横向或纵向局部滚动的身影，其流行程度可见一斑。对于前端设计师而言，掌握这一基本的交互技巧则是非常必要的。

11.2.4 滚动监听

"滚动监听"看上去似乎是某种后台的操作，但实际上它却是现今非常流行的一种前端交互技巧。当我们在浏览某些较长的页面时，滚动监听能够获知用户阅读的进度，并在侧边的导航栏中刷新显示当前所处位置。这一技巧能够有效地提升页面的用户体验，使用户不会迷失在冗长的页面内容中，并有助于快速地实现阅读位置的跳转。如今，在许多网站中都使用了滚动监听，其中比较典型的是百度百科（http://baike.baidu.com），当阅读某个词条的详细信息时，在页面右侧将出现一个导航栏，它将根据用户的阅读进度动态刷新，如图11.20所示。

图11.20 百度百科的滚动监听效果

在本例中，我们将运用jQuery来制作这一滚动监听效果。

首先，页面的HTML代码如下：

```html
<div id="nav">
  <ul>
    <li><a href="#chap1" id="link1">Chap 1</a></li>
    <li><a href="#chap2" id="link2">Chap 2</a></li>
    <li><a href="#chap3" id="link3">Chap 3</a></li>
    <li><a href="#chap4" id="link4">Chap 4</a></li>
  </ul>
</div>
<div id="content">
  <h1>Pellentes</h1>
  <h2 id="chap1">Chap 1</h2>
  <p>Lorem ipsum dolor sit amet ... sollicitudin urna.</p>
<!--其他代码略-->
  <h2 id="chap2">Chap 2</h2>
  <!--其他代码略-->
  <h2 id="chap3">Chap 3</h2>
<!--其他代码略-->
  <h2 id="chap4">Chap 4</h2>
```

```
<!--其他代码略-->
</div>
```

以上HTML代码主要包含了nav和content这两个div元素。其中，nav是页面的导航区域，在该div中有一个ul列表，在列表项目中包含了4个章节的超链接。content是页面的内容区域，在该div中有一个h1标题，并有4个h2标题，分别代表了不同的4个章节，其id属性分别为chap1、chap2、chap3和chap4，在每个h2标题后都紧跟着许多段落文字，使得整个页面有较长的内容篇幅。

接下来轮到CSS美化时间。首先为页面添加图片背景，并设置基本的文字字体、颜色等样式，代码如下：

```
body {
    background:url(bg.jpg) no-repeat;
    background-attachment:fixed;
    color:#FFF;
    font-family:'Helvetica Neue', sans-serif;
    position:relative;
}
```

接下来，分别为content和nav两个div元素添加样式，使nav显示在页面左侧，其位置固定，不随页面滚动而滚动，并使content显示在页面右侧。代码如下：

```
#content{
    width:60%;
    margin-left:30%;
    box-sizing:border-box;
}
#nav{
    left:5%;
    width:15%;
    top:100px;
    position:fixed;
}
```

再为nav中的ul列表设置样式，为4个列表链接设置字体大小、间距，使链接中的文字默认向右移动10像素，并在每一个超链接元素下方添加1个像素，且带20%透明度的白色边框，以形成默认的列表菜单效果，代码如下：

```
#nav ul{
    margin:0;
    padding:0;
    list-style:none;
}
#nav ul li a{
    color:#FFF;
    text-decoration:none;
    font-size:32px;
    line-height:2;
    border-bottom:1px solid rgba(255,255,255,.2);
    display:block;
    text-indent:10px;
}
```

最后，为content中的h1、h2和p元素设置文字大小、间距等样式，以美化文字内容，代码如下：

```
h1{
    font-size:120px;
```

```
    text-transform:uppercase;
    border-bottom:2px solid #FFF;
    padding-bottom:50px;
}
h2{
    font-size:42px;
}
p{
    font-size:21px;
}
```

现在，我们就完成了基本的页面效果，如图11.21、图11.22所示。当单击左侧导航栏中的链接时，也能够使右侧的内容主体跳转到相应的章节位置。

图11.21 基本页面效果1

图11.22 基本页面效果2

接下来，我们要为该页面添加滚动监听。但在此之前，我们还需要准备一种特殊的样式，该样式只有在页面滚动到某一个区域时，才会被添加到该区域对应的导航栏链接中，从而使得该链接高亮显示。代码如下：

```
#nav ul li a{
    transition:all .5s;
    -webkit-transition:all .5s;
}
#nav ul li a.scrolling{
    color:#FF0;
    text-indent:0;
    border-bottom:10px solid #FF0;
}
```

在以上代码中，我们创建了名为scrolling的类，使得带有该类的导航栏链接文字显示为黄色，并去除了文本缩进，使链接底部边框显示为10像素的黄色实线。此外，我们还为导航栏链接设置了transition属性，使样式的更替带有动画效果。

接下来，我们将使用JavaScript来侦测页面的滚动事件，使其能根据滚动位置动态地修改导航栏链接的显示样式。首先，在页面中引入jQuery，并准备好页面的ready事件，代码如下：

```
<script type="text/javascript" src="jquery-2.1.4.min.js"></script>
<script type="text/javascript">
    $(document).ready(function() {
        //后续代码将编写在这里
    });
</script>
```

创建4个变量，分别用来记录4个章节对应的页面位置，代码如下：

```
var chap1_y = $('#chap1').offset().top;
var chap2_y = $('#chap2').offset().top;
var chap3_y = $('#chap3').offset().top;
var chap4_y = $('#chap4').offset().top;
```

以上代码记录了4个h2元素的顶部坐标，如果我们监听页面的滚动事件，使页面滚动到这些坐标高度时再高亮显示对应的导航栏，则意味着每一个章节都要滚动到窗口顶部才能触发以上操作，这显然不是很人性化。我们可以创建一个变量，在其中定义一个缓冲数值，以留出一些操作余地，使章节滚动到靠近窗口顶部的位置就触发高亮显示（如距离顶部50像素时触发），代码如下：

```
var buffer = 50;
```

接下来，监听页面的scroll事件，该事件将在滚动页面时被触发。我们所要做的，是不断记录页面的滚动位置，这可以通过jQuery中$(window)的scrollTop()方法来获取。随后，将每个导航链接中的scrolling类都预先去掉，并判断页面滚动位置与各个章节顶部位置的距离，如果页面滚动位置大于最下方章节的顶部位置，则为该章节对应的导航链接添加scrolling类，使其高亮显示，以此类推。在if判断中我们还扣减了buffer数值，使得章节不需要滚动到窗口顶部就能够触发高亮显示。代码如下：

```
$(window).scroll(function(event){
    var winPos = $(window).scrollTop();
    $('#link1').removeClass('scrolling');
    $('#link2').removeClass('scrolling');
    $('#link3').removeClass('scrolling');
    $('#link4').removeClass('scrolling');
    if(winPos>=(chap4_y-buffer)){
        $('#link4').addClass('scrolling');
    }else if(winPos>=(chap3_y-buffer)){
        $('#link3').addClass('scrolling');
    }else if(winPos>=(chap2_y-buffer)){
        $('#link2').addClass('scrolling');
    }else if(winPos>=(chap1_y-buffer)){
        $('#link1').addClass('scrolling');
    }
});
```

刷新并滚动页面，现在我们就能够看到导航栏链接的高亮显示效果了，如图11.23至图11.25所示。由于我们还为链接添加了transition属性，因此章节与章节间切换时还将显示为平滑的动画效果。

图11.23 滚动监听显示效果1

图11.24 滚动监听显示效果2

图11.25 滚动监听显示效果3

在制作一些较长的页面时，添加滚动监听是非常必要的，这也使得该技巧成为了前端设计师的另一个"基础技能"。除滚动监听外，我们还可以修改导航栏链接的click事件，使得单击链接时整个页面以动画的形式移动到对应的章节位置，而不是突然跳转，代码如下：

```
$('#link1').click(function(event){
    $('html,body').animate({scrollTop:(chap1_y)+'px'}, 800);
});
$('#link2').click(function(event){
    $('html,body').animate({scrollTop:(chap2_y)+'px'}, 800);
});
$('#link3').click(function(event){
    $('html,body').animate({scrollTop:(chap3_y)+'px'}, 800);
});
$('#link4').click(function(event){
    $('html,body').animate({scrollTop:(chap4_y)+'px'}, 800);
});
```

在以上代码中，我们使用了jQuery的animate方法，在单击某个链接后，在800毫秒的时间内使页面滚动到相应的坐标位置，形成滚动动画效果。此外，我们还可以在滚动监听中结合animate的运用，使页面两个内容之间的部分区域以动画的形式滚动，以加速版块间的切换。

• 经验 •

在jQuery中，scrollTop的属性值单位是"px"，在设置animate动画时，不要忘记添加这一单位。此外，以上click函数较为冗余，读者也可以尝试使用for循环来对上述代码加以简化。

11.2.5 视差滚动

在上一小节中，我们利用滚动监听制作了页面导航链接的高亮效果，而基于这一事件，我们还可以实现另一种流行的交互效果——视差滚动（Parallax Scrolling）。

视差滚动的原理是使文字、图片、背景等在内的各种页面元素具有不同的变化速度，从而产生错落和有层次感的运动效果。由于视差滚动有着极强的视觉冲击力，它往往被用于许多商业站点的产品展示中，并被公认为是2014年度最有代表性的网页设计趋势之一。视差滚动的种类较多，在本例中我们将学习其中的两种典型案例。

我们要学习的第一个案例是文字与背景的视差滚动，这一技巧已被广泛运用在许多中小型互联网公司的网站首页中。它的基本原理是侦听页面的滚动事件，并动态调整背景图片的显示位置，使图片的"滚动"速度与页面的滚动速度存在一定差异，最终形成错落有致的页面滚动效果。

案例的HTML代码如下：

```
<div id="mask" class="description">
    <h1>Mask</h1>
    <p>Etiam cursus erat eros......</p>
    <!--其余内容代码省略-->
</div>
<div id="hat" class="description">
    <h1>Hat</h1>
    <!--内容代码省略-->
</div>
<div id="movie" class="description">
    <h1>Movie</h1>
    <!--内容代码省略-->
</div>
```

在以上代码中主要包含了3个div元素，其id属性值分别为mask、hat和movie。每个div中都有一个h1标题和许多段落元素。接下来，为页面创建CSS样式，代码如下：

```css
*{
    margin:0;
    padding:0;
}
body {
    font-family:Georgia, "Times New Roman", Times, serif;
    color:#FFF;
}
.description{
    padding:100px 20%;
}
```

以上代码清除了浏览器默认的边距数值，设置了页面的文字字体和颜色，并设置了3个div元素的内边距，以缩小文字段落的显示宽度。再为div中的h1和p元素设置字体大小和文字间距，代码如下：

```css
h1{
    font-size:100px;
}
p{
    font-size:24px;
}
h1, p {
    margin-bottom:30px;
    line-height:1.5;
}
```

完成文字的美化工作后，我们为3个div元素分别设置不同的背景图片，代码如下：

```css
#mask {
    background:url(bg1.jpg) no-repeat; /*绿色大山背景图*/
}
#hat {
    background:url(bg2.jpg) no-repeat; /*霞光云彩背景图*/
}
#movie {
    background:url(bg3.jpg) no-repeat; /*山野远瞰背景图*/
}
```

刷新页面，其页面滚动效果如图11.26至图11.28所示。

图11.26 页面默认滚动效果1

图11.27 页面默认滚动效果2

图11.28 页面默认滚动效果3

由图11.26至图11.28可以看出，默认情况下滚动页面时，背景和文字的移动是同步的。现在，我们将为两者的速度增加一些差异。最极端的差异莫过于在文字运动的同时使背景固定不动，这可以通过设置background-attachment

属性为fixed来加以实现，代码如下：

```
#mask, #hat, #movie {
    background-attachment:fixed;
}
```

现在滚动页面，我们将得到文字运动，但背景固定的效果，在两个区域的交界处这一效果显得尤为奇妙，如图11.29至图11.31所示。

图11.29 背景固定的视差滚动效果1　　　　　图11.30 背景固定的视差滚动效果2　　　　　图11.31 背景固定的视差滚动效果3

以上的滚动效果在各类网站中较为常见，我们不需要运用任何JavaScript代码就可以生成这一效果。然而，要使得视差效果更加精妙，如使得背景图片也发生差速滚动，我们还需要借助JavaScript的力量。

要实现背景图片滚动速度小于文字滚动速度的视差效果，我们的解决思路是通过修改每个div的background-positin属性，来调整背景图片在垂直方向上的位移，使其在抵消了页面滚动位移影响后，看上去滚动得略慢一些。在此可以结合页面的滚动坐标，以及每个div的实际顶部坐标，将其差值乘以相应的缓动系数，来得到背景图片垂直方向的动态位移值。这一缓动系数越小，则背景图片与文字的滚动速度差越小，反之越大。当缓动系数为1时，其效果将等于之前的固定背景效果。

接下来，去除以上的固定背景样式代码，并在页面底部添加JavaScript代码，代码如下：

```
<script type="text/javascript" src="jquery-2.1.4.min.js"></script>
<script type="text/javascript">
    $(document).ready(function() {
        var maskTop = $('#mask').offset().top; //获取各个div对应的顶部坐标
        var hatTop = $('#hat').offset().top;
        var movieTop = $('#movie').offset().top;
        $(window).scroll(function(){ //当页面滚动时触发以下函数
            var pos = $(window).scrollTop(); //获取当前页面滚动坐标
            $('#mask').css({
                "background-position" : "0 "+ (pos-maskTop)*.5 +"px"
            });//速度参数为0.5
            $('#hat').css({
                "background-position" : "0 "+ (pos-hatTop)*.3 +"px"
            });//速度参数为0.3
            $('#movie').css({
                "background-position" : "0 "+ (pos-movieTop)*.8 +"px"
            });//速度参数为0.8
        })
    });
</script>
```

在以上代码中，我们首先获取了3个div的顶部坐标，分别存为maskTop、hatTop和movieTop三种变量，然后在对scroll滚动事件的侦听中，不断获取当前页面的滚动坐标，将其赋予pos变量。将pos变量与各div的顶部坐标数值相减，就能得到基础的背景图片位移值。在此我们将3个div的缓动系数分别设为0.5、0.3和0.8，使得每个内容区域的文字与背景图片的速度差均不相同，其差异分别是50%、30%和80%。刷新页面，现在我们就能够得到这一奇妙的视差滚动效果，当滚动页面时，每一部分内容中背景图片的滚动速度都或多或少慢于文字滚动速度。如图11.32至图11.37所示。

图11.32 视差滚动效果1

图11.33视差滚动效果2

图11.34视差滚动效果3

图11.35视差滚动效果4

图11.36视差滚动效果5

图11.37视差滚动效果6

除文字与背景的视差效果外，我们还可以为其他任何页面元素制作视差滚动，其原理仍然是运用CSS来动态修改元素的位移数值。让我们来看另外一个例子，在之前的HTML代码基础上，在每一个div中插入一张图片，代码如下：

```html
<div id="mask" class="description">
    <img src="p1.png">
    <h1>Mask</h1>
    <!--其余内容代码省略-->
</div>
<div id="hat" class="description">
    <img src="p2.png">
    <h1>Hat</h1>
    <!--其余内容代码省略-->
</div>
<div id="movie" class="description">
    <img src="p3.png">
    <h1>Movie</h1>
    <!--其余内容代码省略-->
</div>
```

以上三张PNG图片的内容分别如图11.38至图11.40所示，其背景色均为透明。

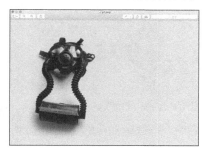

图11.38 p1.png

图11.39 p2.png

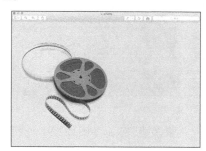

图11.40 p3.png

在CSS样式中，设置图片为绝对定位，并且赋予较小的z-index值，使其显示在文字的下方，而不会遮盖住文字，代码如下：

```
.description{
    position:relative;
}
.description img{
    position:absolute;
    z-index:-10;
}
```

继而，使3张图片在水平方向上分别靠左侧、右侧和左侧显示，在垂直方向上靠顶部显示，代码如下：

```
#mask img{
    left:0;
}
#hat img{
    right:0;
}
#movie img{
    left:0;
}
img{
    top:0;
}
```

接下来分别为3个div设置不同的padding值，以使得div中的文字与插入的图片错开位置，代码如下：

```
#mask {
    padding-left:45%;
    padding-right:15%;
}
#hat {
    padding-left:5%;
    padding-right:45%;
}
#movie {
    padding-left:50%;
    padding-right:10%;
}
```

页面中其余细微的文字字体、间距等样式设置在此省略，测试页面，其效果如图11.41至图11.43所示。

图11.41 页面默认效果1

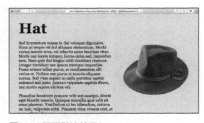
图11.42 页面默认效果2

图11.43页面默认效果3

要使得该页面中图片的滚动慢于文字，从而产生滚动速度的差异，则可以使用和背景图片相似的做法。在此前的CSS样式中，我们设置了图片为绝对定位，在此可以通过更改图片的top属性，即顶坐标来抵消滚动带来的位移，代码如下：

```
$(document).ready(function() {
    var maskTop = $('#mask').offset().top; //获取各个div对应的顶部坐标
    var hatTop = $('#hat').offset().top;
    var movieTop = $('#movie').offset().top;
    $(window).scroll(function(){
        var pos = $(window).scrollTop();
        $('#mask > img').css({
            "top" : (pos-maskTop)*.5 +"px"
        });
        $('#hat > img').css({
            "top" : (pos-hatTop)*.5 +"px"
        });
        $('#movie > img').css({
            "top" : (pos-movieTop)*.5 +"px"
        });
    })
});
```

在以上代码中，我们将三张图片的缓动系数都设置为了0.5，即图片比文字的移动速度慢50%。测试页面，我们能够看到图文的差速滚动效果，如图11.44至图11.49所示。

图11.44 图文差速滚动效果1

图11.45图文差速滚动效果2

图11.46图文差速滚动效果3

图11.47图文差速滚动效果4

图11.48图文差速滚动效果5

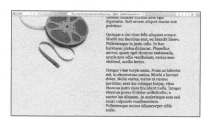

图11.49图文差速滚动效果6

11.2.6 滚动触发动画

当前，长页面（Long Scrolling）已成为主流的设计风尚，为了给长页面增添互动效果，使其并不仅仅是单纯的图文滚动，设计师们可谓动足了脑筋。前面章节中的视差滚动、固定背景、滚动监听等都是长页面中的常见元素，而滚动触发动画作为后起之秀，似乎显得更为"高大上"，更能给用户以视觉的"震撼"。连苹果这种对交互效果和细节要求极高的公司，在其官方网站的产品介绍页面中都重复使用这一效果，其流行程度可见一斑。因此，如果您要制作一个长长的页面，滚动触发动画将是提升页面交互体验的"明智"选择。在本例中，我们将通过一个典型的滚动触发案例，来介绍这一交互效果的实现方法。

这一案例的DOM结构非常简单，它包括了3个页面部分，分别为slogan1、slogan2和slogan3，其中前两者都分别包含了一项h1和h2元素，在slogan3中还有一张图片。HTML代码如下：

```
<div id="slogan1">
  <h1>Donec fringilla</h1>
  <h2>Aenean cursus metus nec sem aliquet maximus in ut felis. </h2>
</div>
<div id="slogan2">
  <h1>Pellentesque</h1>
  <h2>Mauris tortor enim vehicula ac blandit varius semper non lacus.</h2>
</div>
<div id="slogan3">
  <h1>Vestibulum</h1>
  <h2>Class aptent taciti sociosqu ad litora torquent per inceptos himenaeos.</h2>
  <img src="car.png" alt="car">
</div>
```

在本例中，我们准备了一张较长的图片作为页面背景，名为bg.jpg，如图11.50所示。

接下来，我们页面设置CSS样式。首先为body设置背景图片、字体和文字颜色，并指定3个页面部分的高度各为500像素，代码如下：

```
body {
        background:url(bg.jpg) no-repeat 50% 0;
        font-family:'Helvetica Neue', sans-serif;
        color:#FFF;
}
#slogan1, #slogan2, #slogan3{
        position:relative;
        height:500px;
}
```

将slogan1中的h1和h2文字居中对齐，代码如下：

```
#slogan1{
        padding-top:200px;
        text-align:center;
}
#slogan1 h1{
        font-size:81px;
        text-transform:uppercase;
}
#slogan1 h2{
        font-size:32px;
        font-weight:100;
}
```

slogan1的页面效果如图11.51所示。

设置slogan2的页面样式，除使文字居中显示外，我们还为h1元素增加了上下边框，代码如下：

```
#slogan2{
        padding-top:50px;
        text-align:center;
```

图11.50 bg.jpg

图11.51 slogan1显示效果

```
}
#slogan2 h1{
    display:inline-block;
    padding-top:20px;
    padding-bottom:20px;
    border-top:5px solid #FFF;
    border-bottom:5px solid #FFF;
}
#slogan2 h2{
    font-size:26px;
}
```

slogan2的显示效果如图11.52所示。

在slogan3中，我们使h1和h2元素靠左显示，使car.
png靠右显示，样式代码如下：

```
#slogan3 h1{
    position:absolute;
    font-size:72px;
    left:10%;
    top:60px;
}
#slogan3 h2{
    position:absolute;
    font-size:24px;
    left:10%;
    width:650px;
    top:200px;
}
#slogan3 img{
    position:absolute;
    left:60%;
    top:100px;
}
```

图11.52 slogan2显示效果

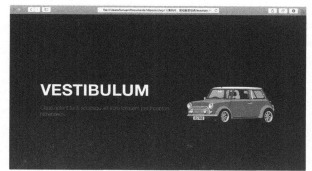

图11.53 slogan3显示效果

slogan3的显示效果如图11.53所示。

现在整个长页面的内容和基本样式已经完成，但我们还希望为其中的元素添加滚动触发动画效果，来增强页面的交互性。例如，我们计划在一打开页面时，slogan1的内容不是突然出现，而是最开始完全透明，然后再渐渐浮现出来。要实现这一效果，可以预先将slogan1的opacity属性值设置为0，即完全透明，并为slogan1设置transition动画。然后，再创建一个新类，在该类中使opacity设置为1，并在随后通过JavaScript将该类动态赋予slogan1，使其透明度发生动画变化。CSS样式代码如下：

```
#slogan1{
    opacity:0;
    -webkit-transition:all 2s .5s;
    transition:all 2s .5s; /*延迟0.5秒播放动画，动画时长为2秒*/
}
#slogan1.show{
    opacity:1;
}
```

在JavaScript中，我们使用了jQuery。在其ready事件中，为slogan1添加show类，代码如下：

```
$(document).ready(function() {
    $('#slogan1').addClass('show');
});
```

测试页面，现在我们就能够看到slogan1的淡入效果了，如图11.54至图11.56所示。

图11.54 slogan1的淡入效果1　　　　　图11.55 slogan1的淡入效果2　　　　　图11.56 slogan1的淡入效果3

• 经验 •

我们也可以使用animation来直接实现这一动画效果。

以上效果严格来说还算不上滚动触发动画。接下来，我们希望slogan2也和slogan1一样，预先并不显示，只有当页面滚动到该区域出现在屏幕中央时才显示。在此，我们使slogan2中h1和h2元素的默认透明度为0，使h1的scaleY数值为0，即高度为0，使h2的scaleX数值为0，即宽度为0，并为两者设置时长为1秒的transition动画，其中h2动画将延迟0.5秒，以形成错序效果。然后，再为两者各创建名为scrolled的类，使其opacity、scaleX、scaleY等数值都分别复原。CSS样式代码如下：

```
#slogan2 h1{
    opacity:0;
    -webkit-transform:scaleY(0);
    transform:scaleY(0);
    -webkit-transition:all 1s;
    transition:all 1s;
}
#slogan2 h2{
    opacity:0;
    -webkit-transform:scaleX(0);
    transform:scaleX(0);
    -webkit-transition:all 1s .5s;
    transition:all 1s .5s;
}
#slogan2 h1.scrolled{
    opacity:1;
    -webkit-transform:scaleY(1);
    transform:scaleY(1);
}
#slogan2 h2.scrolled{
    opacity:1;
    -webkit-transform:scaleX(1);
    transform:scaleX(1);
}
```

在JavaScript代码中，我们先获得slogan2的顶部坐标。在监听页面的滚动事件时，不断把当前的页面滚动位置与slogan2的顶部坐标进行比较，当前者大于后者时，则说明已经滚动到了slogan2的区域范围，此时为其中的h1和h2元素分别添加scrolled类，以触发显示动画。此外，为了使得slogan2不至于滚动到页面顶部时再触发动画，我们还为其设置了一个名为buffer的缓冲数值，使得slogan2在距离页面顶部200像素时便触发动画，代码如下：

```javascript
var slogan2_y = $('#slogan2').offset().top;
var buffer = 200; //缓冲数值为200
$(window).scroll(function(){
    var pos = $(window).scrollTop();
    if(pos > slogan2_y-buffer){
        $('#slogan2 > h1').addClass('scrolled');
        $('#slogan2 > h2').addClass('scrolled');
    }
})
```

刷新页面，当我们滚动页面到某个特定位置时，slogan2中的元素将以动画的形式呈现，如图11.57至图11.60所示。

图11.57 slogan2的滚动触发动画效果1

图11.58 slogan2的滚动触发动画效果2

图11.59 slogan2的滚动触发动画效果3

图11.60 slogan2的滚动触发动画效果4

做好slogan2后，slogan3也可以如法炮制，为其添加样式代码如下：

```css
#slogan3 h1{
    opacity:0;
    -webkit-transform:translateX(-200px);
    transform:translateX(-200px);
    -webkit-transition:all 1s;
    transition:all 1s;
}
#slogan3 h2{
```

```
        opacity:0;
        -webkit-transform:translateX(200px);
        transform:translateX(200px);
        -webkit-transition:all 1s .25s;
        transition:all 1s .25s;
}
#slogan3 img{
        opacity:0;
        -webkit-transform:translateX(200px);
        transform:translateX(200px);
        -webkit-transition:all 1.5s .5s;
        transition:all 1.5s .5s;
}
#slogan3 h1.scrolled, #slogan3 h2.scrolled, #slogan3 img.scrolled{
        opacity:1;
        -webkit-transform:translateX(0px);
        transform:translateX(0px);
}
```

在以上代码中，预先使slogan3中的h1、h2和img元素均为透明，并通过设置transform属性中的translateX方法，使h1默认左移200像素，h2和img右移200像素。设置transition动画，使h2带有0.25秒的延迟，img带有0.5秒的延迟。为以上元素创建scrolled类，使其透明度和x方向上的位移都复原。

在JavaScript中，首先获取slogan3的顶部坐标，代码如下：

```
var slogan3_y = $('#slogan3').offset().top;
```

然后，在scroll事件中，判断页面滚动位置，为slogan3中的元素动态添加scrolled类，代码如下：

```
$(window).scroll(function(){
        //其余代码略
        if(pos > slogan3_y-buffer){
            $('#slogan3 > h1').addClass('scrolled');
            $('#slogan3 > h2').addClass('scrolled');
            $('#slogan3 > img').addClass('scrolled');
        }
})
```

测试页面，当滚动到slogan3的显示区域时，其滚动触发动画效果将如图11.61至图11.64所示。

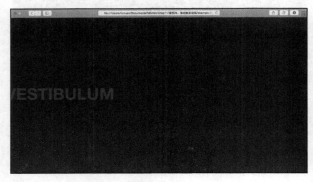

图11.61 slogan3滚动触发动画效果1

图11.62 slogan3滚动触发动画效果2

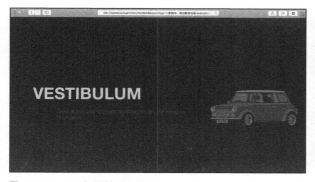

图11.63 slogan3滚动触发动画效果3

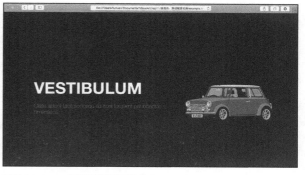

图11.64 slogan3滚动触发动画效果4

以上就是滚动触发动画的简要实现方式，相信大家已经对其原理有了一定了解。在此基础上，我们还能像苹果官网那样，加入更多的滚动触发元素，如视频、Canvas动画等，以使得页面的交互效果更加绚丽。此外，本例中的滚动触发动画只能播放一次，为了使页面再次向下滚动时该动画效果能重现，我们也可以在页面向上移动时复位已发生动画的元素。例如，当页面向上滚动到一定程度时，去除slogan2中h1和h2元素的scrolled类，代码如下：

```
var windowHeight = $(window).height();
if(pos < slogan2_y-windowHeight+buffer){
    $('#slogan2 > h1').removeClass('scrolled');
    $('#slogan2 > h2').removeClass('scrolled');
}
```

值得注意的是，当动画带有延迟参数时，应该充分考虑延迟带给动画的影响，否则在操作中往往会出现某个类已经去除，但延迟的动画仍在进行，进而导致动画闪烁的情形。

> **• 经验 •**
>
> 和本例相似的长滚动交互技巧（Long Scrolling）还有很多。例如，另一种当前流行的滚动交互案例是修改页面的scroll事件函数，屏蔽默认的滚动动作，完全通过自定义的scrollTop动画对页面进行滚动。这些案例还往往通过事件参数的wheelDelta属性，获取用户鼠标滚轮的滚动值，同时将页面分成数个区域，通过判断滚轮滚动方向（即滚动值的正负）实现前后区域的滚动切换。我们可以在包括苹果官网在内的许多站点中看到这些滚动效果的变体。

11.3 键盘和鼠标类交互

在本节中，我们将通过两个具体案例来学习HTML5中键盘和鼠标的交互技巧。

11.3.1 滑块拖动

在本书介绍JavaScript基础知识的章节中，已经对页面元素的拖动进行了介绍。然而实际情况更加复杂，在桌面端制作一些诸如滑块拖动的交互功能时，我们并不会使用drag之类的拖动事件，而是会使用各类鼠标指针按下、移动和松开事件的组合。在本例中，我们将通过一个流行的滑块式验证码的制作，来学习这一交互效果的实现方式。

传统的验证码都是给用户一张歪歪斜斜的数字字母图片，让用户辨识并在文本框中输入正确结果。近年来验证码的种类更加多样化，有的是回答一道题，有的是找出几个字，还有像12306这样的"找图"验证码。然而，还有一些更好玩的验证码，比如要用户亲手去"滑动"一个图块，只有将图块嵌入了整个图像的正确位置中，才能够验证通过，如图11.65、图11.66所示。在本例中我们就着手制作这一交互效果。

图11.65 滑块验证码效果1

图11.66 滑块验证码效果2

本例的HTML代码非常简单，在属性名为verify的div容器中，包含了两个子级div，其中名为drag的div元素用于容纳要拖动的拼图图案，名为dot的div元素用于容纳圆形滑块。另外，在verify中还有一个名为success 的p元素，用于在滑块拖动到正确位置时显示"Success"字样。代码如下：

```html
<div id="verify">
  <div id="drag"></div>
  <div id="dot"></div>
  <p id="success">Success!</p>
</div>
```

我们将页面中静态的图形都拼合到同一个位图文件中，其中包括拼图的背景，以及滑块的滑轨背景等，将其命名为bg.png，如图11.67所示。

接下来，分别设置body和verify的背景属性等样式，使验证界面显示在页面中央，代码如下：

```css
body {
        background:#006b9d;
}
#verify{
        width:508px;
        height:523px;
        background:url(bg.png);
        margin:50px auto; /*上下外边距为50像素，左右边距自动，形成
水平方向的居中显示效果*/
        position:relative;
}
```

图11.67 bg.png

以上代码生成的验证界面效果如图11.68所示。

接下来，为drag、dot、success三个元素分别设置样式，在drag中显示拼图图案，在dot中显示圆点图案，使success显示为红底白字，并默认不显示，CSS样式代码如下：

图11.68 验证界面效果

```
#drag{
     width:171px;
     height:140px;
     background:url(drag.png);
     position:absolute;
     top:185px;
     left:0px;
}
#dot{
     width:29px;
     height:29px;
     background:url(dot.png);
     position:absolute;
     top:460px;
     left:70px;
}
#success{
     position:absolute;
     display:none;  /*使该元素默认不显示*/
     font-size:32px;
     right:0;
     top:130px;
     font-family:sans-serif;
     color:#FFF;
     background:#C33;
     padding:5px 20px;
}
```

添加了以上样式代码后，页面的显示效果如图11.69
所示。

接下来，我们希望用户能够通过拖动圆形按钮，
来相应地移动上方的拼图。当拼图恰好移动到原画位置
时，则表示验证通过，此时再显示"Success"字样。
这一功能需要在JavaScript中完成，首先创建一些必要的
变量，代码如下：

图11.69 添加样式后的页面显示效果

```
var max = 350; //设置最大可拖动的范围
var final = 158; //设置拼图的正确位置坐标
var buffer = 7; //设置缓冲数值
```

在以上代码中，max代表滑块的最大可拖动范围，它将使滑块不至于被拖动到轨迹区域以外，其数值实际上等于
滑块区域的宽度减去滑块的自身宽度；final代表拼图的目标位置，这一数值也是我们从Photoshop之类的软件中获取得
到的。用户在拖动滑块时，要使拼图坐标值在移动后严格、精确地等于final这一目标数值可能很难，较好的做法是用
户将拼图移动到一个大致正确的区间即可判断验证通过，因此在以上代码中添加了一个buffer变量，来作为这一缓冲
数值。

接下来，将3个元素分别赋予对应的变量，以便于元素的操作。同时，我们记录了滑块和拼图的左侧起始坐标，
并随机向左移动了拼图，移动距离为0~200像素，从而使验证效果带有一定的随机性，代码如下：

```
var success = document.getElementById("success");
var dot = document.getElementById("dot");
var drag = document.getElementById("drag");
var dotStart = dot.offsetLeft; //获取滑块的起始x坐标
drag.style.left = -Math.random()*200+drag.offsetLeft+"px"; //使拼图随机向左移动一段距离
var dragStart = drag.offsetLeft; //获取拼图的起始x坐标
```

最后，为滑块创建鼠标指针按下、移动和松开的事件侦听，在这一过程中计算滑块的移动数值，并不断判断滑块是否超过了可滑动区域，根据位移值刷新滑块和拼图的显示。当拼图移动到正确位置附近时，则判断验证通过，代码如下：

```
dot.onmousedown = function (e) { //当在滑块上按下鼠标左键时，开始执行以下代码
    var startx = e.clientX; //获取按下时的鼠标指针x坐标
    var dotLeft = dot.offsetLeft; //获取按下时的滑块x坐标
    document.onmousemove = function (e) { //此时，当鼠标在页面中移动时，触发以下函数
        var move = e.clientX - startx; //计算当前鼠标指针x坐标与初始坐标之间的距离
        var to = dotLeft + move; //将以上距离加以起始滑块坐标，计算得到目的坐标值
        if(to > max + dotStart){ //判断目的坐标值是否超过了滑块可移动区域的最右侧
            to = max + dotStart; //如果超过，则使滑块停留在最右侧
        }else if(to < dotStart){ //如果目的坐标值小于滑块的起始坐标
            to = dotStart; //此时使滑块停留在可滑动区域的最左侧
        }
        dot.style.left = to + 'px'; //刷新滑块的x位置
        drag.style.left = (dragStart+to-dotStart) + 'px'; //根据滑块的位移，刷新拼图的x位置
    };
    document.onmouseup = function (e) { //当松开鼠标左键时，开始执行以下代码
        this.onmousemove=null; //此时清除onmousemove事件侦听
        if(Math.abs(drag.offsetLeft - final) < buffer){ //计算拼图与目的坐标值的差值，判断其绝对值是否小于缓
冲值
            success.style.display = "block"; //如果是，则表示拼图移动到了正确位置，此时显示success
        }else{
            success.style.display = "none"; //如果否，则继续隐藏拼图
        }
    }
};
```

在以上代码中，页面的onmousemove和onmouseup事件函数都写在了滑块的onmouseup函数之中，这种函数嵌套方式也是JavaScript代码的一大特征，从代码语义上我们也很容易加以理解。测试页面，滑块的拖动效果如图11.70、图11.71所示。

图11.70 滑块拖动效果1

图11.71 滑块拖动效果2

11.3.2 Canvas 键盘操作

虽然移动的时代已经全面来到，但手指的操作毕竟不是很精确，一些依赖于键盘操作的HTML5页面游戏还是只能在桌面端运行。在本例中，我们将通过一个在Canvas中控制游戏人物移动的例子，来学习HTML5中键盘的操作方法。

首先，在页面中创建一个Canvas对象，HTML代码如下：

```
<canvas id="myCanvas"></canvas>
```

我们为这一游戏准备了一张背景图片，文件名为bg.png，放置于images文件夹中，如图11.72所示。

接下来，通过创建CSS样式，为Canvas设置背景图像，代码如下：

图11.72 bg.png

```
html, body {
    height:100%;
    margin:0;
    padding:0;
}
#myCanvas{
    background:url(images/bg.png);
    background-size:cover;
}
```

下一步我们将使用JavaScript来创建键盘交互动作。在</body>之前添加script标签，设置Canvas的宽度和高度等于窗口的宽度和高度，以使其全屏显示：

```
<script type="text/javascript">
    var canvas=document.getElementById("myCanvas");
    canvas.width = window.innerWidth;
    canvas.height = window.innerHeight;
    var context=canvas.getContext("2d");
</script>
```

以上代码生成的页面效果如图11.73所示。

在本例中我们将使用之前在本书第9章第5小节中已经制作过的人物跑步逐帧动画。动画的图片文件有12个，其命名分别为run_1.png到run_12.png，均放在名为images的文件夹中，如图11.74所示。

图11.73 页面效果

图11.74 12张逐帧动画图片

我们将通过加载这些图片到Canvas中，并动态地刷新其显示来实现跑步动画效果，代码如下：

```
var sequence = []; //创建一个空白数组来容纳人物跑步的每帧图像
var frameCount = 1; //人物动画的当前帧，默认为第1帧
var frameTotal = 12; //人物动画的总的帧数
var man = {}; //创建一个对象来对应正在跑步的游戏人物
man.vx = 0; //设置水平方向上的速度默认为0
man.x = 50; //设置游戏人物的起始x位置
man.y = window.innerHeight - 410; //设置游戏人物的起始y位置
for(var i=1;i<=frameTotal;i++){
    loadImg("images/run_"+i+".png"); //循环调用loadImg函数来加载所有动画帧的图像
}
function loadImg(url){
    var img = new Image(); //创建一个Image对象
    img.src = url; //加载该路径对应的图像文件
    sequence.push(img); //将该图像放入sequence数组中
}
```

在以上代码中，我们将12张图片都进行了加载，并将这些图片对象放在sequence数组中，以便于下一步引用。接下来，我们要创建一个不断定时执行的函数，依次刷新每一帧图片的显示，以产生跑步动画效果。代码如下：

```
function run(e){
    man.x += man.vx; //根据动画人物的水平方向速度更新其坐标位置
    if(man.x>canvas.width){ //当人物移动到画布右侧之外时
        man.x = -300; //使人物回到画布最左侧
    }
    if(man.x<-300){ //当人物移动到画布左侧之外时
        man.x = canvas.width; //使人物回到画布最右侧
    }
    frameCount++; //刷新当前帧数
    if(frameCount>=frameTotal){ //如果当前帧数大于了总帧数
        frameCount = 1; //使当前帧数回到第1帧
    }
    context.clearRect(0, 0, canvas.width, canvas.height); //清空画布显示
    context.drawImage(sequence[frameCount],man.x,man.y); //在画布中绘制当前要显示的动画帧
}
setInterval(run, 100); //每100毫秒调用一次run，以播放一帧
```

在以上代码中，我们使用了setInterval函数，每过100毫秒刷新一次人物图像，这相当于每秒播放了10帧。如果将这个数值设置得更小，则每秒的播放帧数将更多，动画将变得更快。刷新页面，现在我们就能够看到人物的原地跑步效果了，如图11.75至图11.77所示。

图11.75 人物的原地跑步效果1

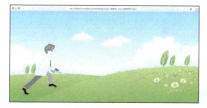

图11.76 人物的原地跑步效果2

图11.77 人物的原地跑步效果3

现在人物并不能前进和后退，我们需要为页面添加按键按下（onkeydown）和松开（onkeyup）的事件侦听，来创建按键交互事件以控制人物移动。在此使用"A"和"D"两个按键分别来控制人物向左和向右移动，代码如下：

```
document.onkeydown = function(e) { //当按键按下时触发
    if (e.keyCode == 68) { //当按下的键为"D"键时
        man.vx = 50; //x方向的速度为50
    }else if (e.keyCode == 65) { //当按下的键为"A"键时
        man.vx = -50; //x方向的速度为-50
    }
};
document.onkeyup = function(e) { //当按键松开时触发
    man.vx = 0; //重置x方向的速度为0
};
```

在以上代码中，A键和D键所对应的keyCode分别为65和68，我们通过对这一数值的判断来获知用户当前究竟按下了哪个键，再使得人物相应地前进或后退。如果你对每个按键的keyCode不甚清楚，也可以通过console语句在浏览器中测试来加以查询。刷新页面，现在我们就能够通过A和D键来控制人物的水平运动了，如图11.78、图11.79所示。

图11.78 通过按键控制人物的运动1

图11.79 通过按键控制人物的运动2

• 经验 •

你也可以在本例的基础上加以改进，如增加"W"和"D"键的操作控制，以制作出垂直方向的弹跳效果。

11.4 移动端交互

在本节中，我们将通过两个具体案例来学习移动端的触摸、重力感应等交互技巧。

11.4.1 触摸操作

在移动设备中，几乎所有的操作都与触摸有关，而基于这一特性，近年来在移动端中也兴起了一些较为特别的交互方式。用手指在屏幕上"刮奖"就是其中一个非常典型的例子，它不仅需要前端设计师能够熟悉触摸手势的控制方法，还需要设计师掌握一定的图像处理技巧。接下来我们就将开始这一案例的学习。

首先，我们在页面中创建一个Canvas元素，并将其放入一个div容器中，HTML代码如下：

```
<img src="bg.png">
<h1>刮一刮</h1>
<div id="guajiang">
  <canvas width="240" height="65" id="mask"></canvas>
</div>
<p id="status">请在以上的刮奖区刮奖</p>
```

我们制作了一个名为result.png的图片文件，准备将其作为刮奖的结果图片，如图11.80所示。

接下来，使用CSS样式为guajiang容器设置图片背景，该页面中其余的图片、文字的样式设置在此省略，代码如下：

```
#guajiang{
    width:240px;
    height:65px;
    background:url(result.png) no-repeat;
}
```

图11.80 result.png

在移动设备中测试页面，当前的刮奖页面效果如图11.81所示。

我们希望刮奖的结果默认被一个颜色涂层所覆盖，用户是看不到这一结果的，只有当用手指在屏幕中"刮一刮"以后，才能够通过擦除涂层看到下方的奖项。这一操作需要在JavaScript中完成，代码如下：

```
var canvas=document.getElementById("mask");
var context=canvas.getContext("2d");
context.fillStyle="#D1D1D1"; //设置填充色为浅灰色
context.fillRect(0,0,240,65); //填充该颜色，以覆盖
下方的背景图片
```

图11.81 刮奖页面效果　　　　图11.82 刮奖涂层的绘制

以上代码通过在Canvas中绘制了一块浅灰色的矩形，使其遮盖住了下方背景中的奖项图片，页面效果如图11.82所示。

接下来，我们就需要制作基于触摸的交互功能，使得用户手指在移过涂层时，擦除掉相应区域的浅灰色。在此，我们可以运用Canvas中一种名为globalCompositeOperation的属性，通过将其设置为destination-out，使得在已经填充颜色的基础上再次进行绘制时，所绘制的区域变得透明，从而露出下方的奖项图片，代码如下：

```
context.globalCompositeOperation = 'destination-out';
```

接下来，我们为画布创建touchmove事件侦听，当手指在画布上移动时，在触摸的位置绘制相应的圆形，该圆形将与已有的填充色互相消减，从而擦去灰色涂层。代码如下：

```
canvas.addEventListener('touchmove', function(event) { //当手指在画布上移动时
    event.preventDefault(); //先去除默认的响应行为
    var touch = event.touches[0]; //获取触摸的第一个点
    context.beginPath(); //开始路径的绘制
    context.arc(touch.pageX-canvas.offsetLeft,touch.pageY-canvas.offsetTop,20,0,Math.PI*2); //在所
触摸处绘制圆形，半径为20像素
    context.closePath(); //结束路径绘制
    context.fillStyle="#BDC3C7"; //随意设置一种绘制颜色
    context.fill(); //填充该颜色
});
```

在以上代码中，需要注意的是，圆形的绘制坐标值应该是当前的触摸位置对应的坐标值。但是触摸点的pageX和pageY属性返回的是针对整个页面的全局坐标，我们需要将上述属性值减去画布自身的x和y坐标，才能得到画布中所要绘制的圆形的坐标。测试页面，现在我们就能够在屏幕上用手指"刮奖"了，如图11.83至图11.85所示。

图11.83 刮奖效果1

图11.84 刮奖效果2

图11.85 刮奖效果3

看上去刮奖效果就这样顺利完成了。但是设想一下，在实际开发中，用户刮奖完毕后系统会跳转到下一个界面，来提示领奖的具体信息等，那么如何判断用户是不是已经刮奖完毕呢？如果用户只轻轻触摸了一两下，是不会刮开所有涂层的，也看不到完整的获奖信息。我们在此做了一个假设，当90%的涂层像素都被抵消掉以后，即90%的涂层面积都被刮开时，用户才已较为完整地得到了获奖信息，此时可以判断刮奖已经结束。代码如下：

```
canvas.addEventListener('touchmove', function(event) {
    //此前代码省略
    var imgData = context.getImageData(0,0,240,65); //获取画布中的所有像素
    var pixelsArr = imgData.data; //得到像素的字节数据
    var loop = pixelsArr.length; //获取该数据的长度
    var transparent = 0; //设置一个变量来记录已经变为透明的像素点的数量
    for (var i = 0; i < loop; i += 4) { //循环遍历每一个像素
        var alpha = pixelsArr[i + 3]; //获取每个像素的透明度数值
        if (alpha < 10) { //当透明度小于10时，认为它已经被擦除
            transparent++; //使transparent数值加1
        }
    }
    var percentage = transparent / (loop / 4); //计算透明像素在所有像素点中所占比例
    if(percentage>.9){ //当该比例大于90%时
```

```
        document.getElementById("status").innerHTML = "刮奖结束! "; //显示刮奖
结束字样
        }
    });
```

图11.86 刮奖结束效果

再次刷新页面，涂层大面积被刮除时，下方就将显示出"刮奖结束"字样，如图11.86所示。

11.4.2 运动与重力感应

"刮一刮"的抽奖方式非常有趣，而比它更流行、更好玩的交互方式则是"摇一摇"。现在，我们常常在许多活动中加入"摇一摇"环节来活跃气氛。在2015年春节晚会中数亿人同时摇动手机抽红包，更是使这种交互方式深入人心。HTML5中的运动和重力的加速度感应为我们实现此类交互操作提供了技术基础。在本例中，我们将通过一个简单的摇一摇例子来介绍其实现方法。

本例中，HTML代码如下：

```
<img src="shake.png">
<h1>摇一摇</h1>
<p id="status"></p>
```

在以上代码中，包含了一张修饰图片、一个h1标题和一个用来显示摇奖状态的p元素，我们为其添加必要的样式代码，如设置页面背景颜色为橙色，文字为白色且居中对齐，加大h1标题的字号并在其下方绘制一条半透明白线等。代码如下：

```
body {
    background:#E67E22;
    text-align:center;
    margin:40px;
    color:#FFF;
    font-family:sans-serif;
}
h1{
    border-bottom:1px solid rgba(255,255,255,.5);
    padding-bottom:20px;
    font-size:50px;
}
```

图11.87 页面显示效果

在手机中测试该页面，显示效果如图11.87所示。

我们希望为其中的图片设置动画，使其不断摇晃，以提醒用户摇动手机。这可以通过animation动画来加以实现，我们为图片定义了一个名为page_shake的摇晃动画，每1秒播放一次。在前半秒中，图片反复在5度到-5度之间旋转，在后半秒中，图片停止下来，依次无限循环。代码如下：

```css
img{
    animation:page_shake 1s ease infinite;
    -webkit-animation:page_shake 1s ease infinite;
}
@keyframes page_shake {
    from {
        transform:rotate(0deg);
    }
    4% {
        transform:rotate(5deg);
    }
    12.5% {
        transform:rotate(-5deg);
    }
    21% {
        transform:rotate(5deg);
    }
    29% {
        transform:rotate(-5deg);
    }
    37.5% {
        transform:rotate(5deg);
    }
    46% {
        transform:rotate(-5deg);
    }
    50%, to {
        transform:rotate(0deg);
    }
}
/* 在此省略@-webkit-keyframes page_shake{...} */
```

以上代码定义的动画效果如图11.88、图11.89所示。

接下来，我们将通过JavaScript代码来获取手机设备的加速度，并将其换算为一个能够反映出摇晃程度的数值。当该数值超过一定阈值时，我们即认为用户已经按要求摇动了手机，此时显示获奖信息。

在HTML5中，设备的加速度可以通过运动传感事件（Device MotionEvent）来获取。根据设备种类的不同，这一事件将返回加速度（acceleration）和含重力的加速度（accelerationIncludingGravity）两种数据。在这些数据中又包含了3个不同维度的加速度值，分别是横向贯穿移动设备屏幕的x轴，纵向贯穿设备屏幕的y轴，以及垂直于设备屏幕的z轴。要计算设备的摇晃程度是否剧烈，我们往往可以通过计算两个不同的时间点上3个维度加速度的数值变化，来得到一个相对可比较的速度指标。

在页面中加入JavaScript，代码如下：

图11.88 图片的摇晃动画效果1

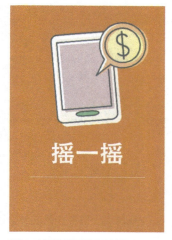

图11.89 图片的摇晃动画效果2

```
if (window.DeviceMotionEvent) { //如果浏览器支持运动传感事件
    window.addEventListener('devicemotion', deviceMotionHandler); //侦听devicemotion事件
} else {
    document.getElementById("status").innerHTML = "本设备不支持摇一摇";
}
```

以上代码通过获取window的DeviceMotionEvent属性来判断浏览器是否支持运动传感事件，如果支持，则为窗口创建devicemotion事件侦听，否则将输出不支持字样。

接下来，创建一些必要的变量，其中包括摇动的阈值、前后两次摇晃的时间和各维度的加速度值等，代码如下：

```
var threshold = 5000; //设置一个摇动的阈值
var x, y, z, lastx, lasty, lastz = 0; //本次摇晃和上一次摇晃时设备的x、y和z轴上的加速度值，初始为0
var lastTime, curTime; //本次摇晃和上一次摇晃对应的时间
lastTime = new Date().getTime(); //获取当前的时间
```

在以上代码中，我们将阈值设置为了5000。这也是一个经验数值，读者可以自主加以调整。最后，创建devicemotion事件侦听所触发的deviceMotionHandler函数，代码如下：

```
function deviceMotionHandler(eventData) { //在侦听到devicemotion事件时触发本函数
    var acceleration = eventData.accelerationIncludingGravity; //获取含重力在内的加速度值
    x = acceleration.x; //分别获取x、y、z轴的加速度值
    y = acceleration.y;
    z = acceleration.z;
    curTime = new Date().getTime(); //获取当前时间
    if((curTime - lastTime)>100){ //当前时间距上一次时间相差100毫秒时，执行下列代码
        //将各轴的加速度值变化量除以时间值，并乘以10000，以得到一个相对的速度值
        var speed = Math.abs(x + y + z - lastx - lasty - lastz) / (curTime - lastTime) * 10000;
        document.getElementById("status").innerHTML = "您的摇一摇速度达到了"+speed; //在页面中显示当前速度
        lastTime = curTime;
        lastx = x;
        lasty = y;
        lastz = z;
    }
    if(speed > threshold){ //当速度大于所设阈值时
        window.removeEventListener('devicemotion', deviceMotionHandler); //移除devicemotion事件侦听
        document.getElementById("status").innerHTML = "恭喜您获得红包！"; //提示用户获得红包
    }
}
```

在以上代码中，我们创建了一个名为acceleration的变量，以获取设备含重力在内的加速度值。该变量中的x、y、z属性就分别代表了三个维度上的加速度数值。我们设置的算法是将两次摇晃中（间隔大于100毫秒）的三个维度加速度数值相减，将其绝对值除以时间间隔，再乘以10000进行放大，最终得到一个能够反映摇晃程度的相对指标。

现在，我们就完成了"摇一摇"的制作，赶紧在手机等移动设备中测试这一有趣的页面吧。如果手机不支持运动传感事件，则将返回"本设备不支持摇一摇"字样，如图11.90所示。

在其他支持运动传感的设备中，将不断刷新显示当前的摇晃速度指标，如图11.91所示。

当猛烈摇晃设备，使其速度指标超过所设置的阈值时，将显示获得红包的字样，如图11.92所示。

图11.90 不支持运动传感
设备的显示效果

图11.91 摇晃速度指标的
显示效果

图11.92 猛烈摇晃设备的
显示效果

11.5 其他交互操作

在本节中，我们将通过几个具体案例来学习HTML5中数据文件加载、本地文件操作、地理位置操作、本地存储操作等交互技巧。

11.5.1 本地数据文件加载

数据是交互的基础。在过去，我们往往通过ASP、PHP、JSP等后台语言来实现页面的数据交互，而Ajax等技术的出现，使得我们能够在页面中直接通过JavaScript来加载XML和JSON等格式的数据，从而使得HTML5的页面交互更加自然流畅。近年来，由于移动页面更加强调数据的精简，以减轻流量的负荷，而传统的XML由于代码较为冗余，已逐渐被更加轻量、简洁的JSON数据格式所取代。本节我们将通过制作一个天气预报器，学习本地JSON数据文件的加载方法。

假设，我们在本地服务器中有一个天气数据库，能够以JSON格式返回当天的天气数据，其中包括天气描述（weather），温度（temp）和城市名（city），JSON文件名为json.php，数据范例如下：

```
{
    "weather": "rainy",
    "temp": "27",
    "city": "Shanghai"
}
```

我们假设一共存在四种天气状态，分别是多云（cloudy）、下雨（rainy）、晴天（sunny）和下雪（snowy），并分别根据这四种状态制作天气图标，将其分别命名为cloudy.png、rainy.png、sunny.png和snowy.png。

接下来，我们开始动手制作这一Web页面，其HTML代码如下：

```
<div id="result">
 <p id="loading">Loading...</p>
 <img src="sunny.png" id="icon">
 <p id="city"></p>
 <p id="temp"></p>
</div>
```

数据的加载往往是异步的，也就是说，数据的加载和页面的显示不是同时完成的，往往当页面显示已经完成了，数据还仍在加载中。因此，我们需要为所有存在异步加载的数据添加loading效果，以便于在数据尚未到位的这段时间中，用户不会面对一个"开天窗"的页面。在以上HTML代码中，我们添加了一个p元素来作为loading显示，在CSS中，我们将为其添加透明度transition动画，并为其创建一个hide类，在该类中使loading显示为完全透明，我们将在JSON数据加载完成后为loading元素添加hide类，以隐藏其显示。样式代码如下：

```css
#loading{
    position:absolute;
    font-size:32px;
    width:500px;
    text-align:center;
    top:200px;
    transition:opacity 1s;
    -webkit-transition:opacity 1s;
}
#loading.hide{
    opacity:0;
}
```

对于页面中的icon、city和temp等元素，则默认其透明度为0，并设置透明度transition动画。此外，创建show类，在该类中使元素显示为完全不透明。同样地，我们将在JSON数据加载完成后，为这些元素添加show类，以将其显示出来。样式代码如下：

```css
#icon, #city, #temp{
    transition:opacity 1s .5s;
    -webkit-transition:opacity 1s .5s;
    opacity:0;
}
#icon.show, #city.show, #temp.show{
    opacity:1;
}
```

图11.93 默认的页面显示效果

默认的页面显示效果如图11.93所示。

接下来，我们将通过JavaScript代码来加载json.php，并显示获得的数据结果。要实现这一加载功能，我们需要使用到XMLHttpRequest对象。在页面中添加JavaScript代码，如下：

```javascript
var xmlhttp = new XMLHttpRequest();
```

以上代码创建了一个XMLHttpRequest对象，并将其赋予了xmlhttp变量。

· 注意 ·

需要注意的是，XMLHttpRequest对象并不被所有浏览器支持，在一些老版本IE浏览器中（如IE6），需要使用var xmlhttp = new ActiveXObject("Microsoft.XMLHTTP")来加以替代。

接下来，我们使用GET方法来获取json.php。使用open()方法来创建一个新的数据请求，并用send()方法来发送这一请求，代码如下：

```javascript
xmlhttp.open("GET", "json.php", true);
xmlhttp.send();
```

在以上代码中，open()方法的第三个参数为请求的处理方式，此处的true代表异步，这也是我们在绝大部分情形中所采用的方式，只有在制作一些特殊的小型请求时，我们才会采取同步操作（对应值为false）。接下来，侦听该对象的onreadystatechange事件，以判断数据是否已经加载完毕，代码如下：

```javascript
xmlhttp.onreadystatechange = function() {
    if (xmlhttp.readyState == 4) { //表示请求已经完毕，且响应已就绪
        var jsonObject = eval("(" + xmlhttp.responseText + ")"); //将字符串数据转换为json对象，注意其特定的
写法
        document.getElementById("icon").src = jsonObject.weather + ".png";
        document.getElementById("city").innerHTML = jsonObject.city;
        document.getElementById("temp").innerHTML = jsonObject.temp + "℃";
        document.getElementById("icon").className = "show";
        document.getElementById("city").className = "show";
        document.getElementById("temp").className = "show";
        document.getElementById("loading").className = "hide";
    }
}
```

在以上代码中，我们在数据加载完毕后，使用eval()方法将所加载的字符串数据转换为JSON对象，接着获取对象中的各种属性值，并将其赋予页面中的DOM元素。再为icon、city、temp添加show类使其显示，为loading添加hide类使其隐藏。刷新页面，现在我们就能够看到数据的加载效果了，如图11.94所示。

当数据发生变化时，页面的显示也会根据数据内容发生相应变化，如图11.95所示。

图11.94 数据加载效果

图11.95 数据更新效果

• 经验 •
在本例中，我们使用了responseText来获得字符串形式的响应数据。而如果所加载的数据为XML格式，则可以转而使用responseXML来获得XML形式的响应数据。要了解XML文件的解析方法，可以参考http://www.w3school.com.cn/ajax/ajax_xmlfile.asp。

11.5.2 本地文件操作

在HTML5中，我们非但能够获取一些传统的设备参数，如设备加速度、设备方向等，还能获取到像WebGL、相机、电池状态、网络等在内的许多底层硬件参数，甚至还能够通过File API来操作设备中的本地文件。这使得HTML5不再只是一种展示性的语言，而是逐步具备了开发功能性应用的能力。本节将介绍一个借助File API在桌面端浏览器中拖放并处理本地位图文件的案例。

本例的HTML代码如下：

```
<canvas id="canvas"></canvas>
<div id="holder" class="normal">Drop your bitmap here</div>
```

在该页面中，包含了一个属性名为canvas的画布，以及一个属性名为holder的div元素。其中canvas将被用于显示拖放到页面中的图片，holder则作为拖放的提示元素。

添加CSS样式，使页面的高度为100%，并为页面设置背景图片，代码如下：

```
html, body {
    height: 100%;
}
body {
    background: url(bg.png) no-repeat;
    background-size: cover;
    color: #FFF;
    text-align: center;
    position: relative;
}
```

接下来，为holder设置样式，使其宽度为980像素，高度为300像素，显示在页面正中央；同时设置z-index数值，使canvas元素显示在holder下方。代码如下：

```
#holder {
    position: absolute;
    width: 980px;
    height: 300px;
    line-height: 300px;
    font-size: 35px;
    left: 50%;
    top: 50%;
    margin-top: -150px;
    margin-left: -490px;
    background: rgba(0,0,0,.2);
}
#canvas {
    position: absolute;
    z-index: -20;
    top: 0;
    left: 0;
}
```

再为holder元素创建两个类。其中，默认显示的是normal类，其样式是3像素的白色点状边框；当文件被拖曳到元素区域上方时，将切换名为hover的类，在该类中边框颜色为红色。样式代码如下：

```
#holder.hover {
    border: 3px dashed #F00;
}
#holder.normal {
    border: 3px dashed #FFF;
}
```

在添加了以上样式后，页面的默认显示效果如图11.96所示。

我们希望页面的功能如下：当用户将本地的位

图11.96 页面默认显示效果

图文件拖放到浏览器窗口中的holder区域时，获取文件的图像内容并显示在浏览器背景中。这一交互过程需要借助JavaScript来实现。首先，为holder和canvas元素创建变量，并使canvas全屏显示，代码如下：

```
var holder = document.getElementById('holder');
var canvas = document.getElementById('canvas');
canvas.width = window.innerWidth;
canvas.height = window.innerHeight;
var ctx = canvas.getContext('2d');
```

要实现后续的功能，其前提条件是浏览器支持HTML5的File API。我们可以用以下代码来检测浏览器是否支持这一特性：

```
if (window.File && window.FileReader && window.FileList && window.Blob) {
    console.log("支持HTML5 File API! ");
} else {
    console.log('HTML5 File API在您的浏览器里是不完全支持的。');
}
```

接下来，创建holder元素的ondragover和ondragend事件函数，分别对应将文件拖曳到holder元素上方及拖曳结束这两类交互事件，并相应为该元素赋予hover和normal两种不同的类。我们还在这两个函数末尾加入return false,以屏蔽默认的拖放操作处理。代码如下：

```
holder.ondragover = function() {
    this.className = 'hover';
    return false;
};
holder.ondragend = function() {
    this.className = 'normal';
    return false;
};
```

测试页面，现在当将电脑中的其他图片文件拖曳到holder元素上方时，白色的点状边框将变为红色，如图11.97所示。

要实现本地文件操作功能，我们的思路如下：当将文件拖曳到holder元素上方，并松开鼠标左键时，将触发ondrop事件。此时，可以通过该事件参数的dataTransfer属性获得所传输的数据详情。由于用户拖动的可能不仅仅只是一个文件，而可能是多个文件，因此我们可以获取dataTransfer属性中files数组的第一个元素，来对应所拖曳的第一个文件的地址。接下来使用File API创建一个FileReader对象，使用其readAsDataURL()方法来读取本地文件。当文件读取完毕后将触发onload事件，在该事件函数中创建一个Image对象，将文件的二进制位图数据赋予该对象，并将位图绘制到canvas中，即可完成从文件拖动到文件读取，再到文件内容展示的交互过程。代码如下：

图11.97 拖曳效果

```
holder.ondrop = function(e) {
    this.className = 'normal';
    e.preventDefault();
    var file = e.dataTransfer.files[0]; //获取到所拖曳的第一个文件
    reader = new FileReader(); //创建一个FileReader对象
```

```
reader.onload = function(event) { //当本地文件读取完毕后调用以下函数
    img = new Image(); //创建一个Image对象
    img.src = event.target.result; //将读取的二进制位图数据赋予该对象
    img.onload = function() {
            ctx.clearRect(0, 0, canvas.width, canvas.height); //清除Canvas中已有的内容
            ctx.drawImage(this, 0, 0, canvas.width, canvas.height); //将Image对象显示在Canvas中
            delete this; //删除Image对象，以释放缓存
    }
};
reader.readAsDataURL(file); //在FileReader对象中读取文件内容
return false;
};
```

> **• 经验 •**
>
> 除FileReader用于读取本地文件外，我们也可以使用
> FileWriter来写入本地文件。

图11.98 文件的操作效果

测试页面，现在我们就能够将本地的位图文件拖动到页面中，并使图片内容在canvas容器中展现，以此来替换页面的背景显示，如图11.98所示。

11.5.3 Geolocation 操作

近年来，移动电子商务发展迅猛，LBS（Location Based Services，基于位置的服务）与O2O（Online To Offline，从线上到线下）的结合越来越火爆，在移动页面的开发中往往需要加入地理定位等前端功能，以获取用户的精确位置，并个性化开展相应的服务。在HTML5中，Geolocation为我们提供了实现这一功能的可能性。在本例中，我们将使用这一特性在页面中获取用户的经纬度信息，并使用百度地图提供的API，将该信息转换为可阅读的地址。

本例的HTML结构非常简单，其中包含了一个图标，一个页面标题，以及一个属性名为status的p元素。我们将在该p元素中输出后续获取的地理位置信息。代码如下：

```
<img src="Map.png" alt="Map">
<h1>您的位置</h1>
<p id="status">地理位置加载中...</p>
```

图11.99 页面初始显示效果

页面的初始显示效果如图11.99所示。

接下来，我们将使用JavaScript来获取设备的地理位置信息。在本例中，我们引入了jQuery，在页面的ready事件函数中，首先通过获取navigator对象的geolocation属性，来判断浏览器是否支持geolocation，如果支持，则使用其getCurrentPosition()方法来获取当前地理位置信息，否则将在status中输出不支持字样。代码如下：

```
<script type="text/javascript" src="jquery-2.1.4.min.js"></script>
<script type="text/javascript">
$(document).ready(function() {
    if (navigator.geolocation) {
        navigator.geolocation.getCurrentPosition(updateLocation);
    } else {
        document.getElementById("status").innerHTML = "该浏览器不支持 HTML5 Geolocation。";
    }
});
</script>
```

在以上代码中，我们为getCurrentPosition()方法设置了一个名为updateLocation的参数，当地理位置获取成功时，将执行该参数对应的函数。

> • 经验 •
>
> 我们还可以在getCurrentPosition()方法中设置第二个参数，如navigator.geolocation.getCurrentPosition(updateLocation, showError)。当地理位置获取失败时将执行该showError函数，我们可以从其事件参数中获知获取失败的原因，判断究竟是因为用户不允许获取地理位置，还是操作超时，或是其他的因素所致。

下一步，制作updateLocation函数，其代码如下：

```
function updateLocation(position) {
    var latitude = position.coords.latitude; //获取纬度数值
    var longitude = position.coords.longitude; //获取经度数值
    var accuracy = position.coords.accuracy; //获取精确度数值
    document.getElementById("status").innerHTML = "纬度：" + latitude + "<br>经度："+ longitude +
"<br>精确度：" + accuracy;
}
```

在以上代码中，我们通过updateLocation函数的position参数的coords属性值，得到当前的经纬度数值（latitude和longitude），以及该数值的精确度（accuracy，单位为米），并输出在页面中。如果地理数据来源于设备的WIFI信号或是基站定位，其精确度可能较差，accuracy数值可能为数百米，而对于使用GPS的设备，该数值将更加准确，精确度可以缩小到数十米之内。测试页面，其显示效果如图11.100所示。

> • 经验 •
>
> 视设备支持情况，geolocation还可以返回当前的海拔（coords.altitude）及其精确度、方向（coords.heading，从正北开始以度计）、速度（coords.speed，单位为米/秒）等地理位置信息。

图11.100 经纬度和精确度显示效果

目前，我们得到的经纬度信息只是一个抽象的数字，并不是一个能够让人理解的地址。要将这些数字转换为实际的地址，则需要使用诸如谷歌地图、百度地图等社会化网站提供的地图服务接口。在此我们以百度地图为例，来将经纬度数字信息进一步转换为文字的地址。

我们可以登录百度地图的开放平台站点（http://developer.baidu.com/map/）来获取其API服务，在该首页中点选"申请密钥"按钮，如图11.101所示。

在打开的新页面中申请一个开发密钥，该密钥将是一串较长的字母与数字的组合，如图11.102所示。

图11.101 百度地图开发平台首页的"申请密钥"链接

应用编号	应用名称	访问应用（AK）	应用类别	备注信息（双击更改）	应用配置
2146356091		B3475112871cafd7401aa6395bde02f1	服务端		设置 删除

您当前创建了 **1** 个应用

图11.102 申请密钥页面

百度地图提供了许多API接口，在此我们需要使用的是Web服务API中的Geocoding API。在该接口中提供了逆地理编码服务，能够根据经纬度坐标返回对应的地址。其基本参数格式是http://api.map.baidu.com/geocoder/v2/?ak=密钥&callback=回调函数&location=纬度,经度&output=数据格式。如果数据格式选择为JSON，则百度地图接口将返回如下格式的数据：

```
renderReverse&& renderReverse ({
    "status": 0,
    "result": {
        "location": {
            "lng": 121.39190799619,
            "lat": 31.22764928854
        },
        "formatted_address": "上海市普陀区泸定路",
        "business": "华师大,长风公园,金沙江路",
        "addressComponent": {
            "city": "上海市",
            "country": "中国",
            "direction": "",
            "distance": "",
            "district": "普陀区",
            "province": "上海市",
            "street": "泸定路",
            "street_number": "",
            "country_code": 0
        },
        "poiRegions": [],
        "sematic_description": "赢华国际广场北130米",
        "cityCode": 289
    }
})
```

该数据又被称为JSONP，是一种能够被跨域加载的JSON数据。其中，result中的sematic_description属性代表了地址的语义化描述。我们可以在JavaScript中请求以上地址，并跨域读取所返回的数据，从中获得这一属性值。此外，运用jQuery也能使得JSONP的跨域加载行为变得非常简单。修改updateLocation函数，代码如下：

```
function updateLocation(position) {
    var latitude = position.coords.latitude;
    var longitude = position.coords.longitude;
    var url = "http://api.map.baidu.com/geocoder/v2/?ak=B3475112871cafd7401aa6395bde02f1&location
="+latitude+","+longitude+"&output=json";
```

```
    $.ajax({
        type: "get", //jquey不支持post方式跨域，因此使用get方式
        async:false, //设置异步加载
        url: url, //跨域请求的URL
        dataType: "jsonp", //数据类型为jsonp
        //成功获取跨域服务器上的jsonp数据后,执行以下函数
        success : function(json){
            document.getElementById("status").innerHTML = json.result.sematic_description;
        }
    });
}
```

测试页面，我们能够看到当前所处地理位置的文字信息，如图11.103所示。

图11.103 地址信息的显示效果

> **·经验·**
>
> 在本例中，我们使用了getCurrentPosition()方法来获取地理位置信息，这是一种一次性的操作，而如果我们希望页面像GPS那样持续跟踪用户的地理位置信息，则可以使用watchPosition()方法，它将不断返回用户移动时的更新位置。利用这一特性，我们就能够制作出计步器、运动轨迹等更加有趣的功能应用。

11.5.4 localStorage 操作

在过去我们往往使用cookie在本地存储一些页面数据，然而它的效率较低，同时也不适合大量数据的存储。在HTML5中新增的localStorage（本地存储）特性，使我们能够更加方便地在本地存储数据，并有效地提升页面的用户体验。例如，我们将用户的文章阅读进度存储在localStorage中，当用户再次登录时，就可以主动提示新增的未读文章数量，并将这些文章高亮显示，从而减小用户的内容辨识负荷。

在本例中，我们将在一个文章列表页面中运用这一技术。每当用户访问该页面时，页面将从localStorage中读取上一次访问时最后一篇文章的发布时间，如果存在该时间点之后发布的文章，则将这些文章高亮显示，并将新文章的总数提示给用户，最后在localStorage中记录最新的文章发布时间，以便于下一次访问时再次加以判断。

接下来，让我们一起来实现以上的交互功能。在页面中，文章列表的HTML代码如下：

```
<section id="article">
  <h1>Latest Articles</h1>
  <span id="tip">unread</span>
  <article>
    <a href="">
      <time>2015/8/3 19:20:32</time>
      <h2>Phasellus faucibus erat sit amet eros gravida posuere.</h2>
    </a>
  </article>
  <article>
    <a href="">
      <time>2015/8/3 15:10:53</time>
      <h2>Maecenas viverra augue a ipsum imperdiet, et viverra purus gravida.</h2>
    </a>
  </article>
  <!--其余文章省略-->
</section>
```

从以上代码可以看出，在该页面的文章列表中，每一篇文章都对应一个article元素，在该元素中又包含了一个h2

元素和一个time元素，分别显示文章的标题和发布时间。我们假定文章的顺序是按照发布时间从新到旧向下排列。页面的样式定义在此省略，其默认显示效果如图11.104所示。

在默认页面显示效果的基础上，我们还为每一个article元素创建了unread类，它将使文章左侧的小圆点高亮显示为绿色背景白色边框，图11.105是将所有article都设置unread类后的显示效果。在后续制作中，unread类将被动态地添加到那些用户未读的文章列表中。

图11.104 默认显示效果

图11.105 unread类的使用效果

在JavaScript中，我们首先创建一个函数，用于检测设备是否支持localStorage。在此我们还使用了try...catch的测试机制，当确认支持时，该函数将返回true，否则返回false。代码如下：

```javascript
function supports_html5_storage() {
    try {
        return 'localStorage' in window && window['localStorage'] !== null;
    } catch (e) {
        return false;
    }
}
```

在jQuery的ready事件函数中，使用if判断语句，使得当supports_html5_storage()函数返回true，即设备支持localStorage时，执行refreshUnread()函数。代码如下：

```javascript
$(document).ready(function() {
    if (supports_html5_storage()) {
        refreshUnread();
    }
});
```

在localStorage中，我们可以使用setItem()方法来写入某个数据，并使用getItem()方法来读取该数据，其操作非常简便。接下来，创建refreshUnread()函数，代码如下：

```javascript
function refreshUnread(){
    var lastTime = localStorage.getItem("lastTime"); //获取上一次记录的时间
    if(lastTime == null){ //如该时间不存在，则表明为第一次访问该页面
        lastTime = "1900/1/1 0:0:0"; //此时设置一个初始时间
    }
    var dateLast = new Date(lastTime); //获取当前时间
    var first = true; //设置一个布尔值，用于判断第一篇文章
    var numUnread = 0; //设置变量以记录未读文章的数量
    $("#article>article").each(function(index){ //遍历每一个article元素
```

```
    var dateNew = new Date($(this).find("time").text()); //获取其中time元素中的文字内容,将其转换为日期
    if(dateNew > dateLast){ //当该日期比上一次的访问日期更新时
        numUnread++;
        $(this).addClass("unread"); //为该article元素添加unread类
        if(first){ //如果是第一篇文章
                localStorage.setItem("lastTime", $(this).find("time").text()); //此时将该文章的时间
写入本地存储

                first = false;
        }
    }
});
    if(numUnread>0){ //当未读文章数量大于0时
        $("#tip").html(numUnread+" unread"); //在tip元素中显示未读数量
    }else{
        $("#tip").hide(); //否则隐藏该tip元素
    }
}
```

　　测试页面,如果上一次用户访问该页面的时间为2015/7/30,则页面将自动为其后的文章都添加unread类,并在右上角显示"4 unread"字样,如图11.106所示。

　　当用户再次访问该页面,而其中又没有新的文章时,所有的文章都不再以高亮显示,同时页面右上角的unread字样也将隐藏起来。如图11.107所示。

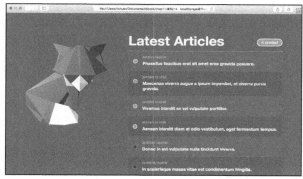

图11.106 页面显示效果1

图11.107 页面显示效果2

　　使用以上的localStorage特性,我们就能够为用户提供非常个性化的服务。比如记录用户在页面中的操作习惯,将用户习惯浏览的版块优先显示在最重要的页面位置,等等。这一做法并不需要任何服务器开支,既经济又高效,其编程也非常简单。随着支持这一特性的浏览器的逐步普及,我们有充分理由相信localStorage将很快成为一种前端开发者重度使用的交互特性。

· 经验 ·

除localStorage外,我仍然可以通过传统的cookie来存储一些网站数据。例如我们要创建一个名为user,值为robert的cookie,可以使用以下代码:document.cookie = "user=robert"。Cookie的读取则需要对document.cookie的内容进行字符串匹配来获取。更简便的方法是使用jQuery来写入或读取页面中的cookie。

第 12 章 HTML5页面组件

在前端开发中，有一些元素往往是在页面中被反复运用的，如Tab切换、下拉菜单、图像轮播、折叠区域等，我们可以将这些元素视为各种页面组件。页面组件的实现细节千差万别，但是其最基本的技巧和原理是基本相近的。在此，本章整理并介绍了十种最常见的页面组件，对其实现原理进行了详细分析。

12.1 页面组件开发核心技巧

HTML5页面组件也可被视为一类具有强交互特性的元素，它们往往通过结合CSS3和JavaScript来生成某些特殊的页面控制效果。在本章中，我们主要将了解以下几类页面组件的实现方法：

1. 图层类页面组件。在CSS3中我们可以通过z-index属性来设置图层深度，这意味着我们可以将二维的、平面化的页面拓展到全新的"三维"层面，通过具有深度的图层交互，来使得内容的呈现更加具有层次。在本章中，我们以悬浮图层和弹出图层等案例来介绍这类应用的实现原理。

2. 区域类页面组件。为了在有限的空间中容纳更多内容信息，我们往往在页面中加入区域显示控制，通过基于CSS的交互操作来使得某个区域显示或隐藏。在本章中，将以Tab切换、折叠区域等案例来介绍其实现原理。

3. 导航类页面组件。导航是网站中必不可少的元素，其种类也最为多样化。有的菜单是通过控制不同鼠标指针交互事件中元素的显示状态来生成下拉、悬停、侧滑等效果，而有的菜单则是在页面滚动事件的侦听过程中动态控制元素属性，以生成诸如顶部固定、底部固定等菜单效果的变种。在本章中，将以下拉菜单、顶部固定菜单、滑动导航等案例来介绍其基本原理。

4. 轮播类页面组件。这也是一种常见的组件种类，其原理是通过JavaScript每隔一定时间触发一次位移切换，并通过细节的衔接以形成无缝的轮播效果，其实现通常需要将时间、动画、数组、定位等不同操作糅合到一起。在本章中将以图像轮播案例来介绍其技术原理。

5. 其他页面组件。除以上组件类型外，本章还选取了一些用途较广、较为常见的页面组件来加以介绍，其中包括时间轴、日历等。

接下来，就让我们通过一个个具体案例来开始本章的学习。

12.2 图层类页面组件

本节将以悬浮图层和弹出图层等案例来介绍图层类页面组件的实现原理。

12.2.1 悬浮图层

现在，几乎在每一个门户网站中都有着种类各异的悬浮图层。如京东商场将其首页比作了一栋高楼，在页面左侧会显示一个位置固定的悬浮图层，上面显示了这栋"高楼"的每一个"楼层"，以及用户正在浏览的"楼层"；在页面的右侧，则显示了购物车、关注、足迹、回到顶部、反馈等功能性悬浮图层，如图12.1所示。用户可以通过单击悬浮图层中的链接，非常快捷地跳转到相应的功能页面。

图12.1 京东商场的悬浮图层运用

在本例中，我们将制作一个简单的"回到顶部"悬浮图层。初始情况下该图层并不显示，只有当用户向下滚动页面到一定程度时才会出现，随着页面的滚动，图层的位置一直保持固定。当用户单击该图层时，页面将回到顶部。通过这个案例，我们将掌握使元素固定在页面某一位置这一特定的技巧。

接下来我们开始这个简单功能的制作。首先，在页面中插入一个属性值为id的div元素，插入位置在</body>之前，其HTML代码如下：

```
<body>
  <!--页面内容代码-->
  <div id="top">Top</div>
</body>
```

图12.2 页面默认效果

页面的默认显示效果如图12.2所示。由于top元素在页面内容的末尾，因此默认情况下我们要将页面滚动到末尾才能看到这一元素。

我们将使用CSS样式来使得top元素成为一个悬浮的图层，代码如下：

```
#top{
    /*设置元素固定定位，距离右侧和底部各为50像素*/
    position:fixed;
    z-index:5000;
    right:50px;
    bottom:50px;
    /*设置元素的块状显示，如宽高均为50像素，带有透明白色背景和白色边框*/
    box-sizing:border-box;
    width:60px;
    height:60px;
    background:rgba(255,255,255,.2);
    border:1px solid rgba(255,255,255,.6);
    /*设置文字样式*/
    text-align:center;
    padding-top:25px;
    color:#FFF;
    text-transform:uppercase;
    /*设置鼠标指针为手型*/
    cursor:pointer;
}
```

以上代码最核心的是position和z-index属性的设置。通过将position属性设置为fixed，top元素就能够固定在屏幕的某个位置，而不随页面滚动而滚动。与此同时，我们将z-index属性设置为一个非常大的值，如5000，以使得这个元素悬浮在所有其他元素之上。测试页面，我们将看到top元素显示在页面右下方，当页面滚动时，它一直固定在该位置，如图12.3、图12.4所示。

下一步，对top元素进一步加以美化。运用此前学习的三角形绘制技巧，为top添加after伪元素，形成一个三角形的图案，代

图12.3 top元素固定效果1

图12.4 top元素固定效果2

码如下：

```
#top::after{
    content:'';
    width:0;
    height:0;
    border-width:8px;
    border-style:solid;
    border-color:transparent transparent #FFF transparent;
    position:absolute;
    top:5px;
    /*使三角形居中显示*/
    left:50%;
    margin-left:-8px;
}
```

添加三角图案后的显示效果如图12.5所示。

现在，悬浮的图层效果已经初步实现了，但我们还希望进一步提升这一效果的用户体验。试想，当页面已经滚动到顶部时，用户不需要再次单击"TOP"来跳转到顶部，只有当用户向下滚动了一定距离后，这一功能才具有实用性。因此，我们将进一步控制top元素的显示，使得图层在初始情况下隐藏，代码如下：

图12.5 添加三角图案效果

```
#top{
    opacity:0;
    transition:all 1s;
    -webkit-transition:all 1s;
}
```

在以上代码中，我们使用opacity属性来设置top元素为完全透明，并且还为其设置了transition动画，使得元素在状态切换时带有渐变动画效果。接下来，再创建一个show类，代码如下：

```
#top.show{
    opacity:1;
}
```

我们所要做的，就是使用JavaScript来为top元素动态添加或删除show类，以此切换其显示状态。在</body>之前插入script标签，代码如下：

```
<script type="text/javascript">
var nav=document.getElementById("top");
window.onscroll = function(){
    var scrollTop = document.body.scrollTop; //获取当前页面滚动坐标
    if(scrollTop > 200){
        nav.className = "show"; //当该坐标大于200时显示top元素
    }else{
        nav.className = ""; //否则隐藏该元素
    }
}
</script>
```

在以上代码中，我们侦听了页面的onscroll事件，当页面发生滚动时将触发这一事件，并获取当前页面滚动坐标。

当这一坐标大于我们所设置的阈值，即200像素时，将为top元素赋予show类，显示该悬浮图层，否则将隐藏该图层。测试并滚动页面，图层的显示效果如图12.6、图12.7所示。

图12.6 当页面位于顶部附近时不显示top图层　　　　图12.7 当页面向下滚动时显示top图层

最后，为top元素设置onclick事件函数，使得单击这一区域时，页面滚动到最顶部，代码如下：

```
nav.onclick = function(){
    document.body.scrollTop = 0; //单击元素时使页面跳转到最顶部
}
```

现在，这一简单而又实用的悬浮图层效果便全部完成了。

12.2.2 弹出图层

悬浮图层只是一种较为简单的图层类页面组件，在本例中，我们将接触一种更为典型，也较上一案例更为复杂的图层组件，即弹出图层（Popups）。

弹出图层有着许多不同的种类，但一般来说均具备以下几个特征。一是弹出图层需要使得其下方的页面内容不能被单击，二是弹出图层能够被某个关闭按钮，或某种特定交互操作所关闭，三是弹出图层时往往带有一定的动态效果，如颜色渐变、元素位移等。

我们以一个文章页面为例，来演示弹出图层的制作方法。在该页面中有一些文字段落，其中某些单词带有超链接，通过CSS样式定义，我们使得这些超链接显示为白色背景、橙色文字，页面效果如图12.8所示。

我们希望，当用户单击超链接时，将弹出一个图层，显示一些提示性的内容。在段落文字之后，</body>前，加入弹出图层的HTML代码，如下：

图12.8 页面初始效果

```html
<div id="popup">
  <div id="popup-content">
    <h1>This is a pop-up window</h1>
    <p>Vivamus pharetra ... dignissim non. </p>
    <button id="close">Close me</button>
  </div>
  <div id="popup-bg"></div>
</div>
```

在以上代码中，最外层div元素的id属性值为popup，其内部又包含了popup-content和popup-bg两个子级div元素。其中，popup-content元素容纳了弹出图层的文本内容，并包含了一个button按钮，用于关闭该弹出图层。popup-bg元素将作为整个弹出图层下方的遮罩色块。

接下来，为以上元素设置必要的CSS样式。首先设置popup元素为固定定位，并充满屏幕，代码如下：

```css
#popup{
    position:fixed;
    top:0;
    left:0;
    width:100%;
    height:100%;
}
```

接着为popup-content设置CSS样式，使其宽高分别为700、400像素，并以绝对定位方式在页面中央显示，代码如下：

```css
#popup-content{
    /*设置定位方式为绝对定位，且设置较高的z-index值，使其浮于其他元素上方*/
    position:absolute;
    z-index:200;
    /*设置元素大小*/
    width:700px;
    height:400px;
    box-sizing:border-box;
    /*使元素居中显示*/
    left:50%;
    top:50%;
    margin-left:-350px;
    margin-top:-200px;
    padding:30px 50px;
    /*设置背景、阴影等外观样式*/
    background:#FFF;
    box-shadow:0 10px 15px rgba(0,0,0,.2);
    text-align:center;
}
```

接着，为popup-content中的h1、p、button等元素设置样式，以使其显示更加美观，代码如下：

```css
#popup-content h1{
    color:#555;
    padding-bottom:20px;
    border-bottom:1px solid #DDD;
}
#popup-content p{
    color:#888;
    font-size:21px;
}
#popup-content button{
    color:#FFF;
    background:#E74C3C; /*设置背景为浅红色*/
    border-radius:4px;
    border:0;
    font-size:21px;
    padding:10px 50px;
}
#popup-content button:hover{
    background:#C0392B; /*设置背景为深红色*/
}
```

以上样式的显示效果如图12.9所示。现在，这一弹出图层和前一小节制作的悬浮图层一样，都浮动在页面固定的位置，并不会跟随页面的滚动而滚动。

接下来，我们要为popup-bg设置样式，使其显示在popup-content下方，呈现为带有一定透明度的黑色，同时也充满整个屏幕，代码如下：

图12.9 弹出图层显示效果

```
#popup-bg{
    position:absolute;
    z-index:100;
    width:100%;
    height:100%;
    background:rgba(0,0,0,.3);
}
```

我们将popup-bg的z-index值设置为100，这小于popup-content的200，并大于页面中的内容元素（z-index为0）。测试页面，其显示效果如图12.10所示。

现在，弹出图层的基础样式设计已经完成，该轮到交互部分出场了。由于默认状态下弹出图层是并不显示的，我们需要为其添加样式代码，使其隐藏起来。

在HTML5中有几种不同的隐藏元素的方式。一是设置元素opacity属性值为0，以使元素完全透明，这一做法的优点是可以为

图12.10 popup-bg的样式效果

透明度的变化设置transition动画，实现渐变效果，其缺点是虽然元素看不见了，但它仍然处于显示状态，可以接收各种鼠标事件，使其下方的元素不能被正常单击；第二种方式是设置元素的display属性值为none，使元素根本不显示。这一做法能够非常有效地隐藏元素，但缺点在于一旦设置后，元素本身以及其子元素的CSS动画效果将统统丢失，这就意味着弹出图层将瞬间显示或消失，除非使用更复杂的JavaScript代码来实现动画效果；第三种方式是设置元素的visibility属性值为hidden，它同样能够去除元素显示，同时并不会影响元素的动画效果，且visibility从隐藏到显示并不是从0直接到1，而是一个渐进的过程，特别适合与opacity组合，生成渐入渐出的动画效果。在此，我们使用了opacity与visibility的组合方式，使popup默认隐藏，并完全透明，同时为其设置transition动画。在show类中，我们使元素显示，同时变化为完全不透明。代码如下：

```
#popup{
    transition:all .5s;
    -webkit-transition:all .5s;
    visibility:hidden;
    opacity:0;
}
#popup.show{
    visibility:visible;
    opacity:1;
}
```

接下来，我们将使用JavaScript来实现交互操作。实际上，本例的代码逻辑非常简单，即每当用户单击超链接，或是单击popup中的close关闭按钮，再或是单击popup-bg这一背景色块时，均切换popup元素的show类显示，使其在隐藏和显示这两种状态之间反复转换即可。此前transition动画的设置，将使得状态之间的转换带有渐变效果。与此同

时，我们使用了jQuery，在它的选择器中可以将a、#close、#popup-bg三者以逗号分隔，使三者的单击操作能够浓缩在同一click事件函数中，同时可以用一句toggleClass()方法高效地实现show类的切换（当存在show类时去除，当不存在show类时添加）。代码如下：

```
<script type="text/javascript" src="jquery-2.1.4.min.js"></script>
<script type="text/javascript">
$(document).ready(function() {
     $('a, #close, #popup-bg').click(function(e){
          e.preventDefault();  //阻止默认单击事件
          $('#popup').toggleClass('show');  //切换show类
     });
});
</script>
```

测试页面，此时popup图层默认是不显示的。当单击超链接时，该图层将以渐入动画的方式显示，如图12.11、图12.12所示。当图层显示完毕后，我们是无法透过popup中的内容区域单击下方文字链接的，这也满足了弹出图层的第一项特性，即屏蔽图层下方的内容交互操作。只有通过单击Close按钮，或单击浅黑色背景，使图层以渐出动画的形式关闭后，我们才能再度与正文中的链接进行交互。

图12.11 popup元素的渐入显示1

图12.12 popup元素的渐入显示2

最后，我们还希望为弹出图层添加更精致的动画效果，如显示图层时，使popup-content区域有一个向上的位移动画，在关闭时反之，显示向下的位移动画。垂直方向上的位移可以使用translateY方法来设置，在此设置初始状态下popup-content元素向下移动100像素，并在show类中回到原始y位置，CSS代码如下：

```
#popup-content{
     transition:all .5s;
     -webkit-transition:all .5s;
     transform:translateY(100px);
     -webkit-transform:translateY(100px);
}
#popup-content.show{
     transform:translateY(0px);
     -webkit-transform:translateY(0px);
}
```

在JavaScript中，为click事件函数添加代码，如下：

```
$('#popup-content').toggleClass('show');
```

测试页面，当单击页面中的文字链接时，弹出图层在渐显的同时，其内容区域将带有从下往上的移动效果，如图12.13至图12.16所示。当关闭图层时，也将播放相反方向的动画效果。

到此为止，我们已经完成了弹出图层的制作。简单来说，该页面组件的制作精髓就在于对元素100%宽高的设置，以使图层能够充满、覆盖整个屏幕，同时以visibility和opacity的搭配形成渐显效果，并通过JavaScript的toggleClass实现显示与隐藏两个状态的动态切换。

图12.13 弹出图层显示效果1

图12.14 弹出图层显示效果2

图12.15 弹出图层显示效果3

图12.16 弹出图层显示效果4

12.3 区域类页面组件

本节将以Tab切换和折叠区域等案例来介绍区域类页面组件的实现原理。

12.3.1 Tab 切换

Tab切换是另一类经典的页面组件，它擅长于在有限的页面空间中显示大量的内容信息，因此备受各种内容展示类网站的青睐。现在，我们几乎能够在所有的门户类网站中发现Tab切换组件的身影，如搜狐、新浪、网易等。在本例中，我们将通过一个简单的tab切换例子的制作，来介绍此类组件的实现方法。

首先，我们设计了一个典型的tab切换组件的DOM结构，其外壳是一个section元素，在该元素内部又包含了多个article元素。从语义化的角度来说，也就是在一个栏目中包含了多篇文章。我们将使用tab组件来实现文章在该栏目中的切换，使得在该区域中每次只显示一篇文章。

Tab切换组件通常包含两大部分，即导航部分和内容部分。在本例中，我们使用了一个ul元素来作为导航，并使用一个div元素来作为内容部分，其中包括了3个article元素，id属性值分别为weather、sport和travel，HTML代码如下：

```html
<section id="tab-container">
  <ul id="tab-nav">
    <li><a href="#weather" id="nav-weather">Weather</a></li>
    <li><a href="#sport" id="nav-sport">Sport</a></li>
    <li><a href="#travel" id="nav-travel">Travel</a></li>
  </ul>
  <div id="tab-content">
    <article id="weather">
      <p>Weather is the state of the atmosphere...</p>
    </article>
    <article id="sport">
```

```
      <p>Sports are usually governed by a set of rules...</p>
    </article>
    <article id="travel">
      <p>Travel is the movement of people between...</p>
    </article>
  </div>
</section>
```

　　Tab切换组件一般都有一个较为固定的宽度。在此，我们使用CSS样式，将整个section元素设置为400像素宽，并为其设置白色背景和阴影效果，代码如下：

```
body {
        background:#ECF0F1;
        font-family:"Helvetica Neue", sans-serif;
        color:#666;
}
#tab-container{
        background:#FFF;
        width:400px;
        box-shadow:1px 1px 2px rgba(0,0,0,.15);
}
```

　　以上样式设置后的显示效果如图12.17所示。由图可见，在整个section元素中，显示在最前端的是导航列表，其中包括了3个链接。随后则显示了3个article元素所对应的3段文字。

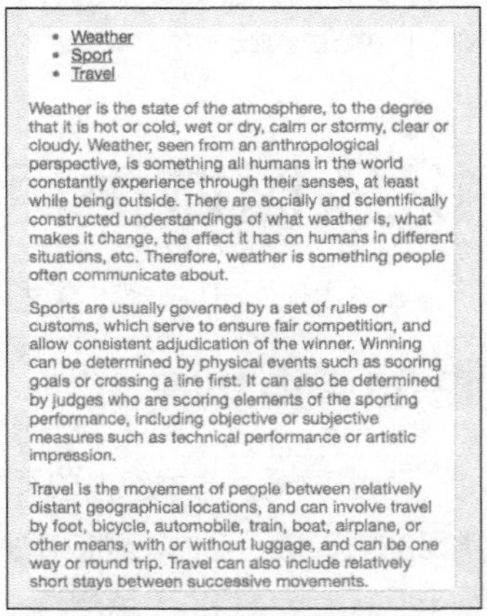

　　接着，为ul列表设置样式，使3个链接从左到右依次排列，并为列表设置背景色，代码如下：

```
#tab-nav{
        background:#1ABC9C; /*绿色*/
        margin:0;
        padding:0;
}
#tab-nav li{
        display:inline-block;
        list-style:none;
        width:100px;
        height:50px;
        line-height:50px;
        text-align:center;
}
#tab-nav li a{
        display:block;
        color:#FFF;
        text-decoration:none;
}
```

图12.17 样式设置后的显示效果

图12.18 设置列表样式

　　以上代码将tab-nav列表的高度设置为50像素，背景色为绿色，并通过设置3个列表项的display属性为inline-block，使其从左到右排列，显示效果如图12.18所示。

　　现在，内容部分与区域边缘紧贴在了一起，我们可以为tab-content元素添加一些内边距，代码如下：

```
#tab-content{
    padding:25px;
}
```

添加内边距后的显示效果如图12.19所示。

接下来，我们将使用JavaScript来控制列表链接的单击事件，使其显示对应的article元素。但在这之前，我们还要为列表链接创建一个专门的类，用来区分链接的单击状态。我们希望当前被单击的列表链接显示为白色背景、绿色文字，样式代码如下：

图12.19 添加内边距的显示效果

```
#tab-nav li a.active{
    color:#1ABC9C; /*绿色*/
    background:#FFF;
}
```

在</body>前插入script标签，为组件中的3个内容元素和3个列表元素分别创建变量，代码如下：

```
<script type="text/javascript">
    var nav_weather=document.getElementById("nav-weather");
    var nav_sport=document.getElementById("nav-sport");
    var nav_travel=document.getElementById("nav-travel");
    var weather=document.getElementById("weather");
    var sport=document.getElementById("sport");
    var travel=document.getElementById("travel");
</script>
```

在script标签中继续添加代码，使得初始状态下只显示第一篇文章（weather），其后的sport和travel这两篇文章不显示，代码如下：

```
//设置sport和travel初始状态不显示
sport.style.display = "none";
travel.style.display = "none";
```

由于默认选中的是weather，因此我们也设置其对应的列表链接的类名为active，代码如下：

```
nav_weather.className = "active"; //设置nav_weather初始状态为被单击效果
```

我们的制作思路是，在单击任意一个列表链接时，首先重置所有内容和链接的显示，通过设置元素的style.display属性为none，使内容都隐藏，并通过设置元素的className属性为空，以去除链接的active类；继而再为被单击的列表链接专门设置active类，并显示对应的内容。为了精简JavaScript代码，我们创建一个函数来容纳这些通用的功能部分，代码如下：

```
function hideAll(){ //将所有内容都设置为隐藏，并清除所有链接的类样式
    weather.style.display = "none";
    sport.style.display = "none";
    travel.style.display = "none";
    nav_weather.className = "";
    nav_sport.className = "";
    nav_travel.className = "";
}
```

最后，我们再为3个列表链接分别创建onclick事件函数，在其中调用hideAll()函数，并通过设置内容元素的display属性为block，以及链接的className属性为active，以切换tab显示，代码如下：

```
nav_weather.onclick = function(){
    hideAll();
    weather.style.display = "block";
    nav_weather.className = "active";
}
nav_sport.onclick = function(){
    hideAll();
    sport.style.display = "block";
    nav_sport.className = "active";
}
nav_travel.onclick = function(){
    hideAll();
    travel.style.display = "block";
    nav_travel.className = "active";
}
```

测试页面，最终的tab切换效果如图12.20至图12.22所示。

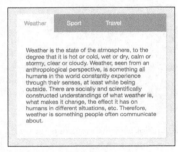

图12.20 Tab切换组件显示效果1

图12.21 Tab切换组件显示效果2

图12.22 Tab切换组件显示效果3

• 经验 •

为了便于读者理解，本例为每个tab按不同的id属性值各自设置了不同的控制代码，这适合于单一的tab应用。在实际开发中，我们往往需要使代码能够批量地应用于多个tab组件，其解决方法是在JavaScript中使用数组来循环遍历所有内容区域和列表链接。

12.3.2 折叠区域

折叠和展开是另一种深入人心的交互操作。我们往往习惯于将暂时不需要浏览的内容事先折叠起来，并按需展开，以这种方式生成的折叠区域具有结构和层次清晰的优点。在本例中，我们将学习一种简单而又经典的折叠区域的制作方法。

折叠区域的HTML代码如下：

```
<section id="collapse">
    <article>
        <h1>Duis quistor</h1>
        <p>In hendrerit orci est, in lacinia diam...</p>
    </article>
    <article>
        <h1>Aenean libero</h1>
        <p>Ut auctor tincidunt sapien, eget pulvinar...</p>
```

```
        </article>
        <article>
            <h1>Vestibulum</h1>
            <p>Duis in lobortis odio, nec tincidunt sem...</p>
        </article>
    </section>
```

在以上代码中，折叠区域为一个section元素，其id属性值为collapse。在其下包含了3个article元素，每个元素中都包含了一个代表标题的h1元素和一个代表内容详情的p元素。我们希望该区域中的article默认都处于折叠状态，只显示标题元素。当用户单击标题时，再展开显示相对应的内容详情。多次单击同一个标题，将不断展开或折叠内容详情。

接下来为该组件创建外观样式。在此，我们将section和article元素的宽度都设置为450像素。为了便于区分不同的文章，我们在每个article元素底部添加一条透明白色实线，代码如下：

```
#collapse{
    width:450px;
}
#collapse article{
    width:450px;
    background:#9B59B6; /*浅紫色*/
    border-bottom:1px solid rgba(255,255,255,.3);
}
```

设置h1标题的样式，使其显示为深紫色背景，且鼠标指针的形状为手型，代码如下：

```
#collapse h1{
    margin:0;
    background:#8E44AD; /*深紫色*/
    height:70px;
    line-height:70px;
    text-indent:30px;
    font-size:24px;
    position:relative;
    cursor:pointer;
    transition:all .5s;
    -webkit-transition:all .5s;
}
#collapse h1:hover{
    background:#6e208e; /*更深的紫色*/
}
```

接下来，为h1创建after伪元素，在标题右侧绘制一个向下的三角箭头，以用来显示折叠的状态，代码如下：

```
#collapse h1::after{
    content:'';
    width:0;
    height:0;
    border-width:7px;
    border-style:solid;
    position:absolute;
    border-color:#FFF transparent transparent transparent;
```

```
        right:20px;
        top:35px;
    }
```

再设置p元素的内外间距和文字颜色，使段落内容显示得更为美观，代码如下：

```
#collapse p{
        margin:0;
        padding:30px;
        color:rgba(255,255,255,.85);
    }
```

现在，页面的显示效果如图12.23所示。

接下来，我们要为元素创建折叠状态下的显示样式。为p元素创建hide类，在该类中通过设置display属性为none，使p元素不显示。同时，也为h1创建一个hide类，在该类中使after伪元素的三角箭头方向改为向左，同时细微调整其位置，使其和此前向下的箭头的中心点相同，代码如下：

图12.23 页面初始显示效果

```
#collapse h1.hide::after{
        border-color: transparent #FFF transparent transparent;
        right:22px;
        top:30px;
    }
#collapse p.hide{
        display:none;
    }
```

最后，我们要通过JavaScript来完成折叠和展开功能。在此，我们使用原生的JavaScript而非jQuery来进行这一操作。使用getElementsByTagName()方法分别获取所有的h1和article元素，将对应的数组分别赋予title和article变量，代码如下：

```
var title = document.getElementsByTagName("h1");
var article = document.getElementsByTagName("article");
```

创建并调用一个名为foldAll的函数。在该函数中，我们通过遍历数组，为所有article中的p元素及h1标题元素设置hide类，将所有文章区域都折叠起来，代码如下：

```
function foldAll(){
        for(var i=0; i< title.length; i ++){
            article[i].getElementsByTagName("p")[0].className = "hide";
            title[i].className = "hide";
        }
    }
foldAll();
```

测试页面，所有文章区域折叠的效果如图12.24所示。

为每个标题元素创建单击事件函数，在该函数中首先调用foldAll函数折叠所有文章区域，然后再根据对当前被单击区域显示状态的判断，决定究竟是展开还是折叠该区域。代码如下：

图12.24 所有文章区域折叠的效果

```
for(var i=0; i< title.length; i ++){
    title[i].onclick = function(){
        refreshCollapse(this);
    }
}
function refreshCollapse(obj){
    var targClass;
    //根据被单击对象的当前类状态判断接下来展开或折叠该区域，将目标类存储在targClass变量中
    if(obj.className==="hide"){
        targClass = "";
    }else{
        targClass = "hide";
    }
    //折叠所有区域
    foldAll();
    //然后展开或折叠当前被单击区域
    obj.parentNode.getElementsByTagName("p")[0].className = targClass;
    obj.className = targClass;
}
```

测试页面，现在当单击某个标题时，将会展开对应的文章，如图12.25、图12.26所示。当单击某个已经展开的标题时，该文章将被折叠，回到初始的显示状态。

图12.25 折叠区域显示效果1

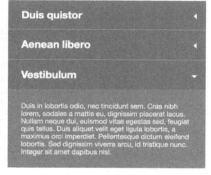

图12.26 折叠区域显示效果2

至此折叠区域组件便制作完毕了。该组件和上一小节的tab切换组件的实现方式较为类似，都是通过设置元素的display属性是否为none来控制元素的显示或隐藏，所不同的是上一小节使用了JavaScript来直接设置这一CSS属性（*.style.display = "none"），而在本例中我们先定义了相应的CSS样式，再通过JavaScript来修改元素的类样式。两种方式殊途同归，我们可以在实际开发中灵活地选择运用。

12.4 导航类页面组件

本节将以下拉菜单、顶部固定菜单和滑动导航等案例来介绍导航类页面组件的实现原理。

12.4.1 下拉菜单

菜单是几乎每一个网站都具备的元素，而其实现方式则千变万化。在本节中，我们将学习其中最为经典的下拉菜单的制作方法。借助强大的CSS，我们可以在不使用JavaScript的前提下制作出这一菜单效果。

在HTML5的各种语义化标签中，<nav>标签被用于定义页面中的导航链接。在本例中，我们也使用这一标签来作为下拉菜单的外部容器。例如，在本例的nav元素中，包括了Home、News、Products、Services和Contact等一级菜

单，而News和Products中还包括了更次级的菜单，在DOM结构上体现为ul、li的两层嵌套，代码如下：

```html
<nav id="menu">
  <ul>
    <li><a href="">Home</a></li>
    <li><a href="">News</a>
      <ul>
        <li><a href="">Sports</a></li>
        <li><a href="">Weather</a></li>
        <li><a href="">Finance</a></li>
      </ul>
    </li>
    <li><a href="">Products</a>
      <ul>
        <li><a href="">Construction</a></li>
        <li><a href="">Machinery</a></li>
        <li><a href="">Compressor</a></li>
        <li><a href="">Vehicle</a></li>
      </ul>
    </li>
    <li><a href="">Services</a></li>
    <li><a href="">Contact</a></li>
  </ul>
</nav>
```

在没有设置任何CSS样式的前提下，页面的默认显示效果如图12.27所示。

接下来，为该菜单设置CSS样式。首先重置所有元素的内外边距，然后为菜单设置背景色和一个固定的显示高度，代码如下：

- Home
- News
  - Sports
  - Weather
  - Finance
- Products
  - Construction
  - Machinery
  - Compressor
  - Vehicle
- Services
- Contact

图12.27 默认的页面显示效果

```css
*{
      margin:0;
      padding:0;
}
#menu{
      background:#27AE60; /*中绿色*/
      height:65px;
}
```

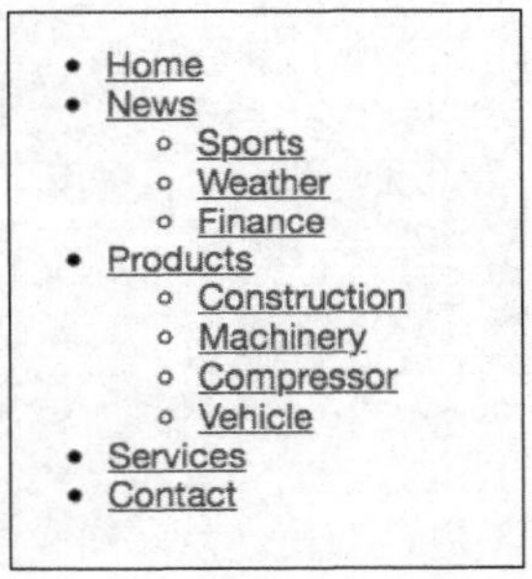

接着，为一级菜单设置样式，通过设置左浮动使菜单项横向排列，并在每个菜单项右侧添加一条半透明的白色细线，来对不同菜单加以区分。此外，为菜单项中的超链接设置间距、文字大小、下划线等外观样式，代码如下：

```css
#menu ul li{
      list-style:none;
      display:block;
      float:left;
      border-right:1px solid rgba(255,255,255,.3);
      position:relative;
}
#menu ul li a{
      display:block;
      padding:0 35px;
      line-height:65px;
      font-size:21px;
      color:#FFF;
      text-decoration:none;
}
```

现在，我们将专注于一级菜单的显示效果。在此设置二级菜单的display属性为none，以隐藏其显示。同时将其定位方式设置为绝对定位，使其距离顶部为65像素，该距离正好等于一级菜单的高度。代码如下：

```
#menu ul li ul{
    display:none;
    position:absolute;
    top:65px;
    background:#2ECC71; /*浅绿色*/
}
```

测试页面，现在我们就能够看到一级菜单的显示效果，如图12.28所示。

接下来创建二级菜单的显示样式。为hover状态下一级菜单项的下属ul列表设置样式，将其display属性设置为block，以使得鼠标指针移动到一级菜单项上时，其下方的二级菜单由隐藏变为显示。代码如下：

```
#menu ul li:hover ul{
    display:block;
}
```

测试页面，现在当鼠标指针移动到News菜单项上时，将显示其下方的二级菜单，如图12.29所示。

图12.28 一级菜单显示效果

图12.29 News二级菜单显示效果

现在的二级菜单的显示并不是很美观，例如每个菜单项的宽度不一，菜单项右侧还因继承了一级菜单的样式而显示了一条竖线，需要我们加以改善。接下来，去除菜单的右边框，改为在每个菜单顶部绘制一条透明细线，以对二级菜单项加以区分，同时设置二级菜单项链接的字体和行高，使它们均略小于一级菜单项，代码如下：

```
#menu ul li ul li{
    width:100%;
    border-right:0;
    border-top:1px solid rgba(255,255,255,.3);
}
#menu ul li ul li a{
    font-size:18px;
    line-height:50px;
}
```

测试页面，现在二级菜单项也有了不错的外观，如图12.30所示。

最后，我们再为所有菜单项的hover状态设置透明度为20%的黑色背景色，使鼠标指针移入时背景颜色显得较深一些，代码如下：

图12.30 二级菜单的外观改进

```
#menu ul li:hover{
    background:rgba(0,0,0,.2);
}
```

测试页面，现在鼠标指针无论是移动到一级还是二级菜单项上，均能显示较深的菜单项背景色，如图12.31、图

12.32所示。

图12.31 下拉菜单显示效果1　　　　　　　　　　图12.32 下拉菜单显示效果2

　　至此，我们就使用纯粹的CSS完成了经典的下拉菜单效果。当然，如果要实现一些更复杂的下拉菜单功能，特别是涉及对二级菜单位置、大小的动态计算时，JavaScript仍旧是必不可少的。

12.4.2 顶部固定菜单

　　导航菜单的优劣决定了一个站点用户体验的好坏。在用户浏览一些较长的页面时，往往会厌烦于再次将页面滚动到顶部去选择浏览其他栏目。悬浮图层虽然能够为用户提供一个快捷到达顶部的操作点，但是它的显示区域有限，使用起来仍然不是很直观。顶部固定菜单则是解决这一用户体验"痛点"的有效方法，当菜单在滚动中被移出可视区域时，它将悬浮并固定在页面的顶部，这样用户不论在页面任何位置，都可以快捷地进行栏目切换操作。在本例中，我们将学习这种顶部固定菜单的实现方法。

　　在DOM结构中，我们用nav元素来作为导航区域，其内部是一个ul列表元素。正文区域则是一个section元素，其中包含了多个article元素。HTML代码如下：

```html
<h1>A Pizza Website</h1>
<nav id="nav">
  <ul id="page-nav">
    <li><a href="">Home</a></li>
    <li><a href="">Profile</a></li>
    <li><a href="">Events</a></li>
    <li><a href="">Service</a></li>
    <li><a href="">Contact</a></li>
  </ul>
</nav>
<section id="content">
  <article>
    <h2>Home</h2>
    <img src="p1.jpg" alt="pic">
    <p>...</p>
  </article>
  <!--其余内容省略-->
</section>
```

　　在CSS样式中，我们将每一个列表项的高度设为70像素，将display属性设置为inline-block，并通过设置ul元素的text-align属性为center，使列表项居中排列，代码如下：

```css
#page-nav{
    text-align:center;
    background:rgba(255,255,255,.95);
    box-shadow:0px 2px 5px rgba(0,0,0,.1);
}
#page-nav li{
    list-style:none;
```

```
        display:inline-block;
        line-height:70px;
        width:200px;
}
#page-nav li a{
        color:#F39C12;
        text-decoration:none;
        font-size:24px;
}
```

菜单的默认显示效果如图12.33所示。当向下滚动页面时，菜单将向上方移动，并逐渐消失在显示区域中，如图12.34所示。

图12.33 菜单默认显示效果

图12.34 菜单在向下滚动时消失

接下来，我们为菜单制作一个名为fixed的类。在该类中通过设置position属性为fixed，使菜单的位置固定，并通过设置top属性为0，使菜单固定在页面顶部。position属性从相对定位切换为绝对定位后，还需重新指定其容器宽度，否则菜单不能横向充满屏幕。在此设置width属性为100%。代码如下：

```
#page-nav.fixed{
        width:100%;
        position:fixed;
        top:0;
}
```

page-nav的position属性的变化也将导致其父容器，即nav元素的高度变化。我们需要给nav元素设置一个固定的高度，以避免切换过程中高度的突然坍塌，代码如下：

```
#nav{
        height:70px;
}
```

最后，轮到JavaScript出马。首先获取page-nav的顶部坐标数值，代码如下：

```
var pagenav=document.getElementById("page-nav");
var pagenav_top = pagenav.offsetTop;
```

接下来，为页面窗口的onscroll事件创建侦听函数，当滚动页面时不停获取当前的页面滚动坐标，当该坐标大于page-nav的顶部坐标时，为page-nav添加fixed类，以使导航菜单悬浮固定在顶部，反之则去除fixed类。代码如下：

• 经验 •
在一些老版本的浏览器中，页面的滚动坐标需要用document.documentElement.scrollTop来获取，在需要考虑兼容性的前提下，可以使用以下的写法：var scrollTop = document.documentElement.scrollTop || document.body.scrollTop。

```
window.onscroll = function(){
    var scrollTop = document.body.scrollTop;
    if(scrollTop < pagenav_top){
        pagenav.className = "";
    }else{
        pagenav.className = "fixed";
    }
}
```

测试页面，现在当页面向下移动时，菜单将固定在页面顶部，其显示效果如图12.35、图12.36所示。

图12.35 菜单的顶部固定效果1

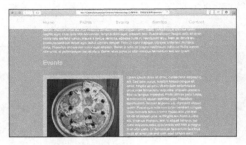

图12.36 菜单的顶部固定效果2

• 经验 •

顶部固定菜单也有着一些变体，如对页面的滚动方向进行判断，只有当用户向上滚动页面时（这一交互行为有可能预示着用户希望回到顶部）才显示顶部固定菜单，从而为页面腾出更多的阅读空间。

12.4.3 滑动导航

菜单的滑动导航（Off-canvas）是另一种富有创意的前端组件，最初起源于移动端，它的优点是能够通过侧滑的方式优雅地打开或折叠导航区域，在不干扰用户使用的前提下，最大可能地节省页面空间，如图12.37所示。而今，在一些桌面端站点中也开始使用这一新颖的导航效果。在本例中，我们将通过制作一个左侧侧滑导航，以此学习该类型组件的实现技巧。

要实现滑动导航这样的特殊效果，前期的HTML节点规划是非常重要的。首先来看看本例的DOM结构。在最外侧，是一个id属性值为wrapper的div元素，它容纳了页面的所有内容。在wrapper中又包含了两大部分，分别是id为main的页面内容部分，以及id为side-nav的导航部分。在side-nav中，包含了一个关闭按钮，以及一个ul导航列表。HTML代码如下：

```
<div id="wrapper">
  <div id="main">
    <div id="main-nav">
      <a href="" id="off-canvas-menu">Menu</a>
    </div>
    <div id="content">
```

图12.37 百度贴吧的滑动导航效果

```
        <h1>Off-canvas menu</h1>
        <p>Off-canvas menus are positioned outside of the viewport and slide in when activated.
Setting up an off-canvas layout in HTML5 is super easy.</p>
      </div>
    </div>
    <div id="side-nav">
      <a href="" id="close-slide-nav">Close</a>
      <ul>
        <li>Home</li>
        <li>Events</li>
        <li>Store</li>
        <li>Contact</li>
      </ul>
    </div>
  </div>
```

　　我们的制作思路是，为side-nav设置一个固定的宽度，如300像素，并使其显示为绝对定位。在默认情况下，将side-nav向屏幕左侧移动300像素，以隐藏到页面之外。当单击内容区域中的off-canvas-menu导航按钮时，使side-nav移动并回到屏幕最左侧，同时使代表内容区域的main元素向右移动300像素，以产生内容区域为导航区域让出显示空间的侧滑效果。

　　规划好制作思路后，接下来开发CSS样式。首先，设置html和body的高度均为100%，以便于后续的导航菜单在纵向上充满屏幕。同时设置wrapper的宽度为100%，且overflow属性为hidden，以隐藏超出容器之外的显示部分，使页面不产生横向滚动条。代码如下：

```
html, body {
    margin: 0;
    padding: 0;
    height: 100%;
}
#wrapper {
    width: 100%;
    height: 100%;
    overflow: hidden;
    position: relative;
}
```

　　接下来处理side-nav的样式。我们将其宽度设置为固定的300像素，定位方式为绝对定位，并通过translateX方法，使其在水平方向上向左侧移动300像素，这样能够使side-nav恰好移动到屏幕之外。样式代码如下：

```
#side-nav {
    width: 300px;
    height: 100%;
    background: #444;
    position: absolute;
    top: 0;
    -webkit-transform: translateX(-300px);
    transform: translateX(-300px);
    -webkit-transition: .5s ease all;
    transition: .5s ease all;
}
```

　　对于main而言，则默认不需要设置任何位移，只需要设置transition动画即可。样式代码如下：

```
#main {
    width: 100%;
    padding: 50px;
    box-sizing: border-box;
    -webkit-transition: .5s ease all;
    transition: .5s ease all;
}
```

进一步创建交互事件所需的动态样式。为main和side-nav均创建各自的off-display类。在该类中，使main向右移动300像素，同时使side-nav移动到屏幕左侧，代码如下：

```
#main.off-display {
    -webkit-transform: translateX(300px);
    transform: translateX(300px);
}
#side-nav.off-display {
    -webkit-transform: translateX(0px);
    transform: translateX(0px);
}
```

页面中其余的CSS样式细节在此省略。测试页面，默认将仅显示main元素的内容，如图12.38所示。

现在轮到使用JavaScript来控制页面交互，在此使用了jQuery来快捷地实现侧滑控制效果。我们希望第一次单击off-canvas-menu时展开侧滑导航，然后，再次单击off-canvas-menu，或是单击侧滑导航中的close-slide-nav按钮，均能使导航再隐藏起来。实际上，这是一个反复切换（toggle）的过程，我们可以使用jQuery中的toggleClass()方法来实现这一操作，使得任何时候单击off-canvas-menu或close-slide-nav，均触发main和side-nav的off-display类切换。代码如下：

图12.38 初始显示效果

```
<script type="text/javascript" src="jquery-2.1.4.min.js"></script>
<script type="text/javascript">
$(document).ready(function() {
  $('#off-canvas-menu,#close-slide-nav').click(function(event) {
    event.preventDefault();
    $('#main,#side-nav').toggleClass('off-display');
  });
});
</script>
```

测试页面，侧滑导航显示效果如图12.39至图12.41所示。当单击Close按钮，或者再次单击Menu按钮时，即能够使侧滑导航重新隐藏起来。

图12.39 侧滑导航显示效果1

图12.40 侧滑导航显示效果2

图12.41 侧滑导航显示效果3

同理，我们也可以在移动端运用这一侧滑导航效果，其显示效果如图12.42至图12.44所示。

图12.42 移动端侧滑导航显示效果1

图12.43 移动端侧滑导航显示效果2

图12.44 移动端侧滑导航显示效果3

12.5 其他页面组件

本节将介绍时间轴、图像轮播、日历等其他页面组件的实现原理。

12.5.1 时间轴

我们往往需要在页面中按时间顺序显示一些事件信息，时间轴则是展示这类信息的最佳呈现方式。时间轴一般有横向和纵向两种，其中横向时间轴适合于浏览器宽度较大的桌面端，纵向时间轴更适合于较窄的移动端。在本例中，我们将通过制作一个纵向时间轴，来了解这类组件的实现技巧。

本例的HTML代码如下：

```html
<ul id="timeline">
  <li>
    <time datetime="2015-09-18">2015-9-18</time>
    <div class="timeline-content">
      <h1>Pablo Groisman</h1>
      <p>...</p>
    </div>
  </li>
  <li>
    <time datetime="2015-09-14">2015-9-14</time>
    <div class="timeline-content">
      <h1>Elliptic Equation</h1>
      <p>...</p>
    </div>
  </li>
  <li>
    <time datetime="2015-09-13">2015-9-13</time>
    <div class="timeline-content">
      <h1>Praesent nulla</h1>
      <p>...</p>
    </div>
  </li>
  <!--其余代码内容省略-->
</ul>
```

在以上代码中，id属性名为timeline的ul元素代表了整个时间轴，其中的li元素则对应了时间轴的每一个节点。在

li元素内部，time元素包含了事件的时间信息，id属性名为timeline-content的div元素则包含了事件的标题和描述信息。该页面的默认显示效果如图12.45所示。我们所要做的是通过CSS将以上的DOM结构呈现为可视化的时间轴效果。

时间轴由左侧的时间点区域和右侧的内容区域两部分组成。首先，我们为左侧的时间点区域开辟出空间。在此，设置timeline元素左侧外边距为30%，使得元素左侧30%的宽度用于显示时间节点。这一数值也可以按需动态调整。与此同时，我们还为timeline元素设置10像素宽、浅蓝色的左侧边框，这一边框将作为时间轴的时间线。代码如下：

图12.45 时间轴默认显示效果

```
*{
    margin:0;
    padding:0;
    box-sizing:border-box;
}
#timeline{
    margin-left:30%;
    border-left:10px solid #bce1fa;
}
```

设置以上样式后的页面显示效果如图12.46所示。

接下来制作时间轴的时间点效果，这可以通过为每一个li元素创建before或after伪元素，在其中绘制圆点来加以实现。在此绘制了宽和高均为30像素，边框宽度为5像素的圆点，圆点的背景色为深蓝色，边框色为浅蓝色。为了使得圆点在水平方向上与时间线居中，我们将其设置为距离最左侧-25像素（这一数值可以经反复调试后得出）。此外，我们设置time元素为绝对定位方式，宽度为20%，并向左偏移25%，文字右对齐，以使得时间信息显示在时间轴的左侧，代码如下：

图12.46 timeline样式设置效果

```
#timeline li{
    list-style:none;
    display:block;
    width:100%;
    clear:both;
    position:relative;
}
#timeline li::before{
    content:'';
    display:block;
    border-radius:50%;
    background:#3498DB;
    width:30px;
    height:30px;
    border:5px solid #bce1fa;
    position:absolute;
    left:-25px;
```

```
        top:0;
}
#timeline li time{
    left:-25%;
    top:8px; /*使文字略微向下移动，与其与时间轴圆点垂直对齐*/
    width:20%;
    position:absolute;
    font-size:21px;
    color:#AAA;
    text-align:right;
}
```

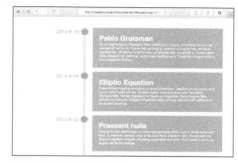

图12.47 时间点显示效果

测试页面，时间点的显示效果如图12.47所示。

接下来设置内容区域的显示样式，我们为timeline-content类设置5%的左侧外边距，以使得内容和时间线之间留出一定间隙，代码如下：

```
.timeline-content{
    margin:0 0 20px 5%;
    background:#57b4f6;
    color:#FFF;
    padding:30px;
    border-radius:4px;
    position:relative;
}
```

以上样式代码的显示效果如图12.48所示。

最后，我们再添加一些外观修饰，如增大标题与文字段落之间的间隔距离，在每一个内容块左侧绘制三角箭头等，代码如下：

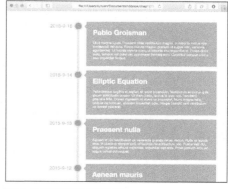

图12.48 时间轴的显示效果

```
.timeline-content h1{
    font-size:32px;
    margin-bottom:20px;
}
.timeline-content::after{
    content:'';
    width:0;
    height:0;
    border-width:10px;
    border-style:solid;
    border-color:transparent #57b4f6 transparent
transparent;
    position:absolute;
    left:-20px;
    top:12px;
}
```

图12.49 时间轴最终显示效果

最终生成的时间轴显示效果如图12.49所示。

12.5.2 图像轮播

图像轮播（Slideshow）也是网站中非常普及的一类页面组件。目前，网络中已经有很多流行的图像轮播组件，如flexSlider、bxSlider、nivoslider等，这些组件功能强大，除支持桌面端外，往往还支持移动端的触摸操作。然而，对于初学者而言，亲手制作一个图像轮播更有学习意义，有助于大家深入掌握此类组件的制作技巧。

本例中图像轮播的HTML代码如下：

```html
<div id="slideshow">
  <ul>
    <li><img src="p1.jpg" alt="..."></li>
    <li><img src="p2.jpg" alt="..."></li>
    <li><img src="p3.jpg" alt="..."></li>
    <li><img src="p4.jpg" alt="..."></li>
  </ul>
  <div id="slideshow-nav"></div>
</div>
```

在以上代码中，id属性名为slideshow的div元素是图像轮播组件的外部容器，其内部包含了一个ul列表，以及一个名为slideshow-nav的div元素。前者容纳了所有轮播的图片，后者则用于容纳控制图像切换的导航元素。

在本例中，我们将制作一个固定宽度的图像轮播组件。设置slideshow元素的宽度和高度分别为980像素和450像素，并设置其overflow属性为hidden，以使得超出显示区域的部分被隐藏。代码如下：

```css
*{
    margin:0;
    padding:0;
}
#slideshow{
    width:980px;
    height:450px;
    overflow:hidden;
    margin:0 auto;
    position:relative;
}
#slideshow ul, #slideshow ul li{
    list-style:none;
    position:absolute;
}
```

测试影片，现在我们仅能看到列表中的第一张图片，如图12.50所示。

图12.50 图像轮播的初始显示效果

slideshow-nav元素代表了本图像轮播组件的导航区域，我们将在后续的JavaScript代码中插入诸如1、2这样的节点来作为图片导航。导航将以小圆点的形式呈现，在轮播区域底部居中排列，通过圆点背景色的变换，来显示当前的播放进度。其中纯白色的圆点代表正在播放的图片，其余带有30%透明度的白色背景圆点代表非当前播放的图片。我们为前一种圆点设置active类，并将后一种圆点作为span的默认状态。

此外，圆点是一种操作性的元素，用户将通过单击这些圆点来切换图片，我们为其设置了user-select参数为none，使得圆点不能以文本的形式被选中，并且设置cursor属性为pointer，使得鼠标指针移动到圆点上方时呈现为手型。样式代码如下：

```css
#slideshow-nav{
    width:100%;
    bottom:20px;
    text-align:center;
    position:absolute;
}
#slideshow-nav span{
    display:inline-block;
    margin:0 7px;
    border-radius:50%;
    width:15px;
    height:15px;
    font-size:0;
    background:rgba(255,255,255,.3);
    transition:all .5s;
    -webkit-transition:all .5s;
    cursor:pointer;
    user-select:none; /*使圆点不能被选中*/
    -webkit-user-select:none;
}
#slideshow-nav span.active{
    background:#FFF;
}
```

接下来，我们将使用JavaScript代码来完成图像轮播效果，在此我们使用了jQuery类库。首先创建一些必要的变量，包括每张图片的持续显示时间，图片切换的动画时间，图片的宽度，当前所显示图片的索引值，图片数量，以及计时变量等，代码如下：

```javascript
<script type="text/javascript" src="jquery-2.1.4.min.js"></script>
<script type="text/javascript">
    $(document).ready(function() {
        var duration = 3000; //每张图片的持续显示时间
        var speed = 1000; //图片切换的动画时间
        var width = $('#slideshow').width(); //获得单张图片的宽度
        var curIndex = 0; //设置当前显示图片的索引值
        var totalIndex = $('#slideshow > ul > li').length; //获得总的图片数量
        var timer; //设置一个计时变量
    });
</script>
```

继而，遍历所有的图片，为每张图片分别设置left属性，使得图片横向依次排列，如第一张图片left属性为0，第二张图片为980，以此类推。同时，在slideshow-nav元素中生成相应的导航节点。代码如下：

```javascript
$('#slideshow > ul > li').each(function(index) {
    $(this).css("left", index*width+"px"); //设置轮播图片的横向排列
    $('#slideshow-nav').append("<span>"+(index+1)+"</span>"); //在导航中添加相应的节点
});
```

在经过以上数组遍历后，在slideshow-nav元素中将生成4个span节点。我们为其中的第一个节点添加active类，以表示默认播放第一张图片，代码如下：

```
$('#slideshow-nav > span').eq(0).addClass("active"); //设置第一个圆点为active
```

本例的思路是，图片每隔一段时间向左移动，以显示下一张图片，形成循环的轮播效果。但是这存在一个问题，即最后一张图片和第一张图片应如何无缝衔接？我们的解决方法是将第一张图片复制一份，将复制的图片放在最后一张图片之后，这样当最后一张图片向左移动时，其右侧将顺接出现第一张图片，图片序列的首尾就连接起来了。在代码中，我们要预先做相应的操作处理，代码如下：

```
var firstChild = $('#slideshow > ul > li').eq(0).clone(); //将第一张图片复制一份
$('#slideshow > ul').append(firstChild); //将该图片添加到列表最末
firstChild.css("left", totalIndex*width+"px"); //将复制的图片显示在图片序列最右侧
```

接着，制作最核心的move函数，在该函数中完成图像的轮播效果。代码如下：

```
function move(){
  curIndex++; //使索引值加以1
  if(curIndex>totalIndex){ //当索引值大于图片总数时
    curIndex = 1; //表示当前应播放第2张图片
    $('#slideshow > ul').css("left", "0px"); //将图片序列重置到原点
  }
  for(var i=0; i < totalIndex; i++){
    $('#slideshow-nav > span').eq(i).removeClass("active"); //清除所有导航节点的active类
  }
  if(curIndex === totalIndex){
    $('#slideshow-nav > span').eq(0).addClass("active"); //如果当前索引值等于图片总数，则说明当前正显示第一张
图片的副本，因此应激活第一个导航节点
  }else{
    $('#slideshow-nav > span').eq(curIndex).addClass("active"); //在其余情况下，则为当前导航节点添加active类
  }
  $('#slideshow > ul').animate({left:width*curIndex*-1+"px"},speed); //为图片序列创建动画
  timer = setTimeout(move,duration+speed); //设置延迟一定时间后执行move函数，延迟时间等于动画时长加上每张图片的
持续显示时间
}
```

在以上代码中，我们首先刷新索引值，并判断当前将显示第几张图片。如果索引值大于图片总数，则表示当前显示的是放在序列最末尾的第一张图片的副本，下一步应播放第2张图片。此时又出现了一个新问题，slideshow元素的内容已经"到头"了，当整个slideshow元素继续向左移动时，右边将没有任何图片显示。我们的解决方法是将slideshow进行复位，使其回到最左侧显示，即left属性为0，此时，图片区域仍然显示为第一张图片，但是slideshow元素又可以继续向左移动来显示其右侧的图片了。在move函数的最末尾，我们设置了setTimeout()方法，以继续延迟执行该函数，这样就形成了循环的播放效果。

制作好move函数后，我们还需要手动执行该函数一次，以形成最初的第一张图片到第二张图片的切换。由于第一张图片默认是直接显示的，因此函数延迟执行的时间将等于图片的持续显示时间，代码如下：

```
timer = setTimeout(move,duration); //设置延迟一定时间后执行move函数
```

最后，我们还要为导航节点创建click事件函数，以使得用户单击小圆点时，组件直接跳转显示对应的图片。需要注意的是，由于我们通过setTimeout()方法设置了move函数的延迟循环执行，在此需要使用clearTimeout()方法将其清除，否则将出现多个计时器同时工作的"bug"。代码如下：

```javascript
$('#slideshow-nav > span').each(function(index) {
  $(this).attr("index", index); //存储每个节点的索引值
  $(this).click(function(){ //当span元素被单击时
    curIndex = $(this).attr("index")-1; //刷新当前显示图片的索引值
    clearTimeout(timer); //清除计时
    move(); //重新执行move函数以显示该图片
  });
});
```

至此，图像轮播组件便已制作完毕了，其显示效果如图12.51至图12.55所示。

图12.51 图像轮播显示效果1

图12.52 图像轮播显示效果2

图12.53 图像轮播显示效果3

图12.54 图像轮播显示效果4

图12.55 图像轮播显示效果5

本例中我们制作的是固定宽度的图像轮播效果，我们只需要将容器的宽度由像素修改为百分比，并将每一张图片由嵌入的img元素改为对应div的背景图像，设置background-size属性为cover，便可以将其修改为流行的自适应宽度轮播效果（在后续的响应式设计章节，我们将对该组件加以改进）。

12.5.3 日历组件

当我们需要在页面中显示某月的事项，或是选择某一段日期时，常常要使用到日历组件。这一组件同样有着许多现成的类库，然而亲自动手开发一个日历，从中了解其实现原理也是非常必要的。在本例中我们就将制作一款非常经典的日历组件。

本例的HTML代码如下：

```html
<div class="calendar">
  <div class="title">
    <h1 class="green" id="calendar-title">Month</h1>
    <h2 class="green small" id="calendar-year">Year</h2>
    <a href="" id="prev">Prev Month</a>
    <a href="" id="next">Next Month</a>
  </div>
  <div class="body">
    <div class="lightgrey body-list">
      <ul>
        <li>MON</li>
        <li>TUE</li>
        <li>WED</li>
```

```
          <li>THU</li>
          <li>FRI</li>
          <li>SAT</li>
          <li>SUN</li>
       </ul>
    </div>
    <div class="darkgrey body-list">
       <ul id="days">
       </ul>
    </div>
  </div>
</div>
```

由以上代码可见，日历的最外层是一个类名为calendar的div元素，其内部包含了两大部分，分别是日历顶部的标题区域，其类名为title，以及其下方的日期区域，其类名为body。在title中包含了当前所选日期的月份、年份，其id分别为calendar-title和calendar-year，此外该元素还包括了prev和next两个按钮，分别用于切换选择上一月和下一月。在body中首先包含了一个周一到周日的英文表头，它们放在一个ul元素中。在表头之后是另一个div元素，用于显示日历主体。其中，日历所选月份的每一天都将显示在该元素内部的days列表中。

本例中大部分的CSS样式省略介绍，在此仅介绍其中的body-list类。该类用于设置日历表头和日期数据的栅格显示。我们将整个ul元素的宽度设置为100%，并将其除以7，就可以得到每一个li元素的宽度，即14.28%，将这些元素左浮动显示，就可以得到日期的7列显示，样式代码如下：

```
.calendar{
     width:450px;
     height:350px;
     background:#fff;
     box-shadow:0px 1px 1px rgba(0,0,0,0.1);
}
.body-list ul{
     width:100%;
     font-family:arial;
     font-weight:bold;
     font-size:14px;
}
.body-list ul li{
     width:14.28%;
     height:36px;
     line-height:36px;
     list-style-type:none;
     display:block;
     box-sizing:border-box;
     float:left;
     text-align:center;
}
```

此外，我们为今天、今天之前及今天之后的日期分别创建了不同的类。其中，用浅灰色来显示过去的日期，深灰色来显示将来的日期，日期当天则使用浅绿色背景、绿色文字加以显示，样式代码如下：

```
.lightgrey{
     color:#a8a8a8; /*浅灰色*/
```

```
    }
    .darkgrey{
        color:#565656; /*深灰色*/
    }
    .green{
        color:#6ac13c; /*绿色*/
    }
    .greenbox{
        border:1px solid #6ac13c;
        background:#e9f8df; /*浅绿色背景*/
    }
```

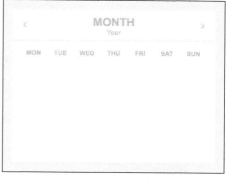

图12.56 日历组件初始显示效果

日历组件的初始显示效果如图12.56所示。

接着使用JavaScript来动态生成日历信息。首先，我们要做一些前期的准备工作。由于闰年和非闰年的二月天数是不一样的，在此我们为这两种年份分别创建数组，以便于获取每个月的天数，同时为每个月份的英文名创建相应的数组变量，代码如下：

```
var month_olympic = [31,29,31,30,31,30,31,31,30,31,30,31];
var month_normal = [31,28,31,30,31,30,31,31,30,31,30,31];
var month_name = ["January","Febrary","March","April","May","June","July","Auguest","September",
"October","November","December"];
```

然后，为页面中的各种元素创建变量，以便于后续的引用，代码如下：

```
var holder = document.getElementById("days");
var prev = document.getElementById("prev");
var next = document.getElementById("next");
var ctitle = document.getElementById("calendar-title");
var cyear = document.getElementById("calendar-year");
```

创建一个Date对象来获取当前的日期时间，并通过getFullYear()方法来获取当前年份，getMonth()方法来获取月份，getDate()方法来获取当前日期。代码如下：

```
var my_date = new Date();
var my_year = my_date.getFullYear();
var my_month = my_date.getMonth();
var my_day = my_date.getDate();
```

我们要实现日历的排布，最关键的问题是要知道某一月第一天究竟是星期几，然后才可以根据当月的天数来依次排列其后的日期。在此，专门为该功能创建一个函数，代码如下：

```
//获取某年某月第一天是星期几
function dayStart(month, year) {
    var tmpDate = new Date(year, month, 1);
    return (tmpDate.getDay());
}
```

此外，我们也创建一个相应的函数来获取某月的总天数，代码如下：

```
//计算某年是不是闰年，通过求年份除以4的余数即可
function daysMonth(month, year) {
    var tmp = year % 4;
    if (tmp == 0) {
        return (month_olympic[month]);
    } else {
        return (month_normal[month]);
    }
}
```

然后，创建一个refreshDate函数来生成月份显示，代码如下：

```
function refreshDate(){
    var str = "";
    var totalDay = daysMonth(my_month, my_year); //获取该月总天数
    var firstDay = dayStart(my_month, my_year); //获取该月第一天是星期几
    var myclass;
    for(var i=1; i<firstDay; i++){
        str += "<li></li>"; //为起始日之前的日期创建空白节点
    }
    for(var i=1; i<=totalDay; i++){
        if((i<my_day && my_year==my_date.getFullYear() &&
my_month==my_date.getMonth()) || my_year<my_date.getFullYear() ||
( my_year==my_date.getFullYear() && my_month<my_date.getMonth())){
            myclass = " class='lightgrey'"; //当该日期在今天之前时，以浅灰色字体显示
        }else if (i==my_day && my_year==my_date.getFullYear() &&
my_month==my_date.getMonth()){
            myclass = " class='green greenbox'"; //当天日期以绿色背景突出显示
        }else{
            myclass = " class='darkgrey'"; //当该日期在今天之后时，以深灰字体显示
        }
        str += "<li"+myclass+">"+i+"</li>"; //创建日期节点
    }
    holder.innerHTML = str; //设置日期显示
    ctitle.innerHTML = month_name[my_month]; //设置英文月份显示
    cyear.innerHTML = my_year; //设置年份显示
}
refreshDate(); //执行该函数
```

测试页面，日历显示效果如图12.57所示。

最后，我们为prev和next元素分别创建onclick事件函数，使得每单击一次prev，则将当前月份减去1，并调用refreshDate函数刷新日历显示。当月份数值小于0时，则使年份减去1，并使月份变为11，使日历显示为前一年的12月。next的功能与其恰好相反。代码如下：

图12.57 日历显示效果

```
prev.onclick = function(e){
    e.preventDefault();
    my_month--;
    if(my_month<0){
        my_year--;
        my_month = 11;
    }
    refreshDate();
}
next.onclick = function(e){
    e.preventDefault();
    my_month++;
    if(my_month>11){
        my_year++;
        my_month = 0;
    }
    refreshDate();
}
```

测试页面，日历中前一月、后一月的切换效果如图12.58、图12.59所示。

图12.58 前一月显示效果　　　　　　　　图12.59 后一月显示效果

第 13 章 HTML5音频与视频

过去要在网页中播放一段音频和视频，往往需要求助于一些外部插件，如flash player等。而随着浏览器的更新换代，以及HTML5的不断发展和完善，我们现在已经可以直接在Web页面中实现音频和视频的原生播放。在2015年初，Youtube正式宣布将其视频默认播放方式由flash转为HTML5，这也从另一个方面印证了HTML5中相关音、视频技术的成熟。

本章将通过几个案例为您介绍HTML5中音频和视频的播放和控制方法，以及麦克风、摄像头等相关硬件设备的操作技巧。

13.1 音频、视频核心开发技巧

HTML5中音频和视频开发的核心技巧主要有以下几个方面：

1. 所有基础的音频和视频操作都可以通过\<audio\>和\<video\>标签来实现，如使用src属性设置媒体文件的路径，使用autoplay属性控制文件的自动播放，使用loop属性控制文件的循环播放，使用controls属性控制播放控件的显示，等等。其设置方式比起使用flash制作音频和视频控制而言更加简便。

2. 更高级的操作，如显示播放进度、播放进度跳转等，可以通过在JavaScript中侦听视频和音频元素的播放进度（timeupdate）来实现。在浏览器默认播放控件中也可以实现这些操作，但是难以个性化修改其外观显示。

3. 各个浏览器对音频和视频文件格式的支持均不相同，如音频有OGG、WAV、MP3等，视频有OGG、MP5、WebM等。最理想的状况是将每一种格式的媒体文件都各准备一份，以尽可能支持最多类型的浏览器，但这一做法的成本较高。最简便的途径是在播放音频时使用MP3格式，在播放视频时使用H.264编码的MP4格式，这样绝大多数的浏览器都能够实现正常播放。

4. 麦克风、摄像头等媒体设备可以通过浏览器的getUserMedia()方法，以及Web Audio API等接口来加以控制。目前，这仍然只是少数浏览器的"专利"，包括Safari在内的许多浏览器还未提供这一新特性的支持，这意味着在iPhone等移动设备中尚需要通过其他途径（如结合原生应用来调用底层硬件设备）来实现类似的操作。

接下来，我们将通过具体案例来展开学习。

13.2 音频类开发

我们将通过音频播放和麦克风操作两个案例，了解HTML5中音频类开发的相关技巧。

13.2.1 音频播放

在本例中，我们将制作一个MP3播放器，以此来学习HTML5中的音频播放技巧。首先我们已经准备好了一个名为music.mp3的声音文件。要在页面中插入并播放这一音频文件，只需要添加一个audio标签，在src属性中设置好文件的具体路径即可，其HTML代码如下：

```
<audio id="music" src="music.mp3"></audio>
```

然而，测试页面，我们将听不到任何声音，其原因是声音文件默认不会自动播放。要使其播放，可以在标签中加上autoplay属性，代码如下：

```
<audio id="music" src="music.mp3" autoplay></audio>
```

测试页面，现在MP3文件将自动播放。我们还可以通过在标签中添加controls属性，来显示声音播放控件，代码如下：

```
<audio id="music" src="music.mp3" autoplay controls></audio>
```

以上属性也可以详写为controls="controls"。测试页面，我们将看到声音的播放界面，如图13.1所示。这一界面随浏览器和操作系统的不同而不同。

图13.1 声音的默认播放界面（Safari）

此外，我们还可以通过添加loop属性，使声音循环播放。

> **· 注意 ·**
> 在移动设备中，音频或视频的自动播放往往会导致流量剧增，因此autoplay属性在移动端大都被屏蔽了，必须通过用户交互事件才能触发音频或视频的播放。

由于HTML5的音频播放支持多种格式文件，如OGG、MP3和WAV等，我们可以从audio标签中删除src属性，并在其内部创建多个source节点，每个节点对应一种文件格式。在节点最后，还可以加入一句兼容性提示，在不支持audio标签的浏览器中，该提示语将被显示。代码如下：

```
<audio controls autoplay>
  <source src="music.ogg" type="audio/ogg">
  <source src="music.mp3" type="audio/mp3">
  <source src="music.wav" type="audio/wav">
  您的浏览器不支持音频播放。
</audio>
```

> **· 经验 ·**
> WAV文件在尺寸上往往大于OGG和MP3文件，因此它往往更适用于播放一些较短的声音（如时长在1分钟以内）。在使用HTML5构建的一些混合开发移动应用（Hybrid App）中，我们往往会同时使用OGG和MP3两种文件。这是因为几乎所有移动类平台都支持OGG，但iOS却并不支持这一格式，而是支持MP3。同样地，MP3虽然也被许多平台支持，但它在Firefox系统的平台中却不被支持。

在某些情况下，系统自带的播放器样式可能和我们希望实现的外观显示有一定差距。接下来，我们将自己动手来制作一个音频播放界面。HTML代码如下：

```
<audio id="music" src="music.mp3"></audio>
<div id="audio-player">
  <button id="play">Play</button>
  <button id="pause">Pause</button>
  <div id="progress-bar" class="progress"></div>
  <div id="progress-bg" class="progress"></div>
  <div id="play-status" class="mute"></div>
</div>
```

在以上代码中，我们用一个id为audio-player的div元素来作为播放器的界面容器。在其内部包括了play和pause两个button元素，分别对应播放和暂停按钮。progress-bar和progress-bg将分别对应播放进度条的进度元件和背景元件，play-status将对应播放状态的显示元件。

接下来，我们为以上元素设置外观样式显示。在此设置整个播放器的宽和高分别为480和100像素，并带有2像素宽、圆角幅度为20像素的白色边框，代码如下：

```css
body {
        background:#16A085; /*绿色*/
}
#audio-player{
        width:480px;
        height:100px;
        border-radius:20px;
        border:2px solid rgba(255,255,255,.8);
        position:relative;
}
```

为play和pause按钮元素设置显示样式，在此使用flat UI的图标字体使其外观分别显示为播放和暂停按钮，代码如下：

```css
@font-face {
        font-family: 'icon-font';
        src: url('font/flat-ui-icons-regular.ttf'),
        url('font/flat-ui-icons-regular.eot'),
        url('font/flat-ui-icons-regular.woff'),
        url('font/flat-ui-icons-regular.svg');
}
#audio-player button{
        font-size:0;
        background:none;
        border:0;
        position:absolute;
}
#play{
        left:0px;
}
#pause{
        left:50px;
}
#play::after{
        content:'\e616'; /*播放图标*/
        font-size:36px;
        font-family: 'icon-font';
        color:#FFF;
        line-height:100px;
        cursor:pointer;
}
#play:hover::after{
        color:rgba(255,255,255,.8);
}
#pause::after{
        content:'\e615'; /*暂停图标*/
        font-size:36px;
        font-family: 'icon-font';
```

```
        color:#FFF;
        line-height:100px;
        cursor:pointer;
}
#pause:hover::after{
        color:rgba(255,255,255,.8);
}
```

播放和暂停按钮的显示效果如图13.2所示。

接着，为进度条的两个元素分别设置样式，使其显示为带圆角的长条。其中

图13.2 播放和暂停按钮的显示效果

progress-bar代表播放进度，初始宽度为0。progress-bg代表播放背景轨迹，为方便进度
控制，我们为其设置了更大的z-index值，使它显示在progress-bar上方，其宽度为240像素，样式代码如下：

```
.progress{
        position:absolute;
        height:10px;
        top:45px;
        left:150px;
        border-radius:10px;
}
#progress-bar{
        width:0px; /*初始宽度为0，即不显示*/
        background:#FFF;
        z-index:100;
}
#progress-bg{
        width:240px;
        background:rgba(255,255,255,.3);
        z-index:200;
}
```

播放进度条的默认显示效果如图13.3所示。

最后是播放状态元素的样式设置，在此我们为其创建了两个类：mute和unmute。

图13.3 播放进度条的默认显示效果

默认的mute类显示为一个未发声的喇叭，对应未播放声音时的效果，unmute类则将显
示为一个正在发声的喇叭，以对应声音播放状态，喇叭图案的绘制也通过图标字体来实现。样式代码如下：

```
#play-status{
        position:absolute;
        left:420px;
}
#play-status.mute::after{
        content:'\e618'; /*静音图标*/
        font-size:36px;
        font-family: 'icon-font';
        color:#FFF;
        line-height:100px;
}
#play-status.unmute::after{
        content:'\e617'; /*发声图标*/
        font-size:36px;
        font-family: 'icon-font';
```

```
        color:#FFF;
        line-height:100px;
    }
```

播放状态图标的默认显示效果如图13.4所示。

接下来我们将通过JavaScript来控制音频的播放。首先为页面中的各种元素创建
变量，代码如下：

图13.4 播放状态图标的默认显示效果

```
var player = document.getElementById("audio-player");
var play = document.getElementById("play");
var pause = document.getElementById("pause");
var bar = document.getElementById("progress-bar");
var music = document.getElementById("music");
var barbg = document.getElementById("progress-bg");
var playstatus = document.getElementById("play-status");
```

接着，获取进度条背景元素的宽度，以便于后续动态计算播放时进度条的宽度，代码如下：

```
var totalWidth = barbg.offsetWidth;
```

要使得鼠标指针单击play按钮时播放音乐，单击pause按钮时使音乐暂停，只需要在相关元素的onclick事件函数中
调用audio元素的play()和pause()方法即可。同时，我们还在播放音乐时为play-status元素赋予unmute类，在暂停播放时
赋予mute类，以切换声音状态图标的显示。JavaScript代码如下：

```
play.onclick = function(){
    music.play();
    playstatus.className = "unmute";
}
pause.onclick = function(){
    music.pause();
    playstatus.className = "mute";
}
```

接下来，为audio元素创建timeupdate事件侦听，在对应的执行函数中，通过获取currentTime和duration属性来分别
得到音频的当前播放时间和总时间，将两者相除就能得到播放进度的百分比，再将其乘以进度背景的总宽度，就得到
了进度条的动态显示宽度，代码如下：

```
music.addEventListener("timeupdate", showProgress);
function showProgress(){
    var progress = music.currentTime / music.duration;
    bar.style.width = progress*totalWidth + "px";
}
```

测试页面，默认情况下音乐是不播放的，当单击play按钮时，音乐开始播放，此
时白色的进度条将按播放进度逐渐变长，右侧的播放状态图标也将显示为正在发声的
喇叭形状，如图13.5所示。

图13.5 播放状态的显示效果

现在，音乐在播放了一次后便停止下来。如果希望音乐反复播放，或连续播放
其他音乐，则可以在showProgress函数中添加if判断，当进度变量大于等于1时，即代表播放到了末尾，此时可以重新
指定下一首音乐的路径，并调用play()方法播放该音频文件，代码如下：

```
function showProgress(){
    var progress = music.currentTime / music.duration;
    bar.style.width = progress*totalWidth + "px";
    if(progress>=1){
        music.src = 'music.mp3';
        music.play();
    }
}
```

最后，我们还希望当在进度条区域中按下鼠标左键时，能够使音乐直接跳转到相应的进度。为此，可以为浮于上方的progress-bg元素创建onmousedown事件函数，在鼠标指针按下时，通过事件参数的clientX属性获取这次按下的x坐标。由于该属性获取的坐标是全局坐标，还需要再减去progress-bg元素及其父元素的x坐标，才能得到该点在progress-bg元素中的相对坐标值，将其除以progress-bg元素的总宽度，就能够得到该点对应的进度百分比，再乘以音乐总长度就能得到音乐需要跳转的目标时间值。将其赋予audio元素的currentTime属性值后，音乐就能直接跳转到相应的进度了，代码如下：

```
barbg.onmousedown = function(e){
    var pos = e.clientX - barbg.offsetLeft - player.offsetLeft;
    music.currentTime = music.duration * pos / totalWidth;
}
```

> • 经验 •
>
> 除本例中所涉及的音频操作外，还存在一些其他的控制方式。如可以使用audio.volume获取并控制音频的音量大小，其中最小的音量是0，最大为1（即默认值），执行audio.volume = 0.5将使音频大小变更为50%。此外，我们也可以通过audio.muted这一布尔值获得当前音频的静音状态，执行audio.muted=true将使正在播放的音频静音。

13.2.2 麦克风操作

HTML5不仅仅能实现播放声音等输出操作，而且还能从麦克风等输入设备对音频加以捕获，并通过Web Audio API接口对音频进行处理。此外，强大的Web Audio API提供了非常多的音频处理功能，它甚至还能够直接模拟并输出声音。在本例中，我们将通过一个有趣的案例，来获得麦克风的音频输入，并判断使用者的音量大小，动态显示相应的音量值。当音量过大时，还将给用户以相应的提示。

本例的HTML代码非常简单，仅有一个id为status的div元素，作为文字提示容器，代码如下：

```
<div id="status"></div>
```

元素的样式设置在此略去，我们直接来到JavaScript环节。要访问麦克风这样的硬件设备，我们首先需要判断用户的浏览器是否支持这一HTML5特性，即浏览器是否支持getUserMedia。而在不同的浏览器中，这一特性的名称也各不相同，如在Chrome中是webkitGetUserMedia，在Firefox中则是mozGetUserMedia，在此，我们使用一个"或"运算来巧妙地处理这些不同的写法，将它们都统一描述为getUserMedia，代码如下：

```
navigator.getUserMedia = navigator.getUserMedia || navigator.webkitGetUserMedia || navigator.
mozGetUserMedia || navigator.msGetUserMedia;
```

通过判断浏览器是否具有getUserMedia属性，我们就能够得到该特性的浏览器支持情况，代码如下：

```
if(!navigator.getUserMedia){
        mystatus.innerHTML = "您的浏览器不支持获取音频。"
}
```

在Safari等不支持getUserMedia的浏览器中，界面的显示效果将如图13.6所示。

接着，我们调用getUserMedia来捕捉来自麦克风等输入设备的音频信息，代码如下：

图13.6 不支持音频获取的显示效果

```
navigator.getUserMedia({audio: true}, onSuccess, onError); //调用麦克风捕捉音频信息，成功时触发onSuccess函
数，失败时触发onError函数
```

编写onError函数，该函数将在捕获音频输入信息失败时被触发，代码如下：

```
function onError(){
        mystatus.innerHTML = "获取音频时好像出了点问题。"
}
```

接下来编写onSuccess函数。在该函数中，我们要运用Web Audio API来获取麦克风的音频流数据，从中计算每一次采样的最大音量值。首先，创建一个管理和播放声音的audioContext对象，这一对象在不同的浏览器中也有不同写法，如AudioContext或webkitAudioContext等，在此仍然首先使用"或"运算来对其名称加以统一。在创建好audioContext对象后，可以借助其createMediaStreamSource方法，将stream参数传入，以实现将麦克风音频输入该对象。接着，通过createScriptProcessor方法创建一个音频分析对象，在该对象中指定采样的缓冲区域大小，该值一般为256、512、1024、2048、4096、8192、16384中的一种，数字越大则采样缓冲区越大，对应的audioprocess事件的触发频率也越低，数字越小则反之，在此将该参数设置为4096。同时，设置音频分析的输入与输出都是单声道，其参数为1（若要以双声道进行分析则可设置为2）。然后，通过调用麦克风音频输入对象的connect方法，将音频分析对象与来自麦克风的音频流进行连接，这样我们就可以通过audioprocess事件函数开始音频的处理，该事件在不断的音频采样中被触发。在音频处理函数中，通过事件参数的inputBuffer属性得到输入的采样区音频，然后使用getChannelData()方法，将音频转换为包含了PCM通道数据的32位浮点数组。通过遍历这一数组，我们筛选出其中最大的数组元素值，以作为最大音量值。我们将这一数值乘以100后取整，就得到了一个能够相对代表音量高低的指标，并将其显示在页面中。最后，我们做了一个判断，当音量指标的数值大于0.5时，显示"声音太响"字样，并断开音频连接。onSuccess函数的代码如下：

```
function onSuccess(stream){
        audioContext = window.AudioContext || window.webkitAudioContext;
        context = new audioContext(); //创建一个管理、播放声音的对象
        liveSource = context.createMediaStreamSource(stream); //将麦克风的声音输入这个对象
        var levelChecker = context.createScriptProcessor(4096,1,1); //创建一个音频分析对象，采样的缓冲区大小
为4096，输入和输出都是单声道
        liveSource.connect(levelChecker); //将该分析对象与麦克风音频进行连接
        levelChecker.onaudioprocess = function(e) { //开始处理音频
```

```
var buffer = e.inputBuffer.getChannelData(0); //获得缓冲区的输入音频,转换为包含了PCM通道数据的32
位浮点数组
//创建变量并迭代来获取最大的音量值
var maxVal = 0;
for (var i = 0; i < buffer.length; i++) {
    if (maxVal < buffer[i]) {
        maxVal = buffer[i];
    }
}
//显示音量值
mystatus.innerHTML = "您的音量值:"+Math.round(maxVal*100);
if(maxVal>.5){
    //当音量值大于0.5时,显示"声音太响"字样,并断开音频连接
    mystatus.innerHTML = "您的声音太响了!!";
    liveSource.disconnect(levelChecker);
}
};
}
```

在Firefox中测试页面,浏览器将弹出共享麦克风的许可提示,如图13.7所示。只有在用户选择了共享该设备后,我们才能继续下一步的麦克风调取操作。这一步骤的用意也在于最大程度地保护用户的隐私。

> **· 注意 ·**
>
> 您也可以在Chrome中进行以上页面测试,但由于Chrome仅支持服务器端的麦克风共享请求,在测试前我们需要将页面放入本机的localhost中,或是将页面上传到远程服务器。而使用Firefox则暂时没有这一服务器端限制。

接下来,页面将不断刷新显示当前的相对音量值,如图13.8所示。当环境比较吵闹时该数值会较高,环境较为安静时则较低。请注意这一数值只是一个相对指标,并不等于声音的分贝值。

当相对音量值高于50时,页面将显示"您的声音太响了"字样,如图13.9所示。

图13.7 共享麦克风的浏览器许可提示

图13.8 相对音量值的显示

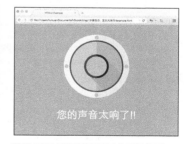

图13.9相对音量值高于50的显示效果

现在,我们就完成了麦克风的音频输入捕获,并顺利地分析得到了其相对音量值。借助这一特性,我们还能够实现许多非常具有创意的应用,如让用户对着麦克风吹气,通过一段时间内音量的变化,判断该"气流"是否平稳,从而甚至"推断"出用户的身体健康状况、精神面貌,等等。

> **· 经验 ·**
>
> Web Audio API的处理过程通常是,先创建一个音频处理对象(audioContext),在该对象中创建音频源,得到音频输入,继而为音频添加各种效果,如混响、滤波等,然后再选择一个输出目标,如扬声器,这样就实现了音频从输入,到处理,再到输出的整个过程。在本例中,我们仅仅演示了第一和第二步骤,有兴趣的读者可以访问MDN,浏览其中针对Web Audio API的深入介绍:https://developer.mozilla.org/en-US/docs/Web/API/Web_Audio_API。

13.3 视频类开发

我们将通过视频播放、视频背景和摄像头操作等案例，了解HTML5中视频类开发的相关技巧。

13.3.1 视频播放

HTML5中视频与音频的播放控制方式非常相近，在学习了此前的音频制作方法后，制作视频播放器将易如反掌。

以下是一个带有兼容性说明文字，并显示播放控件的视频元素的HTML代码：

```
<video src="video.mp4" controls>
    您的浏览器不支持 video 标签。
</video>
```

测试页面，在不支持video标签的浏览器中，将显示"您的浏览器不支持 video 标签"，而在支持HTML5的浏览器中，将显示默认的视频播放界面，如图13.10所示。

图13.10 视频默认播放界面

> **• 经验 •**
> Video标签中较常用的属性包括控制视频自动播放的autoplay属性，控制视频循环播放的loop属性，显示视频播放控件的controls属性，用来显示首帧静态替代图像的poster属性，等等。

不同的浏览器支持不同格式的视频文件，这些格式包括了OGG、MP4和WebM等。如果要播放的视频内容有多个文件格式版本，则可以在video中一一添加对应的source标签。代码如下：

```
<video controls autoplay loop>
  <source src="video.webm" type="video/webm">
  <source src="video.mp4" type="video/mp4">
  <source src="video.ogg" type="video/ogg">
    您的浏览器不支持 video 标签。
</video>
```

接下来，我们将制作一个自定义的视频播放界面，其实现方法和此前的音频播放界面非常相似。在本播放器中，我们将制作播放、暂停按钮和进度条元素，HTML代码如下：

```
<video src="video.mp4" id="video">
    您的浏览器不支持 video 标签。
</video>
<div id="audio-player">
  <button id="play">Play</button>
  <button id="pause">Pause</button>
  <div id="progress-bar" class="progress"></div>
  <div id="progress-bg" class="progress"></div>
</div>
```

播放界面的CSS样式设置在此略过，其显示外观如图13.11所示。

在JavaScript中，首先为各个界面元素创建引用变量，代码如下：

```
var player = document.getElementById("audio-player");
var play = document.getElementById("play");
var pause = document.getElementById("pause");
var bar = document.getElementById("progress-bar");
var barbg = document.getElementById("progress-bg");
var video = document.getElementById("video");
var totalWidth = barbg.offsetWidth;
```

图13.11 自定义播放界面的显示效果

和音频操作一样，我们可以通过play()方法播放视频，pause()方法停止视频播放，代码如下：

```
play.onclick = function(){
    video.play();
}
pause.onclick = function(){
    video.pause();
}
```

视频的进度控制也与音频完全相同。借助currentTime和duration两个属性，可以获取得到视频的当前播放时间及总时长。通过对视频进度的监测，当视频播放到底时，播放器将再次从头开始播放。代码如下：

```
video.addEventListener("timeupdate", showProgress);
function showProgress(){
    var progress = video.currentTime / video.duration;
    bar.style.width = progress*totalWidth + "px";
    if(progress>=1){
        video.src = 'video.mp4';
        video.play();
    }
}
```

进度条的跳转功能实现方式与音频也几乎完全一致，代码如下：

```
barbg.onmousedown = function(e){
    var pos = e.clientX - barbg.offsetLeft - player.offsetLeft;
    video.currentTime = video.duration * pos / totalWidth;
}
```

测试页面，视频的播放效果如图13.12所示。

· 经验 ·

我们也可以使用一些现成的JavaScript类库来实现视频播放效果，这些类库通常有着更丰富的自定义功能，其中较为有名的有Video.js（http://www.videojs.com）、jPlayer（http://jplayer.org）等。

图13.12 视频播放效果

13.3.2 视频背景

在过去，视频往往以独立播放单元的形式被运用于Web页面中，而随着网络带宽的普遍提升，如今视频也越来越多地被用于了页面的内容修饰中。像苹果官网在介绍其产品时，就常常在页面中大量运用内嵌的视频（如手机旋转、笔记本开盖等慢动作动画），搭配上页面滚动事件，最后形成与页面浑然一体的交互体验。在本例中，我们将学习另一种流行的视频装饰效果——视频背景的制作方法。

视频背景，顾名思义就是将视频而非图片作为页面的背景显示。使用视频背景的好处在于它能够使页面更加生动、时尚、个性鲜明。但动态的视频往往会扰乱用户对页面中内容文本的浏览阅读，因此视频背景往往被罩上一层透明色，降低其对比度以减轻对内容的干扰。或者，我们也可以将这一效果应用于内容非常简单的展示性页面中。

本例的HTML代码如下，在页面中仅仅有一个h1元素，以及一个作为显示背景的video元素：

```
<h1>Vestibulum neque</h1>
<video src="video.mp4" id="video" autoplay loop></video>
```

实际上，在本例中，视频的播放操作并不是关键所在，我们已经通过设置autoplay和loop属性，使得视频自动循环播放。关键之处在于，如何使得视频以背景的形式满屏显示。这可以通过一定的CSS技巧来加以实现，代码如下：

```
#video{
    position:fixed;
    min-width: 100%;
    min-height: 100%;
    width: auto;
    height: auto;
    top: 50%;
    left: 50%;
    transform: translateX(-50%) translateY(-50%);
    -webkit-transform: translateX(-50%) translateY(-50%);
    z-index: -100;
}
```

在以上代码中，我们为video元素设置了一系列样式属性。首先，通过设置position属性为fixed，使视频位置固定。同时，设置视频的宽度和高度为auto，以及最小的宽度和高度为100%，这将使得视频的大小自动充满整个屏幕。但此时视频并非居中于整个屏幕，我们将top和left属性均设置为50%，使得视频左上角显示在页面正中央，再运用transform属性这一技巧，使视频向左和向上各偏移50%，这样视频就能够移动并显示在屏幕中央了。最后，为视频元素设置一个负值z-index参数，使其显示层级在所有页面内容之下。页面中h1的样式设置在此略过。测试页面，视频背景的显示效果如图13.13所示。当更改浏览器窗口大小时，视频也将随之动态地缩放，并始终充满整个画面。

图13.13 视频背景显示效果

如果感觉视频的对比度太高，影响前端的文字阅读，还可以将页面的背景色设置为深色，并将其透明度加以降低，使得视频的显示变暗，代码如下：

```
body {
    background:#333;
}
#video{
    /*其余代码略*/
    opacity:.5;
}
```

变暗后的视频背景显示效果如图13.14所示。

图13.14 变暗后的视频背景显示效果

13.3.3 摄像头操作

除麦克风外，在一些现代浏览器中，HTML5还能够直接访问设备的摄像头，进行视频的录制和处理。在本例中，我们将在页面中调取摄像头中的视频流，并制作拍照功能。

本例的HTML代码如下，其中包括了一个用于显示摄像头录制内容的video元素，一个用于显示拍照位图结果的canvas元素，以及一个控制拍照的按钮元素：

```
<video id="video" width="400" height="300" autoplay></video>
<canvas id="canvas" width="400" height="300"></canvas>
<button id="capture">Capture</button>
```

元素的CSS样式设置在此省略，页面的默认显示效果如图13.15所示。其中，左侧的灰色矩形是video元素，右侧的灰色矩形是canvas元素。默认情况下它们均不显示任何图像。

接着，我们将通过JavaScript来实现后续的交互操作。为页面中的各个元素分别创建引用变量，并获取canvas元素的绘图环境，代码如下：

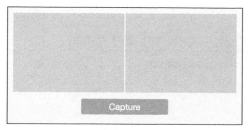
图13.15 页面默认显示效果

```
var capture = document.getElementById("capture");
var video = document.getElementById("video");
var canvas = document.getElementById("canvas");
var context = canvas.getContext("2d");
```

然后，为不同浏览器的getUserMedia对象创建兼容性名称，代码如下：

```
navigator.getUserMedia = navigator.getUserMedia || navigator.webkitGetUserMedia || navigator.mozGetUserMedia || navigator.msGetUserMedia;
```

在本例中，我们还将依靠window.URL来创建或管理视频流对象的地址，以便于将其赋予video元素，播放相应的视频。而这一对象在不同浏览器中同样有多种写法，如window.URL、window.webkitURL等，在此我们将其名称进行统一，代码如下：

```
window.URL = window.URL || window.webkitURL;
```

然后，通过getUserMedia()方法调用摄像头来捕捉视频流（在这之前我们也可以添加代码来检测浏览器是否支持这一特性），代码如下：

```
navigator.getUserMedia({video:true}, onSuccess, onError); //调用摄像头捕捉视频流
```

接着创建onSuccess和onError两个函数。在onSuccess中，我们使用window.URL的createObjectURL方法，将视频流转换为一个对象地址，并将地址赋予video元素，以便于在video中播放来自摄像头的视频信息。在onError函数中则输出报错信息。JavaScript代码如下：

```
function onSuccess(stream){
    video.src = window.URL.createObjectURL(stream);
}
function onError(){
    console.log("获取视频出错。");
}
```

在Firefox等能够在本地调试getUserMedia方法的浏览器中测试页面，首先浏览器会弹出一个允许操作摄像头的对话框，如图13.16所示。

只有当用户点选了"共享选中的设备"后，页面才能够顺利获取摄像头的视频信息。在video元素中将实时播放该视频流，其显示效果如图13.17所示。

图13.16 允许操作摄像头的对话框

图13.17 摄像头视频显示效果

· 注意 ·

本例中省略了对浏览器兼容性支持的检测。目前，在Safari和IE中仍然不支持getUserMedia方法，而在Chrome中也不支持本地的直接调取，需对服务器端发起请求才能触发这一功能特性。

我们希望当用户单击Capture按钮时，抓取当前的摄像头图像，并将这一图像转换为灰度图像，显示在右侧的Canvas画布中。其中，图像的抓取可以使用绘图环境的drawImage()方法来实现，图像的灰度转换则可以使用之前章节中介绍的位图像素处理技巧。代码如下：

```
capture.onclick = function(e){
    e.preventDefault();
    //抓取video元素的当前图像，绘制到Canvas中
    context.drawImage(video, 0, 0, 400, 300);
    var img = context.getImageData(0, 0, 400, 300); //再从Canvas中获取位图数据
    var picLength = 400 * 300; //获得像素个数
    for (var i = 0; i < picLength * 4; i += 4) {
        var myRed = img.data[i]; //第一个字节单位代表红色
        var myGreen = img.data[i + 1]; //第一个字节单位代表绿色
        var myBlue = img.data[i + 2]; //第一个字节单位代表蓝色
        var myGray = parseInt((myRed + myGreen + myBlue) / 3);//平均后获得灰度值
        img.data[i] = myGray;
        img.data[i + 1] = myGray;
        img.data[i + 2] = myGray;
    }
    context.putImageData(img, 0, 0); //将处理后的图像再次绘制到Canvas中
}
```

刷新页面，再次单击"Capture"时，摄像头的图像将被抓取，并在右侧的画布中以灰度的形式呈现，如图13.18所示。

更进一步，如果希望用户能够保存这张处理过的图像，一种最简单的方法是让用户在画布上方单击鼠标右键，在弹出的菜单中选择"将图像另存为"。另一种方式是借助toDataURL()方法将Canvas中的图像数据转换为位图格式，并进行加工后触发浏览器的"文件另存为"操作，代码如下：

图13.18 摄像头图像抓取效果

```
var image = canvas.toDataURL("image/png"); //将画布数据转换为PNG格式图像
image = image.replace("image/png", "image/octet-stream"); //对图像数据进行加工，替换mime type，便于浏览器执行"文件另存为"操作
window.location.href=image; //触发文件另存为操作，文件对象为image
```

测试页面，在抓取图像后，浏览器将自动弹出一个"文件另存为"对话框，供用户将图像直接保存为本地位图文件，如图13.19所示。

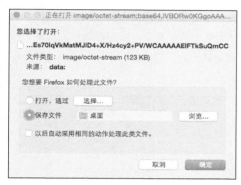

图13.19 "文件另存为"对话框

> **· 注意 ·**
> 以上方式生成的本地文件默认是缺少后缀的，需要用户手动添加后缀名，如.PNG等。

利用HTML5的视频和摄像头特性，我们可以制作出一些非常酷炫的效果，如大头贴应用，自动换装、美肤等，快发挥你的想象力，亲自动手制作一款有个性的视频Web应用吧！

第 14 章 HTML5响应式设计

响应式设计（Responsive Web Design）作为一种新型技术手段，能够使网站针对不同设备环境进行响应和调整，实现同一个页面对包括PC和手机在内的多种终端设备的兼容，在当前的移动化时代其应用价值逐渐显现。通过响应式设计生成的网页页面往往有令人耳目一新的感觉。此外，比起传统的移动版网站，响应式设计还体现了较低的成本、较快的开发速度和较强的可拓展性。可以预料在不远的未来，将有更多的网站使用响应式设计。同时，响应式设计也将成为每一位前端开发者需要掌握的关键技术。

本章将通过几个典型案例，对响应式设计的实现方法和核心技巧展开介绍。

14.1 响应式设计核心技巧

响应式设计的主要原理是通过CSS3的Media Queries来调整页面元素在不同屏幕分辨率下的显示，实现页面的自适应显示，并结合JavaScript实现不同情境下的页面交互功能。响应式设计实际上并不复杂，我们在现有的大部分网站基础上稍作修改就能实现响应式支持。当然，更佳的方式是从前期开始就对站点进行精心规划。以下是响应式设计开发过程中应掌握的一些核心技巧：

1. 做好前期设计规划。响应式设计的前期规划非常重要，需要协调和兼顾外在和内在，以及多种类型终端的需求，使代码和功能能够灵活而富有弹性。我们建议首先对页面元素模块进行清晰的划分，如将页面分为头部导航区、内容区、功能区、页脚导航区等区域，并绘制在不同分辨率下的设计简稿，如图14.1所示。

2. Viewport的设置。正如在本书第5章中介绍过的，在移动设备中，网页被放在虚拟的窗口，即viewport中显示。由于普通网页宽度大于移动设备的屏幕宽度，viewport通常被移动设备自动缩放以显示整个网页，浏览

图14.1 不同分别率下的设计简稿

者需要对页面进行放大和平移才能够进行浏览。而在响应式设计中，由于采用了百分比布局，网页内容的宽度最大为100%，即屏幕宽度，因此不需要对网页进行任何缩放就能够完整显示整个网页。在绝大部分响应式设计页面中，我们都会使用如下的meta标记：

```
<meta name="viewport" content="width=device-width, initial-scale=1.0, user-scalable=no, maximum-scale=1.0" />
```

以上代码将设备的宽度和初始缩放值、最大缩放值进行了固定，并去除了浏览时设备屏幕的缩放功能。使移动设备在不同分辨率下，或在同一分辨率的纵向、横向状态下都能够忠实地呈现网页内容。

3. Media Queries。在本书第5章中同样介绍了这方面的基础知识。Media Queries是实现响应式设计的核心元素，用于设置某种媒体特性（Media features）下的显示规则。媒体特性的种类非常多，但在响应式设计中主要使用的是max-width、min-width等判断屏幕尺寸的特性，以及用于判断设备方向的orientation特性。通过对不同的屏幕尺寸范围设置CSS样式，就能够在一个CSS样式表中定义所有设备中的显示。其范围划分的精细程度决定了响应式设计能够兼

容设备的广度。例如，以下的Media Queries定义了除标准版网站外（屏幕宽度大于980像素），另外3种不同的媒体样式，代码如下：

```
@media screen and (max-width: 980px) {/*屏幕宽度小于内容主题宽度时的样式*/}
@media screen and (max-width: 767px) {/*针对手机等移动设备的样式*/}
@media screen and (orientation: portrait) {/*iPad等移动设备纵向时的样式*/}
```

目前，Media Queries几乎在所有移动设备上都能得到很好支持，但它在IE6、7、8等不支持HTML5的浏览器中将无法执行。解决方法是使用JavaScript来实现相同的效果，如css3-mediaqueries.js（http://code.google.com/p/css3-mediaqueries-js/），但实际上我们几乎不需要考虑旧版浏览器中的响应式支持问题。

4. JavaScript的介入。响应式设计还体现为针对不同设备的不同交互功能，如在小屏幕设备中添加菜单的折叠效果，或是根据屏幕大小、方向的改变来触发某个事件，等等。这不可避免地需要在前端页面中使用到JavaScript。其中最常见的处理方式是侦听窗口的resize事件，当窗口大小发生任何修改时判断当前屏幕的尺寸状态，从而触发某个操作。以使用jQuery为例，代码如下：

```
$(window).resize(function() {
    var width = $(window).width();//获取到当前屏幕宽度
});
```

此外，我们还可以通过获取userAgent属性来得到页面的运行环境，并通过从中提取关键词，以判断当前设备的种类，如android、blackberry、ipad、iOS等，代码如下：

```
var isMobile = {
    Android: function() {
        return navigator.userAgent.match(/Android/i) ? true : false;
    },
    BlackBerry: function() {
        return navigator.userAgent.match(/BlackBerry/i) ? true : false;
    },
    iOS: function() {
        return navigator.userAgent.match(/iPhone|iPod/i) ? true : false;
    },
    iPad: function() {
        return navigator.userAgent.match(/iPad/i) ? true : false;
    },
    Windows: function() {
        return navigator.userAgent.match(/IEMobile/i) ? true : false;
    },
    any: function() {
        return (isMobile.Android() || isMobile.BlackBerry() || isMobile.iOS() || isMobile.Windows());
    }
}
```

在以上代码的基础上，我们可以作更加具有针对性的判断，如以下代码定义了一些条件，使得在任何移动设备中，或是当设备屏幕宽度小于等于600像素，又或是当设备为iPad且屏幕宽度小于等于770像素时，使nav元素隐藏，代码如下：

```
var winWidth = $(window).width();
if (isMobile.any() || winWidth <= 600 || (isMobile.iPad() && winWidth <= 770) )
{
    $("#nav").hide();
}
```

5. 响应式设计的调试。该部分可参见第5章移动设备调试的相关内容。一般来说，设计师需要准备Chrome、Firefox、IE、Safari等数种浏览器，同时至少需要准备一台iPad设备。由于在iPad上可以安装iPhone的浏览器app，所以iPhone上的调试也可以在iPad中同时进行。如果测试设备的种类越多，调试和站点优化的效果也会越好。在有限的条件下，也可以使用Firefox或Chrome中面向Web开发者的"自适应设计视图"工具。该工具可以模拟各种分辨率下的手持设备，并在设备的横向和纵向之间进行切换。但其调试效果可能会与移动设备上的呈现有所出入。

6. 选用开源框架。对于需要快速开发网站的人员来说，可以选择在一些支持响应式设计的开源框架的基础上进行开发。常见的响应式设计开源框架包括Foundation、BootStrap、The 1140 CSS Grid等，这些框架都有样式和组件丰富、兼容性好、开发简易等优点。

接下来，我们将通过具体的案例来开始本章的学习。

14.2 响应式设计案例

14.2.1 响应式列表

让我们首先看一个简单的响应式列表案例，代码如下：

```html
<section id="content">
  <article>
    <img src="Calendar.png" alt="Calendar">
    <h1>Calendar</h1>
    <p>...</p>
  </article>
  <article>
    <img src="Clipboard.png" alt="Clipboard">
    <h1>Clipboard</h1>
    <p>...</p>
  </article>
  <article>
    <img src="Mail.png" alt="Mail">
    <h1>Mail</h1>
    <p>...</p>
  </article>
  <article>
    <img src="Pocket.png" alt="Pocket">
    <h1>Pocket</h1>
    <p>...</p>
  </article>
</section>
```

以上代码中一共包含了4个article元素，每个article元素中又各含有一张图片，一个标题，以及一段描述性文字。我们的目的是使得这些元素在不同的屏幕宽度下显示为不同的列表形式，从而实现对不同设备有针对性的"响应"。

首先，我们将使得4个article元素在默认状况下以4列形式排列。样式代码如下：

```css
#content article{
    width:25%;
    float:left;
    box-sizing:border-box;
```

```
        padding:2%;
        text-align:center;
        margin-bottom:25px;
}
#content article h1{
        font-size:36px;
        color:rgba(255,255,255,.9);
        margin:20px auto;
}
#content article p{
        color:rgba(255,255,255,.7);
}
#content article img{
        width:50%;
}
```

在以上代码中，我们设置每一个article元素的宽度为25%，并向左浮动，这样4个元素的宽度加起来为100%，正好填满一行。在article内部，我们设置标题、描述文字和图片等内容居中对齐，图片的宽度为article元素宽度的50%。测试页面，在普通桌面端浏览器中（通常宽度大于1200像素），页面的显示效果如图14.2所示。

图14.2 普通桌面端的显示效果

以上的页面效果看似不错，但是当浏览器窗口宽度不断缩小时，并排的4列元素将显得拥挤不堪。为了解决这一问题，我们为页面添加了一项媒体查询，使页面宽度在980像素以内（不包括980像素）时，由4列改为两列并排显示。此时，每一列的article宽度又显得较为宽绰，因此我们再将原有的图、标题、文居中排列的形式更改为左图右标题文的形式，代码如下：

```
@media screen and (max-width: 979px) {
    #content article{
        width:50%;
        position:relative;
        text-align:left;
    }
    /*将图片宽度设置为20%，使其固定于左侧显示*/
    #content article img{
        width:20%;
        position:absolute;
    }
    /*为标题和描述文字左侧添加30%的外边距，以在article左侧腾出一些空间来放置图片*/
    #content article h1{
        margin:0 0 20px 30%;
        text-align:left;
    }
    #content article p{
        margin-left:30%;
    }
}
```

测试页面，将窗口缩小，当宽度小于980像素时，列表将从4列切换为两列显示，如图14.3所示。

当前的列表显示还存在一些问题，由于每个article元素中的描述文字长短不一，导致其高度也各不相同。当页面宽度缩小到一定程度时，将出现某些article被挤出的情况，如图14.4所示。

图14.3 列表在980像素宽度以内的显示　　　　　　　图14.4 页面宽度缩小到一定程度的挤出问题

要解决这一问题，只需要为每个奇数个的article元素清除浮动即可，这样每行的第一个元素就不会受到之前一行两个元素高度不均的影响了。我们将这一样式写入媒体查询中，代码如下：

```
@media screen and (max-width: 979px) {
    /*其余代码略*/
    #content article:nth-child(odd){
        clear:both;
    }
}
```

测试页面，现在元素的挤出问题得到了解决，如图14.5所示。此外，由于这一样式设置被写入了980像素以内的媒体查询中，因此也不会影响到默认的4列显示效果。

接下来，我们继续为屏幕宽度小于768像素的设备设置媒体查询。此时，我们仍然使article元素以两列的形式呈现，并且图、标题、文也仍然居中排列，仅仅是将图片的宽度更改为了40%，代码如下：

图14.5 挤出问题的解决效果

```
@media screen and (max-width: 767px) {
    #content article{
        width:50%;
    }
    #content article img{
        width:40%;
    }
    #content article:nth-child(odd){
        clear:both;
    }
}
```

测试页面，当页面宽度小于768像素时，新的列表呈现方式如图14.6所示。

最后，我们为屏幕最小的移动设备，即宽度为480像素及以下的设备设置媒体查询，将每个article元素的宽度设置为100%，使元素呈现为单列形式，代码如下：

```css
@media screen and (max-width: 480px) {
    #content article{
        width:100%;
    }
}
```

测试页面，当页面宽度小于等于480像素时，列表显示效果如图14.7所示。

图14.6 页面宽度小于768像素的列表呈现效果

图14.7 页面宽度小于481像素的列表呈现效果

从以上代码可以看出，响应式设计的实现方式是非常直观的，只需要首先设置好基本样式，然后在其基础之上，使用media queries为各种尺寸屏幕修改个别的样式属性即可。此外，各种媒体查询中的样式属性彼此之间是并不会相互影响的。在下一小节中，我们将进一步了解图片的响应式设计实现技巧。

14.2.2 响应式内容图片

在响应式设计中，图片往往是需要着重处理的部分，尤其是在图文混排时，文字可以随着屏幕宽度的变化而自动换行，但作为块级元素的图片则很难灵活作出适应。在本例中，我们将学习响应式设计下图片的宽度处理方式。由于图片高度将随宽度变化而等比例变化，在此不需要特别对高度进行指定。

本例中，图片与文字混排在一起，我们在HTML的<img>标签中去除了图片的width和height属性，使其默认按原始大小显示。HTML代码如下：

```html
<section id="content">
  <article>
    <h1>Malesuada</h1>
    <img src="picture.jpg" alt="...">
    <p>...</p>
  </article>
</section>
```

在CSS样式中，我们为content元素设置内边距，使其上下和左右两侧各留出10像素和8%宽度的空间。为了避免图片因宽度太大超出页面边界，我们还为图片设置max-width属性为100%，样式代码如下：

```css
#content{
    padding:10px 8%;
}
img{
    float:left;
    padding:10px;
    border:1px solid rgba(255,255,255,.6);
    background:rgba(255,255,255,.4);
    max-width:100%;
    box-sizing:border-box;
}
```

在较大的屏幕宽度下，图片的显示效果如图14.8所示。

当屏幕宽度大于1200像素时，图片和文字各自享有较为宽松的显示空间，而当屏幕宽度小于1200像素时，各自的空间则开始显得捉襟见肘。接下来，为图片设置第一个响应式节点。我们希望当屏幕宽度小于1200像素时，能够固定文字内容的显示宽度，使文字始终具有350像素的显示空间，使图片充满剩余的空间。要实现这一诉求，则可以使用CSS3中的calc()表达式，它提供了一些简单而又有效的计算，代码如下：

图14.8 默认的图文混排显示效果

```css
@media screen and (max-width: 1200px) {
    img{
        width:calc(100% - 350px);
    }
}
```

在以上代码中，100%的屏幕宽度是一个动态的数值，我们使用calc()表达式，将其减去固定的350宽度，这样图片的宽度就能够随着屏幕的宽度变化而变化，使得除图片外，旁边的文字始终能够保留350像素的显示宽度。测试页面，当屏幕宽度在1200像素以内时，增大或减小窗口宽度，文字的显示宽度均不变。页面的显示效果如图14.9、图14.10所示。

• 经验 •

要想更深入了解calc()表达式，可以参考Vincent Pickering撰写的文章，它给出了calc()常见的6种使用方式：http://vincentp.me/blog/use-cases-for-calc/。

图14.9 文字宽度固定的显示效果1

图14.10 文字宽度固定的显示效果2

进一步设置响应式节点，当屏幕宽度小于980像素时，我们使content元素左右两侧的内边距由8%减为5%，以便于为图片和文字留出更多的显示空间，同时使图片的宽度始终显示为50%大小，代码如下：

```css
@media screen and (max-width: 979px) {
    #content{
        padding:10px 5%;
    }
    img{
        width:50%;
    }
}
```

在980像素以下宽度的屏幕中测试页面，图片和文字的显示区域宽度将始终保持相同，其显示效果如图14.11、图14.12所示。

最后，为宽度小于768像素的设备屏幕创建响应式节点，在其中设置图片的宽度为100%，使图片在小屏幕中横向充满显示区域，并将content元素的左右侧内边距设置为固定的20像素，代码如下：

```css
@media screen and (max-width: 767px) {
    #content{
        padding:10px 20px;
    }
    img{
        width:100%;
    }
}
```

测试页面，在较小屏幕下图片将独自占据一行显示，其显示效果如图14.13所示。

图14.11 屏幕宽度小于980像素时的显示效果1

图14.12 屏幕宽度小于980像素时的显示效果2

图14.13 小屏幕下的图片显示效果

14.2.3 响应式背景

在上一小节中我们学习了图文混排页面中图片的处理方法，虽然借助media queries我们顺利地实现了不同宽度屏幕下图片的自适应显示，但是这一实现方式却存在着隐藏的缺陷。不管是在桌面端，还是在移动端，访问同一个响应式页面都将下载相同的图片，这导致了一种尴尬的状况，图片如果过大，则移动端的流量难以承受，而图片过小，则桌面端的显示效果又会大打折扣。

为了解决上述问题，人们想出了各种办法，如使用picture元素，以在video元素中设置多种source的方式设置多个分辨率的图片，或是为img元素增加srcset属性等，这些方法中有许多尚未成为主流浏览器普遍支持的正式标准。在本例中，我们将学习一种具有良好兼容性的替代解决方案，其核心技巧是使用JavaScript来动态监测页面的尺寸变化，继而有针对性地匹配加载相应的图片。

首先，我们为某个响应式页面准备了多种尺寸的背景图片，包括2880×1800、1200×750、980×613、768×480、480×300等，如图14.14至图14.18所示。最大的图片将仅供大尺寸的桌面端使用，以确保图片的显示效果；最小的图片将仅供小屏幕的移动端使用，以最大限度地节省设备流量。

图14.14 2880×1800像素的背景图片

图14.15 1200×750像素的背景图片

图14.16 980×613像素的背景图片

图14.17 768×480像素的背景图片

图14.18 480×300像素的背景图片

我们通过一个id为background的div元素来显示背景图片。为了储存上述5种尺寸图片的路径信息，我们采用了HTML5中的自定义数据标签，将图片路径按尺寸从大到小的顺序，分别放置在data-bg-xl、data-bg-l、data-bg-m、data-bg-s、data-bg-xs等属性中。页面的HTML代码如下：

```
<div id="background" data-bg-xl="2880x1800.jpg" data-bg-l="1200x750.jpg" data-bg-m="980x613.jpg"
data-bg-s="768x480.jpg" data-bg-xs="480x300.jpg">
</div>
```

继而，我们为页面设置CSS样式，使background元素充满屏幕，并预设好其背景属性，代码如下：

```
html, body{
    height:100%;
}
body {
    margin:0;
    padding:0;
}
#background{
    height:100%;
    background-position:50% 50%;
    background-size:cover;
}
```

接下来通过JavaScript来完成背景图片的设置。在此我们使用了jQuery，代码如下：

```html
<script type="text/javascript" src="jquery-2.1.4.min.js"></script>
<script type="text/javascript">
$(document).ready(function() {
        var bg = $("#background");
});
</script>
```

在ready事件函数中继续添加代码。在此，我们创建了一个名为resizeBackground的函数，在该函数中，首先获取当前的屏幕宽度，然后借助多个if嵌套，通过jQuery的css()方法为各个宽度区段分别设置对应的背景图片。在设置图片的url属性时，使用了jQuery中的attr()方法来获取background元素中的自定义data属性值，以得到相应的图片路径。代码如下：

```javascript
function resizeBackground(){
  var winWidth = $(window).width();
  if (winWidth>1200) {
        bg.css("background-image", "url('"+bg.attr("data-bg-xl")+"')");
  } else if (winWidth>980) {
        bg.css("background-image", "url('"+bg.attr("data-bg-l")+"')");
  } else if (winWidth>768) {
        bg.css("background-image", "url('"+bg.attr("data-bg-m")+"')");
  } else if (winWidth>480) {
        bg.css("background-image", "url('"+bg.attr("data-bg-s")+"')");
  } else {
        bg.css("background-image", "url('"+bg.attr("data-bg-xs")+"')");
  }
}
```

• 注意 •

在jQuery中使用css方法设置元素的background-image样式属性时，不能直接将图片的路径赋予该属性，而是应该使用url(path)的参数格式。

最后，为浏览器窗口注册resize事件侦听，使得每当屏幕窗口发生缩放时，都将执行resizeBackground()函数。此外，我们还需要在该函数外单独执行一次resizeBackground()函数，以使得第一次打开页面时能够正确加载对应的背景图片。代码如下：

```javascript
$(window).resize(function() {
  resizeBackground();
});
resizeBackground();
```

现在，我们就完成了背景图片的响应式制作，既考虑了不同大小的设备屏幕下图片的最佳分辨率，又兼顾了流量方面的需求。在不同的屏幕宽度中测试页面，其显示效果如图14.19至图14.23所示。

图14.19 响应式背景显示效果1

图14.20 响应式背景显示效果2

图14.21 响应式背景显示效果3

图14.22 响应式背景显示效果4

图14.23 响应式背景显示效果5

14.2.4 响应式图像轮播

在本书第12章的第9小节中曾经介绍了图像轮播的制作方法，当时制作的是固定宽度的图像轮播组件。而在响应式设计的页面中，图像轮播组件往往需要固定宽度与动态宽度相结合，即在较大宽度的屏幕中，组件以固定宽度显示，而在较小的屏幕中，组件以充满屏幕的方式动态改变大小。在本例中，我们就将对之前的图像轮播组件加以修改，以为其添加响应式支持。

本例的HTML代码和CSS代码与之前章节的代码完全一致。在其基础上，我们添加一项媒体查询，当屏幕宽度小于980像素时，使slideshow以及其中ul、li、img元素的宽度全部设置为100%，即横向充满屏幕，代码如下：

```css
@media screen and (max-width: 979px) {
    #slideshow, ul, li, img{
        width:100%;
    }
}
```

除了CSS中的设置外，我们还需要对JavaScript作相应的修改。首先，图片在小尺寸屏幕下宽度发生了动态变化，这也将使得图片的高度相应发生变化，如果不对slideshow的高度加以调整，这势必将影响点状图片导航的正确显示。刷新slideshow高度的方式有多种，在此我们通过JavaScript将其设置为和图片的高度一致，代码如下：

```javascript
$('#slideshow').css("height", $('img').height()+"px");
```

以上代码将在打开页面时执行，以使得默认情况下导航高度刷新为正确的数值。此外，我们还需要为页面注册reize事件侦听，在对应的执行函数中，不仅刷新slideshow的高度，而且还刷新width属性，使其动态反映最新的图片宽度（在此前的案例中该属性值为固定的数值，即980像素）。继而通过对所有li元素的遍历，调整其定位，使得图片从左到右依次拼接在一起。最后，我们要停止ul元素的动画，并且按最新的width和索引值对轮播元素加以重新定位。在此将animate动画的时间设置为0秒，使得页面宽度更改时图片直接完成位置调整，代码如下：

```javascript
$(window).resize(function() {
    width = $('#slideshow').width();
    $('#slideshow').css("height", $('img').height()+"px");
    $('#slideshow > ul > li').each(function(index) {
        $(this).css("left", index*width+"px"); //设置轮播图片的横向排列
    });
    $('#slideshow > ul').stop().animate({left:width*curIndex*-1+"px"},0);
});
```

测试页面，当屏幕宽度大于980像素时，图像轮播显示效果将和之前完全相同，如图14.24所示。

当缩小屏幕尺寸时，图片轮播的响应式显示效果如图14.25、图14.26所示。

图14.24 默认情况下的图像轮播显示效果 　　　 图14.25 较小尺寸屏幕下的响应效果1 　　　 图14.26 较小尺寸屏幕下的响应效果2

14.2.5 响应式菜单

经过前面几个小节的学习，我们可以体会到响应式设计的简单易用。本节我们将制作一个更为复杂的案例——响应式菜单。这一菜单将在不同宽度的设备屏幕中分别呈现为不同的外观，特别是在宽度较小的移动设备屏幕中，菜单将以折叠按钮的形式呈现。该案例的实现需要media queries与JavaScript之间更加深入且紧密的配合。

菜单的HTML代码如下：

```html
<nav id="page-nav">
  <ul id="page-nav-list">
    <li><a href="" id="home">Home</a></li>
    <li><a href="" id="photo">Photo</a></li>
    <li><a href="" id="user">User</a></li>
    <li><a href="" id="document">Document</a></li>
    <li><a href="" id="chat">Chat</a></li>
    <li><a href="" id="video">Video</a></li>
  </ul>
</nav>
```

以上代码共包含了6个菜单项，接下来我们将使用CSS来设置其基础显示样式。清除页面中所有元素的默认间距，并为body设置5%的外边距，使得菜单不至于直接横向充满整个屏幕，代码如下：

```css
*{
    margin:0;
    padding:0;
}
body {
    margin:5%;
    font-family:"Helvetica Neue", sans-serif
}
```

接下来，为page-nav元素设置基本样式，将屏幕宽度均分为6份，使每一个列表项的宽度为16.66%，并将列表项中的链接转换为块状元素，使其水平居中显示，字体大小为1.2em，行高为4em，代码如下：

```css
#page-nav{
    position:relative;
}
#page-nav ul li{
```

```
        display:block;
        float:left;
        width:16.66%;
}
#page-nav ul li a{
        display:block;
        text-align:center;
        text-decoration:none;
        color:#FFF;
        font-size:1.2em;
        line-height:4em;
}
```

接着，借助nth-child选择器，为每一个列表项链接元素设置不同的背景色，代码如下：

```
#page-nav ul li:nth-child(1) a{
        background:#1ABC9C;  /*蓝绿*/
}
#page-nav ul li:nth-child(2) a{
        background:#2ECC71;  /*亮绿*/
}
#page-nav ul li:nth-child(3) a{
        background:#F1C40F;  /*橙黄*/
}
#page-nav ul li:nth-child(4) a{
        background:#E67E22;  /*深橙*/
}
#page-nav ul li:nth-child(5) a{
        background:#E74C3C;  /*红色*/
}
#page-nav ul li:nth-child(6) a{
        background:#9B59B6;  /*紫色*/
}
```

为了增加菜单的交互效果，我们为列表项链接元素的hover状态设置深灰色背景，代码如下：

```
#page-nav ul li a:hover{
        background:#333;
}
```

接下来，我们再借助icon字体和before伪元素，为每个菜单项设置图标，使其显示在链接文字内容的左侧，代码如下：

```
@font-face {
        font-family: 'icon-font';
        src: url('font/flat-ui-icons-regular.ttf'),url('font/flat-ui-icons-regular.eot'),url('font/flat-
ui-icons-regular.woff'),url('font/flat-ui-icons-regular.svg');
}
#page-nav ul li:nth-child(1) a::before{
        content:"\e62e";
}
#page-nav ul li:nth-child(2) a::before{
        content:"\e62a";
```

```
}
#page-nav ul li:nth-child(3) a::before{
    content:"\e631";
}
#page-nav ul li:nth-child(4) a::before{
    content:"\e644";
}
#page-nav ul li:nth-child(5) a::before{
    content:"\e62d";
}
#page-nav ul li:nth-child(6) a::before{
    content:"\e629";
}
#page-nav ul li a::before{
    font-family: 'icon-font';
    margin-left:-1em;
    margin-right:1em;
}
```

测试页面，在默认情况下，菜单的显示效果如图14.27所示。

图14.27 菜单的默认显示效果

接下来，我们为菜单添加媒体查询，使屏幕宽度小于980像素时，菜单图标显示在文字上方。这可以通过调整after伪元素的显示属性，使其从行内元素转换为块状元素来实现。此外，我们也需要略微调整伪元素的行距和顶部间距，使图标不至于顶格显示，或是与文字的间距过大，代码如下：

```
@media screen and (max-width: 979px) {
    #page-nav ul li a::before{
        display:block;
        margin:0 auto;
        line-height:1;
        padding-top:2em;
    }
}
```

测试页面，当屏幕宽度小于980像素时，菜单的显示效果如图14.28所示。

图14.28 屏幕宽度小于980像素的显示效果

继续为菜单添加响应式节点，当屏幕宽度小于768像素时，将链接元素的字体大小设置为0，以隐藏文字显示，使菜单仅仅显示为图标，并将菜单的高度从动态的4em设置为固定的80像素。此时图标的文字大小也不能再使用em作为大小单位（在父元素的font-size属性为0的前提下任何大小的em数值均为0），在此将其设置为20像素，并将行高设置为80像素，使图标垂直居中。样式代码如下：

```
@media screen and (max-width: 767px) {
    #page-nav ul li a::before{
        font-size:20px;
        margin:0;
        padding:0;
        line-height:80px;
    }
    #page-nav ul li a{
        font-size:0;
        height:80px;
    }
}
```

测试页面，当屏幕宽度小于768像素时，菜单显示效果如图14.29所示。

图14.29 屏幕宽度小于768像素的显示效果

• 经验 •

在设置媒体查询时，@media screen and (min-width: 768px) and (max-width: 979px){}和@media screen and (max-width: 979px){}这两种表达式的差异在于，前者中的样式将不会对@media screen and (max-width: 767px){}中的表达式产生影响，因为两者完全处于不同的宽度区段中，而后者则会对该表达式产生影响，因为两者有着重叠的宽度区段，我们必须在制作时考虑样式的继承和覆盖。

当屏幕宽度继续减小，直至宽度小于480像素时，即使是不显示文字，屏幕也没有足够的空间来显示全部6个菜单图标。此时我们希望使菜单隐藏起来，以一个"三横"菜单图标作为替代，当用户单击该图标时才展开并显示全部菜单。为了显示这个"多出来"的菜单图标，我们将动用JavaScript，在nav元素中动态插入一段相应的DOM结构，代码如下：

```
<script type="text/javascript">
var nav = document.getElementById('page-nav');
var navlist = document.getElementById('page-nav-list');
nav.insertAdjacentHTML('afterBegin','<button id="menutoggle">Menu</button>');
var menutoggle = document.getElementById('menutoggle');
</script>
```

在以上代码中，我们使用了原生的insertAdjacentHTML()方法，在nav元素的内部最开始处插入一段DOM代码，其内容为一个button元素，元素的id属性值为menutoggle。使用JavaScript来动态插入元素的优点在于，这一方式能够使HTML源代码最大限度保持简洁。在media queries之外，设置menutoggle元素的display属性为none，使其默认不显示，代码如下：

```
#menutoggle{
    display:none;
}
```

350

创建480像素以下的媒体查询。首先为menutoggle元素设置样式，使其背景显示为黑色，高度为60像素，并通过after伪元素在"Menu"字样的左侧绘制图标（可以参考本书此前章节中的三横图标制作介绍），代码如下：

```css
@media screen and (max-width: 480px) {
    #menutoggle{
        display:block;
        width:100%;
        height:60px;
        border:none;
        background:none;
        text-align:left;
        text-indent:60px;
        font-size:1.5em;
        color:#FFF;
        position:relative;
        cursor:pointer;
        background:#000;
    }
    #menutoggle::after{
        content:'';
        width:22px;
        position:absolute;
        left:20px;
        top:10px;
        box-sizing:border-box;
        padding:0;
        box-shadow: 0 10px 0 2px #FFF,0 20px 0 2px #FFF,0 30px 0 2px #FFF;
    }
}
```

接下来，将page-nav-list元素的display属性设置为none，以使得在较小的屏幕中，菜单项默认被隐藏。同时，将菜单的宽度设置为100%，使6个菜单从并排显示转换为从上到下显示，且图标显示在菜单左侧，文字显示在右侧，代码如下：

```css
@media screen and (max-width: 480px) {
    /*此前代码省略*/
    #page-nav-list{
        display:none;
        position:absolute;
        width:100%;
    }
    #page-nav ul li{
        width:100%;
    }
    #page-nav ul li a{
        text-align:left;
        font-size:1.2em;
        text-indent:3.5em;
    }
    #page-nav ul li a::before{
        position:absolute;
        left:-2em;
    }
}
```

最后，我们还需要考虑一个非常重要的问题，那就是如何控制不同分辨率下菜单的显示状态。通常的做法是创建某个类，在其中通过设置display属性为block来使得菜单列表显示出来，同时当用户单击菜单按钮时，在菜单列表元素中动态增加或删除该类。在此，我们使用了另一种简便的方法，为menutoggle元素创建一个active类，通过CSS3选择器中的"+"运算符，选择与元素相毗邻的ul元素，并设置其display属性。这样，我们就可以通过为menutoggle元素增加或删除active类，来实现对菜单列表项的显示控制了，代码如下：

```css
@media screen and (max-width: 480px) {
    /*此前代码省略*/
    #menutoggle.active + ul{
        display:block;
    }
}
```

在JavaScript代码中，我们只需要在menutoggle的onclick事件函数中，判断菜单列表项的显示状态，并相应地为menutoggle增加或删除active类即可。代码如下：

```javascript
menutoggle.onclick = function() {
    if(window.getComputedStyle(navlist).display === "none"){
        menutoggle.className = "active";
    }else{
        menutoggle.className = "";
    }
}
```

需要注意的是，在以上代码中，我们并没有使用if(navlist.style.display === "none"){...}的方式来判断菜单列表项的显示状态，而是使用了更复杂的getComputedStyle方法，这是因为前者只能判断将display样式直接写入标签的情况，如<ul style="display:none">，而后者则可以对该元素的所有CSS样式设置进行计算后加以判断，可以匹配任何含有display属性为none的情况。测试页面，当设备屏幕宽度在480像素及以下时，菜单将显示为一个简化的可单击区域，如图14.30所示。

当单击该菜单区域时，将在下方展开菜单项，如图14.31所示。再次单击菜单区域则收起菜单项。

经过本例的学习，相信大家已经对响应式设计有了更加深入的认识。在实现一些简单的页面响应时，响应式设计的实现方式是非常简单的，但是当存在多种类型媒体查询的交联或用户交互时，开发就将变得较为复杂，需要综合考虑多方面的因素，本例也是其中一个较为典型的例子。

最后，本书为大家推荐一个较为权威的响应式设计参考网站，其站点名称即为Media Queries，网址为http://mediaqueri.es。在该网站中收录了大量优秀的响应式设计作品，可以为您在设计类似站点时提供诸多灵感，如图14.32所示。

图14.30 屏幕宽度小于等于480像素的菜单显示效果　　图14.31 菜单项展开效果

图14.32 Media Queries网站

第三部分

HTML5综合案例

第 15 章 HTML5微信游戏

从本章开始，我们将综合运用之前章节中学习到的知识，来开发一些较为复杂且全面的Web应用。

而今，最热门的移动应用恐怕非微信莫属了，不论男女老少都在使用这一款即时通讯软件。2014年，微信上出现了大量一夜爆红的小游戏，如《围住神经猫》《2048》《一个都不能死》等，这也掀开了一种新型的HTML5移动营销策略，即通过一些精心设计的轻量级小游戏，使其短时间内在微信朋友圈中实现病毒式分享和传播，最终达到很好的广告宣传效果。据DataEye公布的《2014年Q4 HTML5游戏数据报告》显示，当前六成HTML5从业者已经投入或准备投入HTML5游戏，近七成HTML5游戏的用户集中在微信平台。作为即将或已经踏上HTML5征途的你，是不是也打算开始进入这一领域了呢？

在本章中，我们将从前期的策划、设计，到后期的开发、上线，逐步地了解一款微信小游戏的诞生过程，希望通过本章的学习，你也可以制作出一款富有创意、夺人眼球的微信游戏。

15.1 制作思路

15.1.1 微信游戏开发基础知识

要制作微信游戏，我们不能不首先了解游戏的运行环境。使用过微信的人们都知道，微信中的小游戏基本都是通过"朋友圈"进行传播的，打开游戏也是在微信软件内部，这一游戏运行环境就是微信的内置浏览器。

微信内置浏览器和我们常用的Safari、Chrome等系统浏览器所不同，它是腾讯自己开发的一款浏览器，其内核名为X5。在这一浏览器中，一些HTML5的新特性并不被支持（如filter、flex等，腾讯正在逐步完善该浏览器以支持更多特性），这也意味着游戏在桌面端浏览器中的预览效果和最终在微信中的显示效果可能并不相同，一切效果最终必须以微信中的实际显示为准。为了解决这一问题，在制作过程中，我们应该随时将游戏放到微信内置浏览器中加以测试。最便捷的测试方法是将游戏先传到服务器，然后将测试URL传到微信的"文件传输助手"中（可以直接在手机中输入，也可以通过微信的桌面端将该URL发送到手机微信中），然后在对话界面中点按URL，微信就将打开其内置浏览器，访问这一网址，如图15.1所示。

图15.1 使用文件传输助手发送游戏URL

微信游戏一般都是在朋友圈内以社交方式传播的轻量HTML5应用，决定其成败的关键因素除了游戏的创意、设计水准外，游戏的加载速度也是一个非常重要的因素。如果游戏过于复杂，页面文件过大，则用户往往会在漫长的加载过程中放弃继续浏览。因此，在设计初期我们往往需要将游戏的各个环节进行精心的设计和压缩，做好游戏的体量控制。在开发过程中，尽可能地节省字节大小，如名为images的文件夹，可以将其名称更改为i，文件的名称也可以尽量加以精简，如background.png可以简化为bg.png。

在游戏的界面设计阶段，需要格外注意的是游戏的尺寸规划。目前的手机种类繁多，光是iOS设备，其浏览器屏幕尺寸就从320×480的iPhone 4，到414×736的iPhone 6 Plus不等，而且在iPhone 5等视网膜屏幕中，屏幕像素密度被加倍，如果在320×265的区域中显示一张尺寸为320×265的图片，则图像将给人以 模糊的感觉，如图15.2所示。

而 如 果 我 们 将 原 始 图 片 尺 寸 进 行 加 倍 ， 即 增 加 到640×530，再将其显示在320×265的区域中，图片的细节则会显得清晰而锐利，如图15.3所示。

图15.2 模糊的图像显示效果　　图15.3 锐利的图像显示效果

在iPhone 6 Plus中，屏幕像素密度更是达到了3倍，若是仍然以原始尺寸显示图片，则图像模糊的情况将更为严重。因此，在Photoshop中设计游戏界面时，我们应该将画布尺寸进行加倍。例如，以iPhone 4的320×480作为设计尺寸，则实际应在Photoshop中创建一个640×960的图像，再在其中绘制游戏元素，如图15.4所示。最终生成的每一个素材元素，都将以缩小一半的方式显示在游戏中，如200×100的图片，其实际显示宽度为100×50。

在实际开发过程中，虽然微信内置浏览器能够支持绝大部分的HTML5特性，但是某些方面的支持还相当有限。例如，在设计较为复杂的游戏时，我们往往希望通过cookie或localStorage将用户的各个游戏步骤存储在浏览器缓存中，以便于当用户玩到一半突然退出，并再

图15.4 推荐的微信游戏设计界面尺寸

次返回时，能够恢复到上一次的游戏进度。但是，这样的缓存机制在微信内置浏览器中并不是非常可靠，当手机设备发生内存不足、进程被终止等情况时，这些信息有可能就被随之清除了。因此，我们的游戏设计不能够太依赖于这些"不可靠"的技术环节。

• 经验 •

要查看更多关于微信内置浏览器的技术介绍，可以访问其官方网站http://x5.tencent.com。

当游戏开发完毕后，要在朋友圈中进行分享推广时，我们可以为其创建一个300×300的缩略图片，放入一个id名为wx_pic的div中，并将这一div元素嵌入到页面head中。否则，游戏很可能会因缺少缩略图而极大地影响传播效果。分享代码的范例如下：

```html
<!doctype html>
<html>
  <head>
    <div id='wx_pic' style='margin:0 auto;display:none;'><img src='i/300.jpg'></div>
<!--其他代码略-->
  </head>
</html>
```

最后，当游戏制作完毕并投入使用后，我们还需要随时对游戏的流量、用户等数据进行监控，比较简便的解决方法是申请一个站点统计器，将相应的JavaScript统计代码嵌入到页面中。提供此类服务的站点包括Google Analytics（http://www.google.cn/analytics）、CNZZ（http://www.cnzz.com）、百度统计（http://tongji.baidu.com）、我要啦（http://www.51.la）等。

15.1.2 微信"520"小游戏策划

在开始微信游戏的制作前，我们首先要对游戏加以精心策划。此次制作的任务是为某高校即将上线的微信服务平台做宣传，该平台上线的时间点选择在了5月20日，这一天的谐音又被称为"我爱你"。我们顺势构思了一个"520，你爱的是谁？"的小游戏，计划在5月20日当天推出，从标题上博取人们关注的同时，也加入一些有趣的交互元素，来促使人们转发和分享。

接下来，对游戏的文案和玩法进行策划。游戏共分为四个界面。第一个界面是loading界面，当用户刚刚打开游戏，将显示一个loading图标，表示游戏正在加载。这一界面也有助于降低用户在等待中产生的焦虑感，降低游戏的用户退出率。

当游戏加载完毕后，将进入初始界面。在这一界面中，我们将显示一颗跳动的"红心"，在红心下，是一些文案，如"520，这真是个适合表达爱意的日子，你爱的是谁？马上测一测！"。其中，"马上测一测！"将呈现为一个按钮，当用户点按下该按钮后，将进入游戏的核心页面，即交互界面。

在交互界面中，我们策划了一种有趣的玩法。预先准备好该学校的LOGO图案，并将其转换为点阵坐标。接下来，在屏幕顶端显示一句提示语——"请不断单击屏幕，发现你最爱的TA"，其余区域都为空白，以引导用户在手机屏幕上点按。每一次用户的点按，都会在屏幕上相应的位置生成一个小圆点，然后运动到点阵坐标中某一个坐标点的位置。这样，随着用户不断地点按屏幕，小圆点也不断地出现，并逐渐拼接成为LOGO的形状。用户在玩的过程中先是感觉好奇，随着图案的最终形状水落石出，用户的疑惑也逐渐散去。当所有的圆点都出现后，最终显示谜底——"爱在华师大！"。当用户按下这一按钮时，游戏将跳转到最终的结果界面。

在结果界面中，将显示一些宣传文案，在本例中，这一文案为"ECNU，师大学子的一生牵绊，520说爱你！"。在文案语下方将显示一个活动二维码，引导用户去关注要推广的微信平台，到此就完成了游戏的整个流程。

除以上四个界面外，还有一个简单的音乐播放器，它显示在游戏的右上角，音乐默认状态下是关闭的，以节省用户的流量。当用户点按时，将播放音乐，再次点按则将停止播放。该界面将贯穿于整个游戏。

当我们确定好玩法、界面切分以及文案，完成了游戏策划后，下一步就将开始游戏的基础页面开发。

15.2 基础页面的开发

游戏的基础页面开发工作将分为游戏界面设计、HTML5页面创建和CSS样式创建三个阶段。

15.2.1 游戏界面设计

在游戏界面设计阶段，我们使用Photoshop来绘制每一个界面中的元素。主界面采用了640×960的设计分辨率，以适应主流的iPhone 4的屏幕显示（即320×480分辨率的加倍）。其中，loading界面的设计效果如图15.5所示。我们将中央的沙漏图案保存并命名为loading.png（所有图片均放在名为"i"的文件夹中）。

初始界面中，文案分别显示为三行大小不同的文字，以及一个按钮，其界面效果如图15.6所示。我们将每行文字分别保存为背景透明的位图文件，命名为1.png、2.png、3.png，将按钮保存并命名为start.png。文案上方的心型图形被保存并命名为heart.png。

在这一界面的右上角也同时显示了音乐控制器，它的效果非常简单，仅为两个图标，一个图标代表音乐播放状态，一个图标代表静音状态，如图15.7所示。我们将其分别保存并命名为musicon.png和musicoff.png。

交互界面的设计效果如图15.8所示。在设计草图中，我们用大

图15.5 loading界面设计效果　图15.6 初始界面设计效果

图15.7 音乐控制器的两个控制图标　图15.8 交互界面设计效果

量的小圆点粗略地拼出了该学校的校徽图案。在校徽图案下方是一个文案按钮，我们将其保存并命名为show.png。

界面的设计效果如图15.9所示。在该界面上方有三行文案，我们分别将其保存并命名为4.png、5.png、6.png，将文案下方的二维码图片保存并命名为ercode.png。这一界面还带有淡淡的背景位图效果，我们将这一背景图片保存并命名为resultbg.jpg。

除此之外，为了便于微信朋友圈的分享和推广，我们还为游戏制作了一个300×300的缩略图片，保存并命名为300.jpg，如图15.10所示。

图15.9 结果界面设计效果

图15.10 游戏宣传缩略图

至此，游戏的界面设计工作就完成了。接下来，我们将进入HTML页面的创建阶段。

15.2.2 创建 HTML 页面

HTML游戏页面的主要结构包括了head和body两大部分。在head部分的开头，我们引入了微信的朋友圈缩略图代码，在其中放入了前期准备好的缩略图片（即300.jpg）。在head中的meta标记部分，我们遵循之前章节中所学习的移动端开发技巧，加入了使页面大小适配移动设备屏幕的viewport声明。同时，我们还添加了几个可选的meta项，这是考虑到部分iOS用户可能会通过微信的"更多"选项，选择在Safari中打开游戏并添加到设备的主屏幕中，在此设置apple-touch-fullscreen为yes，使页面添加到iOS设备的主屏幕后以全屏的形式显示，设置apple-mobile-web-app-capable和apple-mobile-web-app-status-bar-style为yes，使网页内容以应用程序风格显示，并使屏幕顶部状态栏的颜色显示为黑色（默认值为白色，也可以定义为black-translucent，即灰色半透明）。CSS样式的实现方式有两种，一种是保存为单独的.css文件，并在HTML中以link标签的形式引入，另一种则是直接写在页面的头部。在本例中由于样式较为简单，且整个游戏只有一个页面文件，因此我们选择了后一种方式。HTML代码如下。

```html
<!doctype html>
<html>
<head>
    <div id='wx_pic' style='margin:0 auto;display:none;'>
      <img src='i/300.jpg'>
    </div>
    <meta charset="UTF-8">
    <title>520来啦，测一测你爱谁? </title>
    <meta name="viewport" content="width=device-width, initial-scale=1.0, maximum-scale=1.0,
user-scalable=0">
    <meta name="apple-touch-fullscreen" content="yes">
    <meta name="apple-mobile-web-app-capable" content="yes">
    <meta name="apple-mobile-web-app-status-bar-style" content="black">
    <style type="text/css">
    /*CSS代码将放在其中*/
    </style>
</head>
<body>
    <!--界面DOM结构代码-->
</body>
</html>
```

在body部分，我们为四种界面及音乐控制器分别创建相应的容器，在此使用div元素来加以容纳，其id属性分别为loading（loading界面）、secne1（初始界面）、scene2（交互界面）、scene3（结果界面）及musicplayer（音乐控制界面）。代码如下：

```
<body>
        <!--loading界面-->
        <div id="loading"></div>
        <!--初始界面-->
        <div id="scene1"></div>
        <!--交互界面-->
        <div id="scene2"></div>
        <!--结果界面-->
        <div id="scene3"></div>
        <!--音乐控制界面-->
        <div id="musicplayer"></div>
</body>
```

接下来为各个界面分别制作细化的DOM结果。loading界面非常简单，我们只需要在其中加入一句提示语即可，代码如下：

```
<!--loading界面-->
<div id="loading">加载中...</div>
```

在初始界面中，我们为爱心、三段文案及开始按钮分别创建相应的div元素，以作为显示容器，并将id属性值分别设置为heart、t0、t1、t2、sbtn。同时，由于以上元素都将以位图的形式显示，我们还为它们设置了一个名为slogan-img的类，以便于后续在该类中编写通用的样式声明。代码如下：

```
<!--初始界面-->
<div id="scene1">
        <div id="heart" class="slogan-img">爱心</div>
        <div id="t0" class="slogan-img">520</div>
        <div id="t1" class="slogan-img">这真是个适合表达爱意的日子</div>
        <div id="t2" class="slogan-img">你爱的是谁?</div>
        <div id="sbtn" class="slogan-img">马上测一测!</div>
</div>
```

在交互界面中，我们创建了两个div元素，分别用于容纳顶部的操作说明文字，以及下方的结束按钮，两者的id属性值分别设置为t3和lbtn。此外，由于前一div元素以文本而非位图的形式显示，我们为其设置了一个名为slogan-text的类，使之与显示位图的slogan-img类有所区分。代码如下：

```
<!--交互界面-->
<div id="scene2">
        <div id="t3" class="slogan-text">请不断单击屏幕，发现你最爱的TA</div>
        <div id="lbtn" class="slogan-img">爱在华师大!</div>
</div>
```

在结果界面中，我们创建了t4、t5、t6和t7四个div元素，以容纳文案中的各条文本。其中，前三个元素以位图形式显示，后一个元素以文本形式显示，我们分别为其设置了slogan-img类和slogan-text类。最后一个元素是二维码图片，我们将其以img标签的形式直接写入了div元素中，该div元素的id属性值为ercode。代码如下：

```
<!--结果界面-->
<div id="scene3">
        <div id="t4" class="slogan-img">ECNU</div>
        <div id="t5" class="slogan-img">师大学子的一生牵绊</div>
        <div id="t6" class="slogan-img">520说爱你</div>
        <div id="t7" class="slogan-text">520，我们的微信服务平台上线啦<br>更多更好的服务等着你!</div>
        <div id="ercode"><img src="i/ercode.png" width="142" height="142" alt="二维码"></div>
</div>
```

最后是音乐控制界面，在该界面中我们放置了两个button元素，分别是代表音乐处于播放状态的musicon按钮和代表静音状态的musicoff按钮。由于音乐默认是关闭的，因此我们还为前者设置了一个名为hidden的初始类。在按钮之后，我们插入了audio元素，用以播放音频，其id属性值为music。代码如下：

```
<!--音乐控制界面-->
<div id="musicplayer">
  <button id="musicon" class="hidden"></button>
  <button id="musicoff"></button>
  <audio src="loop.mp3" loop id="music"></audio>
</div>
```

现在，我们便完成了页面的DOM结构。接下来，我们要通过编写CSS样式，使这些结构呈现为可视化的游戏界面。

15.2.3 创建 CSS 样式

在本游戏中，每一个界面都将以充满屏幕的形式显示。因此，在创建CSS样式阶段，我们需要首先为页面的html和body标签设置样式，使其宽度和高度均为100%，并设置overflow属性为hidden，使超出屏幕区域外的内容部分被隐藏，以此避免页面的横向和纵向滚动。代码如下：

```
*{
    box-sizing: border-box;
}
html, body{
    width:100%;
    height:100%;
    overflow:hidden;
}
body{
    margin:0;
    padding:0;
    background:#ef94ac; /*设置游戏背景为粉色*/
    position:relative;
}
```

在以上代码中，我们还使用了"*"匹配符，使页面中所有元素以border-box的方式呈现，即元素的宽高均包括了边框（border）和内边距（padding）的数值。

接下来为loading界面设置显示样式。在此，我们将loading元素的宽度和高度也设置为100%，使该界面全屏显示；同时，为其添加背景色，将position属性设置为fixed，将z-index属性设置为较高的数值（在此为100），使界面在屏幕中固定显示，并覆盖所有其他元素。在loading元素的DOM结构中还存在说明文字（即"加载中…"），由于我们将使用制作好的位图而非文本来显示loading效果，在此我们将字号（font-size）设置为0，以隐藏这段说明文字，代码如下：

```
#loading{
    position:fixed;
    width:100%;
    height:100%;
    z-index:100;
    background:#ef94ac;
    font-size:0;
}
```

接下来，我们通过创建一个after伪元素来为该界面添加loading位图效果。在伪元素中，我们将宽度和高度均设置为100像素，并设置loading.png为其位图背景，同时使位图居中显示，代码如下：

```
#loading::after{
    content:'';
    /*设置背景位图及其大小*/
    background:url(i/loading.png) no-repeat;
    background-size:cover;
    width:100px;
    height:100px;
    /*设置位图在屏幕中央显示*/
    position:absolute;
    left:50%;
    top:50%;
    transform:translateX(-50%) translateY(-50%);
    -webkit-transform:translateX(-50%) translateY(-50%);
}
```

loading界面的显示效果如图15.11所示。

对于初始（scene1）、交互（scene2）、结果（scene3）这三个界面而言，它们的显示有先后顺序。默认显示的是scene1，然后是scene2，最后是scene3。我们将三个界面元素的定位方式均设置为绝对定位，并将scene2和scene3的left属性设置为100%，将其暂时放置在屏幕右侧之外，而不会出现在显示区域中。在后续的交互操作中，当游戏从初始界面切换到交互界面时，我们将使scene1向左移动到屏幕之外（left:-100%），并使scene2从右侧移动回到屏幕中（left:0），这样两个界面将呈现为向左滑动的切换效果。同理，从交互界面到结果界面也将呈现为类似的切换效果。此外，在设计稿中，结果界面带有图片背景，我们为其设置了相应的background属性。代码如下：

图15.11 loading界面显示效果

```
#scene1 {
    left:0;
}
#scene2 {
    left:100%;
}
#scene3 {
    left:100%;
    background:url(i/resultbg.jpg) no-repeat 50% 50%;
    background-size:cover;
}
#scene1, #scene2, #scene3{
    /*设置宽度和高度，使三个界面都充满屏幕*/
    width:100%;
    height:100%;
    position:absolute;
}
```

接下来，为各界面逐个创建对应的显示样式。首先，创建slogan-img和slogan-text类，分别用于指定游戏文案中图片和文本元素的通用样式。在本游戏的设计稿中，图片文案元素都居中显示在屏幕中，而由于每一张图片的宽度都不同，为了解决这一问题，我们仍然使用了"老套路"，即先设置left属性为50%，再使用transform属性反方向位移宽度的50%的做法，来实现任何尺寸图片的居中显示。在图片文案元素的DOM结构中，我们均事先写入了提示文字，如"<div id=" heart "class=" slogan-img ">爱心</div>"，事实上，这里的"爱心"两字是不需要显示在页面中的，因此我们将slogan-img类的font-size属性设置为0，以隐藏其中的提示文字。所有的文案元素都将带有出场效果，如渐显等，因此我们也将以上两类的透明度属性（opacity）默认设置为0，即完全透明。代码如下：

```css
.slogan-img{
    opacity:0;
    font-size:0;
    position:absolute;
    left:50%;
    transform:translateX(-50%);
    -webkit-transform:translateX(-50%);
}
.slogan-text{
    opacity:0;
    position:absolute;
    color:#fff;
    font-size:12px;
    text-align:center;
}
```

然后，为scene1中的元素设置默认样式。在设计稿中我们已为每一个元素指定了固定的位置，但是在不同尺寸的屏幕下，这样的位置将是动态变化的，因此我们使用了百分比作为单位，以确定元素大致所处的位置。在scene1中，所涉及的元素主要有heart、t0、t1、t2和sbtn等，经不同尺寸设备的测试，其较佳的top位置将分别为15%、40%、57%、65%、75%。但是，在后续将通过JavaScript制作的开场动画中，我们计划使t0、t1、t2和sbtn元素在显示期间带有向上移动的动画效果，因此在其初始CSS设置中，我们分别将这些元素的top数值略微增加，分别设置为50%、65%、73%和80%。此外，我们制作的位图文件将缩小一半后显示在容器中，因此需要为每一个元素指定具体的width和height属性，并为其分别设置background属性。如heart元素对应的图片文件大小为244×196像素，其实际宽度和高度则分别为122像素和98像素。CSS样式代码如下：

```css
#heart{
    top:15%;
    background:url(i/heart.png) no-repeat 0 0;
    background-size:cover;
    width:122px;
    height:98px;
}
#t0{
    top:50%;
    background:url(i/1.png) no-repeat;
    background-size:cover;
    width:132px;
    height:61px;
}
#t1{
    top:65%;
    background:url(i/2.png) no-repeat;
    background-size:cover;
    width:220px;
    height:20px;
```

```
}
#t2{
     top:73%;
     background:url(i/3.png) no-repeat;
     background-size:cover;
     width:202px;
     height:41px;
}
#sbtn{
     top:80%;
     background:url(i/start.png) no-repeat;
     background-size:cover;
     width:240px;
     height:79px;
}
```

　　继而为交互界面创建元素样式。该界面中只有两个元素，其中t3将显示在页面顶部，在此设置其top属性为绝对数值；再为lbtn元素默认设置较大的top属性值，使其显示在页面底部之外，以便于后续生成向上移动的动画，同时也避免在交互过程中该按钮被误点按。代码如下：

```
#t3{
     top:15px;
     position:absolute;
     width:100%;
}
#lbtn{
     top:110%;
     background:url(i/show.png) no-repeat;
     background-size:cover;
     width:240px;
     height:56px;
}
```

　　接着，为结果界面创建元素样式，其中包括t4、t5、t6、t7和ercode等元素。我们仍然将这些元素的初始top属性值设置得较大，分别为40%、53%、60%、115%和75%，它们的目标top位置将分别为10%、23%、30%、85%和45%，我们将会在后续的JavaScript代码中制作这一动画效果。样式代码如下：

```
#t4{
     top:40%;
     background:url(i/4.png) no-repeat;
     background-size:cover;
     width:156px;
     height:52px;
}
#t5{
     top:53%;
     background:url(i/5.png) no-repeat;
     background-size:cover;
     width:160px;
     height:22px;
}
#t6{
```

```
        top:60%;
        background:url(i/6.png) no-repeat;
        background-size:cover;
        width:166px;
        height:40px;
}
#t7{
        top:115%;
        position:absolute;
        width:100%;
}
#ercode{
        left:50%;
        top:75%;
        opacity:0;
        margin-left:-71px;
        position:absolute;
}
```

最后，为音乐播放器界面创建外观样式。在该界面中，播放和静音状态按钮将位于同一位置，它们与顶部和右侧的距离均为10像素，且按钮的宽度和高度均为30像素。默认状态下显示静音状态按钮（musicon），当浏览者点按该按钮时，开始播放音乐，此时隐藏静音状态按钮，显示播放状态按钮（musicoff）。再次单击播放状态按钮时，又将切换到静音状态，显示静音状态按钮，以此往复。为此，我们专门制作了一个hidden类，用以隐藏某个元素（初始状态下隐藏带有该类的musicon按钮）。代码如下：

```
#musicplayer{
        position:absolute;
        left:0;
        top:0;
        width:100%;
}
#musicplayer button{
        position:absolute;
        right:10px;
        top:10px;
        width:30px;
        height:30px;
        border:0; /*去除按钮默认自带的边框*/
}
#musicon{
        background:url(i/musicon.png);
        background-size:cover;
}
#musicoff{
        background:url(i/musicoff.png);
        background-size:cover;
}
.hidden{
        display:none;
}
```

至此，我们已经完成了所有CSS样式的创建工作。接下来，我们将开始交互环节的制作。

15.3 交互界面的开发

15.3.1 制作 loading 界面交互

在本例中，我们使用了一个沙漏图案来作为loading提示。当页面完毕后，该界面消失，并随后显示游戏的初始界面。在本节中，我们将使用JavaScript来完成这一交互过程。

Loading的重要性自不待言。要实现loading效果，我们还需要对其背后的原理加以了解。最理想的状态是，在用户打开游戏的同时，就马上显示loading界面；当页面所有的内容和附加文件都下载完毕后，再使该界面消失。然而事实上我们无法完美实现前一个要求，因为HTML文件头部以及loading图片本身都需要耗费一定的下载时间。我们所能做的，是尽可能使loading界面提早出现。这就是为什么在设计本游戏的DOM结构时，我们将loading界面的节点放在<body>中最靠前位置的原因。这样，当页面加载到该节点位置时，loading界面就能先于其他界面加载图片，并显示在屏幕中了。此外，为了尽可能缩短在此之前的加载时间，我们将页面中所需的JavaScript代码和附加链接文件都移到了<body>的尾部，而非写在<head>部分。

要实现后一个要求，则可以在尾部的JavaScript中添加页面的onload事件侦听。当页面文件加载完毕时，该事件才会被触发，此时我们可以在事件函数中使用JavaScript代码来隐藏loading界面，以此实现整个loading交互过程。

更理想的loading效果应该是带有百分比的，这需要建立在两种数据的基础之上——已加载字节数和总的加载字节数，两者相除则可以得到进度百分比。但是在实际的页面加载过程中，我们是无法获知HTML、CSS、JavaScript、图片等文件的总加载字节数的，因此带有百分比的loading效果较难在HTML5中实现。不过，也有一些其他的途径可以实现类似的效果。例如，在制作好站点页面后，手动统计出该页面所需的所有文件资源的总字节数，这种方案的缺点在于页面中所需的文件往往较为繁杂，并会时常更改，因此后期的维护将是一件非常麻烦的事情；另一种方案是制作一个包含近似值的百分比进度，即在页面中不同位置插入各种标记符，在JavaScript中不停检测这些标记符是否出现，如果出现则页面可能已经加载到了某一个进度值，此时再将该数值显示在loading界面中。此外，我们也可以根据具体情况采取有针对性的对策，如在一些需要加载大量图片的页面中（如相册），可以根据总的图片数量和已加载的图片数量来得到粗略的加载进度；在含有大量外链JavaScript文件的页面中，可以将文件的引用代码分散在页面DOM结果中，再根据已加载的JS文件数量来确定加载进度，等等。在本例中，我们仅仅显示loading图案，而没有制作百分比进度。

了解了loading原理后，我们所要做的，就是在</body>之前添加JavaScript代码，在onload事件函数中，使loading元素隐藏起来。这样，当页面加载完毕时，loading界面也将随之消失。代码如下：

```
<body>
    <div id="loading">加载中...</div>
    <!--其余代码...-->
    <script type="text/javascript">
    window.onload=function(){
        document.getElementById( loading ).style.display = none ;
    };
    </script>
</body>
```

15.3.2 制作初始界面交互

在完成loading界面的功能后，我们将开始初始界面交互功能的制作。初始界面需要做两件事情，一是创建动画效果，使原本完全透明并下移的各个元素以动态的形式呈现出来；二是为其中的开始按钮创建事件侦听，当用户点按该按钮时，使游戏切换到下一个交互界面。

接下来开始代码的编写。首先，我们为游戏中每一个元素均创建一个可引用的变量，以便于在后续代码中更快捷地访问某个元素，代码如下：

```
var sbtn = document.getElementById("sbtn");
var lbtn = document.getElementById("lbtn");
var scene1 = document.getElementById("scene1");
var scene2 = document.getElementById("scene2");
var scene3 = document.getElementById("scene3");
var t0 = document.getElementById("t0");
var t1 = document.getElementById("t1");
var t2 = document.getElementById("t2");
var t3 = document.getElementById("t3");
var t4 = document.getElementById("t4");
var t5 = document.getElementById("t5");
var t6 = document.getElementById("t6");
var t7 = document.getElementById("t7");
var ercode = document.getElementById("ercode");
var heart = document.getElementById("heart");
var music = document.getElementById("music");
var musicoff = document.getElementById("musicoff");
var musicon = document.getElementById("musicon");
```

要为初始界面中的各个元素创建显示动画，有两种途径，一是使用原生JavaScript编写动画（如使用setInterval()方法不断刷新元素属性来形成动画效果），这种做法较为复杂；另一种途径是借助开源的动画类库。在此，我们使用了GSAP的TweenMax来作为动画引擎（该引擎用法可参见本书第9章中的介绍）。在页面底部已有的\<script\>标签之前，添加对该类库的引用，代码如下：

```
<script src="js/TweenMax.min.js"></script>
```

接着，创建一个名为showScene1的函数，在该函数中编写各个元素的动画呈现效果，代码如下：

```
function showScene1(){
    TweenMax.to(heart, 1, {opacity:1});
    TweenMax.to(heart, .5, {scaleX:1.2, scaleY:1.2, repeat:-1, yoyo:true});
    TweenMax.to(t0, 1, {top:"40%", opacity:1});
    TweenMax.to(t1, 1, {top:"57%", opacity:1, delay:.5});
    TweenMax.to(t2, 1, {top:"65%", opacity:1, delay:1});
    TweenMax.to(sbtn, 1, {top:"75%", opacity:1, delay:1.4});
}
```

在以上代码中，我们同时为heart元素设置了两项动画，第一项动画是使其从完全透明过渡到完全不透明，目的在于使"爱心"图形显示出来。第二项动画的目的则在于制作"心跳"的效果，我们通过使其x、y方向的缩放值从1变化到1.2，使"爱心"图形放大。同时，在动画中又加入了yoyo参数，该参数值为true，它将使动画往复播放，即缩放值从1.2再变化回到1，动画的整个过程将花费0.5秒。通过设置repeat参数为-1，这一动画将无限循环播放，最终实现持续的"心跳"效果。其显示效果如图15.12至图15.14所示。

在heart之后，t0、t1、t2和sbtn四个元素则呈现为向上运动并渐显的动画效果，其中后三个元素都添加了一定的延迟（delay），如t1延迟0.5秒，t2延迟1秒，这是为了使元素产生错落有致的动画效果。

图15.12 心跳动画效果1　　图15.13 心跳动画效果2　　图15.14 心跳动画效果3

然后，在onload事件函数中调用showScene1函数，在隐藏loading界面的同时显示初始界面，代码如下：

```
window.onload=function(){
        document.getElementById("loading").style.display = "none";
        showScene1();
};
```

测试页面，初始界面的动画显示效果如图15.15至图15.19所示。

图15.15 初始界面元素
动画效果1

图15.16 初始界面元素
动画效果2

图15.17 初始界面元素
动画效果3

图15.18 初始界面元素
动画效果4

图15.19 初始界面元素
动画效果5

15.3.3 制作音乐控制器

游戏界面的右上角是音乐控制区域，在本节我们将为其添加控制音乐播放的功能。首先，游戏默认处于静音状态，即显示id为musicoff的button按钮。我们希望当用户点按这一区域时，切换到音乐播放状态。JavaScript代码如下：

```
musicoff.onclick = function(){
        musicon.className = musicon.className ? "":"hidden";
        musicoff.className = musicoff.className ? "":"hidden";
        music.play();
}
```

在以上代码中，点按musicoff按钮后，将切换musicoff和musicon这两个按钮的显示状态。由于musicon按钮默认带有hidden类，此时将清除该类，使该按钮显示；musicoff按钮则被添加了hidden类而隐藏起来。最后，再调用music元素的play()方法来播放音乐。播放状态下的显示效果如图15.20所示。

• 经验 •

在微信中，我们还能够通过侦听WeixinJSBridgeReady事件来触发音乐的自动播放（可以参考微信提供的接口：http://qydev.weixin.qq.com/wiki/index.php?title=Weixin_JS接口），但这一功能往往会给用户带来困扰，且会直接导致手机流量的消耗。最佳的方式是将音乐播放与否的选择权留给用户。

图15.20 播放状态的显示效果

再为musicon创建onclick事件函数，使得当点按该按钮时停止音乐播放（也可以使用更适合于移动设备的touch事件），代码如下：

```
musicon.onclick = function(){
        musicon.className = musicon.className ? "":"hidden";
        musicoff.className = musicoff.className ? "":"hidden";
        music.pause();
}
```

15.3.4 获取点阵坐标

接下来，我们将制作游戏的交互界面。在制作前，我们还需要一项素材，那就是将在游戏中显示的LOGO的点阵坐标。我们将使其中的每一个坐标都显示为一个小圆点，以此组成LOGO的轮廓。那么，该如何来生成这一点阵坐标呢？

最适合于完成这项工作的软件也许莫过于Flash了。一方面，Flash有着良好的可视化编辑功能，能够便于我们绘制圆点，另一方面，我们又可以快捷地使用ActionScript来批量导出圆点的坐标。

首先，我们打开Flash软件（此处使用的版本是Adobe Flash CC），在其中创建一个宽度和高度分别为320像素、480像素的Fla文件，如图15.21所示。

图15.21 创建Fla文件

然后，在该文件中导入LOGO位图，将其转换为影片剪辑，并降低元件的透明度。在此将其透明度设置为了40%，我们只需大致能够看清LOGO的轮廓即可，如图15.22所示。

再绘制大小适中的小圆点，将其转换为影片剪辑。将这一影片剪辑元件复制多份，并调整位置，使其密密麻麻地排布在舞台上，拼接成LOGO的图案，如图15.23所示。

当通过数十个圆点完整地拼出LOGO的轮廓后，我们同时选中所有的圆点元件，通过菜单命令"修改"——"转换为元件..."，将其转换为影片剪辑，并将该

图15.22 导入LOGO图片   图15.23 创建圆点   图15.24 将圆点转换为影片剪辑

元件的舞台实例命名为a（你也可以使用其他任意的变量名），如图15.24所示。

接下来，我们只需要遍历a元件所有的内部元素，将其x、y坐标数值输出即可。在ActionScript 3.0中，通过a元件的numChildren属性，我们可以获取所有圆点的数量，并使用和JavaScript中完全相同的for语法来生成循环代码。每一次循环，我们都使用trace语句来输出a元件中第N个圆点的x、y坐标值，并在前后加上括号，中间以逗号分隔，以形成数组的描述格式。ActionScript代码如下：

```
for(var i=0; i <a.numChildren; i++){
    trace("["+Math.floor(a.getChildAt(i).x) + "," + Math.floor(a.getChildAt(i).y)+"],");
}
```

选择菜单项"控制"——"测试影片"，此时，在Flash的输出窗口（Output）中，将生成大量类似"[152,139]"的坐标点，如图15.25所示。

将以上输出内容全选并复制，再粘贴在记事本等编辑工具中，去除掉换行以及最末一个数组后面的逗号，最终将这些代码放入HTML的JavaScript代码中，将其转换为一个数组变量，变量命名为p，代码如下：

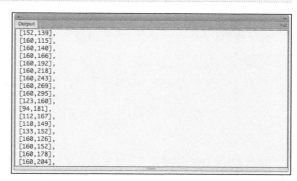

图15.25 输出结果

```
    var p = [[152,139],[160,115],[160,140],[160,166],[160,192],[160,218],[160,243],[160,269],[160,295],
[123,160],[94,181],[112,167],[110,149],[133,152],[160,126],[160,152],[160,178],[160,204],[160,229],
[160,255],[160,283],[143,145],[103,174],[110,160],[168,139],[198,160],[227,182],[208,167],[211,149],
[188,153],[178,146],[217,174],[210,160],[152,166],[123,187],[94,209],[112,194],[133,180],[143,173],
[103,201],[168,167],[198,188],[227,209],[208,195],[188,180],[178,173],[217,202],[152,194],[123,215],
[94,237],[112,222],[133,208],[143,201],[103,229],[168,195],[198,216],[227,237],[208,223],[188,208],
[178,201],[217,230],[152,221],[123,242],[94,264],[112,249],[133,235],[143,228],[103,256],[168,222],
[198,243],[227,264],[208,250],[188,235],[178,228],[217,257],[152,250],[123,271],[112,278],[133,264],
[143,257],[103,285],[168,251],[198,272],[208,279],[188,264],[178,257],[217,286],[110,203],[110,234],
[211,204],[210,235],[110,213],[110,244],[211,214],[210,245],[128,97],[116,102],[103,109],[91,116],
[81,125],[72,134],[65,146],[58,156],[52,169],[48,181],[45,194],[43,208],[43,220],[45,234],[49,246],
[53,259],[60,271],[68,281],[76,292],[86,301],[98,310],[110,317],[125,322],[137,326],[151,326],[165,
326],[178,326],[191,322],[205,318],[219,312],[231,304],[241,295],[251,285],[259,274],[266,261],[271,
249],[274,237],[277,223],[277,209],[276,196],[273,184],[270,171],[264,160],[258,148],[251,137],[241,
127],[231,118],[142,94],[154,94],[166,94],[179,94],[191,98],[204,102],[217,109]];
```

　　现在，我们获得的p变量就包含了能够描述LOGO轮廓的坐标信息。我们将使用户在交互界面中点按时，每一次点按都生成一个原点，并移动到数组中的第N个坐标的位置，最后生成一幅用圆点拼成的LOGO图。为了增加游戏的可玩性，使每个用户在玩游戏的时候圆点的绘制顺序都不相同，我们还使用了sort方法对数组进行了随机排序，其原理是依次对每两个数组项进行比较，并用Math.random()函数生成0~1的随机数与0.5比较，返回-1或1。当返回值为1的时候就交换两个数组项的顺序，否则就不交换。通过遍历所有的数组项，最终实现数组元素顺序的随机化。JavaScript代码如下：

```
    p.sort(function(){return Math.random()>0.5?-1:1;});
```

　　在生成点阵坐标并将其随机化后，我们就可以开始进一步开发交互界面的具体功能了。

15.3.5 制作交互界面

　　交互界面的游戏过程也就是让用户点按屏幕并绘制小圆点的过程。我们首先创建一个布尔值变量来记录当前的绘制模式，该值默认为false，即游戏当前不在绘制状态。只有当该变量为true时，才表示用户可以开始绘制。代码如下：

```
    var drawMode = false;
```

　　接着，创建一个showScene2函数，来实现初始界面与交互界面之间的切换。切换的方式是使初始界面（scene1）移动到left属性为-100%的位置，即屏幕左侧以外，同时使交互界面（scene2）移动到left属性为0的位置，即屏幕正中，以此形成向左侧滑的界面切换效果。与此同时，显示操作提示元素（t3），使其从完全透明变为不透明。此外，当界面发生切换时，游戏也进入了绘制模式，我们需要将drawMode变量值设置为true。最后，我们将showScene2函数赋予sbtn按钮的onclick事件函数，使用户在初始界面中点按下方按钮时触发界面的切换（也可以使用更适合于移动设备的touch事件）。代码如下：

```
    function showScene2(){
        TweenMax.to(scene1, .5, {left:"-100%"});
        TweenMax.to(scene2, .5, {left:0});
        TweenMax.to(t3, 1, {opacity:1});
        drawMode = true;
    }
    sbtn.onclick = showScene2;
```

界面的切换效果如图15.26至图15.29所示。

图15.26 界面的切换效果1　　图15.27 界面的切换效果2　　图15.28 界面的切换效果3　　图15.29 界面的切换效果4

接下来，我们要实现在屏幕中点按时绘制圆点的功能。为绘制过程准备两个必要的变量。其中，mi变量用来记录用户已经点按了几个圆点，pl则是所有圆点的数量总和，当mi的数值大于或等于pl时，就代表LOGO中的点已经全部显示完毕。代码如下：

```
var mi = 0;
var pl = p.length;
```

接下来，我们将借助屏幕的触摸事件（touchstart）来触发圆点绘制，为其注册事件侦听，代码如下：

```
document.addEventListener('touchstart', getPosition);
```

我们希望每触摸屏幕一次，则相应地生成一个圆点，接下来创建getPosition函数来完成这一功能。在该函数中，首先通过drawMode变量判断当前是否为绘图模式，只有当该值为true时才执行后续的绘制代码。通过touch事件的事件参数，我们可以获得触摸点的x、y坐标。然后，在页面中添加节点，通过将背景色设置为白色，形状设置为圆形，并设置宽度和高度来使该节点呈现为小圆点的形状，并通过绝对定位，设置圆点为与触摸点相同的坐标位置。继而，借助TweenMax生成从触摸点位置到目标坐标位置的位移动画。值得注意的是，我们是在320像素宽度的Fla文件中准备的点阵坐标，而在不同宽度的浏览器窗口中（如iPhone 6窗口的375像素宽度，以及iPhone 6 Plus窗口的414像素宽度），绘制出的LOGO图案将不会水平居中显示，这要求我们计算出实际显示窗口与设计宽度之间的差值，以此作为基准值对x坐标进行修正。在代码中，我们还对圆点是否显示完毕进行了判断，如果显示完毕则关闭绘图模式，同时显示结束按钮。代码如下：

```
function getPosition(ev) {
    if(drawMode){ //只有在绘图模式下才开始绘制圆点
        ev.preventDefault(); //屏蔽默认的事件操作
        var xbias = (window.innerWidth - 320)/2; //为了使图案在水平方向上居中，计算出当前屏幕宽度与设计宽度（320像素）之间的差异值，以作为后续的位移基准值
        var touch = ev.touches[0]; //获取第一个触点的信息
        var point = {x: 0, y: 0}; //创建一个对象来储存触点坐标
        point.x = Number(touch.pageX); //记录触点X坐标
        point.y = Number(touch.pageY); //记录触点Y坐标
        if(mi<pl){
            var objdiv = document.createElement("DIV");//创建DIV节点
            var objname = "s_" + mi;//为每个节点创建不同的id值
            objdiv.id = objname;//设置id属性
            objdiv.style.position = 'absolute'; //使元素绝对定位
            objdiv.style.display = 'block';
```

```
        objdiv.style.top = point.y + px;  //设置元素起始位置为触摸点位置
        objdiv.style.left = point.x + px;
        //设置元素形状为圆形，背景为白色，大小为12像素
        objdiv.style.background = '#fff';
        objdiv.style.borderRadius = '50%';
        objdiv.style.width = '12px';
        objdiv.style.height = '12px';
        objdiv.style.zIndex = mi;  //设置深度索引
        objdiv.innerHTML=" ";//设置元素的内容为空白
        scene2.appendChild(objdiv);//将DIV加载到scene2中
        TweenMax.to(objdiv, 1, {top:p[mi][1], left:p[mi][0]+xbias});  //创建从触摸点到目标坐标点的位移动画
        mi++;
    }else{
            drawMode = false;  //圆点全部显示完毕后，关闭绘图模式
            TweenMax.to(lbtn, .8, {opacity:1, top:"80%"});  //显示结束按钮
    }
  }
  return false;
}
```

由于对之前的坐标进行了随机化处理，因此用户每次玩游戏，圆点的显示过程都会不同，其显示效果如图15.30至图15.33所示。

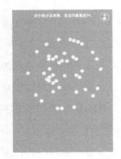

图15.30 LOGO绘制效果1　　　　图15.31 LOGO绘制效果2　　　　图15.32 LOGO绘制效果3　　　　图15.33 LOGO绘制效果4

• 经验 •

在touch事件函数中，获取事件参数的兼容性写法为"ev = ev || window.event;"。我们常常需要在一些移动端页面中使用这样的写法，来确保兼容面的最大化。

以上代码需要在微信内置浏览器中及时调试，以避免在实际运行中出现问题。事实上，当我们就目前的开发进度进行测试时，会发现页面会随手指的触摸而上下滑动，这将会极大地影响游戏的体验。由于本游戏不需要页面中的横向和纵向滚动，因此可以通过在页面中去除touchmove事件的默认动作，以此来屏蔽页面因手指移动而导致的上下滑动，使游戏界面固定不变。代码如下：

```
document.addEventListener('touchmove',
      function(ev){
          ev.preventDefault();
      }
);
```

15.3.6 制作结果界面

游戏的主体已经基本完成，最后我们要完成游戏的扫尾工作，即制作结果界面。

首先，我们要创建一个用于显示界面间切换效果，以及显示结果界面中各种元素的功能函数，将其命名为 showScene3。将该函数赋予结束按钮（lbtn）的onclick事件（也可以使用更适合于移动设备的touch事件），使得当用户点按该按钮时，切换到结果界面。代码如下：

```
function showScene3(){
    TweenMax.to(scene2, .5, {left:"-100%"});
    TweenMax.to(scene3, .5, {left:0});
    TweenMax.to(t4, 1, {top:"10%", opacity:1, delay:.7});
    TweenMax.to(t5, 1, {top:"23%", opacity:1, delay:.9});
    TweenMax.to(t6, 1, {top:"30%", opacity:1, delay:1.3});
    TweenMax.to(t7, 1, {top:"85%", opacity:1, delay:2});
    TweenMax.to(ercode, 1, {top:"45%", opacity:1, delay:1.8});
}
lbtn.onclick = showScene3;
```

在微信内置浏览器中进行测试，点按结束按钮，结束界面的动画呈现效果如图15.34至图15.38所示。

图15.34 结束界面动画　图15.35 结束界面动画　图15.36 结束界面动画　图15.37 结束界面动画　图15.38 结束界面动画
效果1　　　　　　　　效果2　　　　　　　　效果3　　　　　　　　效果4　　　　　　　　效果5

15.4 尾声

至此，我们的微信游戏的开发阶段便圆满结束了。要推广这个小游戏，我们可以通过在微信内置浏览器中打开游戏的URL链接，并点按右上角的省略号，此时将弹出一系列选项，如图15.39所示。

选择其中的"分享到朋友圈"选项，微信将使用我们插入head中的300.jpg作为游戏的缩略图，并将页面的title作为分享标题，如图15.40所示。点按右上角的"发送"，即可将这一小游戏公开到朋友圈拉！

通过本章的学习，我们了解了一个微信小游戏从策划设计，到代码开发，再到发布推广的全过程。实际上，微信游戏的开发并没有想象中那么难，也不需要数

图15.39 微信内置浏览器的"更多"选项　图15.40 分享到朋友圈

千行令人头疼的复杂代码，以本章案例为例，整个开发过程是较为简单快捷的，开发内容大概也就是5至6小时的工作量，熟练者需要的时间则更短。设计师在熟悉类似游戏的制作方法后，完全可以根据当下的热点事件随机应变，在很短的时间内做出"让人尖叫"的爆款小游戏。

最后，整个微信小游戏的代码如下：

```html
<!doctype html>
<html>
<head>
<div id='wx_pic' style='margin:0 auto;display:none;'>
  <img src='i/300.jpg'>
</div>
<meta charset="UTF-8">
<title>520来啦，测一测你爱谁? </title>
<meta name="viewport" content="width=device-width, initial-scale=1.0, maximum-scale=1.0,
user-scalable=0">
<meta name="apple-touch-fullscreen" content="yes">
<meta name="apple-mobile-web-app-capable" content="yes">
<meta name="apple-mobile-web-app-status-bar-style" content="black">
<style type="text/css">
    *{
        box-sizing: border-box;
    }
    html, body{
        width:100%;
        height:100%;
        overflow:hidden;
    }
    body{
        margin:0;
        padding:0;
        background:#ef94ac;
        position:relative;
    }
    #loading{
        position:fixed;
        width:100%;
        height:100%;
        z-index:100;
        background:#ef94ac;
        font-size:0;
    }
    #loading::after{
        content:'';
        background:url(i/loading.png) no-repeat;
        background-size:cover;
        width:100px;
        height:100px;
        position:absolute;
        left:50%;
        top:50%;
        transform:translateX(-50%) translateY(-50%);
```

```css
        -webkit-transform:translateX(-50%) translateY(-50%);
}
#scene1 {
        left:0;
}
#scene2 {
        left:100%;
}
#scene3 {
        left:100%;
        background:url(i/resultbg.jpg) no-repeat 50% 50%;
        background-size:cover;
}
#scene1, #scene2, #scene3{
        width:100%;
        height:100%;
        position:absolute;
}
#heart{
        top:15%;
        background:url(i/heart.png) no-repeat 0 0;
        background-size:cover;
        width:122px;
        height:98px;
}
#t0{
        top:50%;
        background:url(i/1.png) no-repeat;
        background-size:cover;
        width:132px;
        height:61px;
}
#t1{
        top:65%;
        background:url(i/2.png) no-repeat;
        background-size:cover;
        width:220px;
        height:20px;
}
#t2{
        top:73%;
        background:url(i/3.png) no-repeat;
        background-size:cover;
        width:202px;
        height:41px;
}
#t3{
        top:14px;
        position:absolute;
        width:100%;
}
#t4{
```

```css
    top:40%;
    background:url(i/4.png) no-repeat;
    background-size:cover;
    width:156px;
    height:52px;
}
#t5{
    top:53%;
    background:url(i/5.png) no-repeat;
    background-size:cover;
    width:160px;
    height:22px;
}
#t6{
    top:60%;
    background:url(i/6.png) no-repeat;
    background-size:cover;
    width:166px;
    height:40px;
}
#t7{
    top:115%;
    position:absolute;
    width:100%;
}
#ercode{
    left:50%;
    top:75%;
    opacity:0;
    margin-left:-71px;
    position:absolute;
}
#sbtn{
    top:80%;
    background:url(i/start.png) no-repeat;
    background-size:cover;
    width:240px;
    height:79px;
}
#lbtn{
    top:110%;
    background:url(i/show.png) no-repeat;
    background-size:cover;
    width:240px;
    height:56px;
}
.slogan-img{
    opacity:0;
    font-size:0;
    position:absolute;
    left:50%;
    transform:translateX(-50%);
```

```css
            -webkit-transform:translateX(-50%);
        }
        .slogan-text{
            opacity:0;
            position:absolute;
            color:#fff;
            font-size:12px;
            text-align:center;
        }
        #musicplayer{
            position:absolute;
            left:0;
            top:0;
            width:100%;
        }
        #musicplayer button{
            position:absolute;
            right:10px;
            top:10px;
            width:30px;
            height:30px;
            border:0;
        }
        #musicon{
            background:url(i/musicon.png);
            background-size:cover;
        }
        #musicoff{
            background:url(i/musicoff.png);
            background-size:cover;
        }
        .hidden{
            display:none;
        }
</style>
</head>
<body>
  <div id="loading">加载中...</div>
  <div id="scene1">
    <div id="heart" class="slogan-img">爱心</div>
    <div id="t0" class="slogan-img">520</div>
    <div id="t1" class="slogan-img">这真是个适合表达爱意的日子</div>
    <div id="t2" class="slogan-img">你爱的是谁? </div>
    <div id="sbtn" class="slogan-img">马上测一测! </div>
  </div>
  <div id="scene2">
    <div id="t3" class="slogan-text">请不断点击屏幕，发现你最爱的TA</div>
    <div id="lbtn" class="slogan-img">爱在华师大! </div>
  </div>
  <div id="scene3">
    <div id="t4" class="slogan-img">ECNU</div>
```

```html
      <div id="t5" class="slogan-img">师大学子的一生牵绊</div>
      <div id="t6" class="slogan-img">520说爱你</div>
      <div id="t7" class="slogan-text">520，我们的微信服务平台上线啦<br>更多更好的服务等着你！</div>
      <div id="ercode"><img src="i/ercode.png" width="142" height="142" alt="二维码"></div>
   </div>
   <div id="musicplayer">
      <button id="musicon" class="hidden"></button>
      <button id="musicoff"></button>
      <audio src="loop.mp3" loop id="music"></audio>
   </div>
   <script src="js/TweenMax.min.js"></script>
   <script type="text/javascript">
      var p = [[152,139],[160,115],[160,140],[160,166],[160,192],[160,218],[160,243],[160,
269],[160,295],[123,160],[94,181],[112,167],[110,149],[133,152],[160,126],[160,152],[160,
178],[160,204],[160,229],[160,255],[160,283],[143,145],[103,174],[110,160],[168,139],[198,
160],[227,182],[208,167],[211,149],[188,153],[178,146],[217,174],[210,160],[152,166],[123,
187],[94,209],[112,194],[133,180],[143,173],[103,201],[168,167],[198,188],[227,209],[208,
195],[188,180],[178,173],[217,202],[152,194],[123,215],[94,237],[112,222],[133,208],[143,201
],[103,229],[168,195],[198,216],[227,237],[208,223],[188,208],[178,201],[217,230],[152,221],
[123,242],[94,264],[112,249],[133,235],[143,228],[103,256],[168,222],[198,243],[227,264],
[208,250],[188,235],[178,228],[217,257],[152,250],[123,271],[112,278],[133,264],[143,257],
[103,285],[168,251],[198,272],[208,279],[188,264],[178,257],[217,286],[110,203],[110,234],
[211,204],[210,235],[110,213],[110,244],[211,214],[210,245],[128,97],[116,102],[103,109],
[91,116],[81,125],[72,134],[65,146],[58,156],[52,169],[48,181],[45,194],[43,208],[43,220],
[45,234],[49,246],[53,259],[60,271],[68,281],[76,292],[86,301],[98,310],[110,317],[125,322],
[137,326],[151,326],[165,326],[178,326],[191,322],[205,318],[219,312],[231,304],[241,295],
[251,285],[259,274],[266,261],[271,249],[274,237],[277,223],[277,209],[276,196],[273,184],
[270,171],[264,160],[258,148],[251,137],[241,127],[231,118],[142,94],[154,94],[166,94],[179,
94],[191,98],[204,102],[217,109]];
      p.sort(function(){return Math.random()>0.5?-1:1;});
      var drawMode = false;
      var mi = 0;
      var pl = p.length;
      var sbtn = document.getElementById("sbtn");
      var lbtn = document.getElementById("lbtn");
      var scene1 = document.getElementById("scene1");
      var scene2 = document.getElementById("scene2");
      var scene3 = document.getElementById("scene3");
      var t0 = document.getElementById("t0");
      var t1 = document.getElementById("t1");
      var t2 = document.getElementById("t2");
      var t3 = document.getElementById("t3");
      var t4 = document.getElementById("t4");
      var t5 = document.getElementById("t5");
      var t6 = document.getElementById("t6");
      var t7 = document.getElementById("t7");
      var ercode = document.getElementById("ercode");
      var heart = document.getElementById("heart");
      var music = document.getElementById("music");
      var musicoff = document.getElementById("musicoff");
      var musicon = document.getElementById("musicon");
      sbtn.onclick = showScene2;
```

```
        lbtn.onclick = showScene3;
    musicon.onclick = function(){
        musicon.className = musicon.className ? "":"hidden";
        musicoff.className = musicoff.className ? "":"hidden";
        music.pause();
    }
    musicoff.onclick = function(){
        musicon.className = musicon.className ? "":"hidden";
        musicoff.className = musicoff.className ? "":"hidden";
        music.play();
    }
    document.addEventListener('touchmove',
        function(ev){
            ev.preventDefault();
        }
    );
    document.addEventListener('touchstart', getPosition);
    function getPosition(ev) {
        if(drawMode){
            ev.preventDefault();
            var xbias = (window.innerWidth - 320)/2;
            var touch = ev.touches[0];
            var point = {x: 0, y: 0};
            point.x = Number(touch.pageX);
            point.y = Number(touch.pageY);
            if(mi<pl){
                var objdiv = document.createElement("DIV");
                var objname="s_" + mi;
                objdiv.id = objname;
                objdiv.style.position = 'absolute';
                objdiv.style.display = 'block';
                objdiv.style.top = point.y + "px";
                objdiv.style.left = point.x + "px";
                objdiv.style.background = '#fff';
                objdiv.style.borderRadius = '50%';
                objdiv.style.width = '12px';
                objdiv.style.height = '12px';
                objdiv.style.zIndex = mi;
                objdiv.innerHTML=" ";
                scene2.appendChild(objdiv);
                TweenMax.to(objdiv, 1, {top:p[mi][1], left:p[mi][0]+xbias, scaleX:1,
scaleY:1});
                mi++;
            }else{
                drawMode = false;
                TweenMax.to(lbtn, .8, {opacity:1, top:"80%"});
            }
        }
        return false;
    }
window.onload=function(){
    document.getElementById("loading").style.display = "none";
```

```
        showScene1();
};
function showScene1(){
    TweenMax.to(heart, 1, {opacity:1, delay:0});
    TweenMax.to(heart, .5, {scaleX:1.2, scaleY:1.2, repeat:-1, yoyo:true});
    TweenMax.to(t0, 1, {top:"40%", opacity:1});
    TweenMax.to(t1, 1, {top:"57%", opacity:1, delay:.5});
    TweenMax.to(t2, 1, {top:"65%", opacity:1, delay:1});
    TweenMax.to(sbtn, 1, {top:"75%", opacity:1, delay:1.4});
}
function showScene2(){
    TweenMax.to(scene1, .5, {left:"-100%"});
    TweenMax.to(scene2, .5, {left:0});
    TweenMax.to(t3, 1, {opacity:1});
    drawMode = true;
}
function showScene3(){
    TweenMax.to(scene2, .5, {left:"-100%"});
    TweenMax.to(scene3, .5, {left:0});
    TweenMax.to(t4, 1, {top:"10%", opacity:1, delay:.7});
    TweenMax.to(t5, 1, {top:"23%", opacity:1, delay:.9});
    TweenMax.to(t6, 1, {top:"30%", opacity:1, delay:1.3});
    TweenMax.to(t7, 1, {top:"85%", opacity:1, delay:2});
    TweenMax.to(ercode, 1, {top:"45%", opacity:1, delay:1.8});
}
</script>
</body>
</html>
```

第 16 章 HTML5创意网站

我们已经通过本书之前的章节学习了大量的基础知识和案例，打下了不错的基础。在本章中，我们将综合运用HTML、CSS3和JavaScript，制作一个带有多个栏目的创意网站。在制作过程中，我们将会把过去学习的一些知识点串接起来，并开启通往更高阶HTML5交互设计殿堂的大门。

16.1 制作思路与基础页面开发

16.1.1 站点规划与设计

在开发一个网站之前，良好的设计和规划是非常必要的。我们往往会使用一些原型图设计软件，或是以笔绘的形式，绘制出页面的草图，在其中排布好页面中的各个元素，规划好结构和功能。通过原型图的绘制，我们可以快速找出设计中存在的问题和缺陷，并加以改正。本例要制作的是一个名为"STOP Design"的设计工作室的主页，在网站中共规划了四个栏目，分别为Home、About、Service和Portfolio。在前三个栏目中主要是标题和文字内容介绍，在最后一个栏目中则通过图片列表来进一步展示设计作品，如图16.1所示。

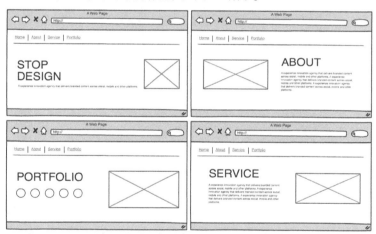

图16.1 页面原型图设计

原型图绘制完毕后，接着进入到设计阶段。有了原型图的良好规划，页面的设计会变得有的放矢，设计师不会再像"无头苍蝇"那样胡乱尝试并在一次又一次的返工中消耗大量精力。我们在Photoshop中完成网站的界面设计，确定好页面颜色、图像、文字字体及大小等视觉效果，四个栏目的界面设计效果如图16.2至图16.5所示。

图16.2 网站界面设计1

图16.3 网站界面设计2

图16.4 网站界面设计3

图16.5 网站界面设计4

当界面设计定型后，将其中的各种位图素材分别单独保存为图片文件，其中包括四个栏目的装饰图片，分别命名为homebg.png，aboutbg.png，servicebg.png和portfoliobg.png，如图16.6至图16.9所示。

图16.6 homebg.png

图16.7 aboutbg.png

图16.8 servicebg.png

图16.9 portfoliobg.png

16.1.2 创建站点 DOM 结构

在完成页面设计后，我们接着创建HTML页面，确定站点的DOM结构。

页面一共包括了两大部分，即页面导航和页面内容。我们使用了一个nav元素来作为页面导航的容器，其中包含了一个ul列表，用于容纳网站中四个栏目的链接，我们为每一个链接设置了main-link类。页面内容部分包括了四个栏目的内容，我们将为每个栏目创建一个section元素，将id分别设置为home、about、service和portfolio。

在home页面中包含了两项内容，即站点的主标题和副标题，在此分别使用h1和h2元素来对应相应内容。在about和service栏目中，页面各包含了一段标题和一段文字描述，在此分别使用h1元素和p元素来对应相应内容。portfolio栏目则较为复杂，其中包括了设计工作室的作品介绍，每个作品又包括了一张图片，一个标题及一段文字描述。在此，我们使用一个ul列表来作为该栏目的作品导航，并使用article元素来对应每一个作品。在article元素中，使用了img、h1和p元素来对应作品的图片、标题和文字描述。此外，我们打算使用弹出图层的形式来显示portfolip中的作品详情，在DOM结构中也加入了一些相关的div元素（可参见本书第12章的第2小节）。

站点的DOM结构代码如下：

```html
<!doctype html>
<html>
<head>
  <meta charset="UTF-8">
  <title>STOP Design</title>
  <link href="css/css.css" rel="stylesheet" type="text/css">
</head>
<body>
  <!--页面主菜单-->
  <nav>
    <ul id="nav">
      <li><a href="#home" class="main-link">Home</a></li>
      <li><a href="#about" class="main-link">About</a></li>
      <li><a href="#service" class="main-link">Service</a></li>
      <li><a href="#portfolio" class="main-link">Portfolio</a></li>
    </ul>
  </nav>
  <!--Home栏目-->
  <section id="home">
    <h1>STOP Design</h1>
    <h2>A experience innovation agency that delivers branded content across social, mobile and other
platforms.</h2>
  </section>
  <!--About栏目-->
  <section id="about">
    <h1>About</h1>
    <p>...</p>
  </section>
  <!--Service栏目-->
  <section id="service">
    <h1>Service</h1>
    <p>...</p>
  </section>
  <!--Portfolio栏目-->
  <section id="portfolio">
    <h1>Portfolio</h1>
  <!--Portfolio栏目次级链接-->
    <ul>
      <li><a href="#work1" class="portfolio-link">Work 1</a></li>
      <li><a href="#work2" class="portfolio-link">Work 2</a></li>
      <li><a href="#work3" class="portfolio-link">Work 3</a></li>
      <li><a href="#work4" class="portfolio-link">Work 4</a></li>
      <li><a href="#work5" class="portfolio-link">Work 5</a></li>
    </ul>
  <!--每个article代表Portfolio栏目中的一个作品-->
    <article id="work1">
      <img src="images/work1.jpg" alt="...">
      <h2>Work 1</h2>
      <p>...</p>
    </article>
```

```
<article id="work2">
  <img src="images/work2.jpg" alt="...">
  <h2>Work 2</h2>
  <p>...</p>
</article>
<article id="work3">
  <img src="images/work3.jpg" alt="...">
  <h2>Work 3</h2>
  <p>...</p>
</article>
<article id="work4">
  <img src="images/work4.jpg" alt="...">
  <h2>Work 4</h2>
  <p>...</p>
</article>
<article id="work5">
  <img src="images/work5.jpg" alt="...">
  <h2>Work 5</h2>
  <p>...</p>
</article>
    <!--Portfolio弹出图层-->
  <div id="popup">
    <div id="popup-content">
      <button id="close">Close me</button>
     <div id="popup-holder"></div>
    </div>
    <div id="popup-bg"></div>
  </div>
</section>
<!--页面中所需的JavaScript文件-->
<script src="js/jquery-2.1.4.min.js"></script>
<script src="js/TweenMax.min.js"></script>
<script src="js/main.js"></script>
</body>
</html>
```

在以上代码中，页面的CSS样式文件被命名为css.css，放置于名为css的文件夹中，在页面的head中被引入。页面的JavaScript文件则在</body>之前被引入，其中包括了jQuery和TweenMax两个类库，以及页面基础功能所需的main.js文件。我们将在后续步骤中完成css.css和main.js的制作。

16.2 页面的美化和交互功能创建

16.2.1 创建首页样式

在准备好页面的DOM结构后，我们开始制作页面的CSS样式。

首先，清除页面中所有元素的内外边距，指定基本字体为Helvetica Neue或Helvetica，并使所有元素以border-box的形式计算宽度和高度。代码如下：

```
*{
    margin:0;
    padding:0;
    box-sizing:border-box;
    font-family:"Helvetica Neue", Helvetica, sans-serif;
}
```

在设计稿中，每一个页面都充满了整个屏幕，因此我们为html和body设置宽度和高度均为100%，并通过设置overflow属性为hidden，使超出屏幕的内容部分被隐藏。此外，设置页面的背景颜色为蓝色。代码如下：

```
html, body{
    width:100%;
    height:100%;
    overflow:hidden;
}
body{
    background:#3498DB; /*蓝色*/
    position:relative;
}
```

接着，为主菜单设置CSS样式，使其宽度大小为94%，左右侧与窗口边缘的距离各为3%，距离顶部的距离为50像素，在菜单底部显示一条透明度为50%的白色实线，通过设置较大的z-index属性，使菜单显示在页面其他元素之上。将菜单项的显示属性设置为inline-block，使其横向排列，再通过设置margin-right属性，使各个菜单项之间的距离为2个字符大小。代码如下：

```
#nav {
    position:absolute;
    width:94%;
    top:50px;
    left:3%;
    z-index:200;
    padding-bottom:20px;
    border-bottom:1px solid rgba(255,255,255,.5);
}
#nav ul li{
    list-style:none;
    display:inline-block;
    margin-right:2em;
}
#nav ul li a{
    color:rgba(255,255,255,.8);
    font-size:1.25em;
    text-transform:uppercase;
    text-decoration:none;
    transition:all .5s;
    -webkit-transition:all .5s;
}
#nav ul li a:hover{
    color:#FFF;
}
```

主菜单的默认显示效果及鼠标指针滑过的显示效果分别如图16.10、图16.11所示。

图16.10 主菜单默认显示效果

图16.11 主菜单鼠标指针滑过效果

接下来制作home页面的CSS样式。我们将所有section元素的宽度和高度统一设置为100%，以使这些页面全部充满屏幕，代码如下：

```
section{
    width:100%;
    height:100%;
    position:absolute;
}
```

为了避免其他页面的干扰，我们先将about、service、portfolio页面的top属性均设置为100%，将它们移动在屏幕底部之外，使其默认不显示，代码如下：

```
#about, #service, #portfolio{
    top:100%;
}
```

在后续步骤中，制作其他页面时，我们也可以通过调整各页面的top属性，使需要制作的页面显示出来，并使其余的页面隐藏。

接着，为home页面设置背景图片，使图片显示在页面右下方。同时，为页面中的h1和h2元素分别设置字体大小、位置等属性。需要注意的是，在这一页面中我们使用了em作为字体大小的计量单位，我们希望主标题的"STOP"和"DESIGN"两个单词能够在不同的两行显示，在此我们通过将h1的宽度缩减为6个字符大小，使得标题无法在一行内全部显示，来形成换行效果。此外，在h1和h2元素的定位方面，我们希望h2元素紧贴着h1元素，显示在其下方，而由于h1和h2元素都为绝对定位，它们都脱离了文档流，因此我们还不能简单地通过为h2元素设置内外边距来实现这一效果。在此，我们使用了另一种技巧，即通过calc()方法，将h1元素的顶部坐标加上h1元素的高度（字体大小为8em，两行则为16em），来动态地得到h2的顶部坐标。代码如下：

```
#home{
    background:url(../images/homebg.png) no-repeat right bottom;
}
#home h1{
    font-size:8em;
    text-transform:uppercase;
    width:6em;
    line-height:1;
    font-family:"Arial Black", Gadget, sans-serif;
    color:#FFF;
    position:absolute;
    left:3%;
    top:35%;
}
#home h2{
    font-size:1.1em;
```

```
    font-weight:normal;
    color:rgba(255,255,255,.9);
    position:absolute;
    left:3%;
    top:calc(35% + 16em);
}
```

设置以上样式后，home页面的显示效果如图16.12所示。

图16.12 home页面显示效果

・ 经验 ・

以上样式代码并非直接写在html页面中，而是被写入单独的css.css中，该文件又位于css文件夹中。在该样式文件中引用images
文件夹中的图片文件时，必须先使用"../"返回上一层级，再获取其下的images文件夹。因此，在为home页面设置背景位图时，
homebg.png的路径应该是../images/homebg.png，而非images/homebg.png。

16.2.2 创建次级页面样式

现在，我们要为about、service和portfolio三个页面设置外观样式。

首先，分别为三个页面设置背景图片。在about页面中，背景图片aboutbg.png位于页面左下方，在service和
portfolio页面中，背景图片servicebg.png位于页面右下角，代码如下：

```
#about{
    background:url(../images/aboutbg.png) no-repeat left bottom;
}
#service{
    background:url(../images/servicebg.png) no-repeat right bottom;
}
#portfolio{
    background:url(../images/portfoliobg.png) no-repeat right bottom;
}
```

接着，为三个页面中的H1标题设置通用的样式，使其文字大小为6.5em，字母大写，行高为1倍，颜色为白色，
底部内边距为0.25em，代码如下：

```
#about h1, #service h1, #portfolio h1{
    font-size:6.5em;
    text-transform:uppercase;
    line-height:1;
    color:#FFF;
    padding-bottom:.25em;
}
```

在about和service页面中都含有p元素，我们也为其创建通用的CSS样式，使文字显示为浅白色，行高为1.5倍，文字大小为1.2em。代码如下：

```
#about p, #service p{
    color:rgba(255,255,255,.9);
    line-height:1.5;
    font-size:1.2em;
}
```

接着，我们还需要调整每个页面中标题和描述文字的显示位置。一种方式是设置h1和p元素为绝对定位，再通过设置left、top等属性来进行定位，在上一小节中，home页面h1和h2元素的定位也采用了这样的做法；另一种方式是为整个页面容器（section元素）设置内边距，通过内边距来规定文本内容的显示区域。在此我们采用后一种做法，为三个页面分别设置内边距。其中，about页面的文本内容位于右侧，我们使内容显示区域从页面左侧50%的位置开始，并在距窗口右侧10%的位置结束；service页面的文本内容则刚好相反，位于左侧，我们使内容显示区域从页面左侧7%的位置开始，在距窗口右侧45%的位置结束；portfolio页面中没有文本段落，只有一个h1标题，它位于页面左侧，我们使其从页面左侧5%的位置开始显示，代码如下：

```
#about{
    padding-left:50%;
    padding-right:10%;
}
#service{
    padding-left:7%;
    padding-right:45%;
}
#portfolio{
    padding-left:5%;
}
```

在以上样式代码中，我们只是设置了左右侧的内边距，而没有设置顶部的内边距，因此各个页面中的文本将从页面的顶部开始显示。为什么我们不设置诸如padding-top:30%这样的属性呢？在本书第5章中曾经介绍过，在padding属性中使用百分比作为计量单位时，其上下左右四条边的间距值都是以页面宽度作为基准的，例如当页面宽度为1000像素，高度为500像素时，使用padding-top:30%的结果将是顶部内边距为300像素，而非150像素，当页面宽度缩小到200像素，高度仍为500像素时，这一顶部内边距则将变化为60像素。这明显不符合我们排版的要求。我们所希望的是页面文字在垂直方向上的显示位置是与页面的高度而非宽度相关的。要实现这样的效果，我们可以转而借助JavaScript，通过计算页面的高度，并乘以相应的比例，来获取以像素作为单位的文字内容的顶部显示坐标，并将其设置在页面的padding-top属性中。此外，我们还希望当页面的大小发生变化时，这一定位会随之刷新，这可以通过为页面注册resize事件侦听来实现。在main.js中，添加JavaScript代码，代码如下：

```
$(document).ready(function() {
    $(window).resize(function() {
        resizePage();
    });
    function resizePage(){
        $('#about').css("padding-top",$(window).height()*.35 + "px");
        $('#service').css("padding-top",$(window).height()*.3 + "px");
        $('#portfolio').css("padding-top",$(window).height()*.35 + "px");
    }
    resizePage();
});
```

在以上代码中，我们分别将about、service和portfolio三个页面的顶部内边距设置为高度的35%、30%和35%。about和service页面的显示效果如图16.13、图16.14所示。

图16.13 about页面显示效果

图16.14 service页面显示效果

对于portfolio页面而言，由于带有作品集内容，它的显示则更为复杂一些。我们先隐藏该页面中的各个article元素，以及popup弹出图层，以便于更专注地为作品列表创建显示样式。article的隐藏可以通过设置display属性为none来实现，而对于popup元素而言，由于后续涉及使用CSS的transition动画来实现弹出图层的显示和隐藏，因此我们使用了visibility属性，将其设置为hidden，以避免对动画效果产生干扰。代码如下：

```
#portfolio article{
    display:none;
}
#popup{
    visibility:hidden;
}
```

接着，我们开始处理作品列表的显示样式。将作品导航中的列表项设置为inline-block的显示方式，使其横向排列，并带有1.5em的间隙，代码如下：

```
#portfolio ul li{
    list-style:none;
    display:inline-block;
    margin-right:1.5em;
}
```

我们希望使用图片而非文字来作为作品列表的呈现方式。将每一个列表项链接的大小设置为100×100像素，并通过设置圆角幅度为50%，以使得作品列表项显示为直径为100像素的圆形，代码如下：

```
.portfolio-link{
    font-size:0;
    width:100px;
    height:100px;
    border-radius:50%;
    border:3px solid #FFF;
    display:block;
    opacity:.6;
    transition:all .5s;
    -webkit-transition:all .5s;
}
```

　　为了使得作品列表带有一些交互效果，我们为列表项链接设置了hover状态下的样式，将圆形的直径从100像素增加到130像素，并通过transform属性在垂直方向上下移15像素，以确保鼠标指针滑过状态的列表项仍然在垂直方向上居中。代码如下：

```
.portfolio-link:hover{
    opacity:1;
    width:130px;
    height:130px;
    transform:translateY(-15px);
    -webkit-transform:translateY(-15px);
}
```

　　最后，为5个列表项链接分别设置不同的背景图片，代码如下：

```
#portfolio ul li:nth-child(1) a{
    background:url(../images/work1.jpg) no-repeat;
    background-size:cover;
}
#portfolio ul li:nth-child(2) a{
    background:url(../images/work2.jpg) no-repeat;
    background-size:cover;
}
#portfolio ul li:nth-child(3) a{
    background:url(../images/work3.jpg) no-repeat;
    background-size:cover;
}
#portfolio ul li:nth-child(4) a{
    background:url(../images/work4.jpg) no-repeat;
    background-size:cover;
}
#portfolio ul li:nth-child(5) a{
    background:url(../images/work5.jpg) no-repeat;
    background-size:cover;
}
```

现在，我们就完成了作品列表的制作，其显示效果如图16.15所示。

当鼠标指针滑过时，作品列表的动态显示效果如图16.16、图16.17所示。

图16.15 作品列表显示效果

图16.16 鼠标指针滑过的显示效果1

图16.17鼠标指针滑过的显示效果2

16.2.3 页面切换效果

在为每个页面设置好外观样式后，接下来我们就可以创建页面之间的切换效果。这一工作主要是通过JavaScript来实现的。

我们设计的切换效果是，当页面切换开始时，当前所显示的页面向下移动，同时透明度不增大，直至页面移动到屏幕之外，透明度也变为完全透明；继而使将要显示的页面从页面向上移动，透明度从完全透明逐渐变为完全不透明，直至显示在屏幕正中。在这一过程中，我们也希望页面的背景颜色不再保持一成不变，而是根据页面的不同，分别渐变过渡为蓝色、紫色、橙色和绿色四种背景色。

回到main.js。首先，我们要创建一个变量来记录当前正在显示页面的索引值，该数值默认为0，代表第一个home页面的索引值，代码如下：

```
var curId = 0;
```

接着，创建一个数组来存储四个页面的id属性值，并创建一个数组来存储各个页面对应的背景颜色的RGB数值，代码如下：

```
var arrScene = ["home", "about", "service", "portfolio"];
var arrColor = ["#3498db","#9b59b6","#e67e22","#1abc9c"]; //分别为蓝色、紫色、橙色、绿色
```

接下来的代码都将在页面完全加载之后执行，照例需要写在$(document).ready(function(){...})之中。我们的交互逻辑是，遍历所有的主菜单链接，为每一个链接设置索引值。当某个链接被单击时，使当前页面向下运动并变为完全透明，然后再更新curld变量的数值，使其等于将要显示页面的索引值，接着再使后一个页面向上运动并渐显。同时，我们为body的背景颜色创建动画，使其更改为将显示页面所对应的色值。代码如下：

```
$('.main-link').each(function(index){ //遍历所有的主菜单链接
    $(this).attr("index", index); //为每一个链接设置一个索引值，如第一个链接为0，第二个链接为1，以此类推
    $('#'+arrScene[index]).css("opacity", 0); //为每一个页面设置CSS样式，使其默认状态下完全透明
    $(this).click(function(event){ //当单击某一个主菜单链接时
        event.preventDefault(); //阻止默认的单击动作
        if(!TweenMax.isTweening($('body')) && curId!=$(this).attr("index")){ //判断当前页面未处于切换状态，
且被单击的链接对应的页面并非当前页面
            TweenMax.to($('#'+arrScene[curId]),.5,{top:"100%",opacity:0}); //使当前页面移动到页面底部，且变
为完全透明，动画耗时0.5秒
            curId = $(this).attr("index"); //刷新当前所显示页面的索引值
            TweenMax.to($('body'),1,{backgroundColor:arrColor[curId]}); //使页面背景颜色变化为下一个页面对应
的色值，动画耗时1秒
            TweenMax.to($('#'+arrScene[curId]),.5,{top:"0%", opacity:1, delay:.5}); //在延迟0.5秒后，显示
下一个页面，动画耗时0.5秒
        }
    });
});
```

然后，再添加一句代码，使第一次进入站点时home页面渐显，代码如下：

```
TweenMax.to($('#home'), 1, {opacity:1});
```

测试页面，现在我们就能够通过单击主菜单中的各个链接，实现四个页面之间的相互切换了，如图16.18至图16.21所示。

图16.18 页面切换效果1

图16.19 页面切换效果2

图16.20 页面切换效果3

图16.21 页面切换效果4

16.3 页面细节处理

站点还剩下最后的一些细节方面的工作，即完成portfolio页面中作品集的内容显示功能，以及为网站制作兼容性提示等。

16.3.1 制作作品集内容页面

在页面的DOM结构中，popup元素被用于显示作品集内容。我们按照第12章第2小节弹出图层的做法，为popup元素（用于容纳整个弹出图层）和popup-content元素（用于容纳单个的作品集内容）设置显示样式，并为两个元素分别设置show类。popup-content元素的大小将为900×400像素。代码如下：

```
#popup{
    position:fixed;
    top:0;
    left:0;
    width:100%;
    height:100%;
    transition:all .25s;
    -webkit-transition:all .25s;
    visibility:hidden;
    opacity:0;
}
#popup-content{
    position:absolute;
    z-index:200;
    width:900px;
    height:440px;
    left:50%;
    top:50%;
    margin-left:-450px;
    margin-top:-220px;
    padding:30px 50px;
    box-sizing:border-box;
    background:#FFF;
    box-shadow:0 10px 15px rgba(0,0,0,.2);
    transition:all .5s;
    -webkit-transition:all .5s;
    transform:translateY(100px);
    -webkit-transform:translateY(100px);
}
#popup.show{
    visibility:visible;
    opacity:1;
}
#popup-content.show{
    transform:translateY(0px);
    -webkit-transform:translateY(0px);
}
```

接着，我们通过设置popup-bg的显示样式，为弹出图层创建半透明的背景色。popup-bg将显示在popup-content的下方，代码如下：

```css
#popup-bg{
    position:absolute;
    z-index:100;
    width:100%;
    height:100%;
    background:rgba(0,0,0,.6);
}
```

在popup-content元素中，将显示close按钮，用于关闭弹出图层显示。运用本书第10章第1小节的知识，绘制一个"叉形"的关闭按钮，使其显示在popup-content元素的右上角。代码如下：

```css
#close{
    background:#E74C3C; /*红色*/
    width:50px;
    height:50px;
    border:0;
    font-size:0;
    position:absolute;
    right:30px;
    top:30px;
    z-index:250;
}
#close:hover{
    background:#555;
}
#close::before, #close::after{
    content:'';
    width:50px;
    height:2px;
    background:#FFF;
    display:block;
}
#close::before{
    -webkit-transform:rotate(45deg);
    transform:rotate(45deg);
}
#close::after{
    -webkit-transform:translateY(-2px) rotate(-45deg);
    transform:translateY(-2px) rotate(-45deg);
}
```

最后，为作品集内容的容器，即popup-holder元素创建显示样式。在此，我们使图片（大小为380像素×380像素）显示在左侧，标题和段落文字显示在右侧，代码如下：

```
#popup-holder{
    padding-left:400px;
    text-align:left;
}
#popup-holder img{
    position:absolute;
    left:30px;
}
#popup-holder h2{
    text-transform:uppercase;
    font-size:4em;
    color:#1abc9c; /*绿色*/
    padding-bottom:.5em;
}
#popup-holder p{
    font-size:1.15em;
    color:#777; /*灰色*/
    line-height:1.5;
    margin-bottom:1em;
}
```

> **• 经验 •**
>
> 由于popup-holder元素中默认是没有任何内容的，因此为其中的各种元素创建显示样式无异于创建"空中楼阁"，难度较大。我们可以在制作阶段预先填入一些测试性内容，以便于可视化地测试改进这些空壳元素。当完成样式修改后，再对这些测试内容加以清除。

　　在完成CSS样式定义后，我们还需要通过JavaScript来实现页面交互功能。其基本思路是，遍历所有的作品集链接，为其设置索引值。由于页面中5个作品所对应article元素的id属性值分别为work1至work5，因此我们在索引值的基础上加1，这样就可以通过将"work"字符串和索引数字相拼接，来方便地生成id属性值的映射。当作品集链接被单击时，通过为popup和popup-content元素添加show类，来显示弹出图层，同时通过将对应article中的html内容复制并写入popup-holder元素中，来实现弹出图层的内容设置。代码如下：

```
$('.portfolio-link').each(function(index){
    $(this).attr("index", index+1); //设置每个链接的索引值，如第一个链接为1，第二个链接为2，以此类推
    $(this).click(function(event){
        event.preventDefault(); //阻止默认的单击动作
        $('#popup').addClass('show'); //切换show类
        $('#popup-content').addClass('show');
        $('#popup-holder').html($('#work'+$(this).attr("index")).html());//将对应article中的html内容复制
并写入popup-holder元素之中
    });
});
```

　　在制作了弹出图层的显示功能后，我们还要为其制作关闭功能。这可以通过单击close按钮，或是单击背景图层（popup-bg元素）来实现，代码如下：

```
$('#close, #popup-bg').click(function(event){
    event.preventDefault();
    $('#popup').removeClass('show'); //切换show类，关闭弹出图层显示
    $('#popup-content').removeClass('show');
});
```

现在，我们就完成了作品集内容的弹出图层显示功能，其显示效果如图16.22、图16.23所示。

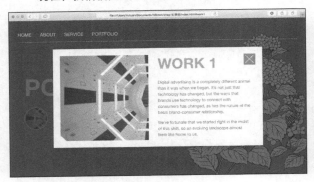

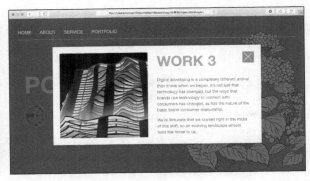

图16.22 作品集内容的显示效果1

图16.23作品集内容的显示效果2

16.3.2 兼容性提示

本网站主要用于在桌面端浏览，当低版本IE用户访问这一页面时，其浏览体验可能会极差，像nav、section、article这样的HTML5新标签的显示会变得一塌糊涂。传统的解决方式是使用CSS Hack技巧，对页面在低版本IE下的样式进行弥补，这将是一件颇费精力的工作。我们也可以使用Modernizr之类的类库来实现更全面的兼容性修复。然而，最省心的做法，莫过于在页面中显示一条提醒，告知用户其浏览器版本较低，会影响站点的浏览效果，请尽快升级浏览器，等等。要实现这一功能，我们需要在页面中加入一个div元素，使其固定在页面顶部，并默认将其设置为不显示。为了便于在各个站点中复用，我们将div元素的样式直接写在了标签中，代码如下：

```
<div id="iealert" style="width:100%; background:#D35400; text-align:center; line-height:2.5;
color:#fff; clear:both; position:fixed; top:0; left:0; z-index:9999; display:none;">您的浏览器版本较低，将
影响本站点浏览效果，建议您升级浏览器到高级版本。</div>
```

紧接着，插入一条JavaScript语句，我们只要随意检测一项HTML5特性是否被当前浏览器支持，如果不支持则说明该浏览器有可能是旧版本的IE，在这种情况下我们将修改div元素的display样式为block，使其显示出来。代码如下：

```
<script type="text/javascript">
    if (!window.localStorage) {
        document.getElementById("iealert").style.display = "block";
    }
</script>
```

在以上代码中，我们检测了浏览器对于localStorage特性的支持情况，如果不支持，则页面顶部将显示出"您的浏览器版本较低，将影响本站点浏览效果，建议您升级浏览器到高级版本"字样。在IE6中，这一提示语的显示效果如图16.24所示。

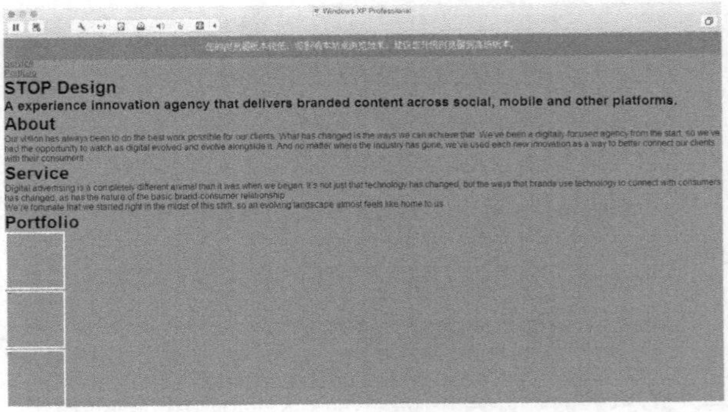

图16.24 IE6中兼容性提示语显示效果

16.4 小结

现在，我们完成了创意网站的全部开发工作。通过上述内容的学习，我们了解到一个站点从规划、设计，到DOM结构确立，再到创建CSS样式，最后通过JavaScript完成交互功能的全部过程。可以说，任何一个网站的制作都会经历以上的几个过程。

在这一网站中，我们将字体的大小单位统一设置为em，这相当于将文字的阅读效果决定权部分交给了用户，有助于增强页面显示的弹性，如图16.25所示。我们还可以进一步将页面其他元素的尺寸、定位都设置为em，从而构建起一个更具弹性和整体协调性的页面元素尺寸和定位体系。

图16.25 用户设置较小浏览器文本尺寸的显示效果

> **· 经验 ·**
>
> 另一种常用的相对计量单位为rem，它又被称为root em，或是根em。设置了rem单位的文字，其字体大小是相对于HTML根元素而言的，而不是像em那样以父元素的字体大小作为计算基础。

此外，我们还可以在本网站的基础上，制作一些"锦上添花"的效果。例如侦测鼠标滚轮的滚动数值，将其作为另一个页面切换的触发条件；为页面添加响应式设计规划，实现页面的移动化，等等。

最后，我们将本站点的代码加以整理（兼容性提示代码除外）。HTML代码如下：

```html
<!doctype html>
<html>
<head>
  <meta charset="UTF-8">
  <title>STOP Design</title>
  <link href="css/css.css" rel="stylesheet" type="text/css">
</head>
<body>
  <nav id="nav">
    <ul>
      <li><a href="#home" class="main-link">Home</a></li>
      <li><a href="#about" class="main-link">About</a></li>
      <li><a href="#service" class="main-link">Service</a></li>
      <li><a href="#portfolio" class="main-link">Portfolio</a></li>
    </ul>
  </nav>
  <section id="home">
    <h1>STOP Design</h1>
    <h2>A experience innovation agency that delivers branded content across social, mobile and other
platforms.</h2>
  </section>
  <section id="about">
```

```html
    <h1>About</h1>
    <p>...</p>
  </section>
  <section id="service">
    <h1>Service</h1>
    <p>...</p>
  </section>
  <section id="portfolio">
    <h1>Portfolio</h1>
    <ul>
      <li><a href="#work1" class="portfolio-link">Work 1</a></li>
      <li><a href="#work2" class="portfolio-link">Work 2</a></li>
      <li><a href="#work3" class="portfolio-link">Work 3</a></li>
      <li><a href="#work4" class="portfolio-link">Work 4</a></li>
      <li><a href="#work5" class="portfolio-link">Work 5</a></li>
    </ul>
    <article id="work1">
      <img src="images/work1.jpg" alt="...">
      <h2>Work 1</h2>
      <p>...</p>
    </article>
    <article id="work2">
      <img src="images/work2.jpg" alt="...">
      <h2>Work 2</h2>
      <p>...</p>
    </article>
    <article id="work3">
      <img src="images/work3.jpg" alt="...">
      <h2>Work 3</h2>
      <p>...</p>
    </article>
    <article id="work4">
      <img src="images/work4.jpg" alt="...">
      <h2>Work 4</h2>
      <p>...</p>
    </article>
    <article id="work5">
      <img src="images/work5.jpg" alt="...">
      <h2>Work 5</h2>
      <p>...</p>
    </article>
    <div id="popup">
      <div id="popup-content">
        <button id="close">Close me</button>
        <div id="popup-holder"></div>
      </div>
      <div id="popup-bg"></div>
    </div>
  </section>
  <script src="js/jquery-2.1.4.min.js"></script>
```

```
  <script src="js/TweenMax.min.js"></script>
  <script src="js/main.js"></script>
</body>
</html>
```

css.css文件的代码如下：

```css
@charset "UTF-8";
*{
      margin:0;
      padding:0;
      box-sizing:border-box;
      font-family:"Helvetica Neue", Helvetica, sans-serif;
}
html, body{
      width:100%;
      height:100%;
      overflow:hidden;
}
body{
      background:#3498DB;
      position:relative;
}
#nav {
      position:absolute;
      width:94%;
      top:50px;
      left:3%;
      z-index:200;
      padding-bottom:20px;
      border-bottom:1px solid rgba(255,255,255,.5);
}
#nav ul li{
      list-style:none;
      display:inline-block;
      margin-right:2em;
}
#nav ul li a{
      color:rgba(255,255,255,.8);
      font-size:1.25em;
      text-transform:uppercase;
      text-decoration:none;
      transition:all .5s;
      -webkit-transition:all .5s;
}
#nav ul li a:hover{
      color:#FFF;
}
section{
      width:100%;
```

```css
        height:100%;
        position:absolute;
}
#about, #service, #portfolio{
        top:100%;
}
#home{
        background:url(../images/homebg.png) no-repeat right bottom;
}
#about{
        background:url(../images/aboutbg.png) no-repeat left bottom;
}
#service{
        background:url(../images/servicebg.png) no-repeat right bottom;
}
#portfolio{
        background:url(../images/portfoliobg.png) no-repeat right bottom;
}
#home h1{
        font-size:8em;
        text-transform:uppercase;
        width:6em;
        line-height:1;
        font-family:"Arial Black", Gadget, sans-serif;
        color:#FFF;
        position:absolute;
        left:3%;
        top:35%;
}
#home h2{
        font-size:1.1em;
        font-weight:normal;
        color:rgba(255,255,255,.9);
        position:absolute;
        left:3%;
        top:calc(35% + 16em);
}
#about h1, #service h1, #portfolio h1{
        font-size:6.5em;
        text-transform:uppercase;
        line-height:1;
        color:#FFF;
        padding-bottom:.25em;
}
#about p, #service p{
        color:rgba(255,255,255,.9);
        line-height:1.5;
        font-size:1.2em;
}
#about{
```

```css
        padding-left:50%;
        padding-right:10%;
}
#service{
        padding-left:7%;
        padding-right:45%;
}
#portfolio{
        padding-left:5%;
}
#portfolio ul li{
        list-style:none;
        display:inline-block;
        margin-right:1.5em;
}
#portfolio article{
        display:none;
}
.portfolio-link{
        font-size:0;
        width:100px;
        height:100px;
        border-radius:50%;
        border:3px solid #FFF;
        display:block;
        opacity:.6;
        transition:all .5s;
        -webkit-transition:all .5s;
}
.portfolio-link:hover{
        opacity:1;
        width:130px;
        height:130px;
        transform:translateY(-15px);
        -webkit-transform:translateY(-15px);
}
#portfolio ul li:nth-child(1) a{
        background:url(../images/work1.jpg) no-repeat;
        background-size:cover;
}
#portfolio ul li:nth-child(2) a{
        background:url(../images/work2.jpg) no-repeat;
        background-size:cover;
}
#portfolio ul li:nth-child(3) a{
        background:url(../images/work3.jpg) no-repeat;
        background-size:cover;
}
#portfolio ul li:nth-child(4) a{
        background:url(../images/work4.jpg) no-repeat;
```

```css
        background-size:cover;
}
#portfolio ul li:nth-child(5) a{
        background:url(../images/work5.jpg) no-repeat;
        background-size:cover;
}
#popup{
        position:fixed;
        top:0;
        left:0;
        width:100%;
        height:100%;
        transition:all .25s;
        -webkit-transition:all .25s;
        visibility:hidden;
        opacity:0;
}
#popup-content{
        position:absolute;
        z-index:200;
        width:900px;
        height:440px;
        left:50%;
        top:50%;
        margin-left:-450px;
        margin-top:-220px;
        padding:30px 50px;
        box-sizing:border-box;
        background:#FFF;
        box-shadow:0 10px 15px rgba(0,0,0,.2);
        transition:all .5s;
        -webkit-transition:all .5s;
        transform:translateY(100px);
        -webkit-transform:translateY(100px);
}
#popup.show{
        visibility:visible;
        opacity:1;
}
#popup-content.show{
        transform:translateY(0px);
        -webkit-transform:translateY(0px);
}
#popup-bg{
        position:absolute;
        z-index:100;
        width:100%;
        height:100%;
        background:rgba(0,0,0,.6);
}
```

```css
#close{
    background:#E74C3C;
    width:50px;
    height:50px;
    border:0;
    font-size:0;
    position:absolute;
    right:30px;
    top:30px;
    z-index:250;
}
#close:hover{
    background:#555;
}
#close::before, #close::after{
    content:'';
    width:50px;
    height:2px;
    background:#FFF;
    display:block;
}
#close::before{
    -webkit-transform:rotate(45deg);
    transform:rotate(45deg);
}
#close::after{
    -webkit-transform:translateY(-2px) rotate(-45deg);
    transform:translateY(-2px) rotate(-45deg);
}
#popup-holder{
    padding-left:400px;
    text-align:left;
}
#popup-holder img{
    position:absolute;
    left:30px;
}
#popup-holder h2{
    text-transform:uppercase;
    font-size:4em;
    color:#1abc9c;
    padding-bottom:.5em;
}
#popup-holder p{
    font-size:1.15em;
    color:#777;
    line-height:1.5;
    margin-bottom:1em;
}
```

main.js文件的代码如下：

```javascript
var curId = 0;
var arrScene = ["home", "about", "service", "portfolio"];
var arrColor = ["#3498db","#9b59b6","#e67e22","#1abc9c"];
$(document).ready(function() {
    $('.main-link').each(function(index){
        $(this).attr("index", index);
        $('#'+arrScene[index]).css("opacity", 0);
        $(this).click(function(event){
            event.preventDefault();
            if(!TweenMax.isTweening($('body')) && curId!=$(this).attr("index")){
                TweenMax.to($('#'+arrScene[curId]),.5,{top:"100%",opacity:0});
                curId = $(this).attr("index");
                TweenMax.to($('body'),1,{backgroundColor:arrColor[curId]});
                TweenMax.to($('#'+arrScene[curId]),.5,{top:"0%", opacity:1, delay:.5});
            }
        });
    });
    $('.portfolio-link').each(function(index){
        $(this).attr("index", index+1);
        $(this).click(function(event){
            event.preventDefault();
            $('#popup').addClass('show');
            $('#popup-content').addClass('show');
            $('#popup-holder').html($('#work'+$(this).attr("index")).html());
        });
    });
    $('#close, #popup-bg').click(function(event){
        event.preventDefault();
        $('#popup').removeClass('show');
        $('#popup-content').removeClass('show');
    });
    $(window).resize(function() {
        resizePage();
    });
    function resizePage(){
        $('#about').css("padding-top",$(window).height()*.35 + "px");
        $('#service').css("padding-top",$(window).height()*.3 + "px");
        $('#portfolio').css("padding-top",$(window).height()*.35 + "px");
    }
    resizePage();
    TweenMax.to($('#home'), 1, {opacity:1});
});
```

Web设计变迁及经验谈

在本书的最后，想使用较短的篇幅总结一下过去十余年来Web设计思潮的变迁，以此作为经验分享给各位即将踏入或已经进入这一行业的设计者们。

本人是从1999年开始初次接触网页制作的。那时候刚上大学，所学的专业是生物，本来这和网页制作毫无关系，但因为在上网时经常看到各式各样的个人主页，突然对制作一个属于自己的个人主页产生了浓厚的兴趣，于是开始学习并折腾"网页三剑客"，一不小心就在这条道路上越走越远，至今已十余年。在这期间，我们共同目睹了国内Web设计界发生的各种大大小小的变化。

2000年左右的一段时间可谓是个人主页的黄金时期，许多网站都提供了免费的个人主页空间服务，几乎人人都可以创建一个属于自己的个人主页。大量的网站中都充斥着88×31的"友情链接"图标，这些图标随着时间的流逝已成为历史，现在已很难见到。由于网速的制约，网站中的图片文件通常都较小，甚至在一张1.44M的软盘中还能容纳下好几个网站的内容。很多个人网站的制作水平都很一般，有点像是从Word里生成的感觉。这时候，一些有着良好美术功底，对Photoshop或Firework等软件较为精通的人们，开始设计出一些在当时看来非常惊艳的作品，如蚁盟、浮城等。

这一时代的Web设计，基本都是以表格作为定位方式，整个网页就是表格的重复嵌套。页面的大小都是以1024*768作为最佳适配分辨率的。而一些细节则通过在表格中插入1×1的透明spacer，精确地控制表格大小来加以实现。要制作一个圆角的内容框，则需要一个3×3的表格，并且使用各种细小的切图来点缀四条边和四个角。虚线边框、虚线背景是当时最为流行的页面效果。"网页效果要精确到每一像素"，就是当时Web设计思潮最典型的体现。

在2003年左右，随着Flash的崛起，在各种网站中Flash动画的比例逐渐增加。由于Flash具有非常酷炫的显示效果，许多网站都在主页之前加入了一个splash页面，播放一段Flash动画之后再供人选择语言版本，或者直接跳转到主页。许多网站的主菜单、次级菜单、页面标题都是用Flash制作的。这一时期，"韩流"对国内的Web设计造成了很大影响，其特点是大量使用精美的小图标，在页面中使用各种英文作为点缀，并且使用一些柔和而鲜艳的渐变色等。另一个产生重要影响的来源是2AD网站，它通过带有强烈视觉冲击力的缓动效果，直接导致了Flash全站的流行，这一网站目前仍然存在（http://www.2advanced.com）。

紧接着，互动设计的繁荣期到来了，Flash整站成为了这一时期的标志。2006年左右，大量的国内互动设计公司如雨后春笋般涌现，如安瑞索思、网帆等。设计师开始纷纷舍弃那些操作起来异常繁杂的表格，投入了对ActionScript 2.0、3.0的学习中。和网页中每每需要表格定位达到"像素级"的精准不同，在Flash中设计元素的排布则更加随意，任何一种效果均存在不同的实现途径。同时，用户的浏览器大小也开始发生变化，在一些Flash整站中开始关注全屏定位，这和现在的"响应式设计"有着异曲同工之妙。

与此同时，基于HTML的网页制作也在逐渐发生变化。Zen Garden网站的出现，使得设计师开始重新关注前端技术，关注CSS。表格定位慢慢走向了衰亡，代之以"DIV+CSS"的全新景象。页面开始更加富有张力，用户体验和SEO成为了评判一个网站优劣的重要标准。过去先在Photoshop中绘制好整个页面，再无脑切图后丢到页面中拉表格的做法已成为历史，前端越来越考验设计师的技巧和对知识的理解程度，其中包括了CSS及其Hack技巧、SEO知识、JavaScript等。

随后，HTML5出现了。从2006年以后，有一段时间是HTML和Flash网站并行发展的时期。由于IE6等旧版浏览器的兼容性问题，HTML5最初没有得到很好的普及。直到2010年，移动化逐渐普及，乔布斯开始炮轰Flash，事态才发生了根本的转变。Flash开始走下坡路，而HTML5则逐渐步入了辉煌。

此时，在Web设计方面也发生了巨大的改变，出现了桌面端和移动端之分，简洁、明快、扁平化、响应式设计等成为了流行的设计标签。很明显，这已远远不再是当年个人主页横行、人人学习网页制作的年代。前端开发需要掌握的东西更多，行业的"门槛"更高，对设计者的要求更加专业化了。就像在本书中，已经列举了大量的知识点和案例，但实际上这仍然只是HTML5的一些较为基础的部分，实战、高阶的运用远比这些案例复杂得多。

　　作为一个有十余年的Web设计经验的开发者，从最初懵懵懂懂制作个人主页，到专注于Flash互动开发，再到HTML5的开发转型，回顾这一段历史，最大的感触是技术一直在变化中，设计师需要不停地学习才能赶上世界的发展。

　　那么我们该如何学习呢？如果要想学习得全面一些，一段一段地阅读W3C关于HTML5的阐述文字，对每一种对象的每一个方法，每一个属性加以了解，估计全部读完要花上很长的时间，而且这往往也只能获得教科书般的知识，要付诸实践时又不知从何做起了。这也是为什么我们反对将教程写成语言参考书那样的原因。此外，技术的发展太快，学习速度太慢，这可能导致一种尴尬的情况，即等到真正熟悉某一种技术时，才发现更好的技术已经问世了。

　　最好的学习方式，我们认为是在做中学。这也是本书编排的核心思想。要动手实践，离不开一些最基础的知识点，这些知识点是可以快速地、概览式地扫过的，即使掌握得并不深刻也没有关系，只要存在一定的印象即可。在此之后，就是迭代实践的过程，即通过制作各种真实的案例来展开学习，在这一过程中，不断巩固自己的知识，丰富自己的开发经验。以此持之以恒，势必会迎来水到渠成、融会贯通的那一天。在读者阅读本书的过程中，我们强烈建议大家打开书的同时也打开电脑，敲下代码，从无到有地完成各个案例的制作步骤。

　　此外，不管是Table布局还是DIV+CSS布局，不管是过去的Flash还是如今的HTML5，技术虽然在不断变化着，但交互的根本思想没有改变。技术的实现只是基础的操作层面，在学习和实践中形成自己的交互思维和逻辑体系才是更高层次的要求。可以看到，许多在过去从事Flash互动设计的从业者们都顺利地转型了HTML5，而只有把个人的发展目标设置在技术实现之上，我们才能更为轻松地实现这一转变。

　　在本书的最后，祝愿各位读者都能通过不断学习，寻找到适合自己的未来发展之路！

刘欢

2016年1月于上海